EPC项目费用估算方法与应用实例

陈六方　顾祥柏　编著

中国建筑工业出版社

图书在版编目(CIP)数据

EPC项目费用估算方法与应用实例/陈六方，顾祥柏编著. —北京：中国建筑工业出版社，2013.6（2022.9重印）
ISBN 978-7-112-15340-4

Ⅰ.①E… Ⅱ.①陈…②顾… Ⅲ.①建筑工程-承包工程-工程造价-估算方法 Ⅳ.①TU723.3

中国版本图书馆CIP数据核字(2013)第072680号

本书结合建筑工程设计—采购—施工(EPC)项目常用的费用估算体系，详细介绍了费用估算的基础与估算程序，并结合大量实用的指数、系数以及参数介绍了费用估算的一般方法。讨论了EPCC费用包含的全部内容即项目管理服务与设计费、设备费、大宗材料费、施工费、工程项目的试车/开车费、工程保险、财务费和税费等，结合相关的应用实例，提供了详细的费用估算方法、算法、模型以及大量的经验参数，具有较强的实用性。详细介绍了基于风险驱动的项目费用量化分析方法。提供了费用估算的审查、审批和评估的工作程序，为持续改进EPC项目费用估算工作提供了有效的途径。为了解决EPC项目在较短报价与决策时间内提供较高质量费用估算的矛盾，详细介绍了在实际工作中行之有效、基于规则的工程施工费用快速估算方法。最后给出了费用估算方法、程序、模型、参数以及基于风险量化分析全过程的应用实例。

本书的适用读者为建筑工程费用估算与费用控制人员、项目管理人员、高层管理人员、工程项目管理学者以及研究生和本科高年级学生。

* * *

责任编辑：刘　江　赵晓菲
责任设计：董建平
责任校对：姜小莲　刘梦然

EPC项目费用估算方法与应用实例
陈六方　顾祥柏　编著
*
中国建筑工业出版社出版、发行(北京西郊百万庄)
各地新华书店、建筑书店经销
北京天成排版公司制版
北京建筑工业印刷厂印刷
*
开本：787×1092毫米　1/16　印张：19¾　字数：480千字
2013年7月第一版　2022年9月第二次印刷
定价：**68.00**元
ISBN 978-7-112-15340-4
(39344)

前 言

作为全球化竞争的结果，继续参与国内市场竞争已不再安全，企业为了生存应该选择参与日益激烈的国际市场竞争，企业参与国际竞争也许不失为最佳的成长策略。技术进步和金融市场的繁荣，会促使贸易成本降低，经济全球化的进程加快，世界贸易组织(WTO)的协议在一定程度上会消除自由贸易的壁垒。全球经济急剧改变了公司经营模式和参与竞争方式，企业不得不重新考虑：(1)选择合适的竞争对手与竞争环境；(2)企业的竞争力和比较优势是什么；(3)如何加强自身的竞争力，谋求生存和发展。这些因素均决定了建筑工程企业应面向国际与国内两个市场，找到适合自身的差异化发展道路。

中国企业在当前全球政治与经济局势动荡的新形势下，“走出去”面临许多新的机遇和挑战。一方面需要将国际化的重心放在符合国家战略，依托双边与多边关系，强化战略研究与目标市场选择上，寻求在国际与全球市场上可持续发展，开创国际化业务发展的新局面；另一方面，EPC 项目的投标竞标永远是控制成本、低价竞争，需要不断提升企业的专业化程度、管理水平以及科学决策能力。面对强大的竞争对手和越来越复杂的 EPC 工程项目，我国建筑工程企业开拓国际 EPC 项目工程市场面临巨大的挑战，为此有必要针对国际 EPC 项目工程市场的竞争特点，结合企业的自身状况，开发出一套既满足国际 EPC 项目需要的设计、采购、施工与开车(EPCC：Engineering，Procurement，Construction and Commission)项目费用估算的科学体系，又能适当兼顾利用我国概预算体系的历史数据，并为风险分析、风险管理与风险控制提供定性与定量的支持，以适应激烈的 EPC 项目工程市场竞争的需要。

EPC 项目市场竞争特点主要体现在如下几个方面：(1)工程内容复杂。目前 EPC 项目承包领域，许多大型或特大型项目专业性很强、技术含量高、建设难度大。工程项目的大型化和复杂化成为一种趋势，EPC 项目承包涉及项目设计、国际咨询、国际融资、采购、技术贸易、工程施工和管理、劳务合作、项目运营、人员培训、后期维修等项目全过程，往往需要提供全方位的服务。EPC 项目已成为投资和贸易的综合载体，EPC 项目承包从主要为劳动密集型基础设施逐步转向技术密集型成套工程(如流程工业项目)和劳动密集型基础设施并举的局面。(2)竞争格局日益复杂。随着建筑服务产业链的逐渐延伸，按目前建筑服务产业链条划分，建筑服务有五个环节：计划—组织—设计—施工—管理，由于发达国家工程公司在国际 EPC 项目承包市场上优势明显，资金实力、技术和管理水平远远高于发展中国家的企业，在技术资本密集型项目上形成垄断。建筑服务业高附加值和重要的业务主要聚焦在计划、组织、设计和管理环节，几乎不涉及施工环节，而发展中国家则由于资金和技术实力较弱，只能涉足劳动密集程度较高、市场竞争激烈的EPC工程项目，居于整个产业链的低端位置，主要侧重于设计、施工和管理，基本上没有能力涉及计划和组织环节，只能充当国际建筑总承包商的配套角色。这种分工竞争的格局随着中国国力的增强与资本输出和对外援助规模的增大，会逐步改变，这就要求中国建筑工程企业要不断提升自身应对产业链高端业务的能力。(3)工程发包方式多样化。随着建筑技术的提高和项目管理的日益完善，国际建筑工程发包方越来越注意承包商提供更广泛服务(即一站式服务或整体解决方案)的能力，以往对工程某个环节的单一承包方式已为越来越多的综合承包所取代，设计—采购—施工(EPC)合同成为主流。此外，由于政府投资的工程总体在减少，国际金融机构资助的项目也仅仅维持在数百亿美元的水平上，私人投资成为国际建筑市场的主要资金来源，对于公路、水利等大型公共工程项目，建设—经营—转让(BOT)、建设—拥有—经营—转让(BOOT)、私人建设—政府租赁—私人经营(PPP)等新的国际工程承包方式也因其资金和收益方面的特征，越来越吸引发包人和承包人的兴趣，成为EPC工程项目承包的一种新方式。而且，这类项目占目前国际建筑市场相当大的比重，EPC项目承包方式多样化的趋势，使国际承包商在建筑市场中的竞争地位不断提高，同时也对业务的专业化水平与管理能力提出了新的要求，以提高和巩固在市场中的地位。

面对复杂的EPC工程项目市场，一方面迫切需要按照国际惯例收集与积累费用估算相关的数据；基于定额的费用估算体系以及单一的费用估算方法很难适应国际EPC项目工程市场竞争的需要，因此有必要建立：(1)一套完善的EPCC项目费用估算体系；(2)一套规范费用估算工作的框架与程序；(3)适应国际EPC项目与竞争形势需要的各种估算方法，特别是科学快速的估算方法；(4)基于风险驱动的费用分析方法与决策支持体系；另一方面，随着工程建设项目经济规模越来越大，技术构成越来越复杂，往往需要多个企业联合承接，合作各方有必要建立协同的沟通与交流平台，因此有必要基于国际惯例与通行模式，构建项目管理与控制体系，而费用估算是该体系中的重要组成部分。符合国际惯例的费用估算系统可以促进中国建筑工程企业更有效地与国际业务合作伙伴以及业主交流，使企业在参与国际业务竞争中处于有利地位，也能更好、更有效地控制EPC项目工程业务的风险，推动EPC项目业务的良性循环发展。

本书以复杂的流程工业应用为背景，结合EPC项目常用的费用估算体系，详细介绍了费用估算的基础与估算程序，并结合大量实用的指数、系数以及参数介绍了费用估算的一般方法。讨论了EPCC费用包含的全部内容即项目管理服务与设计费、设备费、大宗材料费、施工费、工程项目的试车/开车费、工程保险、财务费和税费等，结合相关的应用实例，提供了详细的费用估算方法、算法、模型以及大量的经验参数，具有较强的实用性。详细介绍了基于风险驱动的项目费用量化分析方法。提供了费用估算的审查、审批和评估的工作程序，为持续改进 EPC 项目费用估算工作提供了有效的途径。为了解决 EPC 项目在较短报价时间内提供较高质量费用估算的矛盾，详细介绍了在实际工作中行之有效、基于规则的工程施工费用快速估算方法。最后给出了费用估算方法、程序、模型、参数以及基于风险量化分析全过程的应用实例。

第一章估算的基础。工程项目由哪些费用构成，在工程建设各个阶段又有哪些可用的估算方法等是费用估算人员以及从事与费用有关工作的其他人员需要清楚的基本知识。首先介绍了费用估算的定义、目的、要求等基本概念，详细说明了一般工程建设项目的费用构成，以及各费用要素在估算中需考虑的事项。结合美国 AACE 和美国海湾(Gulf)的费用构成，以流程工业为例，详细介绍了工程项目费用构成项及其划分方法。最后介绍费用估算的类型与估算精度、各种费用估算结果的主要用途，并比较了目前国际上主要的与工程造价管理有关的协会所采用的估算分级方法与精度要求，详细介绍了美国 AACE 的估算分级与精度要求。

第二章估算程序。按照费用估算的工作顺序，介绍了费用估算的基本程序：(1)费用估算之前需做好相关准备工作；(2)了解项目估算的工作范围；(3)建立估算组织机构并明确职责分工；(4)做好费用估算的策划工作；(5)编制估算策划书；(6)依据估算策划书的要求和项目提供的输入条件编制费用估算；(7)对估算结果进行审查、审核。给出了典型估算策划书的编制内容，并以美国 AACE 的工程费用估算为例，介绍了详细费用估算的编制程序。

第三章估算的一般方法。以流程工业的工程项目为例，根据项目定义程度的不同，通常可将费用估算方法分为概念性估算和确定性估算两大类。概念性估算通常用于项目前期阶段，项目定义不是很详细；确定性估算则是在基础设计、详细设计阶段，以及工程项目招标投标或费用控制阶段，项目定义基本清晰。重点介绍了比较常用的概念性费用估算方法，包括：综合指标估算法、生产能力指数法、系数估算法等基本方法，并具体介绍了美国 AACE 和美国海湾(Gulf)系数估算方法的运用。地域因子估算法也是境外工程项目费用估算的一种常用方法。介绍了国际上常用的主要成本指数及其使用与限制。

第四章项目管理服务与设计费估算。项目管理服务与设计是指为有效组织、运行 EPC 总承包项目所提供的总部与项目现场的项目管理与工程设计服务等工作，项目管理服务与设计费主要是指与该服务工作相关的人工时费用。本章主要介绍项目管理服务与设计费的组成、管理与服务人工时单价的确定及其费用估算的一般方法，尤其对设计人工时的计算提出了几种参考估算方法。

第五章设备费估算。在工程费用估算中，由于设备费占工程总费用的比例很大，因此设备费的确定非常重要，且直接影响到费用估算的精度。本章规定了设备清单最基本条件要求和设备费用组成范围，对确定设备价格的数据来源、国际货物运输及相关费用项进行了描述。

第六章大宗材料费估算。明确了大宗材料的概念，提出了大宗材料按专业进行分类的方法，介绍了大宗材料的数量统计、裕量和价格确定的原则方法。

第七章施工费用估算。施工费由直接施工费用和施工间接费两大部分内容组成。首先介绍了直接劳动力工资费率的组成内容，并利用劳动生产效率来计算单位工作的直接劳动力费用；其次介绍了组成施工间接费各费用项的费用组成与计算方法，并辅以具体的实例说明。

第八章工程项目其余相关费用估算。介绍了工程项目的工程保险、财务费用、税费、试车/开车以及涨价、不可预见费等费用的组成内容及其费用的计算方法，并提供了EPC工程总承包项目中通常需投保的工程保险种类与相应费率。结合沙特阿拉伯和哈萨克斯坦等国家工程承包经验，提供了在项目所在国从事工程承包项目的工程保险、财务费和税费的主要费用项及参考费率。

第九章审查评估与估算分析。分别阐述了项目组内部审查、企业管理层审查和决策层审批等各个估算审查层面上所需侧重的主要审查工作内容。给出了如何对提交估算审查的估算费用进行综合分析和评判程序，以找出初步估算中可能存在的主要问题，便于进一步修改完善与持续改进。

第十章基于风险驱动的项目费用量化分析方法。介绍了所涉及的不可预见费基本算法与数理统计术语等基本概念。提供了费用风险分析的基本流程、所用方法及分析工具。最后详细介绍了三种量化费用风险方法——传统蒙特卡罗模拟分析、二阶蒙特卡罗模拟和风险因素相关的风险分析方法，为管理层在投标报价过程中确定最终价格提供科学决策的基础与依据。

第十一章基于规则的施工费用快速估算。以国际工程EPC项目的施工费用为例，介绍了分专业的费用工作综合指标体系和相应施工费用快速估算规则的组成，通过建立不同专业主要工作项的单位综合工时消耗和劳动力综合工时单价等指标，以达到快速估算EPC项目施工费用的目的。明确了快速估算规则的应用条件，并结合应用实例说明了分级指标的应用，验证了提出的快速估算方法的有效性。其他类型的EPC工程项目，也可以结合项目的特点，对提出的方法进行相应的调整与改造，形成可适用的快速估算方法。将快速估算方法用于EPC工程项目的投标报价，则可分析和评估项目报价的内部结构及总体水平的合理性，从而能避免投标报价的盲目性，有效降低中标项目的费用风险，极大地提高投标报价的工作效率，提高决策的科学性与可理解性。

第十二章费用估算应用实例。分别以可行性研究阶段和EPC投标报价阶段两个不同项目的费用估算为例，介绍不同的估算精度要求下，如何具体运用前述的费用估算及其分析与决策方法进行费用估算与分析。

尽管费用估算是EPC项目科学决策的基础，但是对于复杂的工程承包项目，项目实施方案的优化以及项目实施过程的有效控制，对于费用估算结果的可靠性与可实施性的影响很大，因此在项目前期以及投标报价费用估算期间，费用估算团队应该与营销管理团队、投标团队以及项目实施团队密切合作，确保所有关于费用估算的策略与策划能够在投标方案和项目实施过程中得到忠实执行，并使费用估算能够获得闭环的信息反馈，以通过学习曲线持续改进费用估算实践。

本书第八章的第七节、第十章由金峰撰写，第十二章中部分量化分析的内容由金峰提供。

本书的编写过程历经近两年，得到了中国石化集团炼化工程公司的领导与同仁们的大力支持与帮助，在此一并表示感谢！

中国建筑工业出版社的赵晓菲编辑为本书的出版付出了诸多努力，在此一并致谢！

作者

2013年4月

目 录

第一章 估算的基础

工程项目费用估算是一项复杂的系统性工作，为了对所讨论的费用估算形成统一的认识，有必要先介绍一下费用估算的基础。首先，费用估算的基本依据包括费用估算的定义、目的和要求，以及费用估算的费用构成、估算类型及精度要求等；其次，费用估算的主要影响因素以及应考虑的事项也是正确开展费用估算的重要基础。

第一节 估算的概念

一、费用估算定义

对资产投资方案、活动或项目所需资源的费用与价格进行量化预测的过程称作为费用估算。费用估算必须综合考虑处理风险与不确定性。估算结果主要用作预算费用或价值分析、业务决策、资产及项目规划的依据之一，以及项目费用与进度过程控制。对于工程建筑业，费用估算需要预测在规定地点及时间内完成给定项目工作范围所需要的大概费用。利用历史数据以及已经完成项目的经验，采用一定的计算规则与标准，计算与预测规定时间内所采用的资源、方法及管理费用，该费用应综合考虑评估与评测风险。综合考虑风险因素对于EPC项目费用估算尤为重要。

费用估算可为项目的不同阶段建立费用基准，是项目管理中最重要的环节之一。费用估算可以是在项目的某一特定阶段，估算人员在现有数据的基础上对未来费用所作的预测。美国工程造价促进协会(AACE International：the Association for the Advancement of Cost Engineering，前身为 the Association of the American Cost Engineer)将费用估算定义为运用科学理论和技术，根据工程师的判断和经验，解决费用估算、费用控制和盈利能力等问题的活动。

费用估算是预计投资方案、活动或项目所需资源的数量、费用及价格的过程。

费用估算可用于预计任何投资活动所需资源的数量、费用和价格，例如建设楼宇、工厂(发电厂、石油化工厂)、开发软件程序等投资活动。

二、费用估算目的

费用估算的结果可用于多种目的，主要包括以下事项：

(1) 可行性研究，用于确定项目的经济可行性；

(2) 评价各种项目方案；

(3) 优化设计方案；

(4) 优化投资方案；

(5) 确定项目预算；

(6) 基金拨款；

(7) 投标报价；

(8) 为项目费用和进度控制提供依据。

三、费用估算要求

费用估算是一项编纂和分析各项目干系人提供信息的复杂活动。为了保证估算、预算和投标的质量，通常需要对估算过程以及估算结果进行审查，以确保费用估算符合企业要求。

费用估算通常符合下列要求：

(1) 反映项目的策略、目标、工作内容与范围以及风险；

(2) 满足确切目的，如用于费用分析、决策、控制、投标等；

(3) 对项目业主的资金支(垫)付计划或要求做出响应；

(4) 确保估算编制与审查人员正确理解估算的基础、内容和结果，包括估算的概率特征(如估算的范围、费用比例与分布等)。

四、费用估算的十条戒律

通常，费用估算时往往会利用一些从外界获得的费用数据及相关信息，在正式采用这些数据信息之前，应反复测试数据信息的可靠性。跨国际的文化沟通和交流是测试数据过程中遇到的难题之一，如在寻求相关费用数据时，会由于语言文化差异导致误解。同时，受国际因素影响的数据往往会出现周期性变化，或只在一定期限内有效。为此，需牢记一个基本原则，如果汇率的日期不明确，或项目所在城市、具体地点、时间等因素不确定，那么就无法在费用估算中采用这些数据信息，因为即使在同一个国家的不同地方也会存在差异。

为了建立理解 EPC 项目费用估算的基础，有必要介绍约翰·R·巴里(John R. Barry)推荐的费用估算十条戒律：

(1) 如果不了解文化和合同的差异，不能开展费用估算业务；

(2) 不要忽略项目所在国政府的投资目的；

(3) 不要将工程项目设施建设看做开展业务的唯一方法；

(4) 不要使用不能反映技术、文化、法律和气候差异的费用估算结果；

(5) 不要忽视必须进口的设备，以及其对费用和进度的影响；

(6) 在彻底了解数据信息所包含的内容和进行适当测试之前，不要将其他国家的费用数据看做是正确的；

(7) 在计算劳动力费用时，不要忽略生产力、气候、宗教习俗和项目实施方法的影响；

(8) 不要忽略与 EPC 项目费用和进度有关的附加风险；

(9) 不要忘记 AACE 和 ICEC(International Cost Engineering Council，国际造价工程联合会)成员的重要性，费用估算的专业机构能够并愿意为承包商提供帮助；

(10) 不要忽略前面九条戒律。

EPC 项目建设面临许多风险，但是由于经济全球化，EPC工程承包业务一方面面临更多的风险与挑战，同时合理化解风险与挑战的措施也可以赢得较多的回报。面对复杂的EPC工程项目的费用估算，仅仅十条戒律还不全面，但是的确涵盖了大部分需要考虑的重要事项。如果在完成 EPC 项目的费用估算时牢记上述戒律，将为在 EPC 项目工作中取得成功奠定必要的基础。

第二节 工程项目费用

一、与工程项目设施相关的费用

对业主而言，工程项目设施的费用包括最初的资本投资费用，以及建成后的运行与维护费用。这两大项费用又可划分为许多费用子项。

对于工程建设项目，其最初的资本投资费用包括该建设项目所包含设施的各项资本投入，主要有：

(1) 征地，包括项目用地需求计划、土地征用和土壤改良；

(2) 规划以及可行性研究；

(3) 基础工程设计以及详细工程设计；

(4) 采购，包括设备、大宗材料等，但不包括施工机械设备、机具的采购；

(5) 施工，包括投入的施工机械设备、机具以及劳动力；

(6) 项目总体管理与施工现场管理；

(7) 试车与开车；

(8) 建设过程中的各种保险费用以及税费；

(9) 业主的一般行政管理开支；

(10) 检查以及试验；

(11) 建设项目融资费用。

在项目建成之后的生命周期中，其运行与维护费用主要包括以下几个方面：

(1) 土地租金(如果有的话)；

(2) 运行人员费用；

(3) 维护和维修的劳动力以及材料费用；

(4) 定期检修的费用；

(5) 保险费用以及税费；

(6) 融资费用；

(7) 公用工程费用；

(8) 业主的其他费用。

以上这些费用的多少取决于项目性质、规模、地理位置以及管理的组织结构形式等多方面因素，业主总希望以尽可能少的项目资本投入来实现项目的投资目标。尽管项目建造资本投资是建设项目中最主要的费用，但是其他费用也不容忽视。举例来讲，在建筑密度高的市区建设一个项目，征地费是一项主要费用，而诸如大型石油化工装置等大型工程项目，融资费用可能占项目建设费用的比例较大，特别是在金融环境恶化的情况下，更是如此。

大部分项目费用估算中，总需要留有一部分不可预见或难以预见的费用，以应对建设过程中的意外情况。不可预见费，可包含在每一项费用中，也可作为建设项目的总不可预见费列出。

从业主的角度来看，为了分析项目生命周期费用，估算出每个设施建设方案相应的运行和维护费用同样也很重要。在有些项目中，尤其是公共基础设施项目，设施的维护费用巨大，这就要求在项目的工程设计阶段，重视项目建成之后的运行和维护费用，此时项目的实施方案就显得特别重要。尽管如此，在工程实践中，估算的重点依然应集中于项目的最初资本投资即建造费用，有时也会适当地涉及除资本投资以外的运行和维护费等其他费用。

【例 1-1】 典型能源项目相关的资源费用调查

在 20 世纪 70 年代能源危机期间，调查了三种大型能源项目中的资源需求情况，其结果如表 1-1 所示。这些项目包括：(1)日产原油 50000 桶的油田项目；(2)日产煤气 3200 亿 BTU(英制热值单位，1BTU＝1.055kJ)热值，相当于 50000 桶原油的煤气化项目；(3)日产 15 万桶焦油的油砂项目。

从表 1-1 中可以看出，每个项目的总费用均为数十亿美元，基础设计所花费的设计人工时需要数万甚至数十万小时，详细设计则需要花费数百万小时，对熟练的施工技术工人的资源需求需要花费数千万小时，材料费需要数十亿美元。当建设项目处于全球建设高峰期时，可能会导致价格的攀升，也可能导致可获得的资源紧张。因此，费用估算工作往往需要专业人员进行恰当的分析判断，而不是仅仅编写一份工程量清单、收集一些费用数据，简单地得出一个总费用估算。

大型能源项目的资源需求 **表 1-1**

序号	项目名称	单位	页岩油项目 (5 万桶/天)	煤气化项目 (3200 亿 BTU/天)	焦油砂项目 (15 万桶/天)
1	工程总费用	亿美元	25	40	80～100
2	基础工程设计	万小时	8	20	10
3	详细工程设计	万小时	300～400	400～500	600～800
4	施工	万小时	2000	3000	4000
5	材料费	亿美元	10	20	25

资料来源：埃克森研究工程公司，美国新泽西州弗洛勒姆帕克。

二、常见的工程费用估算体系

当今市场经济条件下的工程造价管理领域，归纳起来主要有以下三个体系：(1)以英国为代表的工料测量体系；(2)北美的费用管理体系；(3)日本的工程积算体系。

(一) 英国工料测量体系下的工程量清单计价

以英国为代表的英联邦国家通行的工料测量(QS：Quantity Surveyors)体系，其工程费用采用量价分离，“量”有章可循，“价”采用市场化的费用计价基本模式。工程量的测算、计算方法是工料测量的基础。由于英国没有统一的计价定额和标准，只有统一的工程量计算规则，因此工程量计算规则就成为参与工程建设各方共同遵守的计算基本工程量的规则。对于建筑工程，由皇家特许测量师学会(RICS)组织制定的《建筑工程工程量标准计算规则》应用最为广泛，并为各方共同认可，现行的是1987年修订的第7版(SMM7)。对于土木工程，英国土木工程师学会编制了《土木工程工程量标准计算规则》。

按照工料测量体系，从业主的角度出发，工程项目的工程建设费用组成如下：(1)土地购置或租赁费；(2)现场清除及场地准备费；(3)工程费；(4)永久设备购置费；(5)设计费；(6)财务费用，如贷款利息等；(7)法定费用，如支付地方政府的费用、税收等；(8)其他，如广告费等。其中，工程费由以下三部分组成：(1)直接费。即直接构成分部分项工程的劳动力费、材料费和施工机械费。一般劳动力费约占40%，材料费约占50%，施工机械费约占10%。直接费还包括材料搬运和损耗附加费、机械购置费、临时工程的安装和拆除费用以及一些不构成永久性构筑物的消耗性材料附加费等。(2)现场费。现场费主要包括驻现场职员、交通、福利和现场办公室费用，保险费以及保函费用等，约占直接费的15%～25%。(3)管理费、风险费和利润，约占直接费的15%。

在英国传统的工程计价体系下，业主和承包商在造价中介机构的协助下确定工程费用，依据法定的标准计算方法，并参照政府和各类咨询机构发布的费用指标、价格信息指标等信息控制费用。工程量清单计价方法一般分为两类：一类是按项单价计价，如土石方开挖按每立方米多少费用；另一类是按项包干计算，如工程保险费等。一般情况下，由业主工料测量师依据SMM7编制工程量清单，承包商参照工程量清单进行费用要素分析，根据其以前的经验，并收集市场信息资料、发出询价文件、回收相应供应商及分包商的报价，确定所有分项工程的单价以及单价与工程量相乘后的费用，其中包括劳动力、材料、施工机械设备、分包工程、临时工程、管理费和利润。所有分项工程费用之和再加上其他基本费用项目(包括投标费、保证金、保险、税金等)和指定分包工程费，构成工程总费用。

(二) 美国工程费用管理体系计价

美国政府部门不组织制定发布法定的定额、指标、费用标准等计价依据，也没有全国统一的计价依据和标准。一般由各大型咨询机构制定用于确定工程费用的计价依据，这些咨询机构都十分注意积累、分析和整理历史资料，建立起一套费用估算标准，发布各种价格信息，比如劳动力工时、设备价格以及一些费用因子。美国联邦政府、州政府和地方政府的有关部门也会根据其负责主管的政府投资管理项目积累工程费用数据资料，并参考各工程咨询机构有关费用数据的资料，分别对各自管辖的政府工程项目制定相应的计价标准，以作为项目费用估算的依据。此外，各地方政府还会定期公布各类工程费用指南，劳工部也制定并发布各地劳动力费标准等供社会参考，这类信息直接影响工程费用的计价。

美国工程费用主要由四个部分组成：(1)直接费用。直接费用包括各项目施工所需的劳动力费、施工机械使用费、建筑和安装用的材料费、永久设备费，以及支付给分包商或销售商的款项。(2)间接费用。间接费用包括承包商管理、工程监督、管理人员工资、办公和杂项费用、设计用品费、交通费、生产和办公/生活临时设施费用，以及各种保险费、税金、保证金、利润和承包商的不可预见费。(3)其他费用。包括勘测设计费、工程管理费、施工管理费以及业主本身所需发生的费用。(4)不可预见费。如设备、材料涨价费等，需根据具体工程具体分析计算。

美国工程费用的编制，主要以先进的计算机工具为手段，通过将专家们多年的实际经验，如标准的工程量、材料消耗量、单价等信息存储到计算机中，建立高质量、有价值的数据库，并通过计算机联网实现资料共享共用。这样当遇到新工程时，就可以很快地调出历史数据，结合工程具体情况略加修改和处理后，就可编制出新工程的费用估算。

(三) 日本工程积算体系计价

日本工程积算是一套独特的量价分离的计价体系，其量和价是分开的。"积算"就是以设计图纸为基础，计量、计算构成工程的各部分，并对结果进行分类、汇总，是对工程费用进行事先预测的技术。

日本建设省制定了一整套的工程计价标准，即《建设省建筑工程积算基准》，其工程费用由直接工程费、共通费和税金等费用组成。

(1) 直接工程费

工程计价的前提是确定工程量。工程量计算的主要依据是建筑积算研究会编制的《建筑数量积算基准·说明》，主要内容包括工程数量的计算和工程量计算规则。该基准被政府投资工程和民间(私人)工程广泛采用。工程量计算业务以设计图及设计书为基础，通过对构成工程的各部分进行调查、记录、汇总、计量、计算获得工程量。具体方法是将工程量按种目、科目、细目进行分类，即整个工程分为不同的种目(如建筑工程、电气设备工程和机械设备工程等)，每一种目又分为不同的科目，每一科目再细分为各个细目，每一细目相当于分项工程。《建设省建筑工程积算基准》中制定了一套"建筑工程标准定额(步挂)"，对于每一细目以列表形式列明细目中的人工、材料、机械的消耗量及一套其他费用(如分包费用)，通过对其结果分类、汇总，制作详细清单，然后依据建设物价调查会发布的《建设物价》、建筑土木有关价格信息等市场价格计算材料、劳务、机械器具的细目费用，从而汇总计算出整个工程的直接工程费。

直接工程费一般占整个工程费用总价的60%～70%，成为积算技术的基础。

(2) 共通费

共通费主要包括临时设施费用、现场管理费和一般管理费(包括利润)，该费用可按实际费用计算，或根据历史数据资料按照直接工程费的比率计算。

三、工程项目费用常见分类方法

建设项目工程费用的分类除上述市场经济条件下的三种主流工程计价体系外，有的协会组织或建筑工程企业还按劳动力费、大宗材料费、设备费和工程分包费进行分类，但更为常见的是将工程费用划分为直接费和间接费。将直接费与间接费分开是因为许多估算都以已完成项目中得到的费用数据所构成的历史数据库为基础，直接费数据一般受干扰因素的影响较小，通常可以可靠地将直接费数据用于新项目，而间接费应针对新项目中可能遇到的特有条件，在估算中作出恰当的调整与处理。

按直接费与间接费分类的工程费用层次结构如图 1-1 所示。

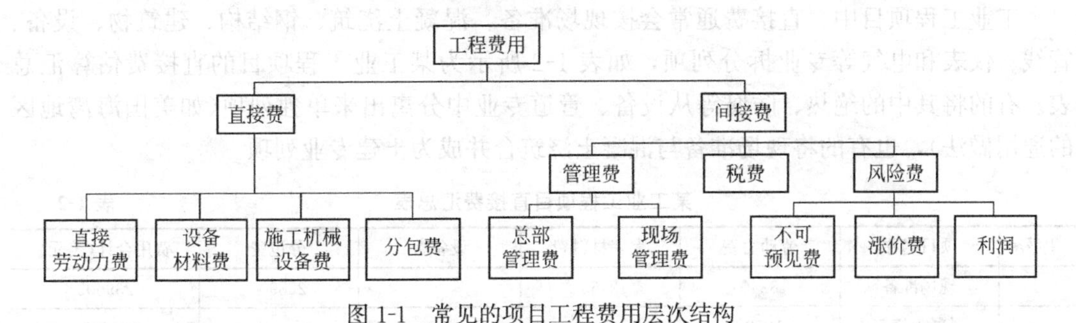

图 1-1 常见的项目工程费用层次结构

（一）直接费

直接费包括永久性设施建设中直接相关的全部安装设备、材料以及相应的直接聘用或分包的劳动力费用。

1. 直接劳动力费

直接劳动力费是指支付给现场履行实际项目施工作业活动所涉及的作业人员，如木工、泥瓦工、油漆工、管工、焊工、普工等人员费用总和，通常劳动力费至少包括以下三部分内容：

（1）基本工资、奖金；

（2）福利与津贴：指员工与雇主之间集体或单独协商的额外福利，如各种津贴、补贴、劳动保护费和福利；

（3）法定劳动力附加费用：指依法由雇主支付或代扣代缴的劳动力附加费用，主要是各类税费及社会保险等，如养老保险、医疗保险、失业保险、工伤保险、生育保险、住房公积金和个人所得税等。

在计算劳动力费用时，大多数企业将法定劳动力附加费作为直接费处理，但也可将其计入施工间接费（如美国海湾地区的做法，将雇员的社会保险、税费计入间接费），在实际项目的费用估算中，各企业可按习惯做法或规定处理法定劳动力附加费用。

2. 设备材料费

设备材料费是指对建造或运行设施具有实质意义的材料设备的直接或间接费。永久性设施费用中大部分为设备材料费。一般情况下，设备材料费按设备和大宗材料费分别估算，中国企业通常不采用类似美国 AACE 和美国海湾地区将消耗材料费计入间接费的做法。

3. 施工机械设备费

施工机械设备费是指设施建造中投入的施工机械设备（如挖土机、推土机、吊车、焊接机械等）的费用，但不包括设施中永久安装的设备。

有的协会组织或企业将施工机械设备费纳入间接费，如美国 AACE 将所有施工机械设备费计入间接费，许多国际工程公司（如 Technip 等）将大型施工机械设备费单独计入施工间接费。

4. 分包费

分包费是指EPC项目总承包商将应由其履行的部分作业交由分包商完成而支付的费用。

工业工程项目中，直接费通常会按现场准备、混凝土浇筑、钢结构、建筑物、设备、管线、仪表和电气等专业拆分列项，如表1-2所示为某工业工程项目的直接费估算汇总表。有的将其中的绝热、防腐等从设备、管道专业中分离出来单独列项(如美国海湾地区的通用做法)，也有的将现场准备与混凝土浇筑合并成为土建专业列项。

某工业工程项目直接费汇总表　　**表1-2**

序号	项目名称	劳动力费	大宗材料费	设备费	分包费	费用合计(美元)
1	现场准备	8240	2463		228900	239603
2	混凝土浇筑	12682	26487			39169
3	钢结构	9461	32890			42351
4	建筑物	6658	45713		238921	291292
5	设备	24897	42000	1256000	425931	1748828
6	管线	159357	246789		60340	466486
7	仪表	6248	62129	452369		520746
8	电气	124892	445000	624987		1194879
	直接费总计	**352435**	**903471**	**2333356**	**954092**	**4543354**

(二) 间接费

间接费包括最终不纳入永久性设施，但为完成设施建造所必需的费用，包括但不限于服务(如工程设计)、现场施工管理、临时性辅助设施与装备、承包商费用、保险费用、税费等。部分间接费也可以按直接劳动力费用的固定百分比进行计算。

1. 管理费

管理费是指开展某项业务(如设计、施工、运行或制造等任务)所发生的与该项业务管理相关的，且不能直接计入或归于某项作业或产品的费用，包括营销与销售费用、办公人员的薪金与支出、会计、工程管理、研究与开发费等，因此必须在公平的基础上进行分配，或按独立于生产的业务费用进行处理。

通常，管理费用可分为以下两类：

(1) 总部管理费用：业务开展过程中发生的固定费用与支出，而不管完成的作业量或合同额。总部管理费用包括如总部办公室的折旧或租金、公用工程费用、通信设备(电话及传真机)、广告、总部办公人员的薪金(如行政管理人员、业务管理人员以及支持人员)、捐款、法律费用以及会计费用等。换句话说，总部管理费用是不计入任何具体项目的费用。

常用计算总部管理费用的方法是百分比法，该百分比就是整个企业或部门的总管理费用与其总项目费用之比。

(2) 项目管理费用：这里的项目管理费用泛指参与项目管理(如设计、采购、施工管理与控制等)与设计的服务人工时费，生产与办公临时设施、交通、试验、施工许可以及与具体项目相关的保证金与保险等费用。项目管理费用不能计入具体的作业活动，故在间接费中计算。

2. 税费

税费是指按有关国家法律法规向政府机关缴纳，或向该机关所管辖范围内的企业征收的费用。税费因地方及业主的纳税情况不同而差别很大。因此，为方便会计核算，税费通常单独设置。

3. 风险费

费用风险要素可分为以下三类：

(1) 涨价费用

涨价是指因技术、经济或市场状况等外部因素变化而导致费用或价格的变化，即商品与服务费用随时间变化而出现的增加。外部因素主要有市场通胀/紧缩、汇率变化、市场竞争状况、技术进步、行业/区域劳动生产率变化等。近年来学术界提出了一种新的理论，认为区分汇率风险与涨价费很有必要，汇率变化作为费用风险的一种应单独列项。

涨价对项目费用的影响与利息对储蓄账户价值的影响相同。每年都要重新确定下一年涨价的基准，多年的涨价按复利计算，不只是简单的增加。比如，今后5年预期每年的涨价率为4%，则现在价格为1元的物品在5年后应花费1.22元。

$$1.00\times(1+4\%)^5\approx1.22$$

如果某一项目将在给定年度内完成，则涨价计算相对简单，仅从费用估算的基准年上调至施工年度即可。但当项目的建设工期跨越多年时，情况就会复杂得多，因为材料、设备与劳动力在不同年度将会有不同的涨价率。对于此种情况，涨价费用最精确的计算方法就是按照项目现金流计算每年的涨价。比如，假设某一项目在2005年的费用估算为1000万元，项目工期为3年，3年的现金流为：

2007——1000000元；

2008——6000000元；

2009——3000000元。

假设涨价率为每年4%，则涨价费的计算如下：

$$2007——1000000\times[(1+4\%)^2-1]=81600$$

$$2008——6000000\times[(1+4\%)^3-1]=749184$$

$$2009——3000000\times[(1+4\%)^4-1]=509576$$

涨价费合计为1340360元，即约为1340000元。

从该例可以看出，涨价通常是项目费用估算中必须考虑的要素之一。如果时间许可且有可用的详细资料，项目费用估算应对价格出现波动的费用子项进行分析。比如，一旦铜、铝及石油产品的价格出现大幅波动，则尽可能按项目风险分析提供的框架综合考虑，采用详细的定量分析方法。

大多数企业有自己的价格预测方法，但同时还可采用商业预测服务，以提供短期及长期的涨价趋势。此外，《工程新闻记录》(ENR：Engineering News-Record)通常会在其季度费用报告中预测涨价趋势。

(2) 不可预见费

不可预见费针对项目条件或事件状态存在不确定性，且根据经验表明其发生很可能导致额外追加的费用。不可预见费通常包括：1)费用估算的误差和遗漏；2)价格小幅振荡(非物价上涨)；3)工作范围内的设计或标准规范等变更；4)市场环境因素的变化。

不可预见费可通过对以往类似项目费用分析或通过类似项目的经验得出，不可预见费通常不包括：1)项目工作范围的变更；2)不可抗力或无法预见的重大事件，如罢工、地震或飓风等；3)涨价及汇率变化。

(3) 利润

利润是指承包商在其报价中包括作为承担某一项目的风险、投入及完成工作补偿的资金价值。利润实际上是承包商在扣除项目全部成本及税费后"剩余"的部分。拟增加的利润额主观性较强，且取决于如竞争、项目进度、资源市场供给状况、当地市场条件以及经济状况等因素。

上述工程项目费用的分类基本上包含了工程项目费用的各构成要素，其他的费用分类方法也可以采取类似的层次结构形式，但其包含的信息可能比图1-1更多或更少。

四、费用估算需考虑的事项

费用估算时根据工程项目费用各构成要素，应考虑工程设计、项目管理服务、设备、大宗材料、劳动力、施工机械设备、税收与保险、工程分包以及与业主相关的费用等诸方面，EPC项目费用估算一般可不包括与业主相关的费用。

(一) 工程设计

工程设计主要应考虑：

(1) 工程设计适用的标准规范、法律法规和程序。例如：1)按照抗震或抗台风等自然灾害的地方法规；2)采用钢结构建筑还是采用混凝土结构建筑；3)采用国际标准或项目所在国的国家、地方或行业标准。

(2) 项目所在地的气候条件：1)是否有特殊气候；2)项目所在地是否会遭受极端温度、特大暴雨或水灾，例如：①东南亚季风；②北部的霜冻以及北极地区的永冻区；③有无专用的惯例。

(3) 必须考虑诸如地震、罕见土壤结构情况等特殊地质条件。

(4) 合同文件和图纸等将使用哪种语言。

(二) 项目管理与服务

关于项目管理应重点考虑：

(1) 哪些项目管理职位无法在当地聘用到合格人员，因聘用境外人员的费用较高，故聘用的境外人员的语言与专业能力应能满足项目要求。寻找与试用本地的双语雇员，并作为潜在的永久雇员。

(2) 提供给各种人员的营地设施(主要指居住条件)的要求以及相应的费用如何；伙食是外包还是自建食堂；营地的安全情况如何，是否需要为营地修建大门，安装报警装置等。

(3) 是否需要专项服务，如聘请家政服务人员、司机等。

(三) 设备

设备主要应考虑：

（1）当设备采用国际定价时，全球某些地区的价格就可能比其他地区的价格更具有竞争力。例如，某项目上有一台汽轮发电机，在美国购买的价格为1400万美元，但是如果在中国向同一家美国企业订购，由于竞争的缘故，该发电机的价格可能只有1200万美元。为此，应尽可能按项目所在地区索取设备报价，而不是使用其他地理区域的最新定价。如果必须使用其他区域的价格信息或者需要进口设备，一定要综合考虑各潜在供应商所在地区的运输费用和关税等相关费用。

（2）选择设备供应商时，务必评估设备总费用。除了设备出厂价外，还需要考虑运输费用、关税和汇率。

（3）备品备件需求的评估也很重要。由于某些零配件的交货时间较长，特别是那些必须进口的零部件，可能需要较多的零部件库存。例如，一家美国企业在美国国内采购汽轮发电机备品备件费用只需50万美元，但对于其他国家项目上使用的同种汽轮发电机，采用同一供应商的备品备件费可能需200万美元。

（四）大宗材料

大宗材料主要应考虑：

（1）项目所在地能够提供什么样的材料，质量是否能够满足要求。例如，在沙特阿拉伯等沙漠地区，尽管当地不缺砂，但是当地的砂可能不适用于配制混凝土，这时砂子就可能需要进口。这听上去就像是将煤卖到煤都那样荒谬，其实不然，在实际工程项目中这是非常值得考虑的重要问题。

（2）材料在项目所在地购买与进口相比哪个更便宜。例如，在墨西哥比索贬值以前，钢筋进口比从当地购买更便宜。在某些情况下，本地材料可能征收增值税，但进口材料可以免除关税，这样从国外进口材料就有可能比在当地购买材料更便宜。通常业主可以在进口口岸获取货物所有权，以避免关税和税收；同样，有时业主也可申请增值税退税。

（3）是否可采用不同的施工方法。例如，如果施工劳动力费用非常低廉，在现场预制钢结构就比在工厂预制钢结构更为经济。同样，在某些地方进行人工搅拌配制混凝土比使用商品混凝土更经济。

（五）设备及大宗材料的交付方式

按照国际商会的国际贸易术语（Incoterms 2000），货物有不同的交付状况，对应的运输保险、清关等费用也有很大差别。为此，应综合项目所在地条件，业主在当地可提供的支持与帮助，或者当地可用代理能提供的服务范围，综合考虑设备材料的交付方式：

（1）是否应合并运输。合并运输能够节约大量的运输费用，但是可能会影响项目进度，为此应进行相应的专项评估。

（2）清关时需要支付哪些费用。清关费用可能非常高。例如，根据理查森国际建筑费用地域因子手册（Aspen Richardson's International Construction Cost Factor Location Manual），在巴西进口货物需要支付的关税和费用（至2003年1月）如下：

1）关税：0%～40%，平均14%；

2）商船海事合格证更新税：运费的25%；

3）工会费：到岸价的2.2%；

4）手续费：到岸价的1%；

5）库房管理税：进口关税的1%；

6）货物处理费：20～100美元；

7）行政手续费：50美元；

8）进口证书费：100美元；

9）附加港口费：到岸价的2%。

从上述费用构成可以看出，巴西的货物进口费用非常高，但通常可能也有相应的免税规定，需要进行详细研究和了解。例如，印度会征收40%～100%的关税，甚至更多，但是对于2000年以后的电力项目，印度政府给予低至20%的关税优惠。

有些设备有进口限制，要求使用当地生产的设备。例如，在沙特阿拉伯，有沙特成分的比例要求，一般电缆、普通碳钢设备宜选择当地供应商；类似地，在哈萨克斯坦，也同样有当地成分的要求。

(3) 将设备运送到项目现场需要缴纳多少运输保险。

(4) 将设备从港口运送到项目现场拟采用什么途径(如铁路、公路或驳船)。如果采用公路运输，现有道路和桥梁是否能承受设备重量，或者是否需要加固或修建临时便道/便桥；是否有能从船上、公路和现场进行超重货物装卸的特殊设备。

(5) 货船的运输进度是否能够与项目进度相匹配。如果需要使用带起重设备的船舶，由于其数量有限，则可能会影响项目进度。

(6) 现场设备需采取什么样的保护措施，是否存在设备偷盗现象，设备是否必须采取防腐等保护措施。

(7) 项目融资是否要求使用特殊的运输方式。例如，通过美国进出口银行融资的项目可能要求使用美国军舰运送货物，运输费用大约增加3倍。

（六）劳动力

应综合考虑劳动力的可用性与可获得性，主要包括以下一些因素：

(1) 是否能够聘到熟练的劳动力，劳动力拥有的技能是否满足项目需求，有时招聘有经验的技术工人存在一定的困难。

(2) 当地的生产力如何。这可通过一些公开发布的地区平均生产力与诸如美国休斯敦或海湾地区等基本参考地区相对比来了解，但项目所在地的实际生产力可能与平均生产力存在很大差异。例如，与美国相比，沙特阿拉伯的平均生产力系数约为1.6，但是根据不同项目的具体情况和混合使用本地和境外劳动力，有些地方的生产力系数与美国类似，可以超过3.0；即使在美国国内，不同地区的生产力也有很大区别。

(3) 是否需要提供住宿和医疗设施等服务，某些地区要求提供餐饮和淋浴等设施。例如，在巴西，通常会要求提供早餐、晚餐和前往项目工作地点的交通工具。

(4) 如何获取当地劳动力。要为项目招募劳动力，可能需要向劳动力经纪人支付费用。通常采取劳务分包形式比较合适。

(5) 当地有关工资税的规定如何。在某些国家，工资税超过工资的100%。

(6) 是否需要从国外引进熟练的劳动力；引进劳动力是否合法，需办理哪些审批手续以及费用如何。

（七）施工机械设备

施工设备机具的资源与可用性对工程项目的费用影响较大，尤其是大型设备吊装的费用差别会更大。因此，施工机械设备需要充分关注以下事项：

(1) 当地是否有项目所需的主要施工设备资源；若有，则租赁费是多少。如果施工机械设备租赁市场供应短缺，则在当地购置施工机械设备的费用可能要比国内的费用高。

(2) 如果需要进口施工机械设备，则应落实是否需要支付关税。有时可以通过缴保证金或银行保函来免缴关税，但需保证项目结束后将该施工机械设备再出口。

(3) 项目结束后，有关施工机械设备的处置有哪些规定。有时会禁止施工机械设备出口，这可能会成为潜在的重大风险。

(4) 项目所在地的直接劳动力是否需要进行施工机械设备的操作培训。某些地区的工人可能只会使用手动工具，而不知道怎样使用电动工具。

(5) 经过培训的当地劳动力可能无法满足项目的技术需求。例如，中国企业在沙特阿拉伯的某个项目，就是因为没有足够拥有焊接资格证书的工人，无法按照计划进度要求完成专项焊接工作。

（八）税收与保险

不同国家与地区，税收与保险的差别较大。

1. 地方税收

工程项目费用估算之前应了解并落实下列税收事项：

(1) 在项目所在国进行作业，必须支付什么样的地方营业税。有些国家会加重征税，目的是拿走在这个国家获取的利润。

(2) 项目会被征收什么样的地方销售税、物业税、增值税或其他税收，其中增值税是在税金基础上加收的税费。例如，承包商购买材料和设备需要支付增值税，而业主支付合同款项时又一次支付增值税。有时增值税可以获得退税，但是如果业主直接购买材料(在进口时获取所有权)可以不用缴纳增值税。

2. 保险

保险费是工程项目不可避免且必须发生的费用，为了准确预测出该部分的费用，应该了解并落实下列事项：

(1) 工程项目必须购买的保险有哪些，有什么具体的要求(如雇主责任保险、第三者责任险的最低投保限额)。

(2) 是否允许购买商业保险；如果不允许，可能需要联系项目所在国的政府机构购买保险，而不是向项目承包商常用的保险公司购买。

(3) 是否要求为国际货运损失购买特殊的保险；海洋货运保险可能涵盖将货物运输至现场，但通常不包括由于设备丢失导致项目延期的保险。为此需要为建设期延迟、应急更换设备的费用进行投保。

(4) 项目所在国是否可以使用信用证；如果不能，则可能要求使用某种类似的信用凭证。

（九）工程分包

工程分包应重点考虑业主指定分包以及必须分包给项目所在国企业的工作，主要集中在某些专业，如生产与生活临时设施、打桩、土木建筑、采暖通风(HVAC：Heating，Ventilation and Air Conditioning)、消防、无损检测(NDT：Non-Destructive Testing)、仪表器具校验、脚手架搭拆等。了解与落实当地分包资源与价格情况，搞清楚哪些工作分包更有利于节省费用和项目顺利实施，对于费用估算工作十分必要。

(十) 业主相关的费用

业主为了管理好项目，也会发生与承包商费用相对应的费用，可能的费用项主要有：

(1) 直接费：业主与承包商或者分包商一样，也会发生一些直接费用。直接费可以按照前述的设备与大宗材料费、劳动力费、施工机械设备费等进行分解。

(2) 拆除：项目所在区域内现存设施或其他障碍物的拆除。如果直接费中未包括，则应单独列项。

(3) 项目管理费：

1) 项目管理人员的费用：包括项目管理、施工监理、安全、现场工程师、采购、合同、运营支持、会计核算、行政管理、资料管理、咨询师等人员的费用；

2) 个人劳动防护装备：如安全帽、靴子、阻燃套装等；需说明是否由业主为承包商提供，或由承包商为业主提供这些劳保用品；

3) 生产与办公临时设施及运行费：包括业主管理人员办公所需的办公设施、办公设备、通讯费、差旅费、会议费，以及业主的设备材料堆场、仓库设施与管理等费用。

(4) 项目设计：

1) 业主直接雇佣人员及其费用；

2) 业主雇佣的外部承包商或服务(不包括 EPC、EPCM 承包商等)；

3) 技术输出方的工程开发和设计(不包括技术购置费或专利费)；

4) 编写工程设计与采购规格书的统一规定(如果需要)。

(5) 操作人员及其费用：

1) 许可费用，包括工程日常热操作和冷操作许可；

2) 设计检查；

3) 设施关停或启动费用，如盲断、清洗、蒸汽吹扫、烘炉、冲洗等费用；

4) 操作人员培训。

(6) 试车和开车：

1) 试车/开车人员费用；

2) 服务和咨询；

3) 材料和供货；

4) 施工机械设备/机具的租赁；

5) 初始原料费用和工艺废品费用；

6) 润滑油、化学品、干燥剂等。

(7) IT 设施：

1) 网络设施和设备；

2) 办公硬件；

3) 标准办公软件；

4) 专业应用软件(如 Primavera、AutoCAD、文档管理等)；

5) 视频接收塔、基站和许可证(包括扩音对讲系统)。

(8) 土地费用：仅指土地购置。项目建设期间的临时占用土地租赁费属于间接费。

(9) 项目其他管理费：

1) 管理和审批；

2) 公关和宣传；

3) 向政府和/或土地所有人办理道路通行证和许可证等；

4) 技术购置费以及专利费；

5) 保险费和可扣除免税项目；

6) 融资和利息费用；

7) 外汇费用，非特殊采购或合同项目部分；

8) 计入项目的汇率避险费用；

9) 企业管理费摊销；

10) 财产税(如果项目建设期间需要支付)；

11) 法律服务；

12) 未包含的关税应计入国际采购费用项，且可减免的关税也应计入各相应的费用项中；

13) 国际项目对当地雇员的培训和培养费用。

(10) 固定资产采购(如果未计入直接费或间接费时)：

1) 备件(含建设、试车、开车、操作运转等期间的备件)；

2) 初始库存；

3) 家具(如果建筑物中不包括)；

4) 移动设备(如叉车、汽车等)；

5) 催化剂和化学药剂(如果没有另外包含)。

(11) 公用工程及消耗：

1) 电；

2) 水；

3) 气/汽；

4) 废物或废水处理，脱盐水处理。

(12) 环境治理和监控：

1) 受污染或有害土壤的改良；

2) 空气、土壤、水质的监控；

3) 清除石棉和铅涂料。

(13) 国际运费：国际运费及相关费用应包括税费和关税，按照可能出现的费用进行收缴，需要和更多当地资源进行精确比价。可能会需要专用的追踪代码来区分货物的自身价值和相应的物流运输费用。

(十一) 其他因素

1. 进度

(1) 项目动遣时间需要多长。如果要设立基地、营地、进口设备，项目动遣所需时间可能较长。

(2) 设备交付时间对进度有什么影响。应考虑为进口设备留出足够长的交付时间，包括海运、卸货、清关和运送到现场的时间。如果港口设施不能满足要求，可能需要准备自卸码头或添加港口设施。

(3) 天气是否会对计划进度产生影响。如热带地区的季风期可能会延误进度。

(4) 当地的生产力、工作习惯、文化、宗教(如祈祷时段)、工作能力和教育水平会对进度产生什么样的影响。

2. 当地基础设施要求

(1) 当地是否能够提供供水、排污、电力和其他服务；如果不能，是否需要在现场建设与配备相应的设施(如发电机)。如在沙特，当地通常能够提供供水，却是经过海水淡化的水，可能不适于直接饮用。

(2) 是否通有高速公路和/或铁路，能否满足要求或是否需要改造。例如，公路和桥梁可能无法承载大的荷载，大型设备运输需要对部分道路与桥梁进行加固。

(3) 是否需要重新安置居住在项目现场的居民，重新安置有什么要求。通常必须考虑重新安置居民的费用，并为他们提供住所。如我国为了建设三峡大坝重新安置了 113 万居民。

(4) 当地港口是否有足够能力处理项目货物，水深和码头是否符合要求，起重机是否能够处理大型设备，是否需要自卸船或货物驳船。

3. 工程进度付款(现金流)

(1)预付款比例是多少。比较常见的工程预付款为合同额的 10%～20%。发展中国家的承包商往往缺乏现金，可能要求支付较多的预付款，以补充执行项目的资金。当地金融机构可能不能为承包商提供资金，即使提供，利息也可能很高。

(2) 如果由外国政府提供付款，每一期的付款周期有多长。官僚主义可能导致付款发票处理时间非常长。

(3) 准备用何种货币支付。如果使用项目所在国货币支付，则应考虑兑换费用。有时可能无法兑换成国际流通货币。

(4) 如果使用项目所在国货币支付，是否存在汇率剧烈变动或由于政府政策变化影响汇率的风险。例如，亚洲的四个国家(泰国、菲律宾、马来西亚和印度尼西亚)在 1997 年遭受了 30%或更高的货币损失，而在此之前，这些国家的货币汇率一直相当稳定。

(5) 本地劳动力工资的结算方式，是日结、周结还是月结。

4. 法律追索

(1) 如果项目所在国的业主通过取消项目、不支付或破产等方式不履行合同，承包商可以进行什么样的法律追索。

(2) 当地分包商不作为，承包商可以进行什么样的法律追索或诉讼。

(3) 是否需要政府审批或颁发许可证。通常在项目启动前必须获得许多政府机构的批准。例如，在哈萨克斯坦，工程建设项目开工要取得地方与中央政府几十个不同的建设许可。

5. 社会体系

(1) 当地有哪些节假日。

(2) 是否需要在工作现场提供家庭住房。例如，印度尼西亚就鼓励提高家庭地位。

(3) 当地的宗教习俗是否会影响工程项目进度。例如，是否习惯于在固定时段做祈祷。

(4) 当地的工作习惯如何。比如在某些国家有较长的工作午休时间(如墨西哥和拉美国家)或锻炼时间(如日本，每天有 0.5h 的锻炼时间)。

五、费用估算的主要影响因素

项目经济规模日益增大，项目实施的过程趋向于国际化，市场竞争也越来越全球化。因此，对费用估算产生影响的因素也越来越多，需要考虑的主要影响因素包括：

(1) 技术进步；

(2) 通货膨胀；

(3) 潜在的价格控制政策与措施；

(4) 安全和环保方面的法律法规；

(5) 社会因素；

(6) 货币价值的波动；

(7) 进出口因素；

(8) 税收和贸易壁垒；

(9) 物价上涨等因素。

六、流程工业 EPC 项目费用组成示例

虽然国际上没有也不可能有统一的工程建设项目费用构成与分类方法，但原则上说各种费用分类方法大同小异，且基本上一致。建设工程项目具体采用何种费用分类方法并不重要，只要做到既符合国际上大多数企业、协会组织的习惯做法，又能确保各费用组成项之间不重叠、不遗漏就行。

下面以流程工业 EPC 项目费用估算为例，结合国际工程公司的习惯做法，给出比较适合流程工业 EPC 项目的费用分类与组成，如表 1-3 所示。相应的工程费用层次结构见图 1-2。除非另有特别指明，第四章以后章节中涉及费用估算项所包括的费用范围均按表 1-3 解释。

流程工业 EPC 项目工程费用组成　　　　表 1-3

序号	费用名称	备注
(一)	**直接费**	
1	设备材料费	
(1)	设备采购费	
(2)	大宗材料采购费	
(3)	采购直接相关费用	
2	施工费	
(1)	直接施工费	

续表

序号	费用名称	备注
1)	土建	
2)	建筑物	
3)	钢结构	
4)	设备	
5)	管道	
6)	电气	含电信
7)	自控仪表	
8)	绝热防护	
9)	大型机械	
(2)	施工间接费	
3	专项工程分包费	
(二)	**间接费**	
1	设计费	
2	项目管理服务费	
3	项目通用费用	
(1)	EPC临时设施	
(2)	动遣费	
(3)	HSE* 费	
(4)	工程保险费	
(5)	财务费用	
(6)	其他费用	
4	总部管理费	
(三)	**试车开车费**	
(四)	**项目其他费**	
1	专利与培训费	
2	2年内备品备件	
3	其他业主费用	
(五)	**风险费**	
1	涨价费	
2	不可预见费	
3	利润	
(六)	**税费**	

*注：HSE费指工程项目中有关健康(Health)、安全(Safe)、安保(Security)、环保(Environment)等方面投入的费用。

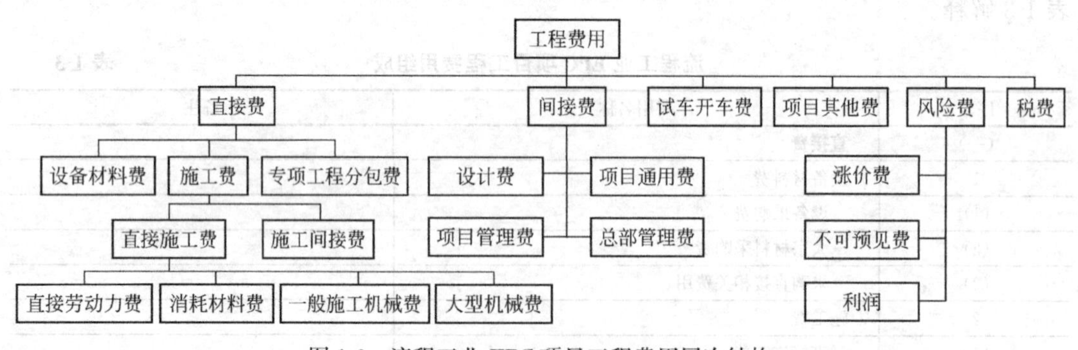

图1-2 流程工业EPC项目工程费用层次结构

图 1-2 与图 1-1 不同之处主要在于：

(1) 将直接费重新归集，直接费按设备材料费、施工费和专项工程分包费划分。

(2) 对间接费进行适当拆分。按照 EPC 项目承包商计价的特点，并根据大多数项目业主对 EPC 项目报价内容构成的要求，将风险费和税费从间接费中分离出来单列，并增加了机械完工后的试车和开车费用，以及与业主相关的"项目其他费"。

(一) 直接费

直接费由设备材料费、施工费和专项工程分包费组成。

1. 设备材料费

设备材料费是指构成流程工程永久性实体的设备和大宗材料的采购及其相关的费用，由设备采购费、大宗材料采购费和采购直接相关费用组成。

(1) 设备采购费：设备是压力容器、换热器、贮罐、工业炉、机械设备、成套设备和其他特殊设备等的统称；设备采购费是指上述设备的货价(通常指制造厂商的出厂价)。

(2) 大宗材料采购费：大宗材料是构成工程项目实体的钢筋、混凝土、砂石料等地方建材，以及型钢、钢结构，管道及配件，暖通(HVAC)设备材料，电气、电信类设备材料，仪表类设备材料，防腐、绝热、防火等材料的统称；大宗材料采购费是指上述材料的货价及必要的包装费。

(3) 采购直接相关费用：对于非项目所在国采购的设备材料，是指从设备材料供应厂商到出口港口的运费、包装费、出口港至进口港的国际运费、运输保险费、银行财务费、外贸手续费、关税、进口增值税、消费税、商检费、检疫费、海关监管手续费、车辆购置附加费、货代、清关服务，以及在项目所在国国内从进口港运输至工程项目现场/仓库/堆场所发生的运输费、运输保险费、装卸费、保管费和所在港口发生的费用等；对于项目所在国采购的设备材料，则是指从设备材料供应厂商到工程现场的包装费、运输费、运输保险费、装卸费、采购保管费。采购直接相关费用按费用性质可分为物流费用和进口环节税(含海关征收的关税和代征的增值税、消费税)。

2. 施工费

施工费由直接施工费和施工间接费组成。

(1) 直接施工费是指完成设计图纸中的建筑、安装工程施工所发生的直接劳动力费、消耗材料费以及施工机械使用费，包括脚手架的搭设与拆除和大型机械费。

直接施工费按专业可划分为以下八类：

1) 土建：包括场地准备、清理、桩基、土石方挖掘以及回填、就地现浇混凝土与预制混凝土件安装、道路与铺砌、防护栏、围墙、环境美化等的施工费用；

2) 建筑物：包括各种建筑物(棚)相关的土方、基础、上部结构、建筑物内装修装饰、给水排水、照明配电、保温隔热，以及 HVAC、室内水电系统的施工费；但不包括桩基和建筑物内的设备基础费用；

3) 钢结构：包括设备钢框架、支撑架、操作平台、管廊架，以及梯子、平台、栏杆等的制作安装费用；

4) 设备：包括塔、反应器、容器、换热器、空冷器、泵、压缩机、风机、工业炉、锅炉、特殊设备、杂项设备等的安装，以及必要的现场衬里砌筑施工；

5）管道：包括管道、阀门、管配件和支吊架的制作安装，有时消防和给水排水管道作为独立的专业予以单列；

6）电气（含电信）：包括变配电、照明、接地、电缆电线、桥架、阴极保护系统和远程通讯等的安装，有时电信作为独立的专业予以单列；

7）自控仪表：包括控制盘、现场仪表、控制阀、仪表管路、仪表电缆等的安装；

8）绝热防护：包括绝热、防腐、防火和衬里砌筑的施工。

施工机械使用费往往分列为一般施工机械费和大型机械费；也就是说，大型机械费通常从施工机械使用费中分离出来单独列项。脚手架搭设与拆除所需劳动力和脚手架材料（摊销或租赁）则分别计入直接劳动力费和消耗材料费中。

从而上述八个专业的直接施工费通常只包括直接劳动力费、消耗材料费和一般施工机械费。

大型机械费包括必须使用的大型机械（指150t以上的大型起重机械，或运输能力在60t以上的运输机械）的进出场费（含内陆与国际运输、保险、清关、临时进口关税的保函费等）、组装/拆除/移位费、使用或租赁费、燃料动力费、吊装场地与大型机械行走道路的加固/处理费、方案编制与评审费、吊装试验及取证等费用。

（2）施工间接费：指支持直接施工作业的相关费用，包括施工现场管理所需的施工间接管理劳动力费用、现场施工生产与办公临时设施以及生活临时设施的建设/租赁及其运行费用、施工现场费用（含设备材料的卸车与二次倒运、HSE费和上下班交通费等）、施工人员与机械设备的动遣等费用；分包工程的施工间接费还需包括施工企业管理费与利润，但应将税费和工程保险拆分出来归入对应费用项。

3. 专项工程分包费

专项工程分包是指将EPC项目中的某一专项工程（如场内铁路、HVAC、消防、NDT等）以EPC、EP、PC或C分包给具有相应资质条件分包商所需的费用，该专项工程分包可以是供应工程项目所需的设备、材料并负责设计和/或安装，以及提供技术服务等。工程项目分单元、区域或专业切块分包的，则应将费用拆分后分别计入相应专业的材料采购或施工费。单纯的设计分包应列入设计费；设备采购合同中如含有基于工程设计图的装配/组装设计或现场施工作业，则可一并计入设备采购费。

（二）间接费

间接费由设计费、项目管理服务费、项目通用费用和总部管理费组成。

1. 设计费

设计费是指与承包项目前端工程设计（FEED：Front End Engineering Design）和/或详细设计（DD：Detail Design）等有关的设计人工时费和其他设计费用，包括与项目工程设计相关的所有总部或现场专业设计与支持人员的人工费、办公费、IT设施的硬件与软件费、项目差旅（不含动员、撤离或按规定回国休假的差旅）和设计分包等费用，但不包括参与项目管理的设计管理人员的人工时费用。

2. 项目管理服务费

项目管理服务费是指在总部和/或现场参与EPC工程项目的设计、采购（含委托第三方驻厂或访厂检验服务）、施工等管理与控制团队的人工时费用，通常按工作地点划分为总部项目管理服务费与现场项目管理服务费。

3. 项目通用费用

项目通用费用包括 EPC 临时设施费、动遣费、HSE 费、工程保险费、财务费和其他费用。项目通用费用不包括工程施工或专项工程分包所涉及的生产与生活临时设施、人员与施工机械设备动遣等费用。

(1) EPC 临时设施费指总承包商为实施工程项目管理所必需的生活和生产用临时建筑物、构筑物和其他临时设施费用等，包括总承包商的办公与生活设施(含现场 IT 办公的硬件、软件费用以及国际通信专线租用费)、仓库与堆场等生产设施的建设或租赁费用，以及生活、生产与办公临时设施正常运行所需的费用(包括但不限于办公设备与家具购置，办公用品与消耗，网络及通讯，行政用车辆、燃料及司机，供水、供电与排污，清洁、保安与仓库保管人员等费用)。

(2) 动遣费指总承包商组织其项目管理服务与设计人员以及有关设施/设备从驻地到项目现场的动员与撤离相关费用(如护照办理、体检、签证、工作签指标、国内与国际差旅费等)，以及项目执行期间项目管理服务与设计人员按规定回国休假所发生的国内与国际差旅费用。

(3) HSE 费指总承包商为加强项目的健康(Health)、安全(Safe)、安保(Security)、环保(Environment)等方面的管理工作，对人与环境的保护采取必要的措施(如环境保护、个人安全防护、现场急救设施与医疗服务等)，以及有关激励政策需发生的费用。

(4) 工程保险费指依据项目所在国法律和工程合同规定应支付的保险费，通常包括工程一切险、第三者责任险、雇主责任险、团体人身意外伤害险和机动车辆险等；但雇员的社会保险(如工伤保险、医疗保险、养老保险、失业保险等)应计入劳动力工资费率，货物运输保险应计入采购直接相关费用。

(5) 财务费指 EPC 工程项目执行期间发生的短期贷款利息净支出、金融机构手续费和汇兑损失等，通常包括银行保函手续费、汇兑损失、融资利息、贷款利息等。

(6) 其他费用指执行工程 EPC 总承包项目必须发生但不包括在上述费用项目内的工程施工许可、项目外协调、律师、代理等有关费用。

4. 总部管理费

总部管理费指承包商生产经营所必须发生的一般费用，包括但不限于行政管理费用、固定资产、办公费用、软件等费用的分摊。

(三) 试车开车费

试车开车费指试车、开车期间(即机械完工到打通工艺流程、出合格产品直到生产考核结束)发生的劳动力支持与服务费和有关材料费用，包括试车与开车期间的支持性人工时费用以及使用的大宗材料与施工机械使用费，水、电、气、汽、风、燃料、润滑油等公用工程消耗，备品备件和初装催化剂与化学品费；通常工艺原料由业主提供，不作为项目费用。

(四) 项目其他费

项目其他费由专利与培训费、2 年内备品备件和其他业主费用组成。

1. 专利与培训费

专利与培训费包括：专利技术转让或使用费、专利商技术服务费；培训业主方人员费用，业主参与培训人员的工资及差旅费；但不包括承包商雇员的培训费用。

2. 2年内备品备件费

2年内备品备件费指按业主要求由总承包商提供的，在装置开车后1年或2年运转期间所需的备品备件，以及特殊设备备件。

3. 其他业主费用

其他业主费用指按业主要求由总承包商提供但未包括在上述各项目中的费用，包括但不限于为业主提供服务、临时设施(含 IT)与运行费用，以及装置维护与运行费等相关费用，但土地通常由业主负责。

(五) 风险费

风险费由涨价费、不可预见费和利润组成。

(六) 税费

税费是指按照项目所在国和我国税法应缴纳的营业税、增值税等与工程项目承包有关的各种税及其附加，但不包括各类所得税以及设备材料的进口环节税(指进口关税、增值税和消费税)。

第三节 估算类型与精度

估算类型及其精度取决于很多因素，其中包括估算目的、项目熟悉程度以及估算所需花费的时间和工作量。然而，估算所得的项目费用不是精确数字。估算的精度和可靠性完全取决于定义的项目范围是否合适，以及估算所需花费的时间和工作量。

任何估算结果也不可能达到99.9%的确定性，实际费用一般很少等于估算费用，项目的最终费用不是比估算费用多就是比估算费用少，实际费用与估算费用之差可能非常小，但肯定会有差别。依据费用估算作出项目决策时，必须时刻谨记此事实。只有在项目完成且所有款项已支付并经结算之后，才能确定费用估算的正确性。

一、估算精度

估算精度是指某一已知项目最终费用结果与估算费用差异程度的指标。换言之，估算精度是指随工程进展，在相应阶段所编制的费用估算额相对于最终项目实际费用的差异率。

费用估算是关于拟定项目在特定工作范围内对最终费用的预测。就其本质而言，费用估算具有不确定性，因此也就存在实际费用超出或低于预计费用的可能性。鉴于费用估算具有或然性的本质，不应该把费用估算看成一个单点数值或费用。相反地，费用估算实际反映的是一系列可能出现的费用结果，在估算范围内的各个费用数值都有可能会出现。

但在通常情况下，费用估算的结果都是一个单一数值。如运用能力指数估算法进行概念性估算，则会用计算所得的一个单点数值表示估算费用；在进行详细费用估算时，需要运用若干估算公式，但最后计算得出的总费用估算还是一个单点数值。应该认识到该单点数值具有不确定性，而费用估算本身具有或然性。

大多数费用估算的最终用户都要求估算人员在一系列可能的数值中确定一个单点数值。例如，当利用费用估算确定项目资金额或预算时，必须确定表示估算费用的一个数值。考虑到费用估算的不确定性，通常还会在之前计算得到的单点数值上再加上一定数额(即不可预见费)后得出最终估算费用。在确定代表最终估算费用的单点数值时，必须考虑诸如估算费用的范围、置信水平、风险问题及其他因素。

费用估算精度表示项目最终费用偏离估算费用单点数值的程度。应该把精度理解为或然性评定，用于衡量项目最终费用与代表估算费用的单点数值之间的偏离程度。精度通常用接近点估算的正负百分比范围表示，并说明实际费用落在上述范围之内的置信水平。用正负百分比范围衡量费用估算的精度是一个有用的简化方式，在实际应用中，每项费用估算的概率分布情况都不同，这些概率分布情况说明了各项费用估算的不确定性程度。

随着用于费用估算编制的项目定义越来越完整，费用估算的精度也随之提高(即可能的数值范围随之缩小)。通常情况下，项目定义的完整程度与工程进展密切相关，因此，随着工程进展的推进，费用估算的精度也随之提高。图 1-3 用于解释流程工业工程估算精度与设计完成深度之间的关系，图 1-3 中阴影区表示各阶段的费用估算精度范围，变化取决于项目技术的复杂程度以及项目定义与估算数据的质量。

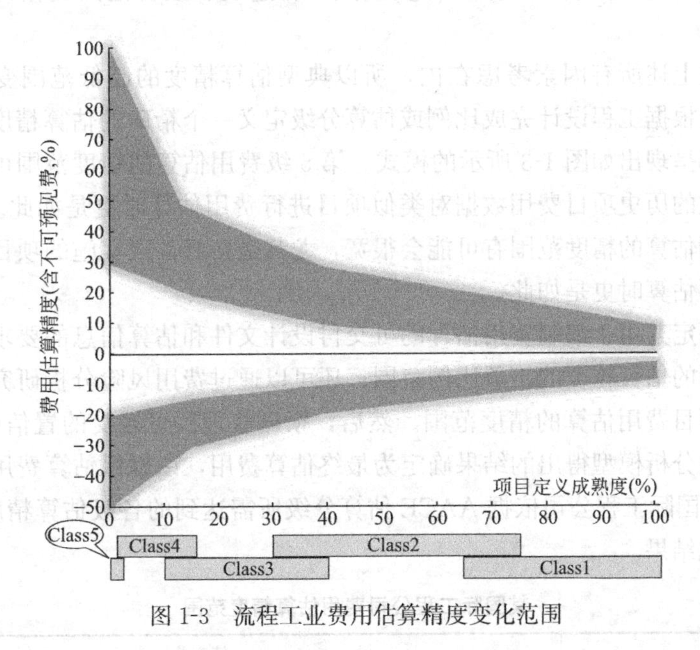

图 1-3 流程工业费用估算精度变化范围

正如美国 AACE 关于费用估算分级推荐实践所述，任何费用估算或任何类型的费用估算都没有一个绝对标准的精度范围。对于流程工业来说，AACE 对五级估算预计的精度范围要求如下：

5 级(Class 5)：考虑到项目技术的复杂程度、相应的参考信息及确定的不可预见情况，低区间及高区间上的 5 级估算精度范围一般分别为－20%～－50%及＋30%～＋100%，但异常情况下所涉及的具体区间有可能超过上述范围。

4 级(Class 4)：考虑到项目技术的复杂程度、相应的参考信息及确定的不可预见情况，低区间及高区间上的 4 级估算精度范围一般分别为－15%～－30%及＋20%～＋50%，但异常情况下所涉及的具体区间有可能超过上述范围。

3 级(Class 3)：考虑到项目技术的复杂程度、相应的参考信息及相应的不可预见情况，低区间及高区间上的 3 级估算精度范围一般分别为－10%～－20%及＋10%～＋30%，但异常情况下所涉及的具体区间有可能超过上述范围。

2 级(Class 2)：考虑到项目技术的复杂程度、相应的参考信息及相应的不可预见情况，低区间及高区间上的 2 级估算精度范围一般分别为－5%～－15%及＋5%～＋20%，但异常情况下所涉及的具体区间有可能超过上述范围。

1 级(Class 1)：考虑到项目技术的复杂程度、相应的参考信息及确定的不可预见费情况，低区间及高区间上的 1 级估算精度范围一般分别为－3%～－10%及＋3%～＋15%，但异常情况下所涉及的具体区间有可能超过上述范围。

工程设计完成比例(或项目定义的完整程度)是决定估算精度的重要因素，除此之外，估算精度还受到很多其他因素的影响。这些因素包括项目采用的新技术、用于编制费用估算的参考费用数据信息质量、估算人员的经验和能力、采用的估算技巧、预计用于费用估算的时间和投入以及费用估算的最终用途。其他影响估算可靠性的重要因素包括项目团队对项目进行控制的能力，以及按照项目进展和项目范围变化调整费用估算的能力。

因为需要把上述所有因素考虑在内，所以典型估算精度的高低范围变化并不完全确定，不可能仅仅根据工程设计完成比例或估算分级定义一个精确的估算精度范围。不是所有的费用估算都呈现出如图 1-3 所示的模式。第 5 级费用估算的精度范围可能会很窄，尤其是在利用有效的历史项目费用数据对类似项目进行费用估算时更是如此。相反地，第 3 级或第 2 级费用估算的精度范围有可能会很宽，尤其是在对首次实施的项目或引进新技术的项目进行费用估算时更是如此。

企业应该评定其用于编制费用估算的可交付设计文件和估算信息的要求，确定各级费用估算所应达到的估算精度的正负比例范围；还可以通过费用风险分析研究，确定根据上述信息得出的项目费用估算的精度范围。然后，根据管理层可接受的置信(或风险)水平，把依据费用风险分析模型得出的结果确定为最终估算费用，以确保估算费用不超出项目预算。表 1-4 是某国际工程公司依据 AACE 估算分级所需达到的各级估算精度要求，图 1-4 所示为其图示化结果。

某国际工程公司费用估算精度范围 **表 1-4**

等级	精度范围	
	低值	高值
OOM	−50%	100%
5	−35%	50%
4	−25%	30%
3	−15%	20%
2	−10%	12%
1	−5%	8%

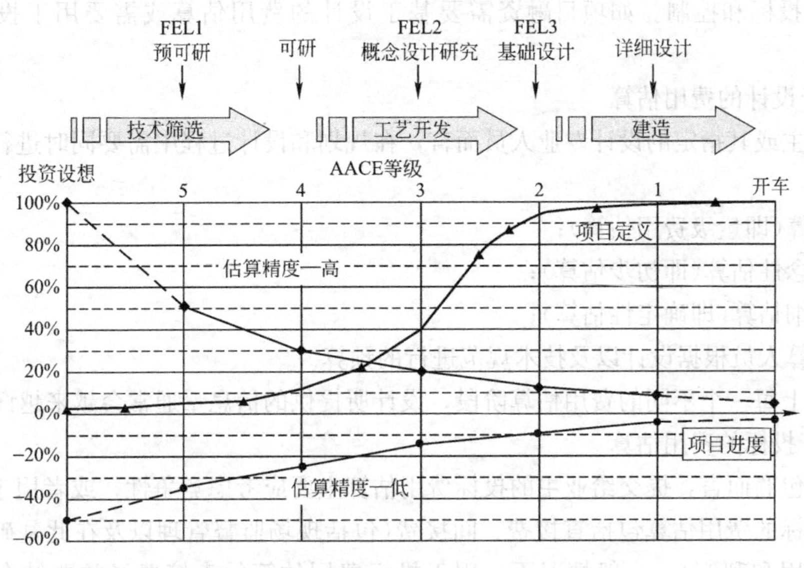

图 1-4 某国际工程公司费用估算分级与精度要求

对于早期概念性估算来说，设计基础差异对费用的影响最大。估算工具和方法虽然重要，但通常不是导致项目早期阶段估算精度低的主要问题。在项目的早期阶段，估算工作的重点应该放在建立并完善设计基础之上，通常不宜考虑采用更详细的估算方法。

在考量潜在项目时，需要在项目生命周期的各个重要阶段决策是否继续开发该项目，这就需要在项目所处的相应阶段进行费用估算，以提高估算精度。因此，费用估算会在项目生命周期各个阶段中重复进行，特别是在确定、修改和完善项目范围时均需进行费用估算。

很显然，费用估算对于项目成功至关重要。拟定项目的资本投资是衡量项目经济可行性和是否投资该项业务的关键性决策因素。对于业主来说，如果费用估算不准确，就可能无法实现资本投资的财务收益，甚至会使业主不能投资其他值得投资的项目。显而易见，要更好更有效地利用业主有限的预算资本，做好费用估算是决定性的基础。

对于承包商来说，准确的费用估算同样重要。在固定总价投标中，承包商的毛利润取决于其费用估算的精度。对于规模特别大的项目，如果总价投标的费用估算不准确，那么承包商有可能面临破产危机。如 1997 年亚洲金融危机期间，日本的千代田化工建设株式会社曾经面临过类似危机。对采用成本加利润方式结算的项目，费用估算不准确虽然不会给承包商带来太大的直接经济风险，但却可能严重损害承包商的声誉。

二、估算类型

由于不同企业对费用估算的要求不同，对费用估算也就存在不同的观点。虽然工程项目有许多不同阶段的费用估算划分方法，但是工程项目费用估算侧重于以下三个阶段：设计、投标和控制。如项目融资需要基于设计的费用估算或需要用于投标的费用估算。

1. 基于设计的费用估算

对于业主或其指定的设计专业人员而言，在规划和设计过程中需要同时进行以下费用估算：

(1) 匡算(即量级费用估算)；

(2) 概念性估算(即初步估算)；

(3) 详细估算(即确定性估算)；

(4) 估算人员根据设计以及技术规范进行的预算。

对于以上每一个不同的费用估算阶段，设计所提供的信息量通常会越来越详细。

2. 用于投标的费用估算

对于承包商而言，提交给业主的投标费用估算主要应考虑竞争性，或者用于与业主谈判。用于投标的费用估算包括直接费、间接费(包括现场监督管理以及在此基础上增加的总部管理费用和利润)。一般情况下，用于投标费用估算的直接费经常要结合以下内容计算：

(1) 根据分包商的报价；

(2) 估计的工程量；

(3) 项目执行方案与策略。

3. 用于控制的费用估算

为在项目执行过程中进行管理监控，需要根据以下信息编制用于控制的费用估算：

(1) 融资预算估算；

(2) 签订合同之后、开工之前的费用预算；

(3) 完工之前的费用估算。

美国国家标准协会(ANSI，1991年)定义了三种估算类型，包括量级估算、初步估算和确定性估算。

第一类为量级估算。此类估算在项目最早阶段完成，也称为筛选性估算。通常由业主、运营商或开发商实施，旨在确立适当的投资水平，同时可用该信息计算投资回报率或预算费用。此类估算目的是决策该项目是否应该进入下一阶段或终止。在此阶段对项目进行估算，有助于确定项目下一步拟开展工作的定位。

量级估算预期的精度范围在－30％与＋50％之间。量级估算通常建立在费用-生产能力曲线和费用-生产能力比率的基础上，而且不需要开展任何设计工作。

第二类为初步估算。是指完成初步设计之后进行的费用估算，也称为概念性估算。此估算由业主、运营商和开发商实施，但可能会涉及管理承包商和总承包商，旨在更准确地确定投资水平。初步估算用于制定预算或确定拨款需求。目的是要确定是否继续开发项目，还是要相应缩减费用估算，以符合投资回报率的阈值。

初步估算的精度范围在－15％与＋30％之间，通常在设计工作完成5％～20％时，才允许进行初步估算。

第三类为确定性估算，也称为控制估算，一般在项目开发的最终阶段完成。此时项目基础设计、甚至是详细设计已完成，设计已确定了项目的所有细节，以便总承包商或供应商可就施工或供货提供真实的价格。此估算旨在确定费用参考点或投标价格，并将与实际工程费相比较，故此估算也称为控制估算。大部分控制估算的精度在±10％以内。

确定性估算需要有确定的工程数据，如现场数据、技术规格、基本图纸、详细设计图和设备报价等，通常在设计工作完成20％～100％时，才允许实行确定性估算，确定性估算的精度范围应该在－5％～＋15％之间。

精度范围分布的不一致性(如－5％～＋15％，而不是－10％～＋10％)反映出一个事实，大部分估算都趋向于比实际费用低，而不是比实际费用高。

三、估算分级

(一) 估算分级

费用估算分级通常说明各种费用估算的整体成熟度和质量，大多数企业都会使用某种形式的估算分级系统，对项目生命周期各阶段编制的各种项目费用估算进行分级。但令人遗憾的是，不管是在不同行业之间，还是在某个企业内部，人们既没有统一费用估算分级所使用的术语，也没有对所用术语一致的理解。

美国AACE制定了《费用估算分级系统》(AACE 17R-97)，提供了关于费用估算分级基本原则的一般导则，可供各行业使用。

《费用估算分级系统》(AACE 17R-97)用成熟度和质量矩阵表示项目费用估算的各个阶段和步骤，为描述和区分各种费用估算提供了基准点。该矩阵定义了各阶段费用估算所需的具体输入信息(即设计和项目可交付文件)，矩阵还规定了定义估算范围的要求，介绍了用于编制各种费用估算的估算方法。

AACE提出将美国国家标准协会(ANSI)的估算分级扩展为五个等级，其精度等级以作出预算时的项目定义为基础(AACE，1997年)。各级估算的精度取决于项目技术的复杂程度、采用的参考资料以及确定的不可预见费。然而，一旦发生任何异常情况，估算的精度范围会超出给定的精度范围。

AACE定义的五级费用估算，第5级费用估算对应于确定程度(或项目成熟度)最低的项目，而第1级费用估算对应于确定程度最高的项目。AACE推荐费用估算实践使用五个特征来区分各种费用估算：

(1) 项目确定程度，用项目定义完整程度的百分比(％)表示；

(2) 费用估算的最终用途；

(3) 估算方法，指常用的费用估算方法；

(4) 估算的精度，精度范围明显受所采用技术情况和相关费用参考数据的影响，正负值表示对特定范围进行相关分析(置信水平通常为50％)后，实际费用与估算费用之间的比例差异；精度指标值的最佳范围为－5％～＋10％(即AACE 1级)；

(5) 编制费用估算所需的工作量，编制费用估算的工作量大小很大程度上取决于项目的规模以及估算数据和工具的质量。

费用估算级别通常取决于项目确定程度，因此用于确定费用估算级别的主要特征是项目确定程度，其他特征是“次要”特征。项目费用估算分级矩阵详见表 1-5。

通用项目的费用估算分级矩阵 表 1-5

估算分级	主要特征	次要特征			
	项目确定程度	最终用途	估算方法	期望的精度范围	编制估算的工作量①
5 级	0%～2%	筛选或可行性研究	随机模型或专家判断	低：−20%～−100% 高：40%～200%	
4 级	1%～15%	概念性研究或可行性研究	主要使用随机模型	低：−15%～−60% 高：30%～120%	0.01%～0.02%
3 级	10%～40%	预算、批准或控制	混合估算，但主要还是使用随机模型	低：−10%～−30% 高：20%～60%	0.015%～0.05%
2 级	30%～75%	控制或招标/投标	主要是确定估算	低：−5%～−15% 高：10%～30%	0.025%～0.1%
1 级	65%～100%	检查估算或招标/投标	确定估算	−5%～+10%	0.05%～0.5%

注：① 编制费用估算的工作量大小用项目估算总费用的百分比来表示。

对于不同行业，可以依据通用项目的费用估算分级矩阵，结合行业自身的规律与特征，确定行业具体的费用估算分级矩阵。例如，对于从事化学品、石化产品、纸浆/纸张生产制造以及烃加工的流程工业，其费用估算分级均主要依据工艺流程图（PFD：Process Flow Diagram）、公用工程流程图（UFD：Utility Flow Diagram）和管道仪表流程图（P&ID：Piping and Instrumentation Diagram）来定义项目范围，这些文件是确定流程工业项目定义程度、估算输入信息范围和成熟度以及费用估算类型的关键可交付文件。流程工业具体的费用估算分级系统见表 1-6，估算分级与输入信息及成熟度之间的关系见表 1-7。

流程工业的费用估算分级矩阵 表 1-6

估算分级	主要特征	次要特征			
	项目确定程度	最终用途	估算方法	期望的精度范围	编制估算的工作量①
5 级	0%～2%	概念筛选	能力系数估算法、参数模型法、专家判断或类比估算法	低：−20%～−50% 高：30%～100%	0.005%
4 级	1%～15%	研究或可行性研究	设备系数估算法或参数模型法	低：−15%～−30% 高：20%～50%	0.01%～0.02%
3 级	10%～40%	预算、批准或控制	计算半详细汇总项的单价	低：−10%～−20% 高：10%～30%	0.015%～0.05%
2 级	30%～75%	控制或招标/投标	计算硬性详细工料估算项的单价	低：−5%～−15% 高：5%～20%	0.02%～0.1%
1 级	65%～100%	检查估算或招标/投标	计算详细工料估算项的单价	低：−3%～−10% 高：3%～15%	0.025%～0.5%

注：① 编制费用估算的工作量大小用项目估算总费用的百分比来表示。

流程工业用估算输入检查清单和成熟度矩阵　　**表 1-7**

	AACE 费用估算分级				
	5 级	4 级	3 级	2 级	1 级
一般项目数据					
项目范围描述	概述	初步	确定	确定	确定
工厂/设施产能	假设	初步	确定	确定	确定
工厂地理位置	概述	近似	特定	特定	特定
土壤和水文	无	初步	确定	确定	确定
整合项目计划	无	初步	确定	确定	确定
项目主进度计划表	无	初步	确定	确定	确定
涨价策略	无	初步	确定	确定	确定
工作分解结构	无	初步	确定	确定	确定
费用编号	无	初步	确定	确定	确定
承包策略	假设	假设	初步	确定	确定
工程可交付文件					
方框流程图	S/P	P/C	C	C	C
总图		S	P/C	C	C
工艺流程图(PFD)		S/P	P/C	C	C
公用工程流程图(UFD)		S/P	P/C	C	C
管道仪表流程图(P&ID)		S	P/C	C	C
热量与物料平衡		S	P/C	C	C
工艺设备表		S/P	P/C	C	C
公用工程设备表		S/P	P/C	C	C
电气单线图		S/P	P/C	C	C
技术规范和数据表		S	P/C	C	C
设备总体布置图		S	P/C	C	C
备件清单			S/P	P	C
机械专业图纸			S	P	P/C
电气专业图纸			S	P	P/C
仪表/控制系统专业图纸			S	P	P/C
土建/结构/现场专业图纸			S	P	P/C

注：上表列举了流程工业中常见的基本可交付文件。成熟度是指可交付文件可完成的完整程度，可交付文件的完整程度用下列字母表示：

(1) 未开工(空白)——尚未开始进行可交付文件工程设计；

(2) 已开始(S)——已经开始进行可交付文件工程设计，但设计通常尚处于拟定草图大纲或完成早期工作等类似阶段；

(3) 初步完成(P)——可交付的设计文件处于最后阶段，通常已完成了多专业的临时验收；设计即将完成，但尚未进行最终验收；

(4) 已完成(C)——可交付的设计文件顺利通过验收。

行业费用估算分级系统是通用分级推荐实践的补充。将来 AACE 还会制定针对其他行业(例如一般建筑、高速公路建设、软件开发等)的费用估算分级矩阵。

(二) 估算分级比较

各国与工程造价管理有关的协会所采用的估算分级方法及所出版信息不尽相同，为了便于费用估算人员辨别相互之间的区别与联系，有必要进行对照性比较，表 1-8 和表 1-9

分别为分级方法和分级做法的比较，便于费用估算人员在实际工作中参考。

分级方法比较　　表 1-8

<table>
<tr><th>中国建设项目投资估算分级</th><th>AACE 标准</th><th>ANSI 标准
Z94.0</th><th>AACE
Pre-1972</th><th>英国造价工程师协会
(A Cost E)</th><th>挪威项目管理协会
(NFP)</th><th>美国专业估算人员协会
(ASPE)</th></tr>
<tr><td rowspan="2">项目规划阶段
≥±30%</td><td rowspan="4">概念筛选
5 级
低：−20%～−50%
高：30%～100%</td><td rowspan="4">数量级估算
−30%～+50%</td><td rowspan="4">数量级估算</td><td rowspan="4">数量级估算
Ⅳ级
−30%～+30%</td><td>示意估算</td><td rowspan="5">1 级</td></tr>
<tr><td rowspan="2">探索估算</td></tr>
<tr><td rowspan="4">项目建议书
阶段
−30%～+30%</td></tr>
<tr><td>可行性估算</td></tr>
<tr><td rowspan="3">可行性研究
4 级
低：−15%～−30%
高：20%～50%</td><td rowspan="5">概算
−15%～+30%</td><td rowspan="3">研究估算</td><td rowspan="4">研究估算
Ⅲ级
−20%～+20%</td><td rowspan="3">核定估算</td></tr>
<tr><td rowspan="3">2 级</td></tr>
<tr><td rowspan="2">预可行性研究
阶段
−20%～+20%</td></tr>
<tr><td rowspan="2">预算核定/控制
3 级
低：−10%～−20%
高：10%～30%</td><td rowspan="2">初步估算</td><td rowspan="2">总控制估算</td></tr>
<tr><td>可行性研究
设计概算
−10%～+10%</td><td>概算Ⅱ级
−10%～+10%</td><td>3 级</td></tr>
<tr><td rowspan="2">基础设计阶段
设计概算
−5%～+5%</td><td rowspan="2">控制或招投标
2 级
低：−5%～−15%
高：5%～20%</td><td rowspan="3">确定性估算
−5%～+15%</td><td rowspan="2">确定性估算</td><td rowspan="3">确定性估算
Ⅰ级
−5%～+5%</td><td rowspan="3">当前控制估算</td><td>4 级</td></tr>
<tr><td>5 级</td></tr>
<tr><td>详细设计阶段
施工图预算
−5%～+5%</td><td>估算检查或招投标
1 级
低：−3%～−10%
高：3%～15%</td><td>详细估算</td><td>6 级</td></tr>
</table>

分级做法比较　　表 1-9

AACE 分级标准	1988 AACE 会刊	K. T. Yeo，造价工程师，1989	Stevens & Davis，1988 AACE 会刊	P. Behrenbruck，石油技术杂志，1993
5 级	等级Ⅴ	等级Ⅴ，量级估算	等级 Ⅲ	量级
4 级	等级Ⅳ	等级Ⅳ，因子估算		研究估算
3 级	等级Ⅲ	等级Ⅲ，初步估算	等级Ⅱ	
2 级	等级Ⅱ	等级Ⅱ，确定估算		概算
1 级	等级Ⅰ	等级Ⅰ，详细估算	等级Ⅰ	控制估算

四、不同估算等级宜采用的估算方法

5 级估算通常使用随机模型或专家判断法，如单位生产能力估算法、生产能力指数法、朗格(Lang)系数法、汉德(Hand)系数法、参数模型法、专家判断或类比估算法等。

4 级估算主要使用随机模型法、设备系数估算法或参数模型法，如设备系数法、主体专业系数法、朗格系数法、汉德(Hand)系数法、奇尔顿(Chilton)系数法、彼得斯·蒂默豪斯(Peters-Timmerhaus)系数法、格思里(Guthrie)系数法、米勒法、比例估算法及其他参数和模型技术等。

3 级估算大多采用混合估算，但通常采用多种定值法而不是随机方法。3 级估算通常涉及大量的单位费用项，尽管这些费用项可能反映费用的详细程度，但不是由具体的费用细项构成。

2级估算主要是确定性估算，主要采用定值估算法。2级估算编制过程中费用细化程度高，按详细材料统计表列项估算单价。对于尚未定义的项目内容，可在估算过程中将某一假定的详细估计量(强制采用详细内容)作为费用细项，而不采用系数法进行估算。

1级估算主要采用定值估算法。1级估算的编制工作量最大，且详细程度要求最高。所有估算项目通常根据实际设计工作量采用细项费用单价，因此，仅用于项目最重要或最关键部分。

五、费用估算的应用

费用估算的用途有很多种，各估算类型对应估算结果的主要应用包括：

(1) 量级估算：1)可行性研究；2)备选设计选择；3)备选投资选择；4)预算或建造费用预测。

(2) 初步估算：1)预算或建造费用预测；2)核准部分或全部基金。

(3) 确定性估算：1)核准全部基金；2)授权项目的检查；3)编制投标价格。

从投资方的角度来说，对应于AACE分级估算，各级估算结果主要用途如下：

5级估算用于各种战略性业务计划目的，包括但不限于市场研究、初步可行性评估、备选方案评估、项目筛选、项目选址研究、资源需求及预算评估，以及长期资本投资规划等。

4级估算用于各种目的，包括但不限于详细战略规划、业务开发、深度开发阶段项目筛选、备选方案分析、技术经济可行性确认、初步预算审批或下阶段工作审批等。

3级估算一般用于支持所有项目融资要求，是项目“控制估算”的第1个阶段，并据此进行实际费用及资源监控和预算变更。在用更为详细的估算代替之前，3级估算通常用作项目预算。许多业主可能要求编制3级估算，并将其作为费用或计划控制的唯一依据。

2级估算一般用作详细的控制基准，并据此进行所有实际费用及资源监控和预算变更。2级估算应成为变更控制计划的组成部分。

1级估算一般用作最终控制基准的当前控制估算，并据此进行所有实际费用及资源监控和预算变更。1级估算是变更控制计划的组成部分，可用于投标报价价格的检查评估，为供应商或承包商的谈判、索赔的评估及争议的解决提供支持。

除了用于编制项目预算外，费用估算还可有其他用途，例如可作为项目进度计划和费用控制的工具或资源。费用估算不仅仅生成费用预算，在项目实施过程中还起着监管预算使用情况的重要作用。通常来说，“工程造价”要处理的就是费用估算、进度计划和费用控制之间的关系。工程造价是促进项目成功和实现效益的重要动因，因此，有效的费用估算不仅要形成切实可行的预算，还必须提供准确的信息，以便在项目实施过程中做好进度计划、费用控制和进度测量工作。

第二章 估 算 程 序

费用估算的基本程序包括：

(1) 了解项目的工作范围，以确定所需资源的数量；

(2) 计算资源费用；

(3) 计价并调整；

(4) 有条理地整理列示费用估算结果，为决策提供依据。

第一节 估 算 准 备

一、启动估算工作

如果以前从未执行过EPC工程项目，那么采用一个好的费用估算支持架构可以帮助启动费用估算工作。以下是启动EPC工程项目费用估算工作的一些建议：

(1) 大部分工业国家都设有类似商务部的部门，这些政府机构有专业人士帮助提供确保项目成功所需的信息，在项目开始之前应该联系相关机构寻求帮助；

(2) 应当考虑在项目所在国寻求当地的合作伙伴或者顾问，该类顾问或合作伙伴能够帮助进行语言沟通、鉴别适用于项目的当地法规，并帮助处理相关程序；

(3) 有关地方建设规范、定价、劳动力等方面，应获得相关设计企业、当地承包商或者专业顾问的帮助，与他们探讨当地的项目物流、施工设备、现场住宿需求、当地及进口材料和劳动力、进度等，以制定切实可行的项目计划。为了帮助找到所需的人员或企业，可以寻求国际造价工程联合会(ICEC)的帮助。国际工程造价联合会在世界大部分地区拥有协会成员，能够从其成员处获取建议或帮助。可以通过互联网(http：//www.icoste.org)或者通过所在国家的工程造价或项目管理协会联系ICEC。

一旦制定出基本的项目计划，则需要搜集项目所需的特定费用和进度信息。以下建议可以帮助编辑、整理这些信息：

(1) 特定地方的计价信息，最好的办法就是从当地承包商处获取报价，将工程量清单整理到一起，并与当地建设顾问一起工作，获取报价。

(2) 在处理发展中国家的项目时，不要想当然地认为当地合作的承包商了解该项目，知道该如何进行汇总。如果只提供工程量清单，并要求提供单位报价，则可能会得到无法理解的结果；通过对项目分包商进行培训可达到更好的结果。

(3) 拜访分包商之前，应先向他们提供工程量清单，让他们有时间进行研究。

(4) 拜访分包商时，演示并讲解类似工程建设图像资料和建议项目布置图等图片，以及简单的项目进度表，将有助于提高分包商对工程项目及要求的理解；同时，花时间和分包商讨论工程量清单，以确定分包商能正确理解相关术语。通常如果造价人员不了解项目或工程量清单细项所包括的工作内容，给出的费用估算结果将比较保守，预算时将会考虑较多不合理的不可预见费。

(5) 关于设备报价，应考虑融资要求的任何特定国家资源的来源，并查看多个国家的报价。很多时候设备供应商能够安排特殊的融资或在项目所在国内制造设备，以避免关税或为项目提供其他所需帮助。需要明确的是，应以实施项目可用费用为基础评估报价，而不仅仅是评估报价本身。

(6) 应在计划的早期阶段选择物流公司，以帮助确定物流运输方案、运输路线、货运费用和项目的关税要求。物流公司通常像旅游经纪人一样，通过从航线上收取佣金挣取费用。应该考虑选择并能够找到一家在项目所需设备原产地和项目所在国都设有办事处的物流公司一起开展工作。当地的代理将非常有帮助，可以帮助通关和处理当地运输的问题。

(7) 联系可以提供世界各地税务和业务要求信息的国际咨询公司。与常用的会计事务所一起选择当地的合作企业，以获取项目的地方税收和业务要求报告。

(8) 应取得国际律师代理人的帮助，准备合同、业务计划和其他在项目所在国开展业务所需的法律文件。寻找一家精通国际法的律师事务所很重要，最好选择曾经在项目所在国家做过相关业务的律师事务所。

二、项目估算的工作范围

为了做好项目估算工作，还应了解以下信息：

(1) 项目概况：包括项目的类型(如新建、扩建或改建等)，工艺装置的产品种类、规模、建设地点以及项目的整个进度安排；

(2) 项目范围：包括项目涉及的主要专业、关键设备，以及设计、采购供应、施工、预试车与开车等较为详细的工作范围；

(3) 项目建设所采用的标准规范。

三、估算组织与责任分工

在估算开始之前，应组织成立费用估算工作团队，明确估算及其提供条件的责任人。表 2-1 是典型的工程项目费用估算责任划分表。

典型的费用估算责任划分表 表 2-1

文件	版本	完成程度	责任人	信息来源	日期
项目范围说明		确定	项目经理	业主、项目经理	
生产能力		确定	工艺	工艺工程师	
装置地点		明确	项目经理	业主、项目经理	
土壤 & 水文		确定	土建工程师	业主、土建工程师	
项目执行计划		确定			
项目总进度计划		确定			
开车程序		初步			
涨价策略		确定			

续表

文件	版本	完成程度	责任人	信息来源	日期
工作分解结构		确定			
项目费用编码		确定			
合同策略		确定			
采购询价		完成			
供应商报价		确定			
分包计划		确定			
施工工作包		完成或接近完成			
施工管理劳动力		确定			
施工间接费		确定			
脚手架搭拆		取系数			
施工生产率(可按专业扩展)		确定			
各专业劳动力工资费率		确定			
各专业设计工时		取系数			
设计工资费率		确定			
项目管理与总部支持人工时		取系数			
项目管理与总部支持工资费率		确定			
其他直接相关费用		根据合同			
方块流程图		完成			
平面布置图		完成或接近完成			
工艺流程图		完成或接近完成			
公用工程流程图		完成或接近完成			
管道与仪表流程图		完成或接近完成			
管线表		完成或接近完成			
碰头连接清单(tie-in)		完成或接近完成			
热平衡 & 物料平衡表		完成或接近完成			
工艺设备表		完成或接近完成			
公用工程设备表		完成或接近完成			
各专业材料统计表		部分			
仪表索引		完成或接近完成			
仪表裕量		取系数			
电气单线图		完成或接近完成			
技术规范 & 数据表		完成或接近完成			
整体布置图		完成或接近完成			
备件清单		开始或部分完成			
机械专业图纸		开始/草图			
电气专业图纸		开始/草图			
仪表自控专业图纸		开始/草图			
土建/现场专业图纸		开始/草图			
结构专业图纸		开始/草图			

四、编制费用估算策划书

费用估算策划书很大程度上取决于可使用的项目定义等级。因此，需要在编制估算策划书的准备阶段对那些可能无法得到的资料、何时能获得以及如何处理这些资料进行说明；另外，在编制费用估算具体工作开展之前的适当时间更新费用估算策划书。若在费用估算策划书中存在相互独立的多个工作区，则说明使用的项目定义和费用估算目标之间可能存在不一致。下面详细介绍费用估算策划书的组成内容与格式要求。

1. 估算目的

首先，估算的目的是为估算文件的其他项设定重点，概述估算用于何种目的且由谁使用。比如，描述装置类型和建设地点，明确估算用途是为了承揽工程任务而进行投标报价，用于批准项目进入下阶段工作(如 AFE：Approval for Estimation，企业确定的阶段门禁等)、进行专业研究，还是用于调整费控指标等。其次，估算的目的是确定项目控制的基础，量化资源需求，为决策者提供适当精度要求的估算。

因此，要基于项目定义等级，预先设定预期的精度范围和对应的估算等级。如 3 级估算，包含不可预见费的最终费用估算，预期精度在－10％～＋15％范围内。

2. 项目范围和实施计划概述

(1) 项目范围概述

概述项目各阶段的项目范围、实施计划和主要参考文件，划分各工艺单元、界区外设施、公用工程、地下设施等，并简要说明其生产能力。

(2) 当地气象条件与设施情况

当地年平均气象条件可通过查阅官方相关资料，了解其最大值、最小值及其发生的年份；相应的诸如大气压、最低和最高环境温度等设计所需基础数据都应加以说明。简要介绍已知土壤条件(如黏土或岩石、表土层深度、永久冻土层、地下水位、地下含水土层等)，距离最近的主要人口聚集地与配套的基础设施情况及其距离。

(3) 项目实施方案简述

简述类似承包、预制和模块化的策略，说明拟使用劳动力资源的来源(如自有劳动力、企业所在国的分包商或劳务企业、当地分包商或劳务企业、社会上招聘的合同工或自由雇佣工等)，若有条件，可预估资源需用量(包括当地雇员人数、持工作签/商务签的劳动力数、临时雇佣外方劳动力等)，预计提交估算基础数据时设计完成进度占总进度的百分比。

(4) 项目实施进度计划

在估算策划阶段，估算策划书中应包括按照项目、工作包、单元、专业等区分的三级或四级进度计划，任何影响费用的重大事件都应在进度计划中表明或用文字加以说明，例如：海运沿途及现场的气象情况、大件设备的到场时间、生产装置的停车、与外界的连接(tie-in)、工作时间(如正常工作时间、加班、轮班等)的规定、劳动合同到期日期、劳动力高峰期、计划停工期(如节假日，已运行装置排空计划)、已确定或待生效的监管环境法规和问题。因在大多数情况下，策划书编制阶段尚未编制四级进度计划，故可在估算编制期间再及时补充。

3. 费用估算编制方法

费用估算编制的常用方法主要有生产能力指数法、设备系数法、详细估算法等，但费用估算具体采用哪种方法、拟使用的费用估算软件及其版本，以及如何使用这些软件（如模拟工程量、内部数据库、带有劳动生产效率的估算程序软件等）都应在策划书中明确，给出按估算目的预期的估算精度范围，以及如何将风险分析讨论意见综合到估算中。

4. 编码和格式编排

将项目费用编码（CBS：Cost Breakdown Structure）、工作分解结构（WBS：Work Breakdown Structure）或者其他指定编码和格式编排要求（如段落设置、章节顺序编号方法、字体与文字大小、页脚与页眉设置等）作为附件附于估算策划书中，以统一费用估算资料的格式。

5. 估算汇总表及其细项组成表

估算策划书中，需明确规定估算汇总表及其细项组成表的格式，并应符合招标人的要求。估算中必须明确说明如何计算或考虑相关费用，对采用供应商的具体报价和利用已有费用数据库中的价格，则不需要详述，但这些数据可供项目管理部门在项目实施过程中参考。

费用细项组成表中至少应包含工程量、计量单位、单位工时、人工时数小计、劳动力工资费率[1]、劳动力费、材料单价、材料费小计、设备单价和设备费小计；分包工程的工时和费用应按相同口径分解，并按人员动遣计划确定生活营地面积。

费用估算汇总表按使用要求分列。如对于投标项目，应按招标人规定，界区内（ISBL：Inside Battery Limit）各工艺单元以及界区外（OSBL：Outside Battery Limit）费用应分列。ISBL 和 OSBL 中各单元的间接费是否分别列计取决于项目实施策略。当然，为便于项目费用控制和工程分包，间接费宜按单元或专业分别单列。

6. 文件资料存档要求

估算资料（包括所有备份）需根据“编码和格式编排”规定，按照工作分解结构和费用编码进行归档留存，其他资料按照估算编制统一规定格式进行归档，对于存档资料的份数和介质要求也应作出规定。同时，归档资料还需包括以下内容：

(1) 投标邀标书文件（ITB：Invitation to Bid）；

(2) 审查说明和会议纪要；

(3) 竞争情况分析；

(4) 图纸清单；

(5) 相关附件；

(6) 工程计量、费用估算与例外情况；

(7) 使用的币种及当时的汇率；

(8) 估算有效期；

(9) 其他。

7. 估算的费用组成与价格计算

若业主对费用估算细项组成有明确规定，则执行业主规定，否则可按下述内容计算分

---

[1] 劳动力工资费率是指劳动力费用（包括基本工资、奖金、各类津贴、福利、劳动保护费和社会保险等与劳动力直接相关的费用）按劳动力工时计算的单价，该工资费率区别于后面提及的劳动力工时单价，如直接劳动力工时单价为直接劳动力费、消耗材料费和一般施工机械设备费之和按直接劳动力工时折算的劳动力综合工时单价。

项费用。

(1) 设备费的计算

1) 设备费。根据估算精度要求与项目可提供资料的详细程度，可采用预算价、供应商或代理商报价、企业内部数据库比对、内部定价或者其他方法确定。

2) 备品备件。各类备品备件的费用可采用询价、历史数据、参考数据和与各专业专家讨论的方式确定。

备品备件的数量应能满足设备关键零部件的初期库存需要，以尽可能缩短因设备修理而造成装置停车的时间，减少经济损失。

(2) 大宗材料数量与价格计算

1) 大宗材料数量。大宗材料数量按材料统计量加一定的设计裕量和施工损耗裕量来确定。大宗材料的统计方法：详细的材料统计表(MTO：Material Take-off)、设计草图、标准详图、计算机模拟统计或系数法等。

① 大宗材料统计设计裕量。基于已知的但不确定的数量估计，对于每种材料，需要说明按项目定义等级预计的设计裕量和使用方法计算数量。

② 大宗材料施工损耗裕量。通常按照大宗材料种类综合专家讨论意见和/或测算历史数据得到。

2) 大宗材料单价。大宗材料单价可以采用预算价格、供应商报价、企业内部数据库比对、内部定价或其他来源确定。

3) 现场外预制。说明大宗材料现场外预制的计划数量和估算方法；如按重量、管道等级计算单价，供应商报单价等。

4) 现场外模块组装。描述计划在现场外组装模块的范围以及组装地点，并简要说明模块是否直接放在基础上就位或在最终就位之前先放置在一个临时中转待运区域。

(3) 直接施工费的计算

直接施工费用通常由施工直接劳动力费、消耗材料费、施工机械使用费组成，其中脚手架搭拆费和大型机械费有时可根据需要单列，也可分解到相应的施工费用中去。

1) 施工直接劳动力费。施工直接劳动力费根据参与项目施工的直接劳动力的劳动生产效率及其劳动组合、项目的作业时间安排，计算确定各专业直接劳动力工时的计划投入量，然后根据各专业工种及其技术等级确定劳动力工资费率，各专业直接劳动力工时数与其工资费率的乘积即为相应专业施工直接劳动力费。

2) 施工劳动生产效率。各项设备、材料安装的劳动工效要综合考虑以下情况，并对基准的施工工效进行调整：劳动强度、装置复杂性、额外加班、气候条件、倒班、劳动力素质、可利用劳动力资源等情况，界区内(ISBL)和界区外(OSBL)工作区域附近的劳动力设施(如储物柜、盥洗室、餐厅)和支持设施(如工具房、仓库和材料中转待运区)，检修和停车条件，土壤条件、高空作业、地理位置和其他影响生产效率的因素。提供基准劳动工效的说明，包括项目类型、第三方软件数据库、企业内部数据等。估算策划书中应提供如何利用上述各个因素及其影响估算比率等内容的表格。

3) 周施工工作时间的约定。约定周施工正常工作时间(如每天工作 8h，每周工作 5d)和安排适宜的倒班时间，并说明加班小时与对应的费用津贴计算方法。

4）直接劳动力工资费率的确定。劳动力工资费率应综合不同的劳动力组合、工资、奖金、附加工资(津贴)、社会保险、个人所得税和其他因素等计算。施工劳动力既可按学徒工、临时工、技工、工长、总工长进行组合，也可以按工种(如管工、焊工、铆工、电工、木工、瓦工等)进行组合。

5）消耗材料。提供估算消耗材料费的算法，并明确消耗材料的定义和范围，包括在整个项目周期内属于消耗品、但在某个期间还可以再利用的“施工辅助材料和周转材料”(如防水布、绳子、安装胎具、脚手架材料、混凝土模板等)。

6）施工机械设备费。编制施工机械设备的投入计划，尤其是大件吊装所需吊车的类型、能力和数量，以及进出场、拆装、移位次数；说明施工机械设备的来源和计价方法，以及大型机械的动遣、拆装移位、机械台班的计价原则。

7）脚手架搭拆费。架子工可以按占直接劳动力工时的历史经验系数计算，然后依据施工相关专业的建议确定是否需要根据高度进行调整，也可以根据工作量和工期计划架子工和脚手架材料的投入量；脚手架材料应通过施工数据和/或历史经验数据获得，并按摊销或租赁价计算。

(4) 施工间接费

施工间接费应根据费用编码进行分解列项。

1）施工管理费。说明施工管理费包括的费用项及具体内容，如施工管理人员的费用、办公以及差旅等费用。

2）临时设施费。明确临时办公室、预制场、仓库、材料堆场、停车场和其他设施等的要求，临时设施是新建还是租赁，临时设施在现场或现场外的地点，以及已有哪些公用工程设施可用于施工或其他方面。

3）公用工程消耗。为便于估算和控制，建议将公用工程消耗(水、电、气、排污)和相关设施费用分开。

4）临时服务。包括特殊安全要求(如消防服、燃气嗅探器、消防巡查等)、气象保护、现场排水、饮用水水源和计价方法等。

5）营地费。明确营地的自建和/或租赁方案，人员的住宿安排与标准，食堂、洗衣设施、健身房、室内/室外娱乐设施等生活福利设施及公用设施的基本要求，以及不在营地用餐或工地加班送餐的计划；同时，对营地运营费用是否在此计算也应作出说明。

6）法定劳动力附加费与津贴。该费用通常属于直接劳动力技能工资费用的一部分，若因业主或承包商估算方法和实施策略需要也可单独确定。

(5) 一般拆除

一般拆除是指按业主要求单独立项废弃设施拆除，为了修补、改造而进行的拆除应包含在各专业的直接施工费中。

(6) 工程分包

工程分包可根据业主要求和项目实施策略，采用局部的EPC、EP、PC或C等分包形式。

(7) 试车和开车

试车和开车费用通常包括试车与开车的支持与配合人工时费、公用消耗、备品备件，以及初始原料、润滑油、化学品和催化剂，具体的试车、开车工作范围，应在估算策划中简述，并说明如何计算该费用，如以人员为基础或从历史数据提取系数等。

（8）项目管理服务与设计人工时费

1）项目管理服务与设计人工时数。估算项目管理服务人员(包括项目管理与控制、采购管理、施工管理等)周工作时间和加班时间，并根据资源投入计划估算项目管理服务人工时数。说明如何确定各专业设计人工时(如按可交付物、材料数量、以时间为基础等)，包含施工对设计的支持、设计对施工的支持，现场踏勘、制造厂商车间检验、开车支持、操作手册编写，以及可靠性和可维护性(RAM：Reliability and Maintainability)研究、大件吊装研究(若有)、环保咨询、危害与可操作性(HAZOP：Hazard and Operability)分析、可施工性咨询、模块协调等设计服务。

2）项目管理服务和设计费。给出项目管理服务及设计人工时单价的构成，描述需包括的其他总部费用和涉及的合同，说明前期项目阶段如 FEL2(FEL：Front-End Loading)和 FEL3 等工作应包括在该部分估算中。

（9）业主费用

业主费用是指工程项目投资建设必须发生的，但由业主自行实施并承担或委托 EPC 总承包商部分实施的工作费用。

（10）例外与澄清或假设

1）例外。承包商通常做出一些不包括在工作范围内的假定；业主假设需要的每件事情都应该包含在承包商估算中，除非另有规定。因此应对估算未包括的例外情况进行详细说明。

2）澄清或假设。某些设备、材料或工作项，由于给定的条件不足以估算出费用，或范围不够清晰等原因，费用估算时需对其进行一定的内容澄清或假设。

8. 现金流量表

尽管费用估算已考虑了所有可能的投入费用，且需项目批准的估算文件都已编制完成，但为了判别项目经济效益好坏，一般还需要编制现金流量表。必须在编制估算时详细考虑项目实施期间资金收入与费用支出的现金流，且在审核时仔细检查推敲。作业时间和费用之间存在关联关系，但大部分的费用支出往往会早于作业时间，而资金收入却会大大迟于费用支出。在任何情形下，建议将现金流量表编制任务委派给经验丰富的人员，他需要了解与完工相关的发票如何支付，还需要了解项目有些费用的作业可能没有包含在计划中，比如保险金、长周期设备付款条款(在了解实际条款之前)或者间接费趋向于前载和后载，而不是按时间均匀分布。没有进行充分分析和/或仓促完成项目核准过程，编制出的现金流会导致经济效益好的项目被取消，或者批准的项目没有经济效益。现金流也用于估算涨价费，因而应作为估算策划书中明确的关键交付产品。业主使用以获利为基础的清算方法通常需要成本流(发生成本的时限)加上现金流(支付时限)。成本通常在获得支付前两个月发生，但是它的变动很大程度上取决于业主和承包商的管理程序，以及承包商开具发票的习惯。应在费用估算策划书编制完成之前明确伴随估算发生的成本流。

现金流需根据业主要求的时间间隔要求(如按月或季度等)，结合进度计划以表格形式提供现金收支流量表，说明在类似历史数据、具体项目进度和劳动力计划、标准支付条款等各种条件下如何确定现金流。

9. 涨价费

在估算时间点之后已知的工资增长率、预期的材料涨价因素和汇率变化等应包含在涨价费中，从而与基础估算保持一致；但对于费用估算截止日期后发生的变化，应按项目变更管理程序调整估算。涨价费至少应分成设备、大宗材料、施工劳动力和项目管理服务与设计等主要费用项，并附有计算方法和原始资料。

10. 费用风险分析与不可预见费

先由估算组提出不可预见费，然后由承包商管理团队集成费用估算和费用-进度风险分析确定，若是业主委托的估算项目，还需经业主管理团队审核确定。在估算策划书中应规定费用风险分析拟使用的软件和方法。应对不同的工艺装置或者区域设施的不可预见费，赋予不同的定义与估算等级和基础估算置信度。应在费用估算中单列出费用风险分析，费用风险分析结果汇总应有文字说明，附有费用风险剖析图，并在剖析图曲线上表示出 P_{10}、P_{50}、预期值和 P_{90} 点或者其他必要的概率点；对于大型项目，应列出排列在前十项的风险和机会费用项。

11. 费用基准指标项

估算策划书中应规定可以采用的基础数据来源以及编制基准所使用的费用指标项，供估算审核和验证时使用。主要费用指标项可在估算编制统一规定中列明，以便于快速查阅。费用指标项的取舍取决于费用估算等级。

12. 估算编制进度计划

估算策划书应包括估算编制进度计划。估算编制进度是各项目阶段计划的组成部分，业主应统筹安排项目计划，在项目进度计划中包括详细的估算编制进度计划；而对于承包商，由于其承担的估算往往只属于某一特定的项目阶段（如基础设计阶段、EPC 项目投标阶段等），故仅安排估算编制里程碑计划就可满足要求。

（1）估算编制里程碑计划。里程碑计划可以扩展到诸如各交付文件的预期状态，或者估算人员现场踏勘等详细情况。表 2-2 是里程碑计划样表，表 2-2 中还可以增加实际完成日期一列，以便及时反映估算编制进展情况。

估算编制里程碑计划（样表）　　　　**表 2-2**

序号	里程碑计划节点	日期
1	估算编制统一规定的确定，包括估算软件、方法、劳动工效、工资费率、设备材料价格、材料统计表(MTO)、材料裕量、间接费、设计、范围等	××年××月××日
2	估算策划书批准	
3	估算范围截止日期： 该日期是指主要设计和执行基础文件(如工艺流程图、P&ID 图、设备一览表、管线一览表、电气单线图、技术规范、仪表索引表)因估算目的而被冻结的时间，某些文件可能会比其他文件早些时候提供，但任何文件不得晚于该截止日期提供，以保证估算基础的一致	××年××月××日
4	提出用于估算的工程量清单(根据要求按照专业和 WBS 分列)	
5	编制设计询价技术文件，并发出询价文件	

续表

序号	里程碑计划节点	日期
6	提出设计、采购、项目管理、施工管理、施工劳动力工时的计划数	
7	向估算输入执行计划和劳动力投入情况	
8	接收、澄清并评估设备、大宗材料及分包商的报价	
9	向估算输入设备、大宗材料及工时等单价，以及分包商的价格，并计算间接费，完成估算初稿	
10	编制现金流量表	
11	完成费用风险分析	
12	承包商审查并批准估算	
13	承包商费用控制基准的批准(若有)	
	当估算由业主委托情况下，还需增加以下里程碑计划节点	
1	业主对费用估算、估算编制统一规定和现金流的项目管理审查	
2	承包商对估算、基础和现金流的修改	
3	业主对费用估算的审核	
4	业主估算和/或阶段性批准	
5	承包商对估算和现金流的最终修改(如果要求)	
6	业主费用估算批准	
7	用于批准的费用控制基数再计算事宜(供参考)	
8	费用控制基准的批准(供参考)	

(2) 估算编制详细进度计划。对于大型项目，估算编制计划应该纳入关键路径(CPM: Critical Path Method)进度计划中，以便将估算计划整合到各阶段的交付文件中，并用于追踪。该方法注重设计和实施工作，以满足对应阶段的目标和预期的估算精度要求。编制费用估算的详细进度计划可以按照主要交付文件和拟定的计划完成日期编制，项目各定义阶段的主要交付文件及要求的完成情况，可按要求编制估算输入检查表，构建完善程度矩阵；详细的估算编制计划应标明作业要求时限，说明何时提供各种工程设计可交付文件，何时完成估算的各部分主要工作，以及何时审查费用估算。

13. 估算责任矩阵

估算责任矩阵是计划和管理估算交付产品非常有用的工具。制定责任矩阵表明估算过程中需要使用哪些文件、谁提供这些文件(包括组织机构)、预计完成情况和完成日期，该矩阵可以引用项目进度表。费用估算策划书应公布团队(尤其是责任人)的联系方式，并作为估算策划书责任矩阵的一部分，以方便工作沟通和交流。该表格也可增加一栏用于填写项目估算人员。

五、制定费用估算编制统一规定

(一) 费用估算编制统一规定的基本内容

完整的费用估算编制统一规定应具备：

(1) 明确的项目范围；

(2) 能促进估算人员对该项目的了解(如列出与费用有关的范围和进度)；

(3) 能向项目组提示潜在的费用风险和机遇；

(4) 提供准备估算期间的关键通信记录；

(5) 提供准备估算期间使用的所有文件；

(6) 在解决争端时提供支持；

(7) 确立范围、数量及费用的基准线，可供分析项目总趋势使用；

(8) 提供项目整个生命周期中各估算之间的历史关系；

(9) 为费用估算的审查和验证提供协助。

(二) 费用估算编制统一规定的文档结构

典型的费用估算编制统一规定(BOE：Basis of Estimation)建议包括以下主要内容。

1. 项目概况

在费用估算编制统一规定的起始部分，应先对整个项目进行简明扼要的介绍。交代清楚项目类型(如新建、扩建或改建等)，工艺装置的产品种类、规模，建设地点，以及项目的整体进度安排。

2. 项目范围说明

估算章节编排应该与项目的工作分解结构(如工厂、建筑物、楼地面等)相对应。项目涉及的主要专业、关键设备等都应有比较详细的工作范围说明，但说明力求简明扼要，只需将估算的工作范围解释清楚即可。

3. 估算方法

BOE中应说明编制费用估算采取的主要估算方法，并包括费用资源、历史数据及项目基准等资料，必要时应记录准备估算所消耗的人工时。

4. 估算等级

说明费用估算等级及精度要求，以及估算分级的原因。

5. 设计基础数据

通常企业有对估算分级所需技术和项目信息的规定。应要求估算人员搞清楚工程设计的类型和现状，以及设计应提交的用于编制估算的文件(设计基础的假设条件)，具体可以参照费用估算依据的两个文件：(1)符合企业标准项目过程应交付的估算文件清单；(2)所有设计图纸(包括修改版的图号及日期)的清单，以及其他设计资料，如规格书、设备清单、计量单位(英制或公制)等。

另外，建议提供该项目的主要工程量，如总挖方数及回填数、混凝土总量、总建筑面积、管线总量和电缆总长度等。

若向估算人员提供了材料统计表(MTO)，则应指出编制材料表的人员，以及编制材料表所采用的方法。

6. 进度计划基础

明确项目管理、基础工程设计、详细工程设计、采购、制造和施工方法，说明合同策略和采用资源的策略、与周工作时间有关的假设(每周工作几天、每天工作分几班、每班工作几小时等)，计划加班的时间，以及与可施工性、模块化、特殊施工设备的使用等有关假设。

明确整个项目的进度计划和关键里程碑节点。

7. 费用基础

说明确定所有设备材料、劳动力、分包合同价格所采用的方法和数据来源，主要包括以下几项内容：

(1) 主要设备的价格来源，如采用供货商报价、历史数据等；

(2) 大宗材料的价格来源，包括所采用的相应折扣策略；

(3) 工资费率，明确包括在工资费率中的费用项(若有)；

(4) 人工时的价格来源，以及所有劳动生产效率的调整；如果由于项目所处行业或建设地点的不同，致使劳动生产效率不同，则予以适当的说明；

(5) 施工间接费的定价资料和方法；

(6) 所有开车费用的定价资料；

(7) 所有总部费用(项目管理、基础工程设计、详细工程设计等)的定价资料和方法；

(8) 运费、税费、清关等费用的计价资料及方法；

(9) 估算中包括的所有业主费用的定价资料；

(10) 货币汇率(如果有)，以及汇率的稳定性和浮动性；

(11) 所使用的涨价指数及其计算方法(包括持续时间)；

(12) 意外事件的确定及依据；

(13) 使用的地域因子与基础；

(14) 当地市场条件的影响；

(15) 投资资本与费用支出，或其他必要的分类方法；

(16) 其他任何对项目费用有明显影响的价格因素或外部因素。

8. 合理裕量

说明估算中所使用裕量的分类和类型，以及常规项估算裕量的取值，如材料清单裕量、采购裕量、工程设备的设计裕量、批量裕量、施工裕量等。

估算正文未详述的其他费用裕量，如固定总价裕量，包括特定项目范围的费用或估算依据中未说明的其他因素费用裕量。

9. 假设

假设是指编制费用估算前统一设定的假设条件，不需估算人员在估算依据中再做出假设。其中，可能有劳动力充足的假设、资金充足的假设以及现场条件的假设等。在整个项目生命周期中，部分小的假设有可能变成大的假设。

10. 未包括事项

要求估算人员说明费用估算内不包括但审查人员可能将其与项目联系在一起的潜在费用项。比如，应描述清楚危险废物清除、土地征用等费用，以及税费、资金成本、专利费用等。

11. 例外事项

估算人员应该描述清楚所有与企业估算惯例不一致的事项，以及与项目或正常估算等级所要求提供的工程交付文件有重大偏差的事项。要求在费用估算编制统一规定(BOE)中附加与企业估算惯例相对应的例外事项清单，用以填写所有已清楚描述的例外事项。

12. 风险及机遇

只要估算中包含重大的风险或机遇，就应该描述清楚。如果已经编制了费用风险分析研究报告，则应说明所使用的风险分析方法和技术等，尤其要说明已经确定存在高风险或机遇的费用要素。风险分析报告(或总结)应作为费用估算编制统一规定(BOE)的附件。

13. 不可预见费

不可预见费是费用估算的要素之一，主要指与费用估算有关的不确定或可变费用，以及已确定项目范围内不可预见的事项。不可预见费包括整个项目中工作范围界定、估算方法和估算数据不充分所产生的费用，但是不可预见费不包括项目范围变更、地震或长期罢工等不可抗力事件所发生的费用。同时，应明确说明费用估算中不可预见费及确定该费用的方法。如果确定不可预见费时采用了风险分析方法，则还应说明与之相关的置信度。

14. 调整

概要说明本项目目前估算和前一版估算之间的重大差别。明确由于范围变更、价格变化、劳动生产效率变化、估算改进等对费用的影响。如果需要，可以提供详细的调整报告或费用趋势分析报告作为附件。

15. 基准

选择某个类似项目就历史数据和行业数据等方面与费用估算的工程量、比率及因子等进行比较。用于比较的项目在工艺类型和总价方面应较为相似，如果两者之间的费用估算差距较大，则应明确说明并加以评价。详细的基准分析报告可作为费用估算编制统一规定(BOE)的附件。

16. 估算质量保证

估算审查是为了检验估算质量，费用估算编制统一规定(BOE)应明确说明所有已进行费用估算审查的建议和其他建议。所有评价或分析资料应作为费用估算编制统一规定(BOE)的附件。

17. 估算组

费用估算编制统一规定还应明确费用估算组的成员组成及其角色和责任。

18. 支持文件

费用估算编制统一规定，通常包括以下几个支持文件：

(1) 估算文件交付清单。为了支持编制费用估算以便对估算进行分级，需要提交工程项目应交付的文件，并且说明这些文件是否可用于编制费用估算。完整的费用估算交付文件清单应该明确说明工程项目可交付的文件。

(2) 参考文件。说明编制费用估算使用过的图纸、手册、文件、备忘录、规格书和其他参考文件，对于关键文件还应提供文件的版次和发布日期。

(3) 其他附件。添加其他需要或要求的附件，如上所述的调整报告、基准报告、费用风险分析报告、涨价计算书等。

(三) 制定费用估算编制统一规定的注意事项

制订费用估算编制统一规定时，应注意下列问题：

(1) 应该包括所有事实，但要简明扼要；

(2) 应能支持所说的事实和研究结论；

(3) 说明估算组的成员及角色；

(4) 说明编制费用估算所采用的工具、技巧、估算方法及数据；

(5) 说明编制估算中所参照的其他项目；

(6) 编制的费用估算应与 BOE 一致；

(7) BOE 确定了估算的背景，并能为审查和验证估算提供支持；

(8) 明确规定估算及 BOE 中参照的比率和因子，如劳动生产效率可以用相同时间完成多少工程量(如：m/h、ID/h、t/h 等)来表达，也可用完成相同工程量用多少时间(如：h/m、h/ID、h/t 等)来表达。

六、编制费用估算的输入

(一) 费用估算的输入取决于估算精度

费用估算的输入与估算的精度密切相关。例如，为了获得10%的估算精度，应具备下列资料与信息：(1)工厂生产能力、产品形式、基本流程、原料；(2)工厂规格书；(3)工厂位置(现场条件)；(4)对推荐厂址的初步土壤报告；(5)总平面及设备布置图；(6)工艺仪表流程图(P&ID)；(7)设备清单(包括尺寸、型号、材质、数量等信息)；(8)建筑物的类型、大小及说明列表。

也可以用比上述资料与信息少得多的信息进行估算，但是其精度及正确的概率会比用上述资料得出的估算结果低。

再如，为了获得±30%的估算精度，一般需要提供下列信息：(1)装置能力、产品形式，基本流程及原料；(2)工厂规格书；(3)工厂地点(现场条件)；(4)设备清单(包括尺寸、型号、材质、数量等信息，并计算出价格)。

(二) 费用估算输入信息与项目阶段密切相关

费用估算的输入与工程项目阶段密切相关，如表 1-7 所示，流程工业不同估算等级要求提供的输入信息详细程度不同。

1. 可研估算输入

(1) 装置设计：物料平衡、能量平衡、物料组分与质量、流程图、注明装置配备水平。

(2) 设备规格：能满足成本核算所需的单台设备设计、制造材料、设备数量、设备备用原则、公用工程需求等。

(3) 总成本：采用的因子、成本曲线与数据(包括公用工程投资)、劳动力工时单价。

(4) 操作成本：采用的因子、操作人员需求、每年的公用工程与化学品需求、原料与副产品的单位成本以及数量。

(5) 财务分析：采用的因子、现金流、资金成本、折现因子、操作劳动力成本、涨价率、投资资本、电价、化学品与催化剂单价。

2. EPC 项目投标报价估算输入

(1) 业主准备的招标书、投标人须知等资料。

(2) 业主提供的项目建设地址、水文、地质、地貌和用地范围。

(3) 项目进度计划信息。

(4) 工程设计资料与规范。至少应包括工艺流程图、公用工程流程图、管道仪表流程图、工艺设备数据表、电机列表、电气原理图、设备管道布置图、总平面布置图以及设计规范。

(5) 企业组织编制审定各类装置的工程设计、采购、施工组织、施工管理和各项服务工作的人工时定额等资料。

(6) 工程施工分(承)包商信息资料、项目建设当地的地方建材和施工相关资源的费用基准。

(7) 施工机械、设备、大宗材料的信息资料。

(8) 市场调查，包括项目的市场竞争调查资料。

(9) 可供参考的同类项目的历史数据与资料。

第二节 估算编制与审核

一、估算编制

根据项目提供的文件量化项目工作范围，确定费用。通过内、外部参考资料或供应商的信息获得辅助性的费用信息。根据其他项目及历史信息情况确定估算基准。

二、估算成果文件

为了支持估算编制，得到相应的估算分级精度，需要规定工程设计应提交的文件，并且说明这些文件在估算编制过程中是否可采用。完整估算交付文件清单应包括明确说明工程设计可交付的文件。

估算始终应包括估算方法说明、估算内容或估算不包括内容等书面文件。无论哪种等级的估算，其最终估算都用于投标或决策研究，并应作为以后估算或衡量费用的基准。估算所用的信息甚至可能决定在诉讼官司中的输赢。将目前估算与数月或数年前编制的早期估算进行对比时，很难知道采用或改变了哪些信息，又作出了哪些假设。为避免这种情况出现，编制费用估算书面文件应包括如下内容：

(1) 估算的目的。估算的具体目的不同，估算采用的编制方法也各不相同。因此必须明确估算是用于决策研究、投标、预算或其他目的。

(2) 范围。对估算所包含的内容进行简要说明。如果估算仅用于决策研究，重点是估算可能仅包括全部费用中的一部分；如果估算仅用于较大型项目众多合同中的一份合同，重点亦是如此。

(3) 费用估算编制统一规定。

(4) 详细费用估算表格。

(5) 费用估算指标分析报告。分析费用估算的一些关键性指标，如：各类服务人工时数与人工时单价、各专业施工工效与工时数、劳动力综合工时单价、各项费用的比例关系等，基准率、设备材料采购价格的来源与取定价格情况，以及与以前类似项目的价格比较分析。

(6) 进度-费用关系。说明在对估算进行调整时假设的项目进度，明确假设的涨价率。

(7) 不可预见费的编制。说明编制不可预见费及费率所使用的方法。不可预见费通常为估算中最大的单项费用项，必须特别重视。

(8) 费用风险分析报告。

(9) 估算审查意见与决策表。

(10) 假设与例外。如果工程设计信息不完整，必须明确估算的依据。比如，如果没有现场详细勘察报告，且假设在现场打一定长度的桩，这时需要注意的是，在收到相关地质报告时，可能会发现存在巨大变更的风险。必须重视估算中所排除的任何例外情况，即使对范围说明书而言太过累赘，也应加以说明。

(11) 发现重要事项。注明在估算编制或进行费用风险分析过程中所发现的任何重大风险项。如果有可用的类似项目费用估算，应对估算费用进行比较。记录任何有助于改进工程设计或估算，或有助于项目市场开发的客观事项。

三、估算审查与决策程序

(一) 审查与验证费用估算的含义

“审查”费用估算本质上属于定性方法。从技术上确保费用估算满足各项要求(例如采用相应的质量保证和质量控制程序)。定性审查主要确定估算中的下列事项：

(1) 编制费用估算所采用的工具、数据与估算方法是否符合业主招标文件、合同或要求程序的规定；

(2) 是否涵盖整个项目范围；

(3) 是否存在错误和漏项；一般来讲，验证步骤应该详细指出存在的全部错误和漏项；

(4) 是否符合要求的费用划分结构和内容格式；

(5) 符合其他适用的规定。

“验证”费用估算本质上属于定量方法，主要是为了确保费用估算的合理性及竞争性(如希望能更精确)以满足投标项目的预期要求，并识别出改进的机会。估算通常与通过市场调研获得的当地价格信息、执行项目所积累的历史经验数据或曾编制过的详细估算(不推荐采用该方法，但如果这是仅有的资料，也可以接受)进行对标或对比。即使审查组已经完成了对估算的审查，也需要进行验证。验证估算阶段会采用不同于估算编制阶段所使用的指标，并从不同的角度进行检查。

在整个估算和预算的编制过程中，可能会要求对全部和部分估算内容反复进行审查和验证。制定估算实施进度计划时，应考虑所有要求进行审查与验证的工作。整个估算进度计划应为估算的修改完善留有足够的时间。

审查与审批估算的最终结果应该形成一套一致、清晰、可靠的估算文件，而且估算文件还应符合项目招投标和企业市场开发战略的要求。

(二) 估算审查程序

如果是非正式的审查估算过程，通常最好的工具是结构分明、脉络清晰的审查流程。估算审查过程的详细程度和认真程度会随着策略的重要性、总价值及具体估算目的的不同而不同。

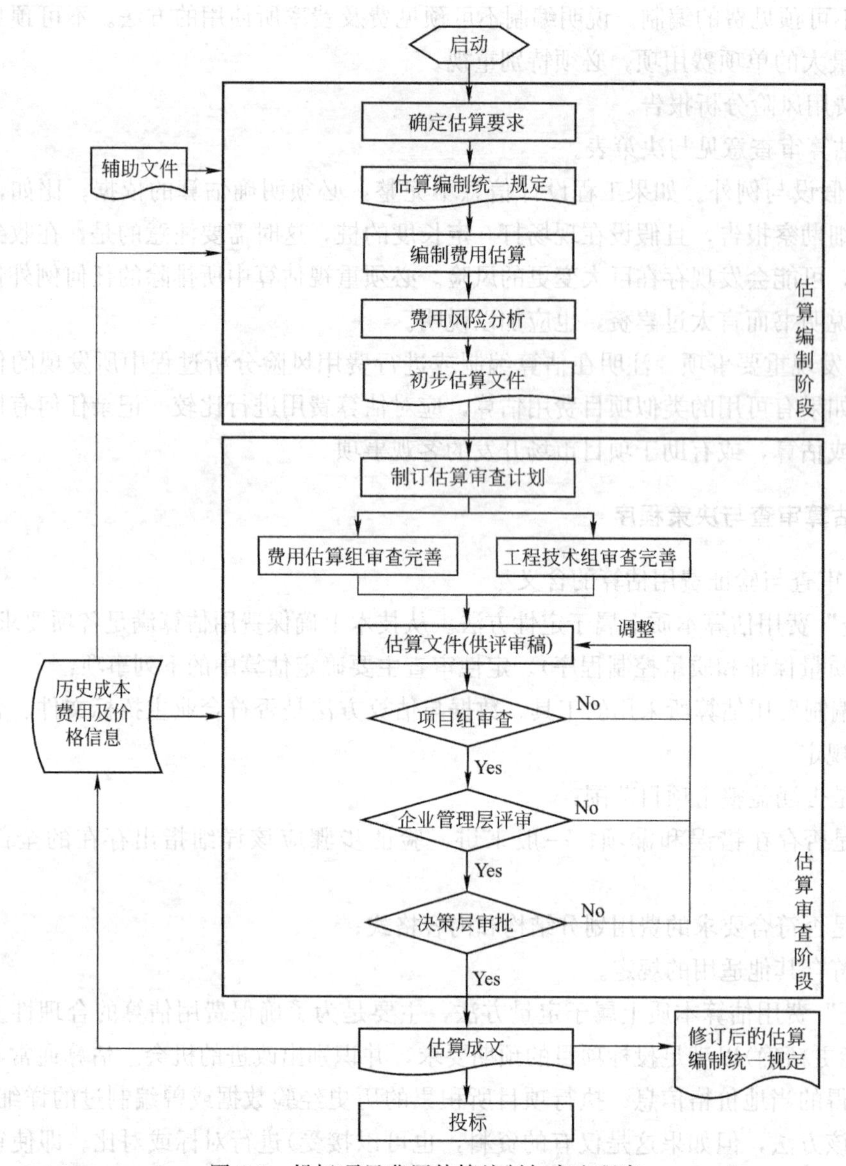

图 2-1　投标项目费用估算编制与审查程序

图 2-1 给出了项目在投标阶段的估算编制与审查程序。该阶段的估算由于审查目的、范围和参与方不同，因此需进行多次审查。例如，审查过程可能包括费用估算组的审查、工程技术组的审查、项目组的审查，接着还会有企业相关管理部门的审查；估算涉及的专业范围应该由相应的专家或相关领域的专家进行审查。

费用估算编制完成后，应进行质量审查及验证，通常先由项目组组织进行初步审查，即项目组按企业的管理标准和要求，对费用估算的设计依据、进度依据、费用依据和风险依据等内容进行审查与验证；然后再报送主管部门对估算进行企业层面的最终评审(即投标报价主管部门在确定估算已通过项目组初步审查确认之后再进行评审)；得到企业决策层批准后，方可将该批准估算或预算用于投标。通常项目组组织的专业审查最专业，也最有条理。投标报价主管部门及企业决策层的管理审查专注于估算中的风险是否可控，是否具有竞争力。换句话说，要使决策层相信：估算的质量、依据、采用方法、估算团队及项目组的专业水平与责任心，能保证决策层做出科学的决策。

第三节　美国 AACE 的工程项目费用估算程序

为更清晰地了解项目费用估算的整个过程，下面以美国 AACE 关于工程项目费用估算程序为例，详细描述费用估算的流程。

一、工程项目费用估算程序

美国 AACE 完整的工程项目费用估算程序主要包括以下几方面的工作，详见图 2-2 美国 AACE 费用估算流程图：

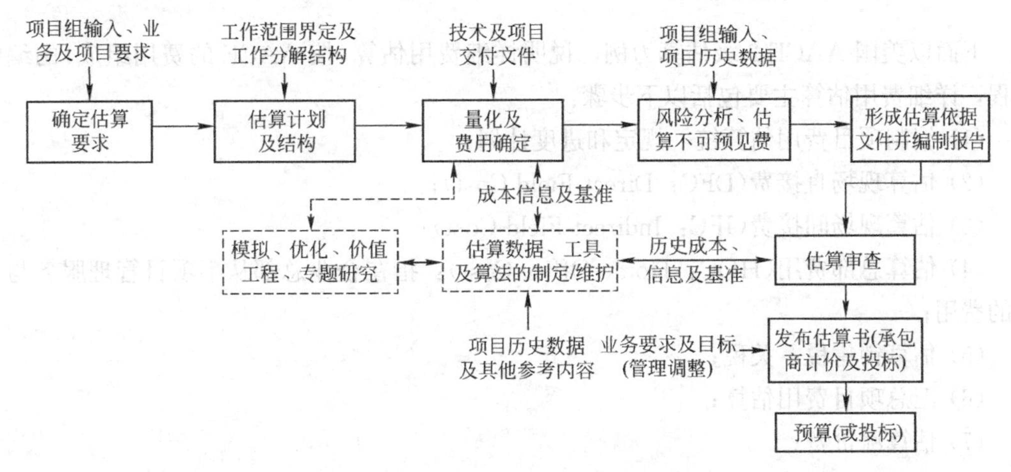

图 2-2　美国 AACE 费用估算流程

(1) 确定估算要求。建立与项目组及业主的界面，用于确定与费用估算有关的需求。

(2) 编制费用估算计划及结构。建立与项目组之间的界面，用于确定编制估算涉及的费用、计划及资源，如费用分解结构、费用报告结构及制订编制费用估算的计划。

1) 编制并确定估算策划书，落实估算交付责任矩阵；

2) 费用估算编制统一规定，明确需要业主和/或承包商估算的范围。

(3) 编制费用估算。根据项目组提供的文件，量化项目工作范围，通过相关参考资料或供应商的信息，获得辅助的费用信息，根据其他项目及历史信息情况，确定估算基准，最终确定初步的费用估算。

1) 设备与大宗材料的询价；

2) 确定施工劳动力工效与劳动力工时单价，估算施工人工时数和费用；

3) 确定设计工时单价，估算设计工时数和费用；

4) 确定设计裕量，估算设备费、大宗材料费；

5) 确定分包合同计价方法并询价；

6）确定施工间接费估算方法，估算施工间接费；

7）估算各项管理与服务费、其他费用和总部管理费；

8）计算主要费用估算指标。

（4）进行费用风险分析，确定风险费。通过风险分析评估、范围预测或类似方法，估算涨价费及不可预见费。

（5）提交工程项目费用估算交付文件。根据确定的估算要求编制需提交项目组的费用估算交付文件。

（6）审查费用估算。项目组、企业管理层与决策层审查和审定费用估算，包括根据相关估算基准进行费用分析，费用估算组根据审查意见对估算文件进行调整与修改完善等。

（7）发布费用估算书。向项目组发布费用估算书，并将其作为项目控制预算的编制依据。

二、详细费用估算编制步骤

下面以美国 AACE 2 级估算为例，说明详细费用估算（按 AACE 的费用组成）的编制过程，详细费用估算主要包括以下步骤：

（1）编制项目费用估算统一规定和进度计划；

（2）估算现场直接费（DFC：Direct Field Cost）；

（3）估算现场间接费（IFC：Indirect Field Cost）；

（4）估算总部费用（HOC：Home Office Cost）：指在企业总部从事项目管理服务与设计的费用；

（5）估算销售税、关税；

（6）汇总项目费用估算；

（7）估算涨价费；

（8）进行费用风险分析，确定不可预见费；

（9）审查、验证估算。

编制详细费用估算的第一步就是确定项目费用估算编制统一规定和进度计划，这是费用估算的预先计划阶段。费用估算编制统一规定确定了编制费用估算的活动和工作步骤。

（1）费用估算组应确定用于编制费用估算的估算资源、技术和数据，并检查记录现阶段已知的费用估算例外项。

（2）费用估算组应在编制费用估算之前召开估算开工会议，与项目组一起检查费用估算编制统一规定和进度计划。在费用估算开工会上，整个项目团队可以了解各成员的角色和责任，检查费用估算工作计划和进度计划。对特大型项目，可以指定若干主要联系人，负责费用估算组和工程设计组之间的沟通协调工作。联系人员应收集、汇总费用估算人员在编制费用估算过程中提出的问题，然后与相关专业设计人员讨论，并回答费用估算人员提出的问题。

（3）现场直接费估算是编制详细费用估算过程中最重要的活动。费用估算组需要审查并了解项目范围，汇总所有可交付的技术文件。对大型项目，工程设计组会陆续提交设计图纸和技术信息，估算组在收到工程设计组的图纸或其他信息后，应及时登记，并对其进行跟踪。按照估算导则量化各种材料和劳动力数量，估算人员应该注意确保准确计算所有工程量，且没有重复计算。利用目前掌握的计价信息和材料数量对材料进行定价；确定劳动力工时，并根据劳动生产效率和劳动力的工资水平调整工时数；确定估算预留金；列明业主提供的材料或其他费用；编制、汇总并审查现场直接费估算，以确保估算完整准确。

(4) 现场直接费估算编制完成后，接着开始估算现场间接费。估算人员通过审查现场直接费估算，确定直接劳动力总工时。在大多数情况下，直接劳动力工时数可作为现场间接费的计算基础。费用估算人员应确定间接费用估算系数、间接劳动力和服务支持人员的劳动力工时单价，并列明间接费用估算裕量。编制、汇总并审查现场间接费估算，以确保估算完整准确。施工经理应专门参与现场间接费估算的初步审查。

(5) 估算总部费用。在详细费用估算中，工程项目管理与设计专业应提供关于项目管理服务与设计的详细工时估算，然后按照适当的人工时单价估算工时费用，确定并运用总部费用系数来计算总部费用，最后汇总、编制并审查总部费用估算。

(6) 估算其他杂项费用。如按当地销售税率估算税费，估算进口材料的关税，根据项目进度计划估算涨价费用，根据项目交付方式和承包策略计算相关的项目费用等。最后，进行费用风险分析，并在估算中计入适当的不可预见费。

与设备系数估算法一样，在进行详细费用估算时应特别注意设备费，因为设备费在工程项目费用中所占的比例较大，通常占工程项目总费用的20％～35％。

工程设计组连同采购组应负责向估算人员提供设备与大宗材料的采购费用信息，以便估算人员把上述费用计入工程项目费用估算。尽管大宗材料费的定价通常由估算人员负责，但工艺工程师和机械工程师最好能准确地提供设备和大宗材料定价，并与潜在设备供应商保持密切联系。设备规格的细微差异有时可导致巨大的定价差额，而估算人员未必能够意识到这种情况。在对设备进行定价时，最好能够获得供应商的正式报价，但有时由于编制费用估算的技术条件及时间限制，不具备要求供应商提供正式报价的条件。在这种情况下，可依据供应商的非正式报价(例如电话磋商)、内部定价数据、近期订单情况、类似设备的能力系数估算或参数定价模型进行设备定价。

估算人员应负责对照工艺流程图(或管道仪表流程图)核对设备清单，确保所有设备已计价。估算人员还必须核实所有设备的内部构件和零配件(如塔盘、隔板、扶梯等)费用都已包括在相应设备费内。与大宗材料不同，设备的运费可能较高，需要明确说明。此外，还应该确认供应商提供协助支持的费用，并把上述费用包括在设备费中。估算还应说明并包括设备的主要备件。

设备安装费通常由估算人员编制，必要时可要求施工人员提供协助，尤其是当安装大型/超重设备或使用特殊安装方法时，更需要施工人员的协助；估算人员还需要特别关注在现有厂房内安装大型设备的费用估算。安装设备的劳动力工时通常以设备重量和设备规格为基础，这些信息可从设备表中获得。估算人员可利用设备重量(或规格)，根据历史数据曲线得出安装工时，也可以使用其他内部数据和相关出版物上公开发表的数据。当参考设备安装工时数据时，估算人员必须注意计算与设备部件(容器的内部构件等)相关的所有安装劳动力工时。根据可利用信息的不同，大型设备的安装工时一般不包括起重机、起重桅杆或其他特定起重设备的组立、移位和拆除所需工时。估算人员还应确保费用估算中已包括仪器仪表校验、土壤沉降、内部特殊涂层、水压试验以及其他测试费。对于由分包商或供应商安装的设备，该些费用应包括在材料采购费中。

尽管不同企业具体项目的费用分类可能会与 AACE 稍有差异，但费用估算的程序基本相同，因此，任何一个项目的费用估算都可参考上述估算程序进行编制。

第三章　费用估算的一般方法

费用估算的准确性，关系到项目的投资决策或投标报价项目的成败。而要获得准确的费用估算，首先应选择正确的费用估算方法。费用估算的方法很多，有的适用于工程项目投资估算，有的适用于工程项目费用或局部费用估算；然而，费用估算必须根据项目所处的阶段、估算条件、估算用途等实际情况选择相应的估算方法。下面结合流程工业详细介绍常用的估算方法。

第一节　费用估算方法概述

一、费用估算基本方法

通常而言，所有的费用估算方法都是基于以下基本方法中的一种或几种方法的组合。

(1) 产出函数。在微观经济学中，把过程的产出和资源的消耗这两者之间的关系叫做产出函数。在建筑工程中，产出函数则可认为是建设项目的规模和生产参数(如劳动力或资本)之间的关系。产出函数建立了产出总量或规模与各种投入(例如劳动力、材料、设备)之间的关系。如代表产出的 Q 与代表各种投入的不同参数 x_1、x_2、…、x_n 等之间可通过数学和统计方法表达。因此，对某一特定的产出，可以通过对各个投入参数赋予不同的值，从而找到一个最低的生产成本。如建筑物的大小(以平方米为单位)与所消耗的劳动力(以工时为单位)之间的关系就是一个产出函数。

(2) 经验成本推理法。利用基于经验的成本函数进行费用估算需要一些统计技术，这些技术将建造或运营某设施与系统的一些重要特征或属性联系起来。通常情况下，数理统计推理利用回归分析法，其目的是为了找到最适合的参数值或者常数，以便采用假定的成本函数进行费用估算。

(3) 基于工程量清单的综合单价法。如果能够明确工程量清单表中的各项任务或各个组成部分的单价，总费用就是各细项的数量与其相应单价的乘积之和。综合单价法看似非常简单、直接，但具体使用上仍有一定难度。该方法首先是将某工作分解成为项目建设服务的许多任务项，得到各任务项的工作量估算，将单位费用与对应任务项的工作量相乘得到每项任务的费用，从而得出每项工作的费用。当然，在不同的估算中，每项工作分解的详细程度可能会有很大差别。

(4) 混合成本分配法。混合成本有时要从现有的费用分解结构和费用编码上去分解，从而确定某项具体作业的成本函数。这种方法的基本思想是，每一项支出都能够对应地分配到作业过程中的某一特定步骤。在成本分配过程中，理想状况是混合成本能够按因果对应关系进行分解，并确定为某种基本成本，然而在许多情况下，难以确定子项目与其分配成本之间的关系，或者两者根本不存在因果关系。例如，在施工项目中，基本费用可分为以下四部分：劳动力；材料；施工设备；施工间接费。以上四项基本费用可以按比例分配到项目子项的不同工作任务中。

二、费用估算方法分类

费用估算方法通常分为两大类：概念性估算和确定性估算。与第一章中 AACE 估算方法分类不同的是，这里的概念性估算包括了 AACE 的量级估算和初步估算。

(1) 概念性估算方法。概念性估算方法(Conceptual Estimating Methods)使用的自变量通常不是对估算工作项的直接计算，而是根据费用和其他参数(通常为设计参数)之间的推理或统计关系进行简单或复杂的模型估算(或系数估算)。许多情况下，概念性估算方法所使用的费用估算关系或多或少受制于主观推测。

(2) 确定性估算方法。确定性估算方法(Deterministic Estimating Methods)使用的自变量基本上都是对估算工作项的直接计算，例如直接用已知的单价乘以工作项的数量或规格尺寸。确定性估算方法对数量和计价的确定性以及范围定义的完整性有很高的精度要求。

三、两类费用估算方法的关系

从费用估算分级矩阵表 1-5 和表 1-6 中可以看出，随着项目定义程度的提高，费用估算方法从概念性估算(随机模型或系数估算法)逐步过渡到确定性估算。

使用概念性估算方法，在开始编制费用估算之前需要花费大量的时间和精力收集数据和制定方法，如需要花时间分析历史成本，确定精确的系数和估算算法，以便进行概念性估算。但是在编制概念性费用估算时花费时间较少，有时只需 1h 即可完成。

使用确定性(或详细)费用估算方法时，在编制费用估算的实际工作上需要花费大量的时间和精力。项目范围的评估和定量工作可能会占用大量时间，特大型项目的范围评估和定量工作有时需要数周甚至数月时间。研究运用准确详细的定价信息，并且按照量化范围对费用估算进行调整等工作，也需要投入相当多的时间。

任何具体的费用估算既有可能涉及概念性估算方法，又有可能涉及确定性估算方法。具体采用哪种估算方法取决于多种因素，包括：费用估算的最终用途、可用于费用估算编制的时间和资金、估算工具和可利用的数据，以及现有的项目定义程度和设计信息。

第二节　概念性费用估算方法

概念性费用估算方法通常用于相当于 AACE 5 级或 4 级的费用估算(偶尔亦用于 3 级的费用估算)。从费用估算分级矩阵表 1-5 可见，该类估算方法的估算精度范围较宽，故通常称其为量级(OOM：Order-of-Magnitude)估算。在项目范围定义不详细的情况下，运用该方法能较快地确定项目的大概费用。该类估算方法可用于：

(1) 对拟定项目或计划进行早期筛选估算；

(2) 评定项目的综合可行性；

(3) 筛选项目，例如，不同的选址、技术和生产能力等；

(4) 评定备选设计方案对工程费用的影响；

(5) 在项目设计阶段建立初步预算，以便日后开展费用控制工作。

概念性费用估算通常基于不甚完整的项目定义(即有限的设计可交付文件)，因此其估算精度范围也较宽。概念性费用估算的精度取决于多个因素，主要包括：

(1) 项目定义程度；

(2) 用于确定系数和算法的历史工程成本/费用数据的质量；

(3) 估算人员的判断和经验。

应用概念性费用估算方法时，应充分考虑上述限制因素。尽管如此，概念性费用估算在许多情况下仍然比较可靠，尤其是在对重复建设项目进行费用估算时更是如此。通常情况下，概念性费用估算的重点不在于每个细节的精度，而是如何作出相对准确合理的费用估算，确保费用估算结果有助于管理层与决策层作出正确的决策。

概念性费用估算(或量级估算)的方法多种多样，大多数概念性费用估算方法都依赖于某种形式关系。比较常用的方法包括单位生产能力估算法、生产能力指数法、设备系数估算法、比例法以及参数模型法等。

一、综合指标估算法

(一) 单位生产能力法

根据类似项目历史费用数据，把拟建项目单位生产能力与项目建设费用联系起来，可以使用这种概念性费用估算方法。估算人员采用该方法时，在仅知道拟定项目单位生产能力的情况下，能够较快地编制费用估算。其费用估算的计算公式为：

$$C_2=\left(\frac{C_1}{Q_1}\right)Q_2 \tag{3-1}$$

式中　C_1——已建类似项目的工程费用或设备费；

C_2——拟建项目的工程费用或设备费；

Q_1——已建类似项目的生产能力；

Q_2——拟建项目的生产能力。

例如，能说明建设工程费用与其单位生产能力关系的例子有：

(1) 发电厂建设工程费用与发电千瓦数的关系；

(2) 酒店建设工程费用与客房数量的关系；

(3) 医院建设工程费用与病床数量的关系；

(4) 停车场建设工程费用与停车位数量的关系等。

【例 3-1】 假定有一投资商拟在某度假胜地建一座1500套客房的豪华酒店，因可行性研究的需要，需对拟建酒店进行粗略的费用估算。现获知在附近的另一处度假胜地最近新落成了一座类似的豪华酒店，具体信息如下：该新落成的豪华酒店有1000套客房，配置有大堂、餐厅、会议室、停车场、游泳池和夜总会等设施。该座拥有1000套豪华客房的酒店建设工程总费用为6750万美元，试估算新建一座1500套客房的豪华酒店所需的工程总费用。

解：根据已知条件，可推算得出每套客房的单价为：

$$每套客房单价=\frac{1000套客房总费用}{客房总套数}=\frac{6750万美元}{1000套}=6.75万美元/套$$

据此，可得出在附近地区同样建造一座拥有1500套客房且设计类似的豪华酒店所需的费用，估算值约为：每套客房的单价6.75万美元×1500套客房=10125万美元

即新建一座1500套客房的豪华酒店所需的工程总费用为10125万美元。

（二）实体尺寸估算法

实体尺寸估算法与单位生产能力估算法很相似，只是该方法采用实际尺寸(如面积、长度、体积等)作为拟建项目费用估算的主要指标。例如，按照面积估算建筑物的工程费用，按照长度估算管道、公路或铁路的工程费用，按照体积估算罐区、仓库、工业炉砌筑的工程费用等。与单位生产能力估算法一样，该方法也依赖于类似项目的历史成本/费用数据。

【例 3-2】 假定某地拟新建一栋建筑面积为3600m^2、5.5m高的仓库，而附近有一栋新建成的建筑面积为2900m^2、4.25m高的仓库，其工程费用为623500美元，试估算该新建仓库的工程费用。

【分析】 已建仓库的平方米价格为623500美元÷2900m^2=215美元/m^2，若按平方米价格估算拟建仓库的工程费用，则为774000美元(3600平方米×215美元/平方米)，但是，由于已建成的仓库高度只有4.25m，与拟新建的仓库高度5.5m有较大的差距。因此，按照空间体积估算拟新建仓库的工程费用可能更合适。

解：根据已知条件，得出已建仓库每立方米的价格为：

$$623500美元\div(2900m^2\times4.25m)\approx50.59美元/m^3$$

拟新建的仓库空间体积为：3600m^2×5.5m=19800m^3

则拟新建仓库的费用估算为：19800m^3×50.59美元/m^3≈1001700美元

即新建仓库的工程估算费用约为100.17万美元。

尽管作为综合估算指标法的单位生产能力估算法和实体尺寸估算法能基本满足可行性研究的需要，但均将生产能力(或规模)与工程费用视作简单的线性关系，因此，都忽略了部分可能影响工程费用的因素。例如，例3-1在估算时就假定公用设施(大堂、餐厅、游泳池等)的工程费用直接随着客房数量的增加而增加，且忽略了建设一座较大酒店可能产生的规模经济效益；例3-2也忽略了规模经济对工程费用的影响，以及两栋仓库之间的质量差异。如果数据显示这些差异对工程费用存在影响，那么就需对初步估算的工程费用作出相应的调整。同样，如果拟建豪华酒店的选址或建设时间与已建类似项目的地址或建设时间大不相同，那么也应利用价格指数对上述差异进行调整。

如果估算人员在费用估算时能获得更多的项目信息，就可以进一步调整费用估算。关于工程范围、项目建设地点或建设时间等的差异，后面章节将详细介绍相应的工程费用调整方法。

二、生产能力指数法

生产能力指数法就是根据已建成类似项目的生产能力和工程费用来估算拟建项目的工程费用。单位生产能力估算法将项目工程费用与其生产能力的关系视作简单的线性关系，而生产能力指数法则构建了项目工程费用与生产能力之间的非线性关系；也就是说，两个生产能力不同的类似项目之间的工程费用比率等于两个项目生产能力比率的某次幂。即：

$$\frac{C_{B}}{C_{A}}=\left(\frac{Q_{B}}{Q_{A}}\right)^{x} \tag{3-2}$$

式中，C_A 和 C_B 分别为两个相类似项目 A 和项目 B 的工程费用，而 Q_A 和 Q_B 分别对应于两个项目的生产能力，x 为生产能力指数(俗称规模指数)。其关系详见图 3-1 所示。

式(3-2)可改写成式(3-3)，从而得到生产能力指数法的估算算法。

$$C_{B}=C_{A}\left(\frac{Q_{B}}{Q_{A}}\right)^{x} \tag{3-3}$$

式中　x——生产能力指数(规模指数)，其他符号含义同式(3-2)。

式(3-3)中的规模指数 x 实际上就是图 3-1 对数函数曲线的斜率，该曲线可反映出工程费用随着项目规模扩大或缩小时的变化情况，如图 3-2 所示。这些曲线通常可根据已竣工项目的实际工程费用数据绘制，在对数曲线图中通常表现为一条直线，即斜率为常数。需注意的是，尽管在较小的生产能力范围内，生产能力与工程费用数据在对数曲线图中通常表现为一条直线，但在整个项目规模(生产能力)范围内，它并不是恒定不变的，即规模指数具有不连续性。实际上，规模指数会随着项目生产能力(或规模)的提高而增大。如图 3-2 所示，生产能力 A 和生产能力 B 之间的规模指数为 0.60，但生产能力 B 和生产能力 C 之间的规模指数为 0.65，而生产能力 C 和生产能力 D 之间的规模指数又可能会上升到 0.72。

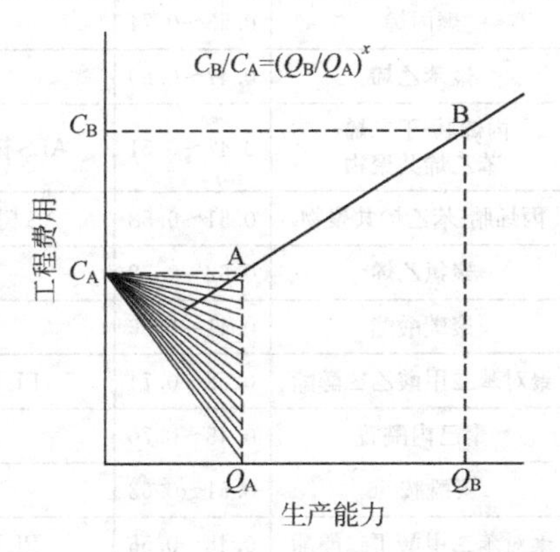

图 3-1　生产能力指数关系对数曲线图

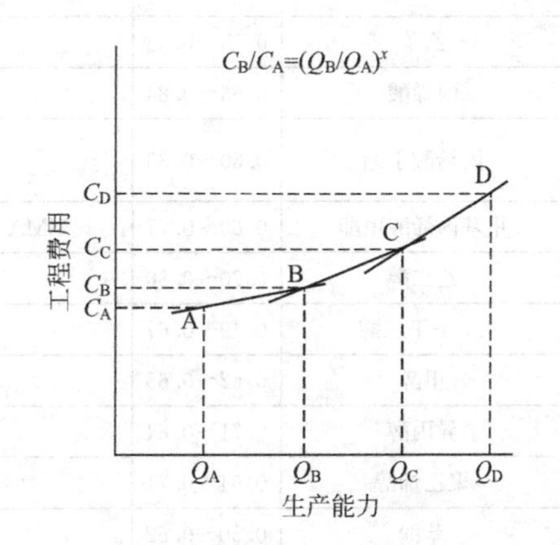

图 3-2　生产能力指数关系变化对数曲线图

在正常情况下，规模指数 x 的取值范围为［0，1］，但通常取值在 0.50 至 0.85 之间。生产率水平不同的国家和不同性质的项目中，规模指数 x 的取值不尽相同。比如在没有其他信息的情况下，美国石化工程项目的规模指数 x 的取值通常为 0.60，英国取 0.66，日本取 0.70 等。在规模指数 x 取值时需小心谨慎，以确保规模指数适用于具体工程项目的费用估算。常见的石油化工装置和炼油装置的规模指数 x 值分别见表 3-1 和表 3-2，美国化工与炼油装置规模指数参见表 3-3，应当注意表 3-3 中的美国化工与炼油装置规模指数的原始数据大都出自 20 世纪 70 年代，因时间久远，故仅供参考使用。关于石油化工与炼油装置的规模指数，从表 3-1、表 3-2 和表 3-3 的对比来看，可反映出生产率水平不同的国家和不同时间段的规模指数存在一定的差异。

石油化工装置投资规模指数　　**表 3-1**

序号	装置名称	规模指数 x	备注	序号	装置名称	规模指数 x	备注
1	乙烯裂解	0.80～0.83	以石脑油为原料	31	NGL	0.70～0.84	
2	乳液聚合法丁苯橡胶	0.57～0.67		32	GTL	0.80～0.92	
3	溶液聚合法丁苯橡胶	0.74～0.77		33	环氧乙烷	0.73～0.77	
4	溶液聚合法顺丁橡胶	0.60～0.85		34	环氧丙烷	0.52～0.78	
5	热塑性丁苯橡胶	0.54～0.56		35	丙烯腈	0.66～0.74	
6	乙丙橡胶(三元乙丙橡胶)	0.72～0.81	溶液法，含 ENB	36	甲醛	0.55	
7	合成氨	0.80～0.95		37	乙醛	0.66～0.90	
8	尿素	0.68～0.74		38	丙烯酰胺	0.50～0.65	
9	甲基叔丁基醚	0.46～0.51	MTBE	39	环己酮	0.65～0.77	
10	丁二烯	0.35～0.48		40	过氧化氢	0.47～0.62	
11	苯乙烯	0.70～0.83		41	己内酰胺	0.61～0.66	
12	苯胺	0.54～0.66		42	对苯二甲酸	0.65～0.70	PTA
13	醋酸	0.64～0.79		43	对苯二甲酸二甲酯	0.60～0.72	DMT
14	氯乙烯	0.55～0.72		44	低密度聚乙烯	0.70～0.78	LDPE
15	二甲苯分离	0.57～0.77	产品为对二甲苯	45	高密度聚乙烯	0.53～0.64	HLDPE
16	异丙苯	0.47～0.62		46	线性低密度聚乙烯	0.68～0.79	LLDPE
						0.49～0.65	Bimodal LLDPE
17	乙苯	0.53～0.62		47	聚丙烯	0.55～0.74	
18	丙烯酸	0.63～0.84		48	聚苯乙烯	0.47～0.60	
19	丙烯酸丁酯	0.30～0.39		49	丙烯腈-丁二烯-苯乙烯共聚物	0.47～0.51	ABS 树脂
20	甲基丙烯酸甲酯	0.60～0.77	MMA	50	丙烯腈-苯乙烯共聚物	0.51～0.58	AS 树脂
21	乙二醇	0.70～0.80		51	聚氯乙烯	0.62～0.72	
22	1，4-丁二醇	0.49～0.67		52	聚碳酸酯	0.41～0.56	
23	甲醇	0.62～0.65		53	聚对苯二甲酸乙二醇酯	0.58～0.74	PET
24	异丙醇	0.71～0.84		54	聚己内酰胺	0.48～0.76	
25	聚乙烯醇	0.64～0.71		55	聚酰胺 66	0.51～0.63	
26	苯酚	0.50～0.62		56	聚对苯二甲酸丁二醇酯	0.48～0.56	PBT
27	双酚 A	0.53～0.60		57	聚异氰酸脂	0.44～0.56	MDI
28	对苯二酚	0.45～0.47		58	聚丙烯酰胺	0.50～0.56	PAA
29	邻苯二甲酸酐	0.60～0.69		59	硫酸	0.75～0.81	
30	二甲醚	0.70～0.80		60	盐酸	0.47～0.53	

注：1. 本表所列规模指数，仅适用于通过改变设备尺寸而改变生产能力的装置的投资估算；

2. 数据摘自《中国石油化工集团公司项目可行性研究技术经济参数与数据 2011》表 4-2-5。

炼油装置投资规模指数　　表 3-2

序号	装置名称	规模指数 x	备注	序号	装置名称	规模指数 x	备注
1	常压蒸馏	0.70		18	气体脱硫	0.60	
2	减压蒸馏	0.70		19	循环氢脱硫	0.70	
3	常减压蒸馏	0.60		20	脱硫醇	0.65	
4	减粘裂化	0.60		21	氧化沥青	0.65	
5	延迟焦化	0.70～0.81		22	丙烷脱沥青	0.73	
6	流化焦化	0.70		23	芳烃抽提	0.60	
7	催化裂化	0.70～0.83		24	原油脱盐	0.60	
8	宽馏分重整	0.62		25	气体分馏	0.70	
9	宽馏分重整(带抽提)	0.70		26	酚精制	0.80	
10	窄馏分重整(带抽提)	0.75		27	溶剂抽提	0.73	
11	加氢裂化	0.71～0.82		28	溶剂脱蜡	0.76～0.82	
12	干气制氢	0.65～0.70		29	尿素脱蜡	0.80	
13	迭合	0.58～0.80		30	压榨脱蜡	0.70	
14	烷基化	0.60～0.65		31	白土精制	0.53	
15	加氢精制	0.65～0.85		32	石蜡发汗	0.70	
16	渣油加氢脱硫	0.80		33	石蜡脱色	0.60	
17	制硫	0.60～0.64		34	石蜡成型	0.70	

注：1. 本表所列规模指数，仅适用于通过改变设备尺寸而改变生产能力的装置的投资估算；

2. 数据摘自《中国石油化工公司项目可行性研究技术经济参数与数据 2011》表 4-2-4。

美国化工与炼油装置规模指数　　表 3-3

工艺装置名称	典型装置规模	规模指数 x	工艺装置名称	典型装置规模	规模指数 x
化工厂(1000t/年)			**炼油厂(1000 桶/天)**		
醋酸	10	0.68	烷基化	10	0.60
丙酮	100	0.45	延迟焦化	10	0.38
氨	100	0.53	流化焦化	10	0.42
硝酸铵	100	0.65	裂化	10	0.70
丁醇	50	0.40	常压蒸馏	100	0.90
氯	50	0.45	减压蒸馏	100	0.70
乙烯	50	0.83	加氢	10	0.65
环氧乙烷	50	0.78	重整	10	0.60
甲醛(37%)	10	0.55	聚合	10	0.58
乙二醇	5	0.75			
甲醇	60	0.60			
硝酸	100	0.60			
高密度聚乙烯	5	0.65			
丙烯	10	0.70			
硫酸	100	0.65			
尿素	60	0.70			

如果利用生产能力指数法估算时使用的规模指数比较接近实际值，而且拟建项目的规模比较接近已建类似项目的规模，那么按生产能力指数法估算的误差就较小，其精度也能满足概念性费用估算法所期望的精度。例如，如果拟建项目的规模是已建项目规模的3倍，假定规模指数取值为0.70，而实际规模指数为0.80，那么拟建项目的工程费用就会低估约10%，即$(3^{0.7}-3^{0.8})\div 3^{0.8}\times 100\%\approx -10\%$；同样，假定规模指数取值为0.70，但实际规模指数为0.60，那么拟建项目的工程费用就会高估12%，即$(3^{0.7}-3^{0.6})\div 3^{0.6}\times 100\%\approx 12\%$。

通常对于设备来说，规模指数的平均值为0.60，但对于整个装置来说，规模指数的平均值为0.70。因此，生产能力指数法通常也称为6/10法则或7/10法则。

生产能力指数法在美国有时也称为“0.6指数”估算法。若规模指数取值为0.60，则当项目的生产能力翻一番时，其工程费用约会增加50%；当项目的生产能力翻两番时，其工程费用约增加100%。

如果规模指数值小于1，则项目可实现规模经济效益，也就是说当项目能力提高一定比例(例如20%)时，建设规模较大的项目所需的工程费用增加额会小于该比例(即小于20%)。但是，当项目的生产能力达到现有工艺技术水平的上限时，规模指数值可能会接近1，在这种情况下，建设两个规模相对较小的项目比建设一个大型项目更经济。换言之，当工程费用和生产能力呈线性函数关系时，就难以实现规模经济效益。

因此，如果拟建项目的规模接近于已建类似项目的规模，且规模指数又切合实际，则生产能力指数法的费用估算误差就会比较小。但是，在实际的工程费用估算中，该误差会因为其他假定前提而被放大。通常情况下，需要根据拟建项目和已建类似项目在工程范围、选址和建设时间等方面的差异，对工程费用的估算进行调整，这些调整也可能会增加整个工程费用的估算误差。

利用生产能力指数法，按照项目范围、项目选址和建设时间等方面的差异对工程费用估算进行调整的主要步骤为：

(1) 从已建类似项目的工程费用中扣除拟建项目所不包括部分的费用；

(2) 按照选址差异和物价上涨情况调整已建类似项目的工程费用，即确定与已建类似项目同规模，在拟建项目地址和时间段按照上述因素调整后得到所需的类似项目工程费用；

(3) 应用生产能力指数法，估算拟建项目的工程费用；

(4) 在此基础上，加上拟建项目包含但已建类似项目中不包含的额外工程费用，即可得到拟建项目的工程费用估算。

【例3-3】 假定在美国费城建设一套生产能力为10万桶/d的双氧水生产装置，预期2004年竣工。经调查得知2002年已在马来西亚建成的15万桶/天双氧水生产装置的工程费用为5000万美元。根据最新的历史成本/费用数据，选择0.75的规模指数比较适宜。

问题一：利用生产能力指数法进行简单的估算，该新建装置的工程费用为多少？

问题二：若在费城拟建装置，不包括马来西亚已建项目的桩基、罐区和业主费用共1000万美元，但需为满足环境保护要求而额外增加500万美元；同时，预计费城的建设费用是马来西亚工厂建设费用的1.25倍(选址调整)，2004年的物价水平是2002年的1.06倍，则考虑上述因素后，在美国费城新建该套装置的工程费用又为多少？

解：(1) 根据生产能力指数法，用式(3-3)简单地估算费城新建该双氧水生产装置的工程费用为：

$$C_B = C_A\left(\frac{Q_B}{Q_A}\right)^x = 5000\times\left(\frac{100000}{150000}\right)^{0.75} \approx 3690(\text{万美元})$$

(2) 若考虑费城新建装置在工程范围、选址和建设时间方面与马来西亚已建装置的差异因素，则对工程费用估算进行调整如下：

1) 在马来西亚建设15万桶/天双氧水生产装置的工程费用5000万美元，减去桩基、罐区和业主费用1000万美元，则对马来西亚项目按拟建装置同样工程范围调整后的工程费用为：

5000万美元－1000万美元＝4000万美元；

2) 考虑建设地点由马来西亚调整到美国费城的选址差异，工程费用调整为：

4000万美元×1.25＝5000万美元；

3) 按物价上涨指数将工程费用从2002年调整到2004年价格水平：

5000万美元×1.06＝5300万美元；

4) 按照生产能力指数法估算新建装置的工程费用为：

$$C_B = C_A\left(\frac{Q_B}{Q_A}\right)^x = 5300\times\left(\frac{100000}{150000}\right)^{0.75} \approx 3910(\text{万美元})$$

5) 加上拟建项目为满足环境保护要求而增加的500万美元，则在美国费城建设一套生产能力为10万桶/天的双氧水生产装置，估算工程费用为：

3910＋500＝4410(万美元)

【例3-4】 假定一套10万t/年的A装置的设备费为800万美元，试估算类似的20万t/年的B装置的设备费(设备费规模指数取0.60)。

解：根据已知条件，参照生产能力指数法的估算模型，B装置的设备费估算为：

$$C_B = C_A\left(\frac{Q_B}{Q_A}\right)^x = 800\times\left(\frac{20}{10}\right)^{0.60} \approx 1210(\text{万美元})$$

由于使用生产能力指数法估算工程费用，只需要掌握拟建项目的工艺流程与规模，以及已建类似项目的生产能力与工程费用历史数据，而不需要详细的工程设计资料，因此，在项目概念筛选阶段可快速地编制相当精度的早期费用估算。使用该估算方法时，要求拟建项目和已建项目十分类似且规模相当，此外，还需考虑两个类比项目在工程范围、选址和建设时间方面的差异。

生产能力指数法相比单位生产能力法的估算精度略高。虽然对项目的工程范围、建设地址和建设时间等方面的差异进行调整后，可能增加费用估算的不确定性和误差，但生产能力指数法的精度作为量级估算还是可以接受的。该方法常用于项目前期设计阶段的决策支持，以及总承包商在投标时对工程项目总费用的粗略匡算。

三、系数估算法

系数估算法也称作因子估算法(Factored Estimating)，以拟建项目的主体工程费或设备费(注：流程工业中往往采用工艺设备费)作为基数，以其他工程费用与主体工程费或设备费的百分比为系数估算，从而获得整个项目的静态投资(或工程费用)的方法。例如，对于石油化工装置来讲，设备费占石油化工装置总费用的比例较高(达 20%～35%)，因此，在流程工业项目的费用估算中，通常可用基于设备费的系数估算法来估算工程费用，这种方法也称之为设备系数估算法。

应用设备系数估算法的理论基础是，设备专业的设备费与完成设备安装所需的非设备专业(如基础、管道、电气、仪表等)的费用具有一定的比例关系。相关研究表明，石油化工工程项目施工所需的直接劳动力费、大宗材料费确实与设备费(或设计参数)相关联，因此，设备系数估算法通常用于估算工艺装置和公用工程的工程总费用。

在项目筛选和可行性研究阶段，当项目定义约完成了 1%～15%(即相当于 AACE 4 级)时，已能提出项目的设备清单，故该阶段通常使用设备系数法估算工程总费用。这种估算方法简单，但估算精度较低。估算结果通常用于可行性研究的财务评价，以确定是否有充分的商业理由继续开展项目。

下面详细介绍具有代表性的系数估算方法即朗格系数法、汉德系数法和比例系数法的估算方法。

(一) 朗格式系数法

1. 朗格(Lang)系数法

朗格(Hans Lang)在 1947 年首次提出了利用设备总费用及相关系数估算工艺装置工程总费用的理论，朗格系数法的简单估算公式为：

$$C=(1+\sum k_i)k_c \cdot E=K_L \cdot E \tag{3-4}$$

式中　C——工艺装置的工程总费用；

E——主要设备费；

k_i——管线、仪表、建筑物等项工程费用的估算系数；

k_c——管理费、合同费、不可预见费等间接费在内的总估算系数；

K_L——朗格系数，工艺装置总费用与主要设备费之比，即 $K_L=(1+\sum k_i)k_c$。

国外流程工业典型经验估算系数分别如表 3-4 和表 3-5 所示。

其他附属直接费用与主要设备费之比　　表 3-4

序号	其他附属直接费用名称	系数 k_i	备注
1	主要设备安装人工费	0.10～0.20	
2	保温费	0.10～0.25	
3	管线费(碳钢)	0.50～1.00	
4	基础	0.03～0.13	
5	建筑物	0.07	

续表

序号	其他附属直接费用名称	系数 k_i	备注
6	构架	0.05	
7	防火	0.06～0.10	
8	电气	0.07～0.15	
9	油漆粉刷	0.06～0.10	
	$\sum k_i$	**1.04～2.05**	

直接费用之和为：

$$(1+\sum k_i)\cdot E=(2.04\sim3.05)E$$

间接费用系数 k_c 表 3-5

序号	费用名称	系数	备注
1	通过直接费表示的间接费	1.00	
2	日常管理、合同费和利息	0.30	
3	工程费	0.13	
4	不可预见费	0.13	
	小计 k_c	**1.56**	

工艺装置总费用为：

$$C=(1+\sum k_i)k_c\cdot E=(2.04\sim3.05)\times1.56\times E=(3.2\sim4.8)E$$

依据具体的工艺装置类型，朗格提出了三种设备系数：(1)对于固体流程，设备系数为3.10；(2)对于固体和流体混合流程，设备系数为3.63；(3)对于流体流程，设备系数为4.74。朗格系数包括了与装置施工有关的工程总费用，既包括所有装置界区内的工程费用，也包括所有界区外的工程费用，朗格系数估算包含的内容详见表3-6。

朗格系数估算包含的内容 表 3-6

项目		固体流程	固流流程	流体流程
朗格系数 K_L		**3.10**	**3.63**	**4.74**
内容	(a) 包括设备、基础、防腐、绝热及设备安装费	$E\times1.43$		
	(b) 包括上述在内和配管工程费	(a)×1.10	(a)×1.25	(a)×1.60
	(c) 装置直接费	(b)×1.50		
	(d) 总费用C，包括上述3项费用及间接费	(c)×1.31	(c)×1.35	(c)×1.38

注：E——主要设备费，指设备到达现场的费用，包括设备出厂价、陆路运费、海运费、装卸费、关税、保险、采购服务费等。

【例3-5】 假定某流体流程工艺装置的设备，到达工地的费用总额为150万美元，试用朗格系数法估算该工艺装置的工程总费用。

解： 经查阅，流体工艺装置的朗格系数为4.74，则该工艺装置的工程总费用为：

$$C=K_L\cdot E=4.74\times150\text{ 万美元}=711\text{ 万美元}$$

朗格系数估算法比较简单，其所使用的系数视工艺装置类型的不同而不同。受朗格系数的启发，相关研究人员进一步发展了朗格的理论，迄今为止，陆续出现了多种不同的设备系数估算法，有的已变得相当复杂。对于所有这些不同的设备系数法，通常统称为“朗格式系数法”。虽然朗格系数是在60多年前提出的，但上述系数对于流程工业的量级估算仍非常有用，目前，朗格系数仍普遍使用于不同工艺流程的项目估算。

2. 汉德(Hand)系数法

汉德(Hand)系数与朗格系数不同，一是汉德系数仅用于估算现场直接费用，且既不包括仪表专业的现场直接费，也不包括现场间接费用、总部费用以及装置界区外(OSBL)的工程费用；二是汉德系数并不使用单一的系数。汉德(W. E. Hand)在1958年提出了按不同设备类型(塔、容器、换热器等)而不是按工艺装置类型的设备系数估算法。其计算公式如下：

$$D=\sum(E_i \cdot f_i) \tag{3-5}$$

式中 D——现场直接费；

E_i——第 i 种类的设备费；

f_i——第 i 种设备类型对应的设备系数。

汉德设备系数的取值范围为2.0～3.5，若包括仪表专业，则约为2.4～4.3，汉德设备系数见表3-7。

汉德设备系数 **表3-7**

序号	设备类型	汉德系数	备注
1	塔	2.1	
2	立式容器	3.2	
3	卧式容器	2.4	
4	管壳式换热器	2.5	
5	板式换热器	2.0	
6	泵(电动)	3.4	

【例3-6】 假定某流体流程工艺装置的主要设备费如下：塔类设备费65万美元，立式容器类54万美元，卧式容器类11万美元，管壳式换热器类63万美元，板式换热器类11万美元，电动泵类76.5万美元。假定现场直接劳动力费为现场直接费的25%，现场间接费为现场直接劳动力费的115%，总部费用和试车配合费分别为现场直接费的30%和3%，不可预见费为上述所有费用之和的15%。试用汉德系数法估算该流体工艺装置的工程总费用。

解：(1) 根据汉德系数估算法估算现场直接费。

首先将各设备类的费用乘以该类设备的汉德系数，即可得到该类设备的现场直接费，如：

立式容器安装的现场直接费＝立式容器设备费×设备系数＝54万美元×3.2＝172.8万美元

然后将所有设备类型的现场直接费合计：

65×2.1＋54×3.2＋11×2.4＋63×2.5＋11×2.0＋76.5×3.4＝775.3(万美元)

(2) 计算现场直接劳动力费。现场直接劳动力费为现场直接费的25%，即：

775.3×25%≈193.8(万美元)

(3) 计算现场间接费。现场间接费为现场直接劳动力费的115%，即：

193.8×115%≈222.9(万美元)

(4) 将现场直接费与现场间接费相加，即可得出现场总费用为：

775.3+222.9=998.2(万美元)

(5) 计算总部费用。总部费用为现场直接费的30%，即：

775.3×30%≈232.6(万美元)

(6) 计算试车配合费。试车配合费为现场直接费的3%，即：

775.3×3%≈23.3(万美元)

(7) 计算不可预见费

上述费用之和为：

998.2+232.6+23.3=1254.1(万美元)

根据假定条件，不可预见费为上述费用之和的15%，即：

1254.1×15%≈188.1(万美元)

(8) 对上述所有费用求和，即可得到该装置的费用估算为：

1254.1+188.1=1442.2(万美元)

利用汉德系数按假定条件对装置总费用的具体估算见表3-8。

汉德设备系数估算汇总 表3-8

序号	费用名称	计算式	费用(万美元)			设备费倍数[①]	百分比
			劳动力费	设备费	合计		
1	**现场直接费**						
	塔	设备费×2.1		65	136.5		
	立式容器	设备费×3.2		54	172.8		
	卧式容器	设备费×2.4		11	26.4		
	管壳式换热器	设备费×2.5		63	157.5		
	板式换热器	设备费×2.0		11	22		
	电动泵	设备费×3.4		76.5	260.1		
	现场直接费小计			**280.5**	**775.3**	**2.8**	**53.8%**
	其中：现场直接劳动力费	现场直接费的25%	**193.8**				
2	**现场间接费**						
	施工临时设施						
	施工服务/供应品/消耗品						
	现场人员/生活用品/费用						
	工资/福利/保险						
	施工机械与工器具费						
	国际交易费用						
	现场间接费小计	现场直接劳动力费的115%			**222.9**		**15.5%**

续表

序号	费用名称	计算式	费用(万美元)			设备费倍数[①]	百分比
			劳动力费	设备费	合计		
3	**现场总费用**	(1)+(2)			**998.2**	**3.6**	**69.2%**
4	**总部费用**						
	项目管理费						
	项目控制/估算						
	采购服务费						
	施工管理费						
	工程设计费						
	总部管理费						
	总部费用小计	现场直接费的30%			232.6		16.1%
5	**现场费用与总部费用**	(3)+(4)			**1230.8**	**4.4**	**85.3%**
6	**其他费用**						
	业主费用						
	试车费	现场直接费的3%			23.3		
	涨价费用						
	其他不可分配的费用						
	不可预见费	以上费用总和的15%			188.1		
	费用						
	其他费用小计				**211.4**		**14.7%**
7	**工程总费用**	(5)+(6)			**1442.2**	**5.1**	**100%**

注：① 设备费倍数，是指某一项工程费用相对于所有设备费之和的比例。

【分析】 从例3-6中计算得出的设备费倍数可见：现场直接费与主要设备总费用之间的系数为2.8，通常范围为2.4～3.5；现场总费用与主要设备总费用之间的系数为3.6，通常范围为3.0～4.2；工程总费用与主要设备总费用之间的系数为5.1，通常范围为4.2～5.5，且与朗格针对流体工艺装置提出的设备系数4.74很接近。

美国工程造价促进协会(AACE)费用估算委员会于1992年对汉德系数进行了更新，作为计算其他费用的设备费基数，不仅增加了仪表设备，而且还增加了压缩机、加热炉设备，更新后的设备系数见表3-9。

更新后的汉德设备系数 **表3-9**

序号	设备类型	更新后的汉德系数	备注
1	分馏塔塔本体	4.0	
2	分馏塔塔盘	2.5	
3	压力容器	3.5	
4	换热器	3.5	
5	加热炉	2.5	

续表

序号	设备类型	更新后的汉德系数	备注
6	泵	4.0	
7	压缩机	3.0	
8	仪表	3.5	

3. 沃斯(Wroth)系数法

沃斯在上述设备系数研究的基础上，于1960年提出了更为完整的设备系数，如表3-10所示。沃斯系数与朗格系数一样，是全费用的概念，即以指定的系数乘以设备费，即能得到与该设备相关的所有工程费用，包括场地准备、基础、结构、建筑物、管道、电气、防腐、承包商费用和租金、设计、现场管理与企业管理等费用。虽然沃斯系数提出的时间久远，但在流程工业中的量级估算仍具参考价值。

工艺装置各设备费的沃斯系数　　**表3-10**

序号	设备类型	系数
1	搅拌器	2.0
2	鼓风机、风机(包括电机)	2.5
3	离心机(工艺)	2.0
4	压缩机	
(1)	离心式压缩机	
	电动(无电动机)	2.0
	汽轮机(含涡轮)	2.0
(2)	往复式压缩机	
	蒸汽或燃气驱动	2.3
	电机驱动(无电动机)	2.3
5	喷射器(真空装置)	2.5
6	锅炉(成套设备)	2.0
7	换热器	4.8
8	仪表	4.1
9	电动机	8.5
10	泵	
(1)	离心泵	
	电动(无电动机)	7.0
	汽轮机	6.5
(2)	容积泵(无电动机)	5.0
11	反应器	近似于等效设备类型的系数
12	制冷(成套设备)	2.5
13	容器(槽)	
(1)	压力容器	4.1
(2)	储罐	3.5
(3)	现场制作安装罐(190m^3 以上)	2.0
14	塔	4.0

亚瑟·米勒(Arthur Miller)在1965年又进一步发展了设备系数估算法的理论。

米勒建议：如果设备的单位平均费用增加，那么就应相应调低设备系数，设备的单位平均费用与设备系数之间存在此长彼消的关系。

米勒发现设备有3个特定变量，即：大型设备规格、设备材质以及操作压力，这3个变量参数对设备费的影响程度大于其对相关大宗材料和安装费用的影响。当大型设备的尺寸增大时，安装设备所需的相关大宗材料(如基础、钢架、管道、仪表等)数量并不会同比例增加。因此，当设备尺寸增大时，设备的系数值反而会减少；同样，设备材质和操作压力也存在类似的趋势。如果设备用较贵重的材料(如不锈钢、钛、蒙乃尔合金等)制造，则设备系数会变得较小；如果设备的操作压力增加，则设备系数也会变小。相应地，当设备费因其结构材料较贵或操作压力较高而上升时，安装设备所需的相关大宗材料费也会增加，但增加的比例较低，从而导致设备系数变小。

米勒建议可将3个参数变量合并成为1个变量，即统一采用设备的“单位平均费用”来衡量。

$$R=\frac{E}{m} \tag{3-6}$$

式中　R——设备的单位平均费用；

E——工艺设备总费用；

m——工艺设备台数。

（二）比例系数法

除了用设备系数法估算所有现场直接费或工程总费用以外，利用设备系数法还可以分别估算与设备安装相关的各主体专业工程费用。也就是说，各类设备与若干个主体专业的设备系数相关联。例如，某一个设备系数用于估算混凝土专业的工程费用，另一个设备系数用于估算钢结构专业的工程费用，还有另外一个设备系数用于估算管道专业的工程费用等。

因此，比例系数法通常又称作“分专业系数法”或“主体专业系数法”。其计算公式如下：

$$D=(f_1+f_2+f_3+\cdots)\cdot\sum E \tag{3-7}$$

式中　D——现场直接费；

$\sum E$——主要设备费之和；

f_1、f_2、f_3、…——设备、管道、电气、仪表等专业的费用系数。

比例系数法与朗格系数法之间的差异在于具体的系数上。朗格系数法用的是整体的设备系数，而比例系数法是分专业的设备系数。比例系数估算法的优点是能够让估算人员根据项目的具体情况，调整各主体专业的工程费用，从而提高设备系数估算法的精度。估算人员还可以利用这种估算方法对各特定专业的工程费用进行汇总，并与其他类似项目的工程费用作对比分析。

为了让费用估算专业人员更容易理解比例系数的估算方法，下面通过例3-7的不锈钢换热器设备系数估算法，对比例系数法的估算过程予以详细介绍。

【例 3-7】 假定对于材质为 316、换热面积介于 32.5～65.0m^2 之间的不锈钢管壳式换热器，已知设备安装、混凝土、钢结构、管道、电气、仪表、防腐、绝热等专业的设备系数分别为 0.05、0.11、0.11、1.18、0.05、0.24、0.01、0.11，现换热器的采购费为 1.50 万美元，试估算安装该换热器的现场直接费。

解：根据已知条件，换热器的设备采购费为 1.50 万美元，用设备费分别乘以给定的各主体专业的设备系数，即可得出各专业的现场直接费。例如，设备安装的劳动力费用为 1.50 万美元×0.05=750 美元，管道专业的材料费和安装劳动力费为 1.50 万美元×1.18=17700 美元。经计算，安装该换热器的现场直接费为 4.29 万美元(包括换热器设备采购费 1.50 万美元)，详见表 3-11。

换热器专业设备系数估算法 **表 3-11**

项目名称	设备费	设备安装劳动力	混凝土	钢结构	管道	电气	仪表	防腐	绝热	**现场直接费合计**
设备系数	1.00	0.05	0.11	0.11	1.18	0.05	0.24	0.01	0.11	**2.86**
费用(美元)	15000	750	1650	1650	17700	750	3600	150	1650	**42900**

【分析】 从表 3-11 可知，现场直接费的总体设备系数为 2.86，且该估算结果不包括现场间接费、总部费用和界区外的工程费用，该示例的估算过程也说明了比例系数法与朗格系数法之间的差异。

(三) 使用系数估算法的有关事项

系数估算法的研究成果有许多，除上述介绍内容以外，美国 AACE 也有相当详细的比例系数估算方法，将在本章第六节中予以详细介绍。

1. 系数估算法使用范围与注意事项

系数估算法可用于估算项目的工程总费用或现场直接费，因此，该方法通常用于项目可行性研究阶段的费用估算。如果设定的设备系数合理，费用调整得当，而且设备清单相对完整准确，则系数估算法的估算结果相当精确。系数估算法还可用于其他情形的费用估算，例如根据装置界区内(ISBL)的工程费用估算界区外(OSBL)设施的工程费用，或根据施工直接费估算施工间接费，但要确保这种估算方法的精确性，最重要的就是要根据准确的历史项目工程费用数据信息推算出合适的系数。

与生产能力指数估算法相比，设备系数估算法的优点在于以工程项目的具体工艺设计为基础。在使用设备系数估算法时，需特别注意的是：

(1) 系数的适用范围。大多数情况下，设备系数法仅用于估算装置界区内(ISBL)的工程费用，而界区外(OSBL)的工程费用需另外估算；但也有合适的系数(如朗格系数)可用于估算装置的工程总费用。

(2) 费用估算的范围。即要搞清楚设备系数法中所不包括的其他项目费用，如朗格系数包括了与装置施工有关的全部工程费用，但汉德系数只用于估算现场直接费用。

(3) 系数估算的基数。要弄清楚各种设备系数法中使用的具体系数的估算基数，朗格系数的估算基数是全部主要设备费之和，汉德系数、沃斯系数则是以不同类型的设备费为估算基数。

（4）如有条件，需根据历史项目的工程费用数据信息和拟估算项目的工程内容与工作范围等，对某些设备系数法中的系数或用设备系数估算后的工程费用进行适当调整。

2. 系数的编制与调整方法

系数估算法的使用虽十分简单，但是由于有的设备系数只是原则性地说明了费用估算的范围，并没有完全说清楚具体包括了哪些费用和不包括哪些费用，存在对费用归集口径或理解上的不一致，因此会影响费用估算结果的精度。目前公开发表的设备系数大多数已年过久远，可能并不适合现在工程技术与管理水平下的工程费用估算，为了提高设备系数估算法的估算精度，在实际应用时需对该类设备系数进行调整。但是，要对其按照工程范围、项目选址、建设时间、项目组织和管理与技术水平等方面的差异对这些数据进行标准化处理并予以调整往往又不具备条件。所以最好的办法是，由费用估算专业人员利用企业的历史项目工程费用数据，以及反映企业项目组织管理与技术水平的数据，测算编制企业的工艺装置实际设备系数。由估算专业人员测算编制工艺装置的实际设备系数并非一件易事，但在没有更多、更好的数据资料的情况下，可以根据公开发表的设备系数数据为基础，结合企业的历史工程费用数据进行调整。

编制设备系数的主要步骤如下：

（1）对历史项目工程费用数据处理，即按照统一的时间段、地域和劳动生产效率基准对竣工项目的历史工程费用数据进行标准化处理。测算整体设备系数所需费用数据比较简单，但测算各类型设备的设备系数或各主体专业的设备系数却要复杂得多。由于从已竣工项目的实际工程费用历史数据中找出所需的数据并不容易，因此，可能需要按照该历史项目的设备类型、规格尺寸、设备材质、操作压力等列出设备矩阵表，按统一的时间、地域和劳动生产效率基准重新编制详细的工程费用估算。

（2）用标准化的数据测算或调整设备系数。按标准化后的历史项目工程费用数据，计算出工程总费用、现场直接费以及主要设备费的总和，然后将工程总费用或现场直接费除以主要设备费总和，即可得到整体设备系数(即朗格系数)。对于各类型设备的设备系数或各主体专业的设备系数，可对按上述原则编制的费用估算归集后，初步确定各项设备系数或拟调整的设备系数。

（3）测试并调整确定设备系数。分析上述计算结果并绘图和测试，从而最终确定整体设备系数。对于各类设备的设备系数或各主体专业的设备系数，需将确定的设备系数与实际项目的历史工程费用数据进行对比校正。即用拟定的设备系数计算竣工项目的实际设备费，然后比较系数估算结果与实际项目工程费用的差异，以确定设备系数法的估算精度是否在合理范围内。如果设备系数估算结果与实际工程费用相差甚远，或始终低于(或高于)实际工程费用，那么就需要通过分析，找出引起上述结果的原因，并继续重复上述步骤，确定设备系数，直到系数估算结果达到企业所要求的合理精度为止。

3. 系数估算法的重要事项

使用设备系数法估算项目工程费用时，重点要做好以下四项工作。

（1）确定设备费。

1）仔细检查设备清单的完整性。由于在利用设备系数法编制工程费用估算时，设备清单还处于初步的草拟阶段，尽管主要的工艺设备已经确定，但可能还有一些辅助设备有待明确。因此，要将设备清单与工艺流程图(PFD)和工艺管道仪表流程图(P&ID)进行比较，以确保设备清单完整，没有遗漏。

2）确定设备规格、重量。估算专业人员在估算设备费之前，应向工艺专业工程师核实设备规格和重量，以确定是否需要根据设备清单所列设备重量加上一定的设计裕量。

3）估算每台设备价格。

具体的设备费估算办法见第五章“设备费估算”的有关内容。但需注意的是，使用设备系数法估算项目工程费用的基础是设备费，因此必须尽可能确保设备费估算的精度，尤其当使用历史采购价格信息估算设备费时，需根据项目的建设地点、时间和市场行情的变化情况，适当地调整估算的设备价格。

(2) 选择具体的设备系数估算方法，并确定合适的设备系数。

(3) 费用调整。除根据需要按设备规格、材质和操作压力情况对设备费进行相应调整外，还要按项目和工艺流程的具体情况，确定是否需要根据项目的其他信息调整设备系数。例如，与典型装置布置相比，拟估算项目的设备布置较为紧凑，因此该项目所需的管道、电缆等比正常装置的数量要少，从而可对设备系数作出相应的调整；又如，对于建在地震活跃带的项目，还要根据基础、钢架等情况调增相应的设备系数。

(4) 考虑尚未包括在设备系数内的其他项目费用。如：现场间接费、项目管理费、工程设计费、企业管理费、界区外工程费用等，具体按所使用的设备系数及系数估算法而定。

四、参数模型法

当缺少技术数据或工程设计可交付文件而无法使用更详细的估算方法时，可以利用参数费用模型编制早期的概念性费用估算。参数模型就是用数学形式表示工厂或工艺系统的实体或功能特征与其最终费用之间可预见的费用逻辑关系。参数模型估算法包括费用估算关系和其他参数估算功能，可用于说明自变量(如设计参数或实体特征)与因变量费用之间重复出现的逻辑联系。

前面所述的能力系数估算法和设备系数估算法是参数模型估算法的两个简单例子，复杂的参数模型通常涉及多个自变量或费用动因。参数模型估算法与前面介绍的估算方法相似，也需要收集和分析历史项目工程费用数据后得出费用估算关系。

借助现代计算机技术(包括通用的电子表格程序)开发参数估算模型，可减少模型开发工作量。参数模型的开发过程通常包括以下步骤：

(1) 确定费用模型和范围；

(2) 收集数据；

(3) 规范数据；

(4) 分析数据；

(5) 应用数据；

(6) 进行测试；

(7) 编写使用说明。

（一）费用模型与范围的确定

参数模型开发第一步工作就是确定模型范围，即定义模型的最终用途、实体特征、费用基础以及关键组成要素和费用动因。最终用途的定义还应包括模型适用的工艺流程类型、模型估算的费用类型（如总安装费用、现场费用等），以及模型的预期精度范围等。模型的最终用途通常用于编制工艺装置或系统的概念性费用估算。参数模型应以竣工项目的实际工程费用数据为基础，能反映企业的工程实践和技术情况，参数模型应能够便于估算人员根据项目的复杂程度或影响项目的其他因素对费用估算进行调整，其中，关键设计参数作为模型基础，应在确定项目范围的早期阶段进行较为准确的定义。

（二）收集数据

参数估算模型的数据收集和开发工作需要花费大量的时间和精力。由于参数模型的质量取决于作为模型基础的数据质量，所以必须做好工程费用数据的收集与整理工作。收集的工程费用数据质量会影响费用估算模型的精度，由此影响根据模型推导得出的费用估算。最好的做法是收集细化程度不高的工程费用数据，然后根据需要再对工程费用数据进行汇总。在收集工程费用数据之前，应先拟定收集的数据类型，并设计统一的数据收集表；收集工程费用数据时，还应包括工程费用数据发生的年份，以便对工程费用数据进行规范化处理。收集工程费用数据的范围应包括模型所有拟定设计参数或工程费用的关键动因，以及可能影响工程费用的其他信息。

（三）规范数据

工程费用数据收集完后，在数据分析前需对工程费用数据进行规范化处理。规范工程费用数据是指根据参数模型拟使用的标准数据为基础，对各项目实际工程费用数据进行相应调整。数据规范化包括根据物价上涨、项目选址、现场情况、系统规格和工程费用范围等情况对工程费用数据进行的调整。

（四）数据分析与处理

数据分析可以采用各种不同的方法和技巧。通常来说，数据分析包括对成本和所选设计参数进行回归分析，以确定模型的关键动因。大多数电子表格应用程序都有回归分析和仿真功能，使用起来十分简单方便；高级的统计和回归分析程序还具有目标寻优功能，更简化了模型开发过程。

一般情况下，应用程序通过对成本数据进行一系列的回归分析（线性分析或非线性分析），确定最终构成参数模型的最佳算法。主要算法有以下几种形式：

（1）线性关系：

$$C=a+bV_1+cV_2+\cdots \tag{3-8}$$

（2）非线性关系：

$$C=a+bV_1^x+cV_2^y+\cdots \tag{3-9}$$

式中　C——表示成本/费用，V_1 和 V_2 为输入变量。

a、b 和 c 是回归分析推导得出的常数，而 x 和 y 是回归分析推导得出的指数。

判定系数 R^2 是判断回归模型拟合程度高低最常用的数量指标。R^2 值越大，则模型拟合程度越高。

$$R^2=\frac{\sum_{i=1}^{n}(\hat{C}_i-\overline{C})^2}{\sum_{i=1}^{n}(C_i-\overline{C})^2},\quad R^2\in[0,\ 1] \tag{3-10}$$

首先可以通过寻找最大 R^2 值，从各种关系(如成本与设计参数关系)找出最优拟合关系。R^2 值又称为"判定系数"，通常用于衡量回归方程的拟合程度。简单来说，就是用来衡量回归方程与对应数据差异的程度。把输入数据组代入回归分析推导得出的方程式中估算相应的结果，从而确定在具体项目中运用回归方程式预测实际工程费用的准确性。

回归分析是一个耗时的过程，尤其是使用电子表格程序中简单回归分析工具进行分析时，需要反复试验才能找出最优拟合算法。当得出最优拟合算法后，还必须对算法进行验证，以确保算法能够准确地解释数据。高级的统计工具可以加快这个过程，但是使用起来较为困难。有时需要从输入数据中剔除错误数据点和无关数据点，以避免运算结果偏差。另外，很多费用关系都是非线性关系，所以一个或多个输入变量会用幂形式表示，如式(3-9)所示。既要测试验算的变量，还需要测试变量使用的指数幂。回归分析是一个不断试错的过程，直到获得能够解释数据的合适结果为止。将分析得出的多种算法综合起来形成完整的参数模型。

(五) 数据应用

在模型开发过程数据应用阶段，需要为参数费用估算模型建立用户界面和展示方式。利用在数据分析阶段得出的数学公式和统计公式，能够确认输入费用估算模型的各种数据，开发用户界面，方便估算人员直接输入数据信息。电子数据应用程序能够提供完善的机制来接收估算人员输入的数据，按照公式计算费用并显示计算结果。

(六) 模型测试

测试模型的精度和效用是开发费用估算模型的最重要步骤之一。如 R^2 值是衡量回归方程、解释数据准确性的关键指标之一，表示运用特定算法预测计算费用的准确性。但是，R^2 值高并不表示输入数据和费用结果之间存在统计意义上的显著性差异。

尽管已经完成了回归分析并且得出了 R^2 值较高的公式，但仍然需要对公式进行检验，以确保该公式具有普遍意义。换言之，就是对模型进行粗略检验，初步判断能否得出所期望的明显关系。如果初步判定根据模型推导得出的关系合理，则可以进行其他关于统计显著性的检验(如 T 检验和 F 检验)，以确定根据模型计算的结果，误差在可接受范围内。

一种快速检测方法是直接将回归分析结果和输入数据相比较，检查各项输入数据出现的误差，该方法能立即确定误差范围，然后可以通过解释这些结果来确定存在的问题，并修改公式。当得出所有公式并将所有公式整合成完整的参数费用估算模型后，应使用模型开发过程中未曾使用过的新数据对整个模型进行检验。有关检验回归分析结果和费用估算模型的基础理论知识，可参考相关统计学的文献资料。

(七) 编写使用说明

将费用估算模型和参数费用估算的应用情况详细记述下来，编写成用户使用说明。该说明应包括：(1)介绍利用该费用估算模型编制费用估算的步骤；(2)明确费用估算模型所需输入信息，解释适用输入值的取值范围以及模型算式的局限性；(3)确定费用估算模型的所有假定、预留金以及任何排除项；(4)提供创建模型所使用的各种信息，包括在数据分析阶段就如何调整或规范数据等问题而展开的讨论，提供实际的回归分析数据组以及得出的回归分析公式和检验结果。

下面以抽风式冷却塔的工程费用和设计参数之间的关系为例，说明参数估算模型的开发程序。抽风式冷却塔一般为工业设施提供循环冷却水，供应商通常会按照分包或交钥匙方式预先制造抽风式冷却塔，然后再进行安装。影响冷却塔工程费用的关键设计参数主要包括冷却水温差、逼近度和水流量。冷却水温差是指进入冷却塔的热水温度与流出冷却塔的冷水温度的差值，逼近度是指经冷却塔冷却后的冷水水温与环境湿球温度的差值，水流量用于衡量冷却塔的冷却能力。

表 3-12 所示为新建成的六座冷却塔的设计参数和实际工程费用，该表中工程费用数据已经以 2000 年某地区作为计算基准对实际工程费用进行规范化处理(即按照选址和时间调整工程费用)。

新建冷却塔项目的设计参数与工程费用信息　　表 3-12

抽风式冷却塔的工程费用与设计参数			实际工程费用(美元)
冷却水温差 x(°F)	逼近度 y(°F)	水流量 z(1000gal/min)	
30	15	50	1040200
30	15	40	787100
40	15	50	1129550
40	20	50	868200
25	10	30	926400
35	8	35	1332400

注：(1) n°F=[$(n-32)\times5/9$]℃；

(2) 1gal(美制)=$0.0037854m^3$。

在工程费用分析阶段，利用这些数据进行一系列的回归分析，以确定精度要求可接受的费用估算公式，在多次试错后得出了下列费用估算公式：

$$C=86600+84500x^{0.65}-68600y+76700z^{0.7} \tag{3-11}$$

式中 C——建造冷却塔的工程费用；

x——冷却水温差(°F)；

y——逼近度(°F)；

z——水流量(1000gal/min)。

从式(3-11)中可以看出，冷却水温差及水流量与工程费用之间存在非线性关系，而逼近度与工程费用之间为线性关系；此外，逼近度与工程费用之间呈负相关关系，提高逼近度会导致冷却塔工程费用的下降(因为提高逼近度表示热传递效率的提高)。回归分析得出的 R^2 值为 0.96，说明式(3-11)能够很好地拟合数据，而 F 检验显示输入数据与费用估算结果之间存在统计学意义上的显著性。

表 3-13 列举了模型使用的设计参数，并将实际工程费用与按费用估算式(3-11)计算得出的预测费用进行比较，列出实际工程费用与预测费用之间的误差值，以及误差值较实际工程费用的比值。从表 3-13 可以看出，用该参数模型预测的费用误差率介于－4.4%～7.1%。

根据参数估算模型计算得出抽风式冷却塔的预测费用　　表 3-13

冷却水温差(℉)	逼近度(℉)	水流量(1000gal/min)	实际工程费用(美元)	预测费用(美元)	误差(美元)	误差(%)
①	②	③	④	⑤	⑥=⑤-④	⑦=⑥/④×100%
30	15	50	1040200	1014000	−26200	−2.52%
30	15	40	787100	843000	55900	7.10%
40	15	50	1129550	1173000	43450	3.85%
40	20	50	868200	830000	−38200	−4.40%
25	10	30	926400	915000	−11400	−1.23%
35	8	35	1332400	1314000	−18400	−1.38%

采用回归分析得出的费用估算式(3-11)可以编制设计参数与预测费用关系表，如表 3-14 所示，根据这些数据绘制的费用曲线如图 3-3 所示。

抽风式冷却塔设计参数与预测费用关系　　表 3-14

冷却水温差(℉)	逼近度(℉)	水流量(1000gal/min)	预测费用(美元)
30	15	25	559000
30	15	30	658000
30	15	35	752000
30	15	40	843000
30	15	45	930000
30	15	50	1014000
30	15	55	1096000
30	15	60	1176000
30	15	65	1254000
30	15	70	1329000
30	15	75	1404000
40	15	25	717000
40	15	30	816000
40	15	35	911000
40	15	40	1001000
40	15	45	1089000
40	15	50	1173000
40	15	55	1255000
40	15	60	1334000
40	15	65	1412000
40	15	70	1488000
40	15	75	1562000

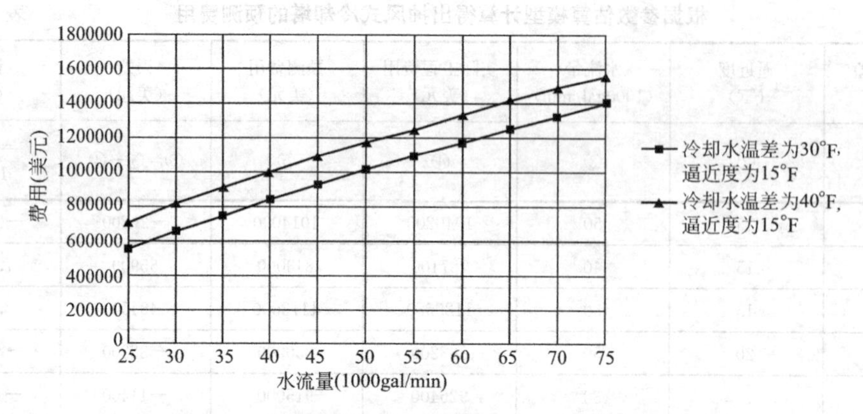

图 3-3 根据参数模型计算得出的冷却塔费用曲线

利用图 3-3 可以快速估算冷却塔费用。若据此曲线图制作设计参数与对应冷却塔费用估算的电子表格，则可按设计参数查找电子表格得到冷却塔的预测费用。

参数费用估算模型是编制早期概念性费用估算的重要工具，可用于项目的概念筛选阶段和可行性研究阶段。参数模型可准确预测复杂工艺系统的费用。开发参数估算模型只需使用基本的估算技巧、计算技巧、统计技巧和电子表格软件，费用估算的精度取决于输入数据的质量。因此，在数据收集阶段，应仔细收集合适且准确的项目参数信息和工程费用信息。

第三节 确定性费用估算方法

一、确定性费用估算方法概述

确定性费用估算是指通过量化确定项目范围中各个组成部分，并以最切实可行的单价进行定价，因此，有时也称作详细费用估算。确定性费用估算精度较高，相当于 AACE 3 级～1 级费用估算，其编制需要花费大量的时间、精力和费用。编制超大型项目的确定性费用估算通常需要数周甚至数月时间，而准备所需的设计可交付文件也需花费大量的设计人工时。然而，设计资料的完整性将直接影响估算精度。如果一张工程设计图纸或其他信息丢失，那么估算也就不包括这些文件所涵盖的项目范围，从而其结果将达不到 1 级或 2 级估算水平。

确定性费用估算的详细程度会因提供数据的详细程度不同而有所不同，通常会根据设计图纸和设计信息进行详细的工程量清单估算。完整的详细费用估算会详细界定所有费用，包括现场直接费、现场间接费、企业管理费以及其他关于界区内设备和界区外设备的杂项费。

确定性费用估算通常用于支持最终预算分摊、承包商投标、项目费用控制以及变更管理，但有时受工程设计进度、设计深度、设计资料完整性和编制估算时间限制，无法完全满足开展详细费用估算的条件，可以对未达要求的部分进行说明，随后再制定完整的详细费用估算来支持项目控制工作。

二、工程量清单

（一）工程量清单概念

工程量清单是一种特殊的量化形式，根据工程设计图纸列出的材料数量，用于费用估算和材料采购。

编制工程量清单就是确定与项目有关的材料数量和工作量的过程。在工程量清单估算中，需要详细检查设计图纸和可交付文件，清点图纸中出现的各种设备材料数量；然后按照项目的控制结构(工作分解结构、资源分解结构、费用分解结构)对同类设备材料的数量进行汇总。

完整、简便实用且可操作的工程量清单应包括：(1)将建设工程项目和内容按工程性质、专业、部位或工种划分为确定的分项子目；(2)用规范的表格表示分项子目名称和相应的编码、计量单位与数量等；(3)明确分项子目的工作内容以及工程量计算规则。工程量计算规则是工程量清单编制的基本依据，是工程量清单计价模式的核心和基础；工程量清单表作为清单分项子目和工程数量的载体，是工程量清单的重要组成部分。但工程量清单在具体表现形式、清单分项子目、内容和编码、工程量计算规则等方面并不统一，各个国家或企业往往都有一套完整的清单计价办法。

工程量清单计价往往结合施工组织设计，按给定的工程量详细清单和规定的工程量计量规则，完成清单计价。

（二）工程量清单价格

工程量清单价格一般可分为直接费和间接费，其中间接费大都包括工长以上间接管理与行政人员费用、临时设施与运行、管理费利润及税费等有关费用。

工程量清单的综合单价通常分为以下三种类型：(1)EPC 综合单价，如建筑物(包括 HVAC、装修装饰、照明、给水排水等)采用 EPC 分包形式以平方米为单位综合计价；(2)全费用综合单价，即包括直接费与间接费在内的全费用综合单价；(3)直接费综合单价，大多数工程项目均采用直接费综合单价，由直接劳动力费、消耗材料与施工机械费、主要材料费组成。

（三）工程量清单编制原则

通常情况下，按统一制定的估算原则进行工程量清单估算可以提高工作效率，尤其是当若干估算人员对同一个项目进行费用估算时显得更为重要。编制有效的工程量清单费用估算，一般应遵循以下原则：

(1) 使用预先设计好的表格，有条理地填写设备材料的说明、规格、数量、计价信息等；

(2) 尽可能使用缩写，注意一致性；

(3) 用统一的格式表示规格尺寸，如：长×宽×高；

(4) 在可能的情况下，尽量使用图纸上的规格尺寸，并加以汇总；

(5) 仔细测量所有设备材料的规格尺寸；

(6) 利用设计对称性或重复性；

(7) 把英制尺寸(英尺或英寸)转换成相应的公制尺寸；

(8) 在数量汇总之前不要对数据进行四舍五入处理；

(9) 先乘以数额较大的数据，以减少四舍五入引起的误差；

(10) 在最终计算之前，不要进行单位换算；

(11) 在工程量清单估算中，应始终用统一单位对设备材料数量进行计算或转换；

(12) 标记已经估算过工料的图纸；用不同颜色区分各类部件或材料，并区分待处理材料；

(13) 对照批准用于费用估算的图纸清单，核实已经估算过工料的图纸；完成工料估算后，应核对图纸清单上的相应图纸；

(14) 把类似的材料集中列项，不同的材料分开列项；

(15) 整理工料估算，使其符合控制结构和费用估算格式；

(16) 在工料估算单上记录图纸编号、章节编号等，以便日后进行完整性检查和变更；

(17) 留意图纸上的备注说明、不同图纸的比例变化、被缩小的图纸、图纸与规格说明之间的差异以及正视图中不易察觉的变更等；

(18) 注意量化所有不涉及材料，但涉及劳动力投入的工作。

建立统一、一致的工程量清单计算流程，可减少出现误差及遗漏的可能性，提高估算工作效率。这不仅便于若干估算人员一起对同一个项目进行费用估算，而且当估算人员发生变动时，后者可以很快接手前者的费用估算工作。

(四) 工程量清单计价特点

工程项目工程量清单计价，普遍具有以下共同特点：

(1) 根据给定的工程量清单和规定的计量规则，由市场决定价格。国际工程项目往往都会提供工程量计算规则，但没有统一的计价依据，需由承包商根据自身技术和管理水平、以往已完工程经验数据、市场价格和各类工程造价的综合指数来计价。

(2) 招标工程量不需复核，但需考虑工程量变化对工程费用的影响。招标时统一提供的预估工程量，作为承包商计算直接费和间接费的依据，工程结算时按实际确认的工程量计算价格；承包商在投标报价计算单价或总价时，需自行考虑实际工程量与招标工程量不一致造成的单位成本差异。

(3) 价格内应考虑风险费。国际货币币值和汇率变动，以及市场价格波动导致材料、劳动力和施工机械费用上涨等风险费需在报价价格内考虑，结算时不作调整。因此，该市场风险完全由承包商承担。

(4) 技术标与商务标之间密切结合。工程项目投标报价时，要求承包商的技术标与商务报价密切结合，如直接劳动力动遣计划应与商务报价中的劳动力工时数量大致吻合，且商务报价中的许多数据(如用于间接费计算所需的间接人工时数量、人员动遣的人次和临时设施的面积等数据)来自于技术标；同时，技术报价中的施工组织设计和施工方案所需费用应包括在商务报价中。

第四节 地域因子估算法

地域因子估算法是EPC工程项目费用估算、预算常用方法之一，该方法适用于建筑物、基础设施、公用工程、工艺装置等所有类型的建设项目，但在具体应用过程中，估算人员应根据自身需要，以及所掌握的数据资料信息和计算能力，适当修改计算过程。地域因子估算法适用于5级或4级的项目费用估算，但不宜全面用于3级或更高估算精度要求的费用估算。

一、地域因子概念

因为设备费占建设项目工程费用的比例较大，所以很多业主在国外投资建设项目进行费用估算时，首先进行主要设备的采购询价工作。通常需要编制一份主要设备的详细规格表和工程项目清单，并向全球的设备供应商询价以获得准确的报价。其次调查拟建项目地点的劳动力和钢铁、管道、电缆等主要大宗材料的价格水平，并与业主所在国的国内价格进行比较。这就开发出了劳动力和大宗材料的地域因子估算方法。

地域因子是将相同工作范围的工程项目从一个建设地点搬到另一个建设地点时的项目总费用之间的相对比例，是即时性的，不考虑涨价因素或货币币值变化的当前值。该地域因子可区分劳动力、设备、大宗材料、工程设计以及项目管理在生产率和费用上的差异，但不包括土地费用、项目范围、设计受当地条件和标准规范影响造成的差异，以及经营理念上的差异。

地域因子提供了评估两个不同建设地址之间费用估算相对差异的方法，通常用于前期项目立项决策阶段的方案估算和可研估算。在方案设计阶段获得有意义数据的能力对业主有效管理资金和资源而言至关重要，这也是促进地域因子编制人员追求准确、灵活、易于管理以及允许快速改变设计方案的估算方法的原因。

国际市场和政治形势多变，编制地域因子时需不断收集、分析并理解这些变化对地域因子所产生的影响。编制地域因子应是一项正常性的工作，要持续改进，而不只是在需要使用时像做数学练习题一样再去计算。编制地域因子的因子估算法是一种持续改进的有效工具。

二、地域因子估算法介绍

（一）地域因子编制常用方法

编制地域因子的常用方法有以下三种，虽然这些方法是有效的，但由于其存在以下一些缺点，故不能成为因子分析的首选方法。

（1）成本VS成本，即比较两个相似项目的实际成本。一般很难找到两个工作范围完全相同的项目，即使项目范围相同，也不能保证能获得所有事项的成本，或者精确识别国外采购的平均汇率变化；另外，当试图标准化历史项目成本时，可能会发生内在错误。

（2）成本VS估算，即将一个地点的项目实际成本与另一个地点有相同工作范围的估算进行比较。同样的，不能保证获得所有事项的成本，或者在成本方面精确识别非国内采购的平均汇率变化；另外，比较实际成本和估算费用是复杂的，因估算中可能无法合理确定不可预见费。

（3）估算VS估算，即比较两个或更多地点建设相同工作范围的项目估算。不同的估算人员对项目范围和风险有不同的理解；另外，费用估算编制统一规定(BOE)不同，且难以一致，也将导致重大的费用差异。

除上述缺点外，这些方法还需要一次性获取数据并标准化成本，因此需要花费更多的时间、资金和资源，但这并不是说上述方法没有一个可以使用。在合适的情况下，这些方法都可以使用，只是这些方法不适合于正在持续进行或快速进行的项目。

（二）地域因子估算法计算程序

因子估算法是一种专业的、合乎逻辑的、便于管理并且成本较低的编制费用估算方法。这些因子通常用以反映不同国家间的相对费用差异，同时也可用以反映编制国国内本身的地域差异。因子估算法需要借助一定水平的计算机辅助估算能力，但因子数量取决于预算和用户需要。

1. 因子估算法的计算程序

因子估算法的计算程序详见图 3-4。

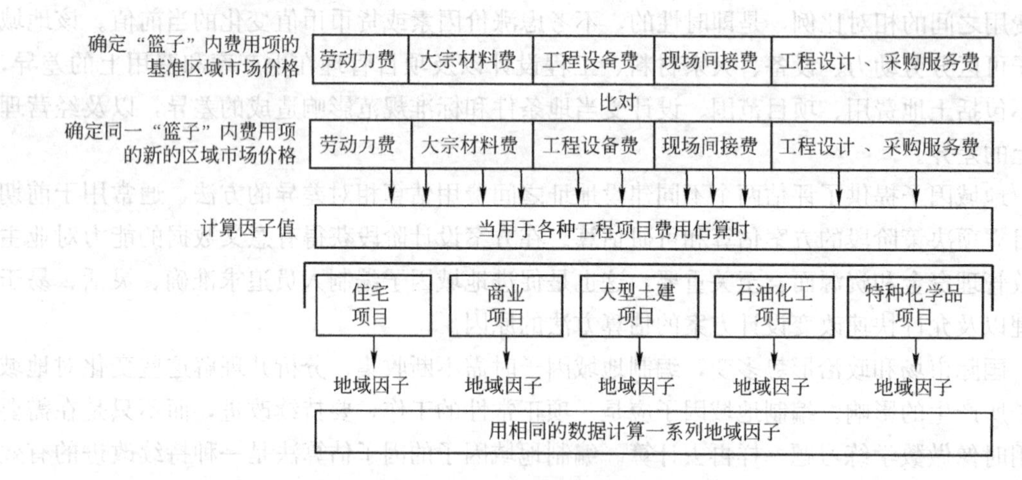

图 3-4　因子估算法计算流程

2. 因子估算法的简要步骤

因子估算法的简要步骤如下：

（1）选定某一基准地域典型设施的详细估算；

（2）对“篮子”内的劳动力、大宗材料、设备等费用项，按项目所在地的价格与基准区域的价格(所有因子均采用同一个固定货币币值计算)分类作比较，分别得到项目所在地的劳动力、大宗材料以及设备因子；

（3）使用项目所在地的劳动力、大宗材料以及设备因子编制相关费用估算，然后按项目所在地的预计百分比计算税收、进口关税、运费及各种收费等，以项目所在地的预计百分比或因子计算工程设计及项目管理服务费，最终得到在新的区域建设该项目的费用估算；

（4）计算基准估算与相应地通过因子分析计算得到的类比估算之间的比例，生成地域因子。

（三）地域因子估算法的优点

因子估算法具有以下优点：

（1）由于因子估算法生成的是按百分比表示的相对费用差异，而不是绝对的货币值，故因子分析估算可重复使用，即不同的项目费用估算可使用基于建设项目类型(如：土建、住宅、石油化工、特种化学品等)的地域因子，但是，地域因子应根据当时情况予以修正；

(2) 在估算或价格决策时，可比较、跟踪和定期调查劳动力、大宗材料、设备及其他子项的价格。由于因子不属于特定项目的范围，因此可以保证因子的一致性、连续性。另外，因子使用便捷、转换快，只需指定专人负责管理即可。

(四) 应用因子估算法的注意事项

成熟的因子估算法要求每隔一定时间(如一年一次)详细调查基准地域的劳动力、大宗材料、设备以及其他具体子项的价格，并同时在新的地域对相同费用子项进行价格调查，然后将新地域的价格与基准地域的价格进行比较。在进行价格调查时，应确保供应商完全理解询价者的要求，并保持内容一致。对于初次合作的供应商，需要与其进行面对面的交流和说明，以获得供应商对应用因子估算法调整因子值时的支持。

另外，与供应商分享调查获得的价格与基准地域价格进行比较生成的单个因子和地域因子，以得到供应商更大的支持。每个地域的费用子项的价格来源渠道多样化，可以提高因子计算结果的准确性，而从当地提供设计服务的工程公司获得有关价格信息尤为便捷，需调查的价格信息则取决于特定因子估算法要求的详细程度和价格所包含的内容。

三、地域因子估算法案例

美国某化工厂项目费用构成见表 3-15，尽管该费用组成与大多数企业的实践或表 1-3 流程工业 EPC 项目费用构成有所不同，但并不影响解释与说明如何使用地域因子估算法。从表 3-15 可见，现场间接费和工程设计、采购管理费(序号 4 和 5)可对全部地域因子造成约 25%的影响，工程公司密切关注这两项费用(序号 4 和 5)占工程总费用的百分比，该百分比也可从业界和国家随时获取。现场管理、工程设计与采购管理等服务费可采用历史数据的百分比，在此不再予以详细分析。因此，下面仅对编制劳动力、大宗材料和设备因子加以说明。

美国化工厂典型项目费用百分比构成　　**表 3-15**

序号	费用项目名称	近似比例
1	劳动力费用	23%
2	大宗材料费	17%
3	工程设备费①	34%
4	现场间接费	7%
5	工程设计/采购管理费	18%
6	税与运输费	1%
	合计	**100%**

注：① 该工程设备费包括工艺设备、电气设备和自控设备。

(一) 劳动力因子

劳动力因子编制，需特别注意时间概念，在实际分析中必须确保所采用的信息为当前信息。

1. 劳动力因子分析的条件

劳动力因子分析，需以下几方面的数据：

（1）当地地域与基准地域的劳动力工资费率。

假如已经调查获得当地墨西哥坦皮科的工资费率，则在选择感兴趣国家特定地域作为基准地进行工资费率比较时，应确保其二者之间工资费率的组成内容相同。如选择美国海湾作为因子估算法中的基准地，海湾劳动力费用包括了总承包项目的所有劳动力费用，则要确保坦皮科的劳动力费用也要包括所有相同内容；如果基准估算中美国海湾劳动力费用只是基本工资与员工福利之和，则坦皮科的劳动力费用也仅包括该相同内容。

（2）技工与普工的配比。

（3）各专业工种的需用量权重(表 3-17 虽是化工项目的典型权重，但在土木建筑和机电专业中也是相对固定的)。

（4）当地地域与基准地域的劳动生产效率比。

劳动生产效率比，可以通过比较完成确定基准任务所需直接工时得出。例如，如果一名工人花费 1.25h 完成一项任务，而另一名工人在正常情况下花费 1h 完成同样的任务，那么劳动生产效率比为 1.25÷1.0＝1.25。这个劳动生产效率比率主要受施工方法、工作技能、节省劳力的工器具和施工设备的使用、气候条件、沟通障碍以及社会习惯的影响。劳动生产效率比比较主观，通常根据经验以及与其他已知地域的关系，估算出新地域的劳动工效比率。也就是说，当地劳动力与基准地劳动力在正常情况下为完成相同工作量所花费劳动时间的比率即为劳动生产效率比，用公式表示为：

$$\text{劳动生产效率比}=\frac{\text{当地劳动力完成一定工作量所花费的劳动时间}}{\text{基准地劳动力完成一定工作量所花费的劳动时间}}$$

$$=\frac{1/\text{基准地劳动力单位时间内完成的工作量}}{1/\text{当地劳动力单位时间内完成的工作量}}$$

$$=\frac{\text{基准地劳动力的劳动生产效率}}{\text{当地劳动力的劳动生产效率}} \tag{3-12}$$

（5）当地现行汇率和对应日期。当地现行汇率即当前当地货币兑换成基准地货币的比率，用公式表示为：

$$\text{汇率}=\frac{\text{基准地货币}}{\text{当地货币}} \tag{3-13}$$

2. 墨西哥坦皮科劳动力因子分析

劳动力因子可按下述公式计算：

$$\text{劳动力因子}=\frac{\text{当地劳动力平均工资费率}\times\text{劳动生产效率比}\times\text{汇率}}{\text{基准地劳动力平均工资费率}} \tag{3-14}$$

墨西哥坦皮科劳动力因子分析数据与编制过程详见表 3-16 和表 3-17。

劳动力费用估算数据 **表 3-16**

地点	墨西哥 坦皮科
货币	比索
汇率	1 美元＝9.20 比索
日期	2002 年 3 月

续表

汇率生效日	2002年3月
汇率计算终止日	2003年1月
劳动生产效率比	1.75
每周正常工作时间	5d/45h
技工/普工的比例	50%/50%

通过表3-16与表3-17中的坦皮科数据，首先可估算得到项目的平均工资费率，然后通过劳动生产效率比和汇率的换算，得到坦皮科相当于美国海湾劳动生产效率以美元为货币单位的劳动力工资费率，再通过比较美国海湾对应的劳动力工资费率水平，得到劳动力因子。当地加权平均后的劳动力工资费率水平(即表3-17中的41.37比索)可向当地工程施工企业验证，这样不但便于核查，而且还可提高劳动力因子的可信度。

用求得的劳动力因子(如表3-17中得到的土木建筑、机电两个专业的劳动力因子)估算劳动力费用时，即可得到以美元计算的非国内劳动力费用。综上所述，因子估算法可生成各专业的劳动力因子，但估算人员在应用时需自行决定适合其估算的劳动力因子专业综合程度。

劳动力费用估算数据(续) **表3-17**

工种	费率/比索			权重		加权后费率/比索		
	50%技工	50%普工	平均费率	土木建筑	机电	土木建筑	机电	平均费率
权数	50%	50%		**25%**	**75%**			
普工	37.50	32.90	35.20	7%	3%	2.46	1.06	
木工	37.50	32.90	35.20	6%	2%	2.11	0.70	
车工	47.90	41.40	44.70		5%		2.23	
铆工	42.20	34.20	38.20	2%	5%	0.76	1.91	
铣工	47.90	41.40	44.70	2%	2%	0.89	0.89	
油工	37.50	32.90	35.20	1%	2%	0.35	0.70	
管工	48.50	42.20	45.40		32%		14.51	
水管工	46.30	40.90	43.60	3%		1.31		
电工	45.70	40.30	43.00	3%	13%	1.29	5.59	
保温工	42.20	34.20	38.20		8%		3.06	
白铁工	42.20	34.20	38.20	1%	3%	0.38	1.15	
合计						**38.26**	**42.40**	**41.37**
劳动生产效率比						1.75	1.75	
综合工资费率相当于(比索)						66.96	74.20	
比索兑美元汇率						*0.109*	*0.109*	
坦皮科劳动力工资费率相当于(美元)						7.28	8.07	7.87
美国海湾劳动力工资费率						$28.14	$31.80	$30.89
劳动力因子						0.26	0.25	0.25

注：劳动力工资费率为基本费率×120%，包括：劳动力工资、税，承包商的直接费、间接费、管理费和利润，以及人员动遣费。

3. 数据的替换

估算人员可以很容易地替换表3-16和表3-17中有关当地与基准地的劳动力工资费率、权重数、劳动生产效率比以及汇率等数据，重新计算劳动力因子。因此，如果历史数据可靠，可根据该换算过程修改劳动力因子，从而估算劳动力费用。

（二）材料设备因子

1. 材料设备因子计算方法示例

材料设备因子对编制地域因子的影响要大于其他因子，见表3-18、表3-19。因此，设备材料费在调查之前应周密策划。设备、材料的规格说明要易于翻译和理解，并给出类似设备的示例说明，但不需太详细，这样供应商可对受调查国的不常见且费用昂贵的设备进行报价，而不需要对许可的替代品进行报价。

表3-18是对12个主要类别共25个设备材料单一因子的价格调查，表3-19为12个主要类别中“不锈钢塔/容器”类的设备因子计算过程。每个类别的单个因子是根据某一典型化工厂抽取3～12项的设备材料费加权统计所得。设备材料价格应向该特定地域内当前承包项目最多的承包商进行调查，由于这些调查需要花费大量人工时，因此应提前做好调查计划并准备相关经费。

国外设备材料因子调查　　**表3-18**

货币汇率	1美元	1月2日	本项目		
		9.20比索	9.20比索		
类别	单个因子	涨价系数	汇率变动系数	权重	调整因子
①	②	③	④	⑤	⑥=②×③×④×⑤
碳钢容器/塔	0.90	1	1		0.90
不锈钢容器/塔	1.00	1	1		1.00
碳钢换热器	1.00	1	1		1.00
不锈钢换热器	1.10	1	1		1.10
钢制泵	0.90	1	1		0.90
不锈钢泵	1.10	1	1		1.10
转动设备	1.25	1	1		1.25
主要电气设备	1.20	1	1		1.20
主要仪表设备	1.20	1	1		1.20
碳钢管	0.90	1	1		0.90
不锈钢管	1.10	1	1		1.10
绝热材料(综合)	1.10	1	1		1.10
防腐钢材	0.90	1	1		0.90
镀锌钢材	1.05	1	1		1.05
混凝土基础	1.00	1	1		1.00
管道系统材料(综合)	1.05	1	1		1.05
电气材料	1.20	1	1		1.20
仪表材料	1.20	1	1		1.20

续表

货币汇率	1 美元	1 月 2 日	本项目		
		9.20 比索	9.20 比索		
类别	单个因子	涨价系数	汇率变动系数	权重	调整因子
①	②	③	④	⑤	⑥=②×③×④×⑤
敞开式结构					
镀锌钢材	1.05	1	1	84%	0.88
混凝土	0.85	1	1	13%	0.11
木材	1.10	1	1	3%	0.03
小计				100%	1.02，按 1.00 取值
封闭式结构					
防腐钢材	0.90	1	1	68%	0.61
混凝土	0.85	1	1	15%	0.13
木材	1.10	1	1	15%	0.17
绝热	1.10	1	1	2%	0.02
小计				100%	0.93，按 0.95 取值

注：进口关税＝设备材料到岸价格×5%(北美自由贸易区税率为 1.5%)；

海关和货代费用＝(进口货物总额＋运费)×2%；

当地运费＝设备材料费×12%。

单个设备因子详细计算(不锈钢塔/容器)　　表 3-19

序号	类别	描述	权重	美国价格		墨西哥价格		
				单价(美元)	加权价格(美元)	单价		加权价格(美元)
						比索	折合美元	
①	②	③	④	⑤	⑥=④×⑤	⑦	⑧=⑦÷9.2	⑨=④×⑧
1	容器	材质为 304，Φ2.4m×3.1m，壁厚 8mm，体积 16.3m³，带法兰的上封头和下封头、6 个 *DN*80 嘴子、1 个 *DN*550 人孔，采用 ASME 标准或等同标准	43%	22300	9589	160000	17391	7478
2	罐	材质为 304，Φ7.3m×9.1m，壁厚 8mm，体积 379m³，球形顶、平底，6 个 *DN*150 嘴子、1 个 *DN*600 人孔，采用 API 650 标准或等同标准；包括镀锌梯子、平台、栏杆的预制和安装	35%	350000	122500	3300000	358696	125544
3	蒸馏塔	材质为 304，Φ3.7m×14.3m，裙座 2.4m 高；内有 20 层材质为 304 的筛板塔盘，全真空(压力为 0.7kg/cm²)	22%	74000	16280	641700	69750	15345
		不锈钢罐加权合计	100%		148369			148367
		墨西哥相对于美国的设备因子						1.0

使用因子法时，并不需要对每一次估算中的设备材料价格进行调查。相反，应开展常规调查，且在选取和应用所编制的因子时允许进行知识性的调整。表 3-19 举例说明了如

何编制不锈钢塔/容器的设备因子，分别给出小、中、大型具有代表性的不锈钢塔/容器，通过对这些不锈钢塔/容器的设备费加权平均得到典型化工项目的不锈钢设备因子。

不同的工艺流程需采用不同的权重系数，因此得到数值不同的不锈钢设备因子。如在调查某特定项目时只有较小的不锈钢容器可供分析测算，则就通过比较较小容器得到不锈钢设备因子。在价格调查完成后，需要考虑货币币值变动和通货膨胀因素，对所得因子进行调整。

2. 例外情况的处理

项目中用到某种专业设备，但项目所在国又不能生产该设备，从而无法进行因子分析计算时，就应使用拟从某国家进口该设备的预估费用，再换算成估算所使用的货币，并计算运费、进口关税、海关费用与货代费等相关费用。除此之外，还有可能出现以下两种情况：

(1) 某些项目可能由于质量要求或进度原因，需要进口某些设备；

(2) 项目所在国生产的某些设备，比从别国进口该设备的费用加上被处罚的金额后还要贵很多。

上述两种情况很大程度地影响项目的设备材料费，地域因子也是如此。因此，地域因子需要考虑采购策略以及假设条件，若另一个项目的假设条件不同，则应根据实际情况调整整个地域因子。

3. 材料设备因子的修正

当调查的价格只有某一地域的一个来源时，就会出现个别设备材料价格的对比存在较大差异，这时就应与调查者核查设备材料的规格说明或理解上是否存在问题，核实后重新调查，得到的修改报价通常可解决这个差距问题。若无法追溯提供调查数据的供应商，则只要每个类别中有足够数量的设备材料项，就可将该项设备或材料从该类别的汇总中取消。若整个类别似乎都不符实，则可基于其他相关类别对因子进行近似估算。当在某一地域进行一段时间调查之后，在实际分析计算之前也能粗略估计出材料设备因子的大概值。

(三) 劳动力与材料设备因子的应用

劳动力、材料、设备因子分析计算完成后，就可在详细费用估算中应用这些因子。表 3-20 是将美国海湾地区的电力线路费用作为估算基准，对墨西哥坦皮科的电力线路费用采用因子估算法进行估算，从该表结果可以看出，2002 年 1 月、汇率为 9.2 比索兑换 1 美元时，美国海湾的电力线路费用比墨西哥坦皮科高（101180 ÷ 90380 − 1）× 100％ = 11.95％，即高出近 12％。

按美国基准价格生成墨西哥当地价格的估算（单位：美元）　　**表 3-20**

已知条件	2002 年 1 月汇率：1 美元＝9.2 比索			
	机电专业劳动力因子：0.25			
	电气材料因子：1.20			
	主要电气设备因子：1.20			
	劳动力费	材料费	设备费	合计
电力线路(美国海湾)	32670	22850	45660	101180
因子	0.25	1.20	1.20	
电力线路(墨西哥坦皮科)	8168	27420	54792	90380

因子分析需要基准估算的详细内容。民用、商业、化工类等各类项目费用估算时，由于因子组合方式不同，不同类型的工程项目可生成不同的地域因子。因此，应根据特定时期的需要建立一个估算因子数据库，并且需要日常管理和维护。

上述举例说明中均采用了美国的估算基准数据，但在实际应用过程中，基准地域可选择美国以外的其他国家或地区，因为因子分析比较的是工程项目所在地(即当地)与基准地二者之间数据的相对关系。估算时因子分析计算工作量很大，需要借助计算机进行计算。

(四) 其他费用的估算

劳动力、大宗材料、设备费采用因子估算法估算后，接着要先估算相关的税费、进口关税、货代费等，这部分费用可按相关费用估算的某一百分比计取。例如，关税、海运费、货代费可分别按货物进口价值的某一百分比计算，当地运输费、税费分别按材料和设备费的某一百分比计算等，可以在调查表中提出要求。要注意在哪一环节使用百分比计算税费、进口关税、代理费等费用，否则使用不当将会严重影响到整个费用估算精度。由于地域因子是即时性的，上述这些费用不需要考虑涨价因素。

再计算现场管理费用。该现场管理费仅指与现场项目管理工作有关的费用，而不是所有现场间接费，包括现场项目管理部人员的工资奖金和费用支出，以及办公用品、办公设施、办公设备费和设备设施的维护费等。由于每个承包商对现场间接费所应包含的费用范围理解不一致，导致很难完整统计计算现场间接费。现场管理费可以按工程项目直接费的某一百分比计算，在调查时可以对该费用计算基数和范围作出要求。需重点关注承包商负担的社会保险及其总部管理费等有没有计入人工时单价，否则百分比中应考虑这些费用；通常这些费用按直接劳动力费的百分比计算。

最后计算工程设计和采购管理费，这些费用同样按项目总费用的百分比计算。通常将项目设计的大部分工作分包给专业设计承包商完成。由于项目类型和规模不同，按项目总费用计取的百分比也不一样，该百分比可通过咨询当地设计专业承包商获取。如有必要，还需考虑业主在工程前期所需资金(如委托基础设计、采购专利设备)的财务费用，该费用也可按项目总费用的百分比计算。估算现场管理费、工程设计及采购管理费时，往往会忽视或低估上述相关的业主费用支出。

(五) 计算地域因子

在基准估算中使用因子分析和百分比，基准估算和类比估算之间的费用关系即为地域因子。因子分析估算是对相同项目范围的基准估算的反映，使用因子估算法编制的地域因子将不会增加、更改或删除项目的范围。由于地域因子是在特定时间点和给定汇率的情况下进行费用比较，因此是即时性的。没有汇率和特定时间点这两个限定条件，不能使用地域因子。

综上所述，地域因子的精度随着对该地域调查的深入而提高，对项目的具体执行及采购策略(当地采购或进口)了解的越透彻，就越能找到恰当的处理方法以满足特定需要。地域因子的计算值，可按四舍五入圆整到 0.05 的倍数，例如 1.03 圆整到 1.05。地域因子分析估算法用于 AACE 5 级或 4 级费用估算时相对精准，但也并不是绝对准确。

(六) 实施因子估算法注意事项

因子估算法的实施难点在于市场调查。由于地域文化的差异，造成对因子估算法理解上的差异或解释不一致，因此，要花时间、下工夫，建立有效的沟通与交流，切实有效地做好市场调查工作。编制和使用因子时，通常也需要运用有关知识进行调整和解释。

在调查市场信息时，可与供应商建立良好的关系，达成共识，共享因子分析成果，以保证供应商所提供数据的质量。一般采用面对面的解释和交流，经过2～3次的磨合，才有可能与供应商真正达成共识，且只有当调查数据的结果用于因子分析时才有可能得到供应商真正的理解。随着时间的推移，增强了供应商对该方法的信心和理解，精度也随之提高，但前提是供应商需要因子分析结果。

并非所有的企业都有资源和能力应用因子估算法，尤其当项目涉及多个国家、地区以及多种项目类型时。事实上，很多因子编制者将面临权衡，如设计模型的详细程度(即工程量粗细程度)、设置多少个设备材料种类或工种合适、调查多少个供应商以及间隔多长时间调查一次等，且该权衡将会导致因子精度的变化。若企业想对各地域间的项目选址进行评估，则可以选用因子估算法。因子估算法只要使用恰当，将会随着时间推移而进一步得到完善。

四、地域因子的更新

地域因子是即时性的，且只对某一时间点的指定汇率有效。因此，因两个国家的货币币值和通货膨胀发生变化，由往年数据得出的地域因子在使用之前应进行更新。通过跟踪修改的月度汇率和预测的月通货膨胀率(取年度通货膨胀率的十二分之一)，每月对地域因子进行分析更新，具体更新公式如下：

$$\text{新因子}=\text{旧因子}\times\frac{\text{新汇率}}{\text{旧汇率}}\times\frac{\text{项目所在地通货膨胀率}}{\text{基准地通货膨胀率}} \tag{3-15}$$

式(3-15)同样适用于材料和设备因子的更新，详见表3-18。

若没有具体项目需要运用因子估算法进行费用估算，地域因子一般也需要两年左右更新一次，但当遇货币币值和通货膨胀重大波动时，则可缩短此期限。

项目所在国如果没有过多的进口限制，且制造标准没有差异，则设备材料的地域因子很少超过1.30。若在项目所在国当地采购的材料和设备费要多支出25%～30%时，则应改变采购策略，通过进口材料设备而降低项目采购费用，虽然会多支付海运费和关税，但仍是经济可行的。该采购策略不仅可缩减项目整体费用，而且也可控制地域因子。

若决定在项目所在国国外采购，则应认真考虑供应商的服务、备品备件的可获得性、设备的交付时间以及设备使用期间的维护等方面内容；若决定在项目所在国国内采购，则较进口费用而言优先考虑采用地域因子，所有这些都应根据不同项目的实际情况确定。

五、国际地域因子

当时间紧迫且详细设计和工程施工还未完成时，估算人员可参考使用已公布的指数、地域因子或其他相关数据。

(一) 主要国际地域因子参考资料介绍

当前，可供全球工业工程项目参考使用的各种地域因子主要资料有：

(1)《外国劳动力趋势》(Foreign labor Trends)。美国劳工部国际事务局发布的有关一些国家具体劳动力趋势及成本的定期报告，包括关键劳动力指数、工会信息、劳动力资源可供性、影响劳动力资源获得的最近开发项目等。每份报告覆盖一个具体的国家，报告由美国驻该国大使馆工作人员编制完成。

(2)《工程新闻记录》(ENR)。周刊杂志，主要在美国和加拿大发行，内容包括各类商业/工业建筑建设指数、材料价格和劳动力费率信息等；"季度成本摘要"专版中可提供北美的一些重要数据；"世界参数成本"专栏每季度专题报告 1 个或 2 个国家的建筑成本。

(3)《联合国统计月报》。包括全球 190 个国家和地区的各类生产、贸易、金融、商品、建筑、工资和其他成本/价格指数的统计。

(4)《荷兰造价工程师价格手册》。该手册由荷兰造价工程师协会根据 200 家荷兰企业提供的工程项目实际成本整理而成，主要内容为该 200 家荷兰企业的工程项目实际成本，手册中提供的数据被欧盟承认。该手册以荷兰语定期出版，同时手册中附带的英语词汇表可提供给不懂荷兰语的人士使用。

(5)《斯庞建筑价格手册》(《Spon's Architects' and Builders' Price Book》)。该手册中包含了 1 个欧洲章节，可提供 13 个国家招标、劳动力及材料成本的相关信息。斯庞欧洲建筑成本手册内容覆盖了欧洲 28 个国家和地区，以及美国、日本；斯庞亚太区建筑成本手册内容覆盖了亚洲 15 个国家和地区，以及美国和英国；斯庞中东建筑价格手册为二卷本，提供了 6 个中东国家详细的单位成本信息。

(6) 汉斯科姆/明斯国际建筑成本情报报告(Hanscomb/Means International Construction Cost Intelligence Report)。时事通讯，提供多个国家的建筑成本比较信息。

(7) 大型施工和建筑成本。提供墨西哥和玻利维亚、委内瑞拉、巴拿马、巴西、智利等其他拉丁美洲国家和地区建筑、工业和大型施工项目的费用估算数据。

(8) 阿斯本(Aspen)技术有限公司发布的阿斯本·理查森手册(Aspen Richardson's R-Books)，可提供美国和加拿大建筑及一般施工项目、工艺装置施工项目以及国际施工项目的单位成本数据库。

(9) R. S. 明斯公司(R. S. Means Co.)每年出版有关美国和加拿大建筑和工业施工项目的各类成本手册和 CD-ROM 格式的数据库。

(10) 国际建筑成本和参考数据年鉴。提供 30 多个国家和地区有关建筑成本、劳动力费率等详细信息。

除上述的资料源之外，另一个较好的地域因子信息来源为 AACE 国际造价估算委员会。该委员会维护着一份愿意共享地域因子和国外费用估算数据的企业联络名册。

对于初步研究，这些参考内容可能有用，但取决于对哪些国家感兴趣。除此之外还有由银行、政府、行业协会编制的各类报告，只要用心去查，不难找到这方面的资料。

(二) 理查森国际工程成本因子

表 3-21 所列内容是从阿斯本·理查森国际建筑成本地域因子手册中选择的 2003 年一些主要国家和地区的地域因子，可供国际工程项目费用估算参考。阿斯本·理查森国际建筑成本地域因子手册每年以 CD-ROM 格式对外发布。有关这些因子的编制及所应用城市的详细情况请参见该手册，手册将会在信息可供或增加新的国家或地区数据时进行定期更新。

地域因子示例 **表 3-21**

地理位置	Massa 劳动生产率因子	Bridgewater 化工装置因子[1]		Bent 劳动生产率因子	阿斯本·理查森 2003 年成本因子
基准	美国=1.00	英国=1.00	美国=1.00	美国=1.00[2]	英国=1.00
阿尔及利亚	1.82	—	—	—	—
阿根廷	2.00 (1.30~2.60)	—	—	—	1.10[3]
澳大利亚	1.20 (0.96~1.45)	1.40	1.30	1.60	1.15~1.22
奥地利	1.60 (1.57~2.10)	1.10	1.00	—	—
比利时	1.14 (1.14~1.50)	1.10	1.00	1.30	1.16
巴西	—	—	—	1.80	1.12[3]
加拿大	—	1.25	1.15	1.20	—
东部	1.14 (1.08~1.17)	—	—	—	0.97~1.00
西部	1.07 (1.02~1.11)	—	—	—	0.97~0.99
纽芬兰	—	1.30	1.20	—	—
中非	—	2.00	2.00	—	—
中美洲	—	1.10	1.00	—	—
斯里兰卡	—	—	—	2.50	—
智利	2.70(2.00~2.90)	—	—	—	—
中国	—	—	—	2.20	1.05~1.14
进口部分	—	1.20	1.10	—	—
国产部分	—	0.60	0.55	—	—
哥伦比亚	3.05	—	—	—	1.09
丹麦	1.28 (1.25~1.30)	1.10	1.00	—	—
东欧	—	—	—	2.00	—
埃及	2.05	—	—	—	1.07
芬兰	1.28 (1.24~1.28)	1.30	1.20	1.70	—
法国	1.52 (0.80~1.54)	1.05	0.95	1.30	1.11
德国	1.20 (1.00~1.33)	1.10	1.00	1.10	1.09
加纳	3.50	—	—	—	—
希腊	1.49	1.00	0.90	—	—
危地马拉	—	—	—	—	1.10
中国香港	—	—	—	1.50	—
印度	4.00 (2.50~10.00)	—	—	2.50	1.00
进口部分	—	2.00	1.80	—	—
国产部分	—	0.70	0.65	—	—
印度尼西亚	—	—	—	1.90	1.11
伊朗	4.00	—	—	—	—
伊拉克	3.50	—	—	—	—
爱尔兰	—	0.90	0.80	1.65	1.28
以色列	—	—	—	1.80	—
意大利	1.48 (1.10~1.48)	1.00	0.90	1.40	1.12

续表

地理位置	Massa 劳动生产率因子	Bridgewater 化工装置因子[1]		Bent 劳动生产率因子	阿斯本·理查森 2003年成本因子
基准	美国=1.00	英国=1.00	美国=1.00	美国=1.00[2]	英国=1.00
日本	1.54（1.00～2.00）	1.00	0.90	1.10	1.23
科威特	—	—	—	2.10	1.07
马来西亚	—	0.90	0.80	1.90	1.11
墨西哥	1.56（1.54～3.15）	—	—	1.50～1.80	1.01
中东	—	1.20	1.10	—	—
摩洛哥	—	—	—	—	1.12
荷兰	1.25（1.25～1.60）	1.10	1.00	1.35	1.17
新西兰	—	1.40	1.30	1.50	—
尼加拉瓜	2.67	—	—	—	—
尼日利亚	2.22	—	—	—	1.12
北非					
进口部分	—	1.20	1.10	—	—
国产部分	—	0.80	0.75	—	—
挪威	1.23	1.20	1.10	1.75	—
巴基斯坦	—	—	—	2.20	—
秘鲁	—	—	—	—	1.21
菲律宾	2.86	—	—	2.50	1.16
波兰	—	—	—	1.90	0.93
葡萄牙	1.66	0.80	0.75	—	—
波多黎各	1.54	—	—	—	—
俄罗斯	—	—	—	2.00	1.51[3]
沙特阿拉伯	—	—	—	1.60	1.03
新加坡	4.00	—	—	1.60	1.08
南非	1.58	1.25	1.15	1.40～1.90	1.05
南美洲(北部)	—	1.50	1.35	—	—
南美洲(南部)	—	2.50	2.25	—	—
韩国	—	—	—	1.30	1.11
西班牙	1.74	—	—	1.70	1.03
进口部分	—	1.50	1.20	—	—
国产部分	—	0.80	0.75	—	—
瑞典	1.18（1.10～1.20）	1.20	1.10	1.35	—
瑞士	—	1.20	1.10	1.50	—
中国台湾	1.52（1.52～7.20）	—	—	1.30	0.96
泰国	2.82	—	—	—	1.25
土耳其	2.32	1.10	1.00	—	0.82
阿联酋	—	—	—	1.70	1.06
英国	1.53（0.70～2.46）	1.00	0.90	1.50	1.25

续表

地理位置	Massa 劳动生产率因子	Bridgewater 化工装置因子①		Bent 劳动生产率因子	阿斯本·理查森 2003 年成本因子
基准	美国=1.00	英国=1.00	美国=1.00	美国=1.00②	英国=1.00
美国	1.00	1.10	1.00	1.20～1.60④	1.00
委内瑞拉	2.00	—	—	1.65	0.99③
越南	—	—	—	—	1.15

注：① 如果新建装置离主要制造基地或进口中心的距离每增加 1000 英里(不足 1000 英里按 1000 英里计)时，化工装置因子增加 10%；如果材料和/或劳动力价格信息来源超过 1 个，则按比例分配相应的因子；因子中未考虑投资激励；
② 美国东部，非工会所在地；
③ 汇率及通货膨胀率非常不稳定，请谨慎使用这些因子；
④ 工会所在地。

Massa(马萨)(1984，1985)提出的国际成本因子中的权重比例为：劳动力因子 33.05%，设备及土木工程材料因子 53.45%，间接和办公成本费用因子 13.50%。Massa 还就这三个因子的计算以及任何一个给定国家的组合因子与美国海湾地区成本对比计算，提出了详细的计算表格。Massa 还提供了许多国家的劳动力因子。Massa 因子在表 3-21 中随 Bent (1996)编制的劳动力因子清单和以前 Bridgewater(布里奇沃特)(1979)提出的国家地域因子一起列出。Bridgewater 因子用于全套化工装置，是在参考英国和美国基础上提出的因子。注意，Bridgewater 因子中的汇率、税率及关税等是在地域因子首次发布时适用的汇率、税率和关税，具体使用时因为距离编制的地域因子时间较长，所以在使用时应作相应调整。

美国理查森(Richardson)每年对各国家的主要城市劳动力价格水平、劳动生产率等进行调查，整理后数据提供如表 3-22 所示，该数据可从理查森网站(http://www.costdataonline.com)在线下载。表 3-22 是 2009 年各国家中主要城市相对于美国 Richardson 基准 1.00 的一些因子值。

美国理查森国际建筑因子(2009 年) **表 3-22**

城市/国家(地区)/州	汇率		进口材料				地材指数	劳动力		地域因子
			关税	运费	增值税	其他		费率(美元)	生产率因子	
基准：美国理查森	1.00	美元	0%	5%	0%	0%	1.00	80.27	1.00	1.00
安克雷奇(美国阿拉斯加州)	1.00	美元	0%	5%	0%	0%	1.30	92.16	1.21	1.31
费尔班克斯(美国阿拉斯加州)	1.00	美元	0%	5%	0%	0%	1.34	92.15	1.25	1.36
亨茨维尔(美国阿拉巴马州)	1.00	美元	0%	5%	0%	0%	1.04	53.16	0.99	0.95
凤凰城(美国亚利桑那州)	1.00	美元	0%	5%	0%	0%	1.05	54.69	1.06	0.98
洛杉矶(美国加州)	1.00	美元	0%	5%	0%	0%	1.08	84.63	1.12	1.10
奥克兰(美国加州)	1.00	美元	0%	5%	0%	0%	1.11	92.26	1.23	1.17
萨克拉曼多(美国加州)	1.00	美元	0%	5%	0%	0%	1.05	87.99	1.17	1.10
旧金山(美国加州)	1.00	美元	0%	5%	0%	0%	1.11	101.06	1.29	1.22

续表

城市/国家(地区)/州	汇率		进口材料				地材指数	劳动力		地域因子
			关税	运费	增值税	其他		费率(美元)	生产率因子	
丹佛(美国科罗拉多州)	1.00	美元	0%	5%	0%	0%	1.03	55.57	1.00	0.95
亚特兰大(美国佐治亚州)	1.00	美元	0%	5%	0%	0%	0.97	52.36	0.96	0.90
芝加哥(美国伊利诺伊州)	1.00	美元	0%	5%	0%	0%	1.06	113.25	1.21	1.20
印第安纳波利斯(美国印第安纳州)	1.00	美元	0%	5%	0%	0%	1.03	70.63	1.05	1.01
路易斯维尔(美国肯塔基州)	1.00	美元	0%	5%	0%	0%	0.99	59.10	0.97	0.93
新奥尔良(美国路易斯安那州)	1.00	美元	0%	5%	0%	0%	0.98	46.27	0.91	0.89
波特兰(美国缅因州)	1.00	美元	0%	5%	0%	0%	1.04	59.25	0.97	0.97
巴尔的摩(美国马里兰州)	1.00	美元	0%	5%	0%	0%	1.03	61.13	1.06	0.98
波士顿(美国马萨诸塞州)	1.00	美元	0%	5%	0%	0%	1.04	103.37	1.24	1.15
开普吉拉多(美国密苏里州)	1.00	美元	0%	5%	0%	0%	1.03	66.34	1.13	1.01
圣路易斯(美国密苏里州)	1.00	美元	0%	5%	0%	0%	0.99	84.01	1.09	1.02
堪萨斯城(美国密苏里州)	1.00	美元	0%	5%	0%	0%	1.00	84.93	1.02	1.02
夏洛特(美国北卡罗来纳州)	1.00	美元	0%	5%	0%	0%	0.98	44.28	0.90	0.88
纽瓦克(美国新泽西州)	1.00	美元	0%	5%	0%	0%	1.07	106.36	1.25	1.20
拉斯维加斯(美国内华达州)	1.00	美元	0%	5%	0%	0%	1.06	88.78	1.13	1.10
纽约市(美国)	1.00	美元	0%	5%	0%	0%	1.06	139.00	1.38	1.34
雪城(美国纽约州)	1.00	美元	0%	5%	0%	0%	1.04	68.55	1.05	1.01
辛辛那提(美国俄亥俄州)	1.00	美元	0%	5%	0%	0%	0.97	66.64	0.96	0.94
波特兰(美国俄勒冈州)	1.00	美元	0%	5%	0%	0%	1.08	75.47	1.13	1.08
费城(美国宾夕法尼亚州)	1.00	美元	0%	5%	0%	0%	1.03	103.46	1.14	1.12
威尔克斯-巴里(美国宾夕法尼亚州)	1.00	美元	0%	5%	0%	0%	1.00	63.77	0.97	0.95
斯帕坦堡(美国南卡罗莱纳州)	1.00	美元	0%	5%	0%	0%	0.99	36.82	0.93	0.87
诺克斯维尔(美国田纳西州)	1.00	美元	0%	5%	0%	0%	1.01	48.64	0.93	0.92
达拉斯(美国得克萨斯州)	1.00	美元	0%	5%	0%	0%	1.00	42.90	0.92	0.89
休斯敦(美国得克萨斯州)	1.00	美元	0%	5%	0%	0%	0.99	49.03	0.94	0.90
谢尔曼(美国得克萨斯州)	1.00	美元	0%	5%	0%	0%	1.00	46.63	0.92	0.90
西雅图(美国华盛顿州)	1.00	美元	0%	5%	0%	0%	1.08	86.62	1.12	1.11
格林湾(美国威斯康星州)	1.00	美元	0%	5%	0%	0%	1.03	66.76	1.01	0.99
卡耶伊(波多黎各)	1.00	美元	0%	10%	0%	0%	1.26	37.74	1.54	1.04
墨尔本(澳大利亚)	1.20	澳元	20%	21%	0%	0%	1.20	57.70	1.20	1.18
珀斯(澳大利亚)	1.20	澳元	20%	18%	0%	0%	1.20	50.87	1.20	1.15
悉尼(澳大利亚)	1.20	澳元	20%	21%	0%	0%	1.20	59.68	1.20	1.19
北京(中国)	6.82	人民币元	8%	23%	17%	10%	0.80	12.13	2.25	0.95
广州(中国)	6.82	人民币元	8%	21%	17%	10%	0.70	10.78	2.20	0.88
上海(中国)	6.82	人民币元	8%	24%	17%	10%	0.80	12.32	2.25	0.95

续表

城市/国家(地区)/州	汇率		进口材料				地材指数	劳动力		地域因子
			关税	运费	增值税	其他		费率(美元)	生产率因子	
博帕尔(印度)	48.10	印度卢比	50%	27%	0%	0%	1.10	4.23	3.00	1.02
孟买(印度)	48.10	印度卢比	50%	27%	0%	0%	1.10	4.23	3.00	1.02
雅加达(印度尼西亚)	9925	印尼卢比	10%	21%	0%	0%	1.30	9.16	2.25	1.09[①]
神户(日本)	9512	日元	7%	21%	0%	3%	1.40	51.53	1.10	1.26
东京(日本)	9512	日元	7%	21%	0%	3%	1.40	51.53	1.10	1.26
关丹(马来西亚)	3.51	林吉特	5%	21%	0%	0%	1.40	14.68	2.40	1.14
马尼拉(菲律宾)	47.99	菲律宾比索	20%	21%	0%	0%	1.40	5.94	3.00	1.17
新加坡市(新加坡)	1.44	新加坡元	0%	21%	0%	0%	1.30	20.49	1.30	1.08
首尔(韩国)	1235	韩元	8%	21%	0%	12%	0.85	33.71	1.90	1.06
台北(中国台湾)	32.84	台币	12%	21%	0%	7%	0.80	15.18	1.80	0.87
北榄府(泰国)	33.80	泰铢	33%	21%	0%	0%	1.35	9.08	2.90	1.22
平阳省(越南)	17509	越南盾	12%	21%	0%	15%	0.95	8.00	2.50	1.05
卡尔加里(加拿大阿尔伯塔省)	1.09	加元	3%	8%	7%	0%	1.00	83.41	1.10	1.06
蒙特利尔(加拿大)	1.09	加元	3%	8%	7%	7%	1.00	67.68	1.20	1.05
多伦多(加拿大)	1.09	加元	3%	8%	7%	7%	1.00	86.29	1.20	1.12
温哥华(加拿大)	1.09	加元	3%	8%	7%	7%	1.00	81.67	1.20	1.10
温莎(加拿大安大略省)	1.09	加元	3%	8%	7%	7%	1.00	82.43	1.20	1.11
温尼伯(加拿大马尼托巴省)	1.09	加元	3%	8%	7%	7%	1.00	79.23	1.20	1.09
墨西哥城(墨西哥)	12.97	墨西哥比索	15%	8%	0%	0%	1.25	5.58	1.70	1.01
十月六日城(埃及)	5.51	埃及镑	0%	27%	0%	0%	1.20	16.56	1.75	1.08
科威特城(科威特)	0.286	科威特第纳尔	0%	27%	0%	0%	1.20	18.03	1.75	1.09
达曼(沙特阿拉伯)	3.75	沙特里亚尔	0%	27%	0%	0%	1.20	8.09	1.75	1.04
吉达(沙特阿拉伯)	3.75	沙特里亚尔	0%	27%	0%	0%	1.20	8.09	1.75	1.04
盖布泽(土耳其)	1.48	土耳其里拉	17%	27%	0%	0%	0.90	6.82	2.70	0.84
阿布扎比(阿联酋)	3.67	阿联酋迪拉姆	5%	27%	0%	0%	1.20	12.10	1.75	1.08
布宜诺斯艾利斯(阿根廷)	3.83	阿根廷比索	18%	16%	30%	0%	1.25	11.66	2.00	1.12[①]
里约热内卢(巴西)	1.84	巴西雷亚尔	50%	16%	0%	0%	1.15	19.89	1.70	1.08[①]
麦德林(哥伦比亚)	2002	哥伦比亚比索	20%	16%	0%	0%	1.10	13.09	1.75	1.04
危地马拉城(危地马拉)	8.11	危地马拉格查尔	15%	16%	0%	0%	1.30	9.77	2.00	1.10
利马(秘鲁)	2.93	秘鲁新索尔	35%	16%	0%	0%	1.35	15.56	1.60	1.18
加拉加斯(委内瑞拉)	2.14	委内瑞拉玻利瓦尔	10%	16%	0%	0%	1.10	15.36	1.90	1.04[①]
布鲁塞尔(比利时)	0.702	欧元	0%	16%	17%	0%	1.25	43.53	1.50	1.19
巴黎(法国)	0.702	欧元	5%	16%	17%	0%	1.20	45.34	1.20	1.13
法兰克福(德国)	0.702	欧元	5%	19%	17%	0%	1.15	54.56	1.10	1.10
都柏林(爱尔兰)	0.702	欧元	0%	16%	17%	0%	1.40	44.03	1.70	1.30
米兰(意大利)	0.702	欧元	0%	21%	17%	0%	1.15	37.83	1.80	1.20
阿姆斯特丹(荷兰)	0.702	欧元	5%	19%	17%	0%	1.15	81.44	1.15	1.20

续表

城市/国家(地区)/州	汇率		进口材料				地材指数	劳动力		地域因子
			关税	运费	增值税	其他		费率(美元)	生产率因子	
华沙(波兰)	2.89	波兰兹罗提	10%	21%	22%	0%	0.80	21.23	1.70	0.96
莫斯科(俄罗斯)	31.57	俄罗斯卢布	45%	37%	0%	0%	1.45	8.06	2.50	1.47①
巴塞罗那(西班牙)	0.702	欧元	0%	16%	17%	0%	1.20	43.53	1.20	1.12
伦敦(英国)	0.603	英镑	0%	16%	17%	0%	1.20	111.71	1.30	1.38
哈斯沙尼亚(摩洛哥)	7.90	摩洛哥迪拉姆	10%	27%	0%	0%	1.40	12.78	2.00	1.15
伊巴丹(尼日利亚)	155	尼日利亚奈拉	5%	27%	0%	0%	1.35	18.45	2.75	1.21
约翰内斯堡(南非)	7.92	南非兰特	0%	27%	0%	0%	1.10	31.62	1.70	1.09

注：① 印度尼西亚、俄罗斯、巴西、阿根廷和委内瑞拉等国家的汇率和通货膨胀不稳定，应谨慎使用。

第五节 成 本 指 数

一、成本指数概念

(一) 成本指数的含义

“成本指数”是价格变动的一种表示方法，是指某一具体商品、服务或一批商品、一项服务在一个具体时间、地点的成本或价格与一个基准或标准的时间和地点的成本或价格的比率。许多组织和杂志都发布成本指数，这些指数的覆盖范围均涵盖了专业人员感兴趣的地区。指数种类有建筑物指数，各行业和工厂类型的工资指数，以及各类设备、材料或商品指数等。

由于在费用估算中，经常会用到历史成本数据，所以把价格水平随时间的变化记录下来非常重要。价格变化的趋势也可以作为预测未来成本的基础。工程项目中投入的劳动力和/或材料的成本指数变化，反映了工程项目各种相应的投入要素的价格变化水平；如果能通过该工程项目得到成本指数，则反映了已完工设施的价格水平变化情况，在某种程度上可衡量出施工生产率。

价格指数是衡量一定量的商品和服务的加权测量尺度。由于价格的变化，后续一个年度的价格指数表明了加权测量尺度的变化比例。设 I_t 为第 t 年的价格指数，I_{t+1} 为第 $t+1$ 年的价格指数，那么，第 $t+1$ 年的价格指数变化百分比 j_{t+1} 为：

$$j_{t+1}=\frac{I_{t+1}-I_t}{I_t}\times 100\% \tag{3-16}$$

或者

$$I_{t+1}=I_t(1+j_{t+1}) \tag{3-17}$$

如果将基年 $t=0$ 的价格指数设为 100，那么接下来的年度($t=1, 2, \cdots, n$)的价格指数 I_1、I_2、…、I_n，就可以根据该指数将一系列商品总价的变化计算出来。

用于表明一般物价变化最有名的指标就是国内生产总值平减指数(GDP Deflator)，还有消费者价格指数(CPI)、工业生产者价格指数(PPI)，广泛应用于计量基本商品和服务的生产成本变化和消费价格变化，图 3-5 是中国近些年的 CPI 与 PPI 指数的变化情况（数据来源于 http：//news.xinhua08.com）。由于工程项目的投入要素和产出要素会不成比例地超前或者落后于物价指数，与建筑业相关的专业价格指数可通过相关行业的信息来源收集。例如在美国，工程建设投入要素的专业价格指数有建筑材料批发价格和建筑交易工会工资，都是由劳工部编辑；此外，美国《工程新闻记录》定期报告施工成本指数和建筑物成本指数，可以衡量薪酬率和材料价格变化趋势，但是不会因为生产力、效率、竞争条件或者技术改变而做出调整。因此，所有这些指数只测量工程建设不同的投入要素，如衡量材料和/或劳动力的价格变化；另一方面，不同种类设施的价格指数也反映了建设产出（包括建设过程中的所有相关要素）的价格变化。例如，美国特纳建设企业编辑的建筑成本指数。

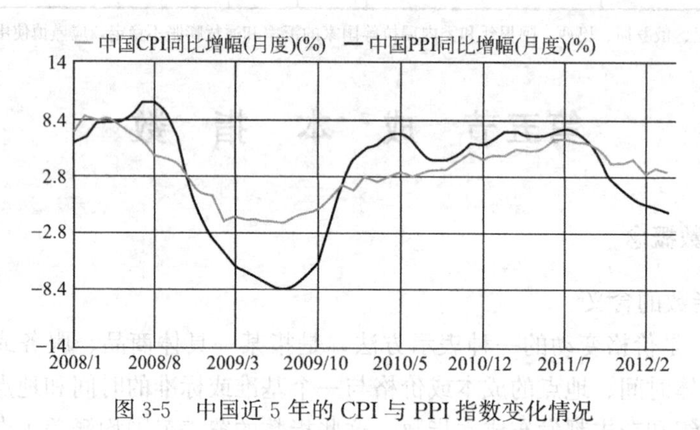

图 3-5　中国近 5 年的 CPI 与 PPI 指数变化情况

当通货膨胀率相对较小时（比如小于 10%），选择一个价格指数来评估建设行业的通货膨胀情况，并且在预测时只处理一组价格变化率，这样就非常方便。设 j_t 为第 $t+1$ 年价格对第 t 年价格的变化率。如果基准年表示为 0 年（即 $t=0$），那么第 1、2、…、t 年的价格变化率分别为 j_1、j_2、…、j_t，设 A_t 为用基准年的美元价值表示的第 t 年成本，而 A'_t 是用当年的美元折现值表示的第 t 年成本，那么：

$$A'_t=A_t(1+j_1)(1+j_2)\cdots(1+j_{t-1})(1+j_t)=A_t\left(\frac{I_t}{I_0}\right) \tag{3-18}$$

反之

$$A_t=A'_t(1+j_t)^{-1}(1+j_{t-1})^{-1}\cdots(1+j_2)^{-1}(1+j_1)^{-1}=A'_t\left(\frac{I_0}{I_t}\right) \tag{3-19}$$

如果某些关键要素的价格影响到未来收益的估算，而且预测成本会比物价水平上涨得更快，那么除了考虑差价变化之外，还要考虑总体通货膨胀率的影响。例如，在 1973 年至 1979 年期间，人们习惯性地预测燃料费用会比总体价格水平上升得更快。由于未来的不确定性，对某些特殊要素，应使用不同的通货膨胀率。

对未来成本的预测具有不确定性：实际开支会比预测值低很多或高很多。这种不确定性来自于技术的变化、相关价格的变化、潜在社会经济条件预测的不准确、分析错误以及一些其他因素。为了达到预测的目的，对今后 t 年的价格变化，采用一个常数比率 j 来预测项目的价格变化趋势，那么：

$$A_t' = A_t (1+j)^t \tag{3-20}$$

或者

$$A_t = A_t' (1+j)^{-t} \tag{3-21}$$

对未来增长比率 j 的估算也比较复杂，但一个简单的权宜之计是假设未来的通货膨胀率与以前的相等，即：

$$j = j_{t-1} \tag{3-22}$$

长期预测可使用过去 n 个时段的平均增长率，即：

$$j = \sum_{i=1}^{n} \frac{j_{t-i}}{n} \tag{3-23}$$

对未来成本增长更有效的预测模型包括对诸如经济周期和技术变化等因素进行修正。

“通货膨胀”一词隐含着所有经济价格都具有上涨趋势；另一方面，“物价上涨”一词则是一个无所不包的术语，反映出因通货膨胀、供需状况或环境问题等多种原因而导致的价格上涨。

切记，成本指数是将当前成本与过去成本进行比较而获得的一种指数。在公布的指数中，通常未对未来成本增加进行预估；未来成本的增加只能靠使用者的判断确定。

（二）影响成本指数的因素

成本出现连续变化主要由三方面因素造成：(1)技术改进；(2)材料和劳动力的改变；(3)货币单位价值的改变(即通货膨胀)。为了测算成本的变化趋势，已设计出了各种不同的成本指数。

运用指数测算成本时，对相关成本最有可能造成影响的主要因素有：

(1) 技术进步；

(2) 生产力变化；

(3) 工艺过程改进；

(4) 设备设计变化。

（三）成本指数示例

图 3-6 和表 3-23 所示为美国 1970～2011 年之间的国民生产总值平减指数、ENR 施工成本指数和特纳建设企业建筑成本指数。所有指数都以 1992 年作为基准年，指数取值为 100。

由于不同地区以及各地区实际的建筑工程费用不同，所以相对于全国性指数，地区性指数更能反映某个地区的建筑工程成本，这在工程费用估算时非常有用。ENR 定期公布美国不同地区主要城市的当地施工成本指数和建筑物成本指数以及当地成本占全国成本的百分比。

表 3-24 中所示为美国部分公布出版的成本指数，这些指数的基准年各不相同。例如，《工程新闻记录》的施工成本指数的基准年是 1913 年，指数为 100；而 Marshall & Swift 的设备成本指数的基准年为 1926 年。成本指数基准年的选择并不十分重要，因为任何指数的现值仅表示与基准年成本相比的当前成本。例如，若指数的现值为 425，则该指数所反映的项目当前成本为基准年成本的 425%。

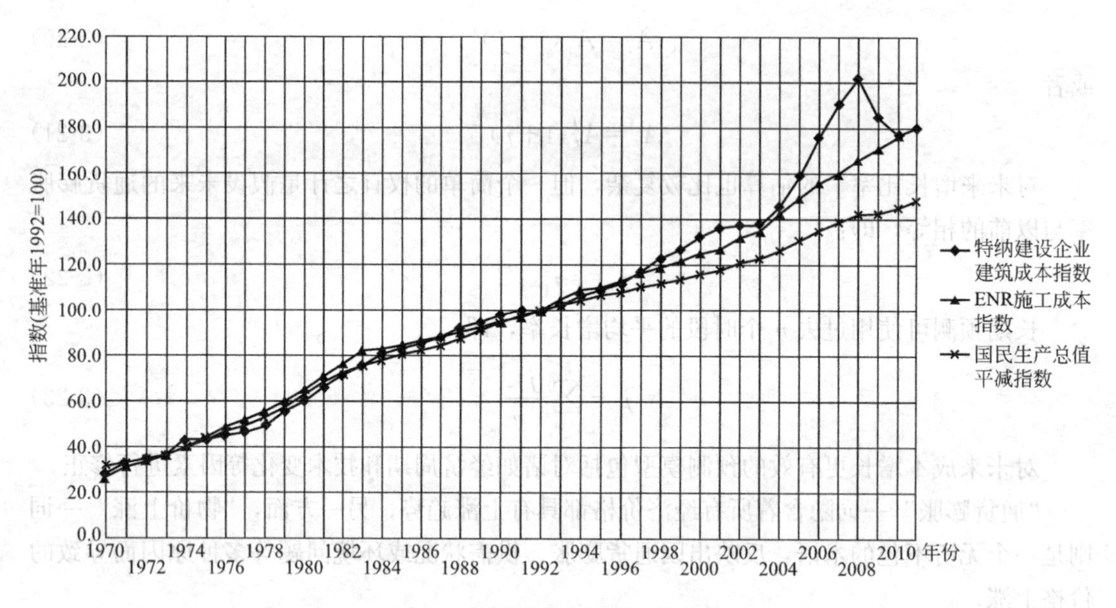

图 3-6　美国价格指数的变化趋势

美国部分投入与产出价格指数摘要（1970～2011年）　　表 3-23

年份	1970	1971	1972	1973	1974	1975	1976	1977	1978	1979	1980
特纳建设企业建筑成本指数	28.7	32.0	34.0	36.2	42.2	44.0	44.9	46.4	49.3	54.7	60.7
ENR 施工指数	27.7	31.7	35.2	38.0	40.5	44.4	48.2	51.7	55.7	60.2	64.9
国民生产总值平减指数	31.8	33.3	34.8	36.7	40.0	43.8	46.4	49.3	52.8	57.2	62.4
年份	1981	1982	1983	1984	1985	1986	1987	1988	1989	1990	1991
特纳建设企业建筑成本指数	66.9	72.2	76.0	80.0	83.1	85.3	88.2	91.6	94.7	98.0	99.6
ENR 施工指数	70.9	76.7	81.6	83.2	84.2	86.2	88.4	90.7	92.6	94.9	97.0
国民生产总值平减指数	68.2	72.4	75.2	78.1	80.5	82.2	84.6	87.5	90.8	94.4	97.7
年份	1992	1993	1994	1995	1996	1997	1998	1999	2000	2001	2002
特纳建设企业建筑成本指数	100.0	102.2	105.3	109.3	112.2	116.7	122.0	126.7	132.2	136.2	137.6
ENR 施工指数	100.0	104.5	108.5	109.7	112.7	116.9	118.8	121.5	124.8	127.2	131.2
国民生产总值平减指数	100.0	102.2	104.4	106.6	108.6	110.5	111.8	113.4	115.9	118.5	120.4
年份	2003	2004	2005	2006	2007	2008	2009	2010	2011		
特纳建设企业建筑成本指数	138.0	145.6	159.3	176.2	189.8	201.8	184.9	177.6	180.4		
ENR 施工指数	134.3	142.7	149.4	155.5	159.8	166.7	171.9	176.6	—		
国民生产总值平减指数	122.9	126.4	130.6	134.8	138.7	141.8	143.3	144.9	148.0		

注：按 1992 年作为基准年，指数为 100。

美国部分成本指数摘录　　表 3-24

年份	《工程新闻记录》施工成本指数（基准年 1913 年=100）	《化学工程》化工厂成本指数（基准年 1957/1959 年=100）	Marshall & Swift 工业设备成本指数（基准年 1926 年=100）	美国 CPI 指数（基准年 1982～1984 年=100）
1982	3825.0	314.0	746.0	96.5
1983	4066.0	317.0	761.0	99.6

续表

年份	《工程新闻记录》施工成本指数（基准年1913年=100）	《化学工程》化工厂成本指数（基准年1957/1959年=100）	Marshall & Swift 工业设备成本指数（基准年1926年=100）	美国CPI指数（基准年1982～1984年=100）
1984	4146.0	322.7	780.0	103.9
1985	4195.0	325.3	790.0	107.6
1986	4295.0	318.4	798.0	109.6
1987	4406.0	323.8	814.0	113.6
1988	4519.0	342.5	852.0	118.3
1989	4615.0	355.4	895.0	124.0
1990	4732.0	357.6	915.0	130.7
1991	4835.0	361.3	931.0	136.2
1992	4985.0	358.2	943.0	140.3
1993	5210.0	359.2	964.0	144.5
1994	5408.0	368.1	993.0	148.2
1995	5471.0	381.1	1028.0	152.4
1996	5620.0	381.7	1039.0	156.9
1997	5826.0	386.5	1057.0	160.5
1998	5920.0	389.5	1062.0	163.0
1999	6059.0	390.6	1068.0	166.6
2000	6221.0	394.1	1089.0	172.2
2001	6343.0	394.3	1093.9	177.1
2002	6538.0	395.6	1104.2	179.9
2003	6694.0	402.0	1123.6	184.0
2004	7115.0	444.2	1178.5	188.9
2005	7446.0	468.2	1244.5	195.3
2006	7751.0	499.6	1302.3	201.6
2007	7966.0	525.4	1373.3	207.3
2008	8310.0	575.4	1449.3	215.3
2009	8570.0	521.9	1468.6	214.5
2010	8802.0	550.8	1476.7	218.1
2011	—	585.7	1490.2	224.9

为便于进行比较，将表3-24中的指数统一按1990年作为基准年的100进行换算，得到表3-25。如将一个指数换算为另一个基准年时，则用需换算的指数除以新基准期指数值（基于旧的或以前的基准）再乘以100。例如，在将《工程新闻记录》公布的施工成本指数换算为一个新基准年（1990年=100）时，将全部指数值除以1990年的4732；同样，在将《化学工程》公布的化工厂成本指数换算为1990年=100时，用1990年的357.6去除。当成本指数换算到同一基准年并绘制成图表进行比较时，曲线变化不规则且不关联。

统一换算到1990基准年的成本指数[①] 表3-25

年份	ENR施工成本指数	化工厂成本指数	M&S工业设备成本指数	美国CPI指数
1982	80.8	87.8	81.5	73.8
1983	85.9	88.6	83.2	76.2
1984	87.6	90.2	85.2	79.5
1985	88.7	91.0	86.3	82.3
1986	90.8	89.0	87.2	83.9
1987	93.1	90.5	89.0	86.9
1988	95.5	95.8	93.1	90.5
1989	97.5	99.4	97.8	94.9
1990	100.0	100.0	100.0	100.0
1991	102.2	101.0	101.7	104.2
1992	105.3	100.2	103.1	107.3
1993	110.1	100.4	105.4	110.6
1994	114.3	102.9	108.5	113.4
1995	115.6	106.6	112.3	116.6
1996	118.8	106.7	113.6	120.0
1997	123.1	108.1	115.5	122.8
1998	125.1	108.9	116.1	124.7
1999	128.0	109.2	116.7	127.5
2000	131.5	110.2	119.0	131.8
2001	134.0	110.3	119.6	135.5
2002	138.2	110.6	120.7	137.6
2003	141.5	112.4	122.8	140.8
2004	150.4	124.2	128.8	144.5
2005	157.4	130.9	136.0	149.4
2006	163.8	139.7	142.3	154.2
2007	168.3	146.9	150.1	158.6
2008	175.6	160.9	158.4	164.7
2009	181.1	145.9	160.5	164.1
2010	186.0	154.0	161.4	166.9
2011	—	163.8	162.9	172.1

注：① 指数值按四舍五入，保留1位小数。

不同项的成本通常不会以相同方式随时间而变化，表3-25的结果反映在图3-7中，显见其相关性较弱。

（四）常用的成本指数

成本指数是成本上涨的度量，可用来反映从一个时期到另一个时期的成本数据变化情况。估算人员适当运用成本指数，可获取基于各种日期的成本数据，以及反映时间的超前成本。以下是美国常用的成本指数：

（1）工程新闻记录(ENR)指数；

（2）马歇尔(M&S：Marshall&Swift)设备成本指数；

（3）尼尔森(Nelson Farrar)炼油厂施工指数；

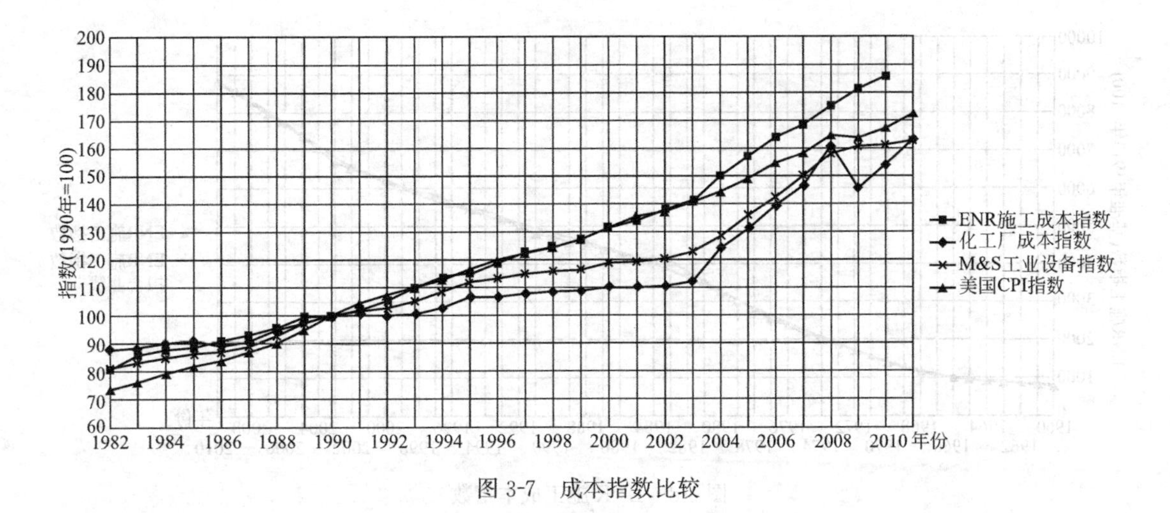

图 3-7 成本指数比较

(4) 化工厂成本指数(CEPCI: Chemical Engineering's Plant Cost Index)：建立在四个主要组成部分的基础之上；

(5) 美国劳工部指数：来自美国国内统计资料的各种不同指数汇集。

1. 工程新闻记录(ENR)指数

该指数是目前使用最久的指数，故比其他指数增长得更快。ENR 指数偏重于一般建筑业，包括施工(Construction Cost Index)、建筑物(Building Cost Index)和材料(Materials Cost Index)等三个成本指数，但不包括劳动生产率因子；公布在《工程新闻记录》杂志上。

表 3-26 是 1960～2010 年期间的 ENR 施工成本指数，对应的指数曲线如图 3-8 所示；表 3-27 则是 1990～2011 年期间的 ENR 建筑物成本指数。

ENR 施工成本指数(基准年 1913 年＝100) **表 3-26**

年份	ENR 施工指数	年份	ENR 施工指数	年份	ENR 施工指数
1960	824	1977	2576	1994	5408
1961	847	1978	2776	1995	5471
1962	872	1979	3003	1996	5620
1963	901	1980	3237	1997	5826
1964	936	1981	3535	1998	5920
1965	971	1982	3825	1999	6059
1966	1019	1983	4066	2000	6221
1967	1074	1984	4146	2001	6343
1968	1155	1985	4195	2002	6538
1969	1269	1986	4295	2003	6694
1970	1381	1987	4406	2004	7115
1971	1581	1988	4519	2005	7446
1972	1753	1989	4615	2006	7751
1973	1895	1990	4732	2007	7966
1974	2020	1991	4835	2008	8310
1975	2212	1992	4985	2009	8570
1976	2401	1993	5210	2010	8802

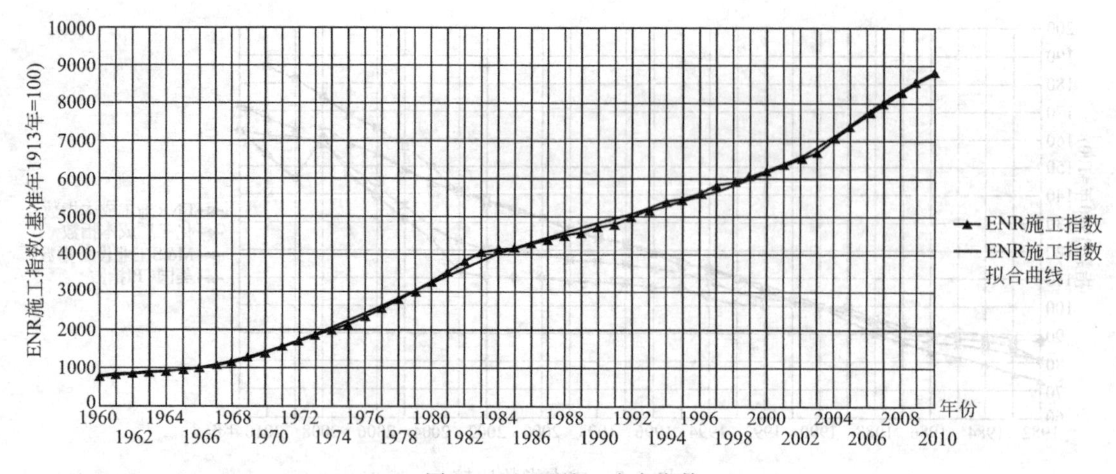

图 3-8 ENR 施工成本指数

ENR 建筑物成本指数(基准年 1913 年=100) **表 3-27**

年份	ENR 建筑物指数	年份	ENR 建筑物指数	年份	ENR 建筑物指数
1990	2702	1998	3391	2006	4369
1991	2751	1999	3456	2007	4485
1992	2834	2000	3539	2008	4725
1993	2996	2001	3574	2009	4769
1994	3111	2002	3623	2010	4898
1995	3111	2003	3693	2011	5058
1996	3203	2004	3984		
1997	3364	2005	4205		

2. 马歇尔(Marshall&Swift)设备成本指数

该指数追踪选定流程工业和有关行业的设备成本以及安装劳动力，用于反映安装设备成本的变化情况。该指数分为 47 个不同行业，以及代表这些行业设备安装平均成本综合指数，公布于《化学工程》杂志上。表 3-28 是 1986～2011 年期间的 M&S 设备成本综合指数(基准年 1926 年=100)，对应的指数曲线如图 3-9 所示。

M&S 设备成本综合指数 **表 3-28**

年份	M&S 设备成本指数	年份	M&S 设备成本指数	年份	M&S 设备成本指数
1986	798.0	1995	1028.0	2004	1178.5
1987	814.0	1996	1039.0	2005	1244.5
1988	852.0	1997	1057.0	2006	1302.3
1989	895.0	1998	1062.0	2007	1373.3
1990	915.0	1999	1068.0	2008	1449.3
1991	931.0	2000	1089.0	2009	1468.6
1992	943.0	2001	1093.9	2010	1476.7
1993	964.0	2002	1104.2	2011	1490.2
1994	993.0	2003	1123.6		

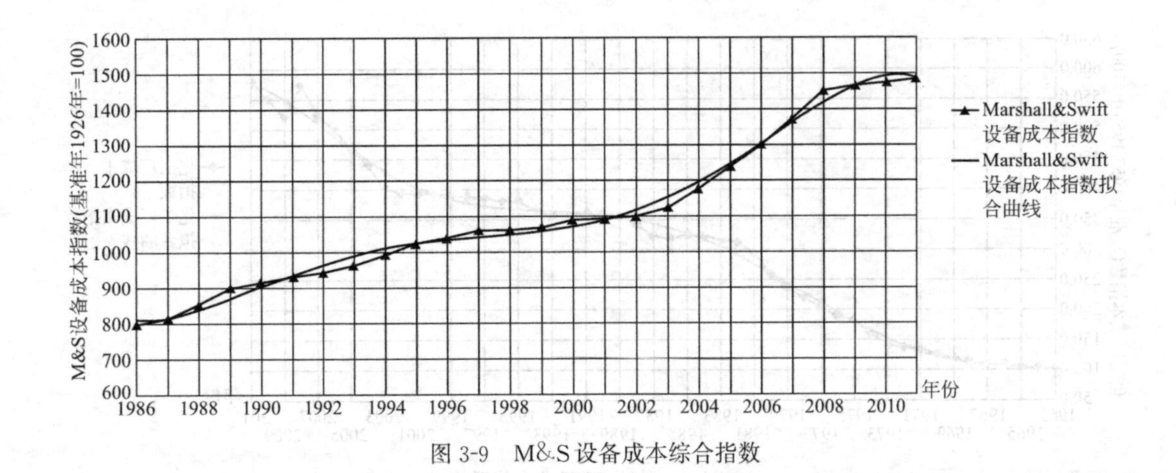

图 3-9　M&S设备成本综合指数

3. 化工厂成本指数(CEPCI)

该指数根据化工行业成本经验，对设备指数(Equipment Index)、施工劳动力指数(Construction Labor Index)、建筑物指数(Buildings Index)、设计与管理指数(Engineering and Supervision Index)等四种成本指数进行加权平均而得到的一种专用指数。该指数将劳动力和设计部分的生产力每年提高约 2.5%，旨在反映化工行业的工厂成本趋势。该指数公布在《化学工程》杂志上。表 3-29 是 1963～2011 年期间的化工厂成本指数(基准年 1957/1959 年＝100)，对应的变化曲线如图 3-10 所示。

化工厂成本指数　　**表 3-29**

年份	化工厂成本指数	年份	化工厂成本指数	年份	化工厂成本指数
1963	102.4	1980	261.2	1997	386.5
1964	103.3	1981	297.0	1998	389.5
1965	104.2	1982	314.0	1999	390.6
1966	107.2	1983	317.0	2000	394.1
1967	109.7	1984	322.7	2001	394.3
1968	113.7	1985	325.3	2002	395.6
1969	119.0	1986	318.4	2003	402.0
1970	125.7	1987	323.8	2004	444.2
1971	132.3	1988	342.5	2005	468.2
1972	137.2	1989	355.4	2006	499.6
1973	144.1	1990	357.6	2007	525.4
1974	165.4	1991	361.3	2008	575.4
1975	182.4	1992	358.2	2009	521.9
1976	192.1	1993	359.2	2010	550.8
1977	204.1	1994	368.1	2011	585.7
1978	218.8	1995	381.1		
1979	238.7	1996	381.7		

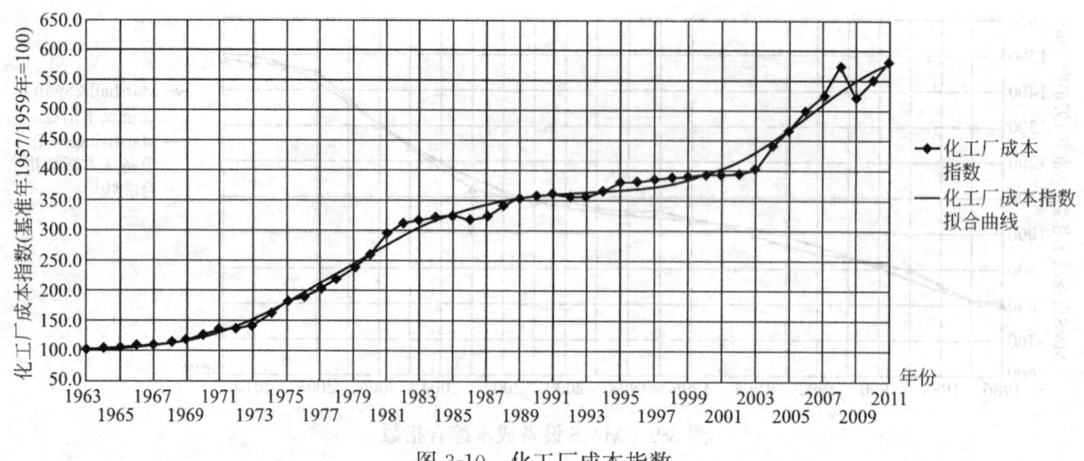

图 3-10　化工厂成本指数

4. 尼尔森(Nelson Farrar)炼油厂施工指数

该指数十分偏重于 CPI 指数的炼油业和石油化工业部分，不包括劳动生产率因子。这是一个通货膨胀指数，建立在 40%的材料成本和 60%的劳动力成本基础之上，表示重建某个装置而与机械设计或工艺流程设计、施工技术、规模或技术变化无关的相对成本。该指数公布在《油气杂志(Oil & Gas Journal)》上。

尼尔森炼油厂施工成本指数　　　表 3-30

类别　指数　年份	1954	1962	1980	1996	1997	2006	2007	2008	2009
泵、压缩机等	166.5	222.5	777.3	1354.5	1383.9	1758.2	1844.4	1949.8	2011.4
电气设备(包括变压器、发电机、马达、开关柜等)	159.9	189.5	394.7	561.7	555.7	520.2	517.3	515.6	515.5
内燃机	150.5	183.4	512.6	875.5	882.3	959.7	974.6	990.9	1023.0
仪表	154.6	214.8	587.3	932.3	956.9	1166.0	1267.9	1342.1	1394.8
热交换设备	171.7	183.6	618.7	793.3	773.6	1162.7	1342.2	1354.6	1253.8
其他设备(平均)	—	198.8	578.1	903.5	910.5	1113.3	1189.3	1230.6	1239.7
材料(综合)	—	205.9	629.2	917.1	923.9	1273.5	1364.8	1572.0	1324.8
人工(综合)	183.3	258.8	951.9	1765.5	1799.5	2497.8	2601.4	2704.3	2813.0
炼油厂通胀指数	179.8	237.6	822.8	1418.9	1449.2	2008.1	2106.7	2251.4	2217.7

注：炼油厂施工指数，以 1946 年为基准年，指数为 100。

炼油厂成本指数细项　　　表 3-31

成本　指数　年份	1954	1972	1997	1998	1999	2006	2007	2008	2009
运营人工成本(1956 年=100)									
工资及福利	88.7	210.0	929.6	978.3	991.9	1015.4	1042.8	1092.2	1141.2
生产力	97.2	197.0	385.2	406.3	413.8	497.5	483.4	460.8	440.5

续表

成本 \ 指数 \ 年份	1954	1972	1997	1998	1999	2006	2007	2008	2009
施工人工成本(1946年=100)									
熟练劳动力	174.6	499.9	1611.7	1656.5	1705.3	2240.7	2344.4	2434.3	2501.1
普工	192.1	630.6	2151.7	2211.0	2274.9	2971.7	3083.0	3200.4	3313.6
炼油厂人工	183.3	545.9	1799.5	1851.0	1906.3	2497.8	2601.4	2704.3	2785.5
设备材料(1946年=100)									
塔盘	161.4	324.4	1040.2	1049.3	1037.5	1484.0	1561.4	1737.8	1570.5
建材(非金属)	143.6	212.4	718.5	730.8	748.6	969.6	1003.2	1065.3	1104.0
建筑物用砖	144.7	252.5	965.7	993.5	1026.1	1408.6	1429.1	1427.6	1436.2
防火砖	193.1	322.8	1171.1	1192.4	1200.6	1540.5	1616.2	1742.9	1939.7
铸铁件	188.1	274.9	1110.3	1117.7	1119.0	1351.3	1414.3	1576.6	1577.8
黏土制品	159.1	342.0	774.9	782.5	798.9	951.6	963.2	972.9	979.2
混凝土配料	141.1	218.4	759.5	786.4	810.9	1092.0	1172.2	1231.3	1259.3
混凝土制品	138.5	199.6	643.8	663.8	680.0	921.1	961.6	997.3	1028.5
电气设备	159.9	216.3	555.7	550.0	545.2	520.2	517.3	515.6	516.4
电动机及发电机	157.7	211.0	768.9	772.5	776.2	880.3	917.1	964.2	989.8
开关柜	171.2	271.0	934.2	950.9	966.6	1147.3	1212.2	1254.4	1275.8
变压器	161.9	149.3	461.9	465.2	470.1	612.5	696.9	766.4	733.6
内燃发动机	150.5	233.3	882.3	887.0	901.1	959.7	974.6	990.9	1019.3
热交换器(综合)	171.7	274.3	773.6	841.1	715.8	1162.7	1342.2	1354.6	1253.8
铜基	190.7	266.7	769.3	794.9	713.2	1059.4	1201.8	1221.6	1161.0
碳钢	156.8	281.9	764.6	853.4	718.0	1162.1	1344.7	1369.2	1287.3
不锈钢(304)	—	—	826.6	838.4	716.2	1174.8	1322.1	1319.5	1183.0
分馏塔	151.0	278.5	866.7	879.7	888.0	1207.2	1274.3	1379.5	1348.6
手动工具	173.8	346.5	1494.8	1515.4	1533.8	1792.5	1830.6	1918.2	1988.2
仪表(综合)	154.6	328.4	956.9	981.3	1006.0	1166.0	1267.9	1342.1	1377.8
绝热材料(综合)	198.5	272.4	1540.5	1602.2	1631.0	2257.4	2258.6	2213.1	2221.2
木材(综合)	197.8	353.4	1350.8	1246.6	1294.9	1309.8	1204.1	1134.5	1031.2
南方松木	181.2	303.9	1163.9	1012.7	1071.4	984.3	846.4	780.3	695.2
红木	238.0	310.6	2173.1	1860.9	2066.1	1948.1	1744.3	1607.9	1434.0
机械									
通用设备	159.9	278.5	1002.5	1017.5	1033.4	1213.7	1271.8	1338.9	1381.1
施工	165.9	324.4	1263.3	1287.0	1307.2	1559.7	1594.4	1645.6	1699.8
油田	161.9	269.1	1139.5	1169.5	1177.0	1599.1	1715.8	1858.8	1896.9
防腐	159.0	231.8	784.7	799.5	813.1	1040.8	1078.5	1150.1	1221.2
管道									
灰铸铁压力管	195.0	346.9	1842.7	1758.8	1753.6	2687.9	2730.8	2865.0	3071.0
标准碳钢管	182.7	319.9	1143.6	1160.6	1160.6	2306.9	2299.2	2904.9	2727.3

续表

成本＼指数＼年份	1954	1972	1997	1998	1999	2006	2007	2008	2009
泵、压缩机等	166.5	337.5	1383.9	1406.7	1433.5	1758.2	1758.4	1949.8	2010.9
钢材制品	187.1	330.6	1030.8	1009.8	932.8	1527.5	1620.0	1973.5	1490.1
合金棒材	198.7	349.4	811.8	798.2	771.0	1311.8	1239.7	1469.8	1128.9
冷轧板	187.0	365.5	1143.9	1095.7	1019.3	1658.4	1916.6	1935.6	1388.6
合金板材	177.0	225.9	535.2	525.3	491.2	862.4	996.7	1006.6	722.3
不锈钢带材	169.0	221.2	508.4	498.4	498.4	920.7	1064.2	1074.7	771.0
碳钢板	193.4	386.7	1159.5	1163.4	1035.7	1766.6	1945.3	2383.6	1910.4
焊接碳钢管	180.0	265.5	1186.0	1175.9	1175.9	2337.3	2329.6	2943.2	2763.6
储罐与压力容器	147.3	246.4	739.4	750.1	761.7	1014.3	1076.4	1160.7	1174.1
导压管	123.0	125.3	400.1	397.6	380.7	579.9	612.0	714.1	591.2
阀门与配件	197.0	350.9	1488.8	1513.1	1539.9	1839.6	1943.9	2048.8	2116.8
尼尔森炼油厂通胀指数(通货膨胀指数)(1946年=100)	179.8	438.5	1449.2	1477.6	1497.2	2008.1	2106.7	2251.4	2201.4
尼尔森炼油厂运营指数(1956年=100)	88.7	118.5	415.6	405.1	407.3	579.0	596.5	674.2	578.2
尼尔森炼油厂加工指数(1956年=100)	88.4	147.0	459.1	419.2	439.1	870.7	872.6	1045.1	705.7

5. 美国劳工部有关指数

该指数来自于美国国内统计资料，是对各个行业材料指数和劳动力指数等各种不同指数的汇集，由美国劳工统计局(BLS)在《劳动力评论》月刊中公布。

除此之外，工程项目费用估算中常用的还有CPI(消费者物价指数)、PPI(工业生产者价格指数)、LME(伦敦金属交易所有色金属指数)、MEPS(麦普斯世界钢铁价格指数)、TME(德黑兰金属交易所黑色金属指数)等价格指数，用以计算涨价费。

二、成本指数的使用与限制

(一) 如何使用成本指数

成本指数用于更新过去一段时间的成本。下面通过一个简单的比例关系来说明如何使用成本指数，如当指数为229时，其成本为50000美元；则当指数上升到245之后，成本即变为约53500美元，即可得公式为：

$$C_2=C_1\cdot\left(\frac{I_2}{I_1}\right) \tag{3-24}$$

式中　C_1——较早前的成本；

C_2——新的估算费用；

I_1——较早前的成本指数；

I_2——新估算的成本指数。

成本指数是比率指数，因此不能使用减法计算。将 A 年的成本更新为 B 年的成本时，可用B年的指数与A年指数的商乘以A年的成本。例如，在使用 Marshall & Swift 公布的 47 个行业工艺设备平均设备成本指数时，其公布 1999 年的设备成本为 1500 万美元，那么如果在 2002 年安装同样的设备，其成本约为：

$$1500\times\frac{1104.2}{1068}\approx1551(\text{万美元})$$

在工程费用估算中，估算人员往往需要对设备、装置或建筑物的当前或未来成本进行估算，估算方法之一是，首先获得一个以前类似项目的成本，然后再将其更新成当前的成本。

设备、装置或建筑物的费用会随市场的竞争情况和一个国家(或地区)的通货膨胀或通货紧缩的不同而不同，同时在一个特定时间里也会随国家的不同或一个国家内各区域位置的不同而变化，这些随时间或地域的不同而产生的费用差异可以通过成本指数进行计算。

（二）建筑物成本指数的分析

Shellenberger 曾于 1967 年对建筑物成本指数进行过深入讨论分析，撰写了《建筑物成本指数之比较》。尽管已过去了很多年，但这篇文章至今仍有参考价值。

成本指数的重要功能之一是为估算人员提供一种将过去类似设施的成本更新到当前成本的方法。如果估算人员能正确选择适当的指数，则可合理地估算出当前成本的近似值。

许多可供使用的公开发布的成本指数相关信息十分有限。《工程新闻记录》中的“季度成本摘要”版面中对其中一些指数有十分简短的说明和数据描述，AACE《造价工程师手册》提供了这方面更为详细定期更新的信息。费用估算人员在使用具体的指数时应核实相关指数的说明，但估算人员往往会因工作匆忙而忽略这一点。

可供估算人员使用的成本指数很多，仅就建筑施工项目而言，美国就编制出了 15 种主要指数，涵盖了 300 多个不同地点和 17 种建筑物类型；同时，还有一些专业施工指数，覆盖了火车站、飞机库、公共建筑和其他类型的构筑物。

许多估算人员对《工程新闻记录》公布的施工成本指数和建筑物成本指数经常有错误的认知，认为 ENR 建筑物成本指数是为建筑物施工而设计的一种成本指数。其实不然，ENR 这两种指数的共同点在于都是基于假设在 20 个美国城市和 2 个加拿大城市修建一座建筑物而得出，而不同点在于建筑物成本指数纳入了技术工人的工资附加和福利，而施工成本指数中使用的是普通工人成本。

不同指数之间的区别由许多综合因素导致，但主要是材料、劳动力、工程等的成本组合不同。为了说明这些区别，表 3-32 中列出了特定地区内 3 个工业建筑物成本指数中所包含的主要内容，该表中列出的 20 个单独项目中，全部纳入 3 种指数考虑范围之中的只有 8 项，而 3 种指数均未考虑的有 2 项劳动力成本因子。表 3-33 是在特定地区内 3 个一般建筑物成本指数的比较，20 项中，3 种指数全都考虑的有 8 项，编制 Turner and the Smith、Hinchman 和 Grylls 指数采用 14 项。表 3-34 是对使用美国国内平均数字的第三组指数的部分比较，表中列出了 5 种指数分别所包含的组成内容，在所列出的 20 项中，仅有 2 项被全部 5 家企业所采纳，但这些项目也有一些重大区别，具体见表中的注释。

工业建筑物成本指数的组成项　　**表 3-32**

指数	材料				劳动力						土地			建筑		工程				
	成本	销售税	运费	催交	成本	劳动生产率	加班	保险费	招聘	联邦社保税①	成本	开挖与回填	场地平整	成本	费用	施工花费②	承包商费用	投标竞争	未来价格趋势	新理论③
Aberthaw［1 个类型——新英格兰(美国东北部六州)］	√	—	√	√	√	√	—	—	—	√	—	√	√	—	—	√	—	√	—	√
Austin(1 个类型——美国中部和东部)	√	√	√	√	√	√	—	—	√	√	—	√	—	√	√	√	√	—	—	√
Fruin-Colnon(5 个类型——美国圣路易斯)	√	√	√	√	√	√	—	—	√	√	—	√	√	—	—	√	√	√	√	—

注：第 1 组——特定地区内的工业建筑物。

① 指美国联邦社会保险税和州失业补偿税；

② 包括现场管理、现场办公、临时设施、施工设备租赁、工具、保险等费用；

③ 出于新设计概念、新材料或新施工方法原因的修改。

一般建筑物成本指数的组成项　　**表 3-33**

指数	材料				劳动力						土地			建筑		工程				
	成本	销售税	运费	催交	成本	劳动生产率	加班	保险费	招聘	联邦社保税①	成本	开挖与回填	场地平整	成本	费用	施工花费②	承包商费用	投标竞争	未来价格趋势	新理论③
Aberthaw［1 个类型——新英格兰(美国东北部六州)］	√	—	√	√	√	√	—	—	—	√	—	√	√	—	—	√	—	√	—	√
Austin(1 个类型——美国中部和东部)	√	√	√	√	√	√	—	—	√	√	—	√	—	√	√	√	√	—	—	√
Fruin-Colnon(5 个类型——美国圣路易斯)	√	√	√	√	√	√	—	—	√	√	—	√	√	—	—	√	√	√	√	—

注：第 2 组——特定地区内的一般建筑物。

① 指美国联邦社会保险税和州失业补偿税；

② 包括现场管理、现场办公、临时设施、施工设备租赁、工具、保险等费用；

③ 出于新设计概念、新材料或新施工方法原因的修改。

建筑物成本指数的组成项　　**表 3-34**

指数	材料				劳动力						土地			建筑		工程				
	成本	销售税	运费	催交	成本	劳动生产率	加班	保险费	招聘	联邦社保税①	成本	开挖与回填	场地平整	成本	费用	施工花费②	承包商费用	投标竞争	未来价格趋势	新理论③
American Appraisal(10 种类型——57 个城市)	√④	—	√	—	√④	√	—	—	—	—	—	—	—	—	—	√	√	—	—	—
Boeckh(10 种类型——57 个地区)	√	√	—	—	√	√	√	√	√	√	—	—	—	√	√	√	√	—	—	—
Campell(5 种类型——17 个地区)	√④	—	—	—	√④	—	—	√	—	—	—	—	—	—	—	—	—	—	—	√

续表

指数	材料				劳动力						土地			建筑		工程				
	成本	销售税	运费	催交	成本	劳动生产率	加班	保险费	招聘	联邦社保税①	成本	开挖与回填	场地平整	成本	费用	施工花费②	承包商费用	投标竞争	未来价格趋势	新理论③
Dow(F. W. Dedge)(17种类型——237个地区)	√④	—	√	—	√④	—	—	—	—	√	—	—	—	—	—	—	—	√	—	—
M. &S.(4种类型——许多地区)	√	—	—	—	√	—	—	—	—	—	—	—	—	—	—	—	—	—	√	√

注：第3组——美国许多地区内不同种类建筑物。

① 指美国联邦社会保险税和州失业补偿税；

② 包括现场管理、现场办公、临时设施、施工设备租赁、工具、保险等费用；

③ 出于新设计概念、新材料或新施工方法原因的修改；

④ 装置效率和管理均纳入本指数考虑之中。

从表3-32、表3-33和表3-34可见，指数在某些情形下变化非常大。当选择一个给定指数对某一估算进行更新时，首先需要考虑的是建筑物的类型与所在地区，然后需要考虑的是在原始估算中所包含的单个组成部分。如果未包含一些重要项目，则应判断与指数相比其变化程度有多大，如果发现有明显的差异，则需要修正此差异。估算人员不能忽视原始估算的完成日期。

（三）成本指数使用的局限性

世界上没有十全十美的指数，尽管发布的指数是长期积累的结果，但任何指数都有局限性。成本指数的局限性包括：

（1）成本指数是平均的、综合的数据，而非完全针对具体项目。成本指数是统计学上的加权平均综合指数，具有平均指数所具备的全部缺点。如虽然已知每立方米混凝土的平均浇筑成本，但这并不意味着任何混凝土基础的每立方米成本与已知的每立方米平均成本完全相等。

（2）成本指数采用不同时期的不同指数，且大多数指数表现的是重建成本，并未考虑设计或施工中技术的变化。根据20年前的材料组合权重，无论从材料和劳动力比率还是从材料本身来说都将很难代表当今施工中的权重。因此，任何固定基期加权指数都会因当今技术的快速发展而失效，需要定期对指数测算的组成要素及其权重进行研究。对于超过5年期的成本指数，其精度非常有限，最高为±10%；对于超过10年期的成本指数，其精度更低，在部分情况中仅适用于量级估算。

（3）指数发布有滞后性。因指数从信息的收集、分析到发布要数月时间，因此其发布往往会滞后，尤其是当某一项指数基于其他组织发布的多项指数推导得到时，滞后问题更为普遍。例如，美国的信息主要来自于劳工部，许多其他指数会采用劳工部发布的信息；而劳工部指数发布会延后2个月或更长，大多数指数实际延后时间一般为3～6个月。《工程新闻记录》发布的施工成本指数计算相对简单，由3种基本物品的价格加上劳动力成本计算得出，因此指数的发布会快些，更具有现实可用性。

（4）指数对短期经济循环波动缺乏敏感性。大多数指数的计算是基于公布的价格表，而不是实际的市场价格；是基于平均劳动力状况，而不是实际劳动力状况。现实指数的出现就像是行驶在一个长期缓慢通货膨胀趋势上的过山车。

(5) 对于进口货物，指数不能反映出货币汇率波动和货币重估，因此必须独立考虑。

以下几种情况会造成价格的不正常增加。在建筑劳动力需求上升期内，随剩余劳动力的进入，劳动生产率会下降；但当其达到底线时，就会通过采取加班措施来弥补，从而造成劳动力成本的增加。当劳动力供应短缺时，劳动合同工资的谈判就会变得更加困难，谈判的让步导致较高的劳动合同工资。材料方面也存在同样情况，随着经济的繁荣复苏，市场逐渐变为卖方市场，材料成本也会快速增加，不但会取消集团采购所享受的打折优惠，而且为保证按时交货还需要额外支付一笔费用，但公布的价格不会实时调高。随着经济继续保持繁荣的趋势，建设成本会有实际下降，但该下降不会反映在指数中。基期劳动力工资费率不会下降，但随加班现象的消失以及劳动生产率回到甚至高于平均水平时，绝对劳动力成本就会下降；同样，材料供应商会重新回到激烈的市场竞争投标中，这样就会降低成本。如果市场竞争足够激烈，供货商在竞标时就会以成本价加微利或无利润进行投标。这样循环将重新开始。

如前面所述，大多数已公布的指数不能预测未来的涨价。虽然《工程新闻记录》公布的指数对未来年份的涨价进行了预测，但预测年份都不超过一年。

预测涨价的简单方法是绘制历史成本指数趋势图，然后据此推断未来增长趋势。这要求在对建设项目成本预测增长时进行相当复杂的判断，将历史建设成本指数与整个经济总体价格指数进行比较，判断建设成本指数的变化情况。总体价格指数有：

(1) GDP 平减指数(国内生产总值平减指数)；

(2) 工厂和设备平减指数；

(3) PPI 指数(工业生产者价格指数)；

(4) CPI 指数(消费者物价指数)。

政府经济学家将会定期预测总体价格指数的增长率，这些预测在某些情形下可以用于建设成本指数的计算。

为达到最高的精度，尽可能将工程费用进行分解，如分解后的劳动力和材料费用应分别采用独立的指数，以避免加大综合指数与具体项目之间的差异。

成本指数的使用有多种局限性，在使用成本指数时需要谨慎。对于成本指数引用中的潜在局限性，必须注意以下几点：

(1) 成本指数在精确性上有局限性，两个指数可能得出截然不同的结果；

(2) 成本指数是一种基于平均值的指数，具体情形下的成本指数可能与平均值不同；

(3) 成本指数在 4～5 年的应用期内，其精度最佳；

(4) 成本指数应用期若超过 5 年，则指数值最不精确，该成本指数仅可用于量级估量；

(5) 指数编制人可能会因技术变化或其他因素对任何给定指数的编制方法进行定期修改。此种情形下，修改日前后的指数值不可以直接进行对比。

同时还需要判断应用指数是否更新具体成本，如果新成本的规模或范围发生了变化，则不得应用指数。

三、成本指数的编制方法

公布的指数系采用不同方法编制而成。尽管这些方法在本质上各不相同，但其共同之处在于这些指数都是为一个具体情形或为明确的行业、设备、建筑物或装置类型而编制，可以是简单指数，也可以是复杂指数。

《工程新闻记录》公布的施工成本指数是根据水泥、木材、钢结构和普工等固定篮子数量的价格而编制。Marshall & Swift 公布的设备成本指数是 47 个不同行业的平均值，同时 Marshall & Swift 还专门提供水泥、化工、玻璃、造纸、石油、黏土制品、橡胶、油漆、电力设备、矿业、制冷、蒸汽动力等行业的指数。《化学工程》公布的化工厂成本指数是典型的复杂指数，由美国劳工统计局(BLS)公布的 41 种物品价格指数、12 种 BLS 劳动力成本指数和计算出的劳动生产率因子构成，其组成部分及权重如表 3-35 如示。

化工厂成本指数组成内容　　表 3-35

序号	名称	权重
1	设备	50.675%
2	施工劳动力	29.000%
3	建筑物	4.575%
4	设计与管理	15.750%
合计		100.000%

各个组成部分在指数中的权重分配，根据对企业、工程公司、指数发布机构以及各类技术组织的一系列调查获得的信息来确定。其中，设备项又由表 3-36 中的 7 个小类构成。

化工厂成本指数设备项组成内容　　表 3-36

序号	名称	权重
1	换热器、容器	33.8%
2	工艺机械	12.8%
3	管线、阀门和配件	19.0%
4	流程仪表	10.5%
5	泵、压缩机	6.4%
6	电气设备	7.0%
7	钢结构及杂项	10.5%
合计		100.0%

《化学工程》的指数创建于 1963 年，1982 年曾作过修订，2002 年再次更新时综合考虑了自 1982 年修订以来发生的技术和建筑劳动生产率变化。《化学工程》1982 年版指数包含了 66 种美国劳工统计局(BLS)价格指数，其中一些指数出现了断续，这也成为《化学工程》指数必须进行修订的原因之一。

指数的编制和更新方法，可通过对某一化工装置的假设指数予以说明。在进行装置总成本指数计算时，假设其组成按以下类别划分：

(1) 预制设备：塔、容器、罐、换热器、加热炉等；

(2) 工艺机械：泵、压缩机、鼓风机、搅拌器和仪表等；

（3）大宗材料：钢管、阀、管配件、钢结构、混凝土、绝热和电气元件等；

（4）施工劳动力：现场作业的直接施工工人；

（5）工程：设计、采购、催交、估算、承包商总部工作的成本控制人员，以及现场管理人员和承包商现场间接费用。

基于2000年各组成类别的权重以及各类别在2003年2月时的相对涨价系数假设见表3-37，由此计算的2003年2月化工厂成本指数如表3-37所示。

化工厂成本指数假设与计算（2003年2月） **表3-37**

序号 ①	类别 ②	权重 ③	相对涨价系数 ④	2003年2月指数 ⑤=③×④
1	预制设备	22%	328	72
2	工艺机械	10%	321	32
3	大宗材料	24%	371	89
4	施工劳动力	28%	270	76
5	工程	16%	316	51
合计		100%		320

每一类别的单个指数通过对2000年指数应用涨价系数推导得出，这些涨价系数可通过分析该企业采购部门近些年的采购费用支付情况或可对外公布的成本指数（如劳工部公布的指数）得出。如果2000年指数为261，则2003年2月的化工厂成本指数增加（320－261）÷261×100%≈22.6%。

第六节 美国的系数估算法

按美国AACE的设备系数估算法估算工艺装置费用，流程工业不仅包括了装置工程费用部分的系数估算方法；而且对装置工程费用以外的费用，如运行期间的操作费用等的估算也作了原则性的简介。美国的系数估算法是一种对装置投资资本总额的估算方法，因此对工程项目前期的投资费用估算具有较高的参考价值。

一、美国AACE的设备系数估算方法

（一）AACE关于装置投资资本总额内容构成

美国AACE典型的工程费用构成主要包括设备采购交付价格、设备的搬运与安装费用、大宗材料及其安装劳动力费、现场间接费、工程设计费、项目管理费与总部管理费、不可预见费，同时，作为资本性投资费用还包括开车费用、流动资金、专利技术转让或使用费、初次装填催化剂与化学品费以及土地费用等。工程项目资本投资构成详见表3-38。

工程项目资本投资构成一览 **表3-38**

序号	费用名称	费用代码	计算公式	备注
一	工艺装置总费用	I		
1	工艺装置费用	A		

续表

序号	费用名称	费用代码	计算公式	备注
(1)	直接费	A1		
1)	设备材料费	1a		
①	设备采购费	a(1)		
②	大宗材料费	a(2)		
	直接材料费小计	1a	1a=a(1)+a(2)	
2)	直接劳动力费	1b		
①	设备搬运与安装的劳动力费	b(1)		
②	大宗材料安装劳动力费	b(2)		
	直接劳动力费小计	1b	1b=b(1)+b(2)	
	直接费合计	A1	A1=1a+1b	
(2)	现场间接费	A2		
1)	现场间接劳动力费	2a		
2)	劳动力津贴	2b		
3)	现场其他间接费	2c		施工支持、施工设备与小型工具
	现场间接费合计	A2	A2=2a+2b+2c	
	工艺装置费用合计	A	A=A1+A2	
2	总体设施费用	B		
3	总部办公与管理费	C		
4	预备费	D		
(1)	项目预备费	D1		
(2)	工艺预备费	D2		
	预备费小计	D	D=D1+D2	
	装置总费用	Ⅰ	Ⅰ=A+B+C+D	
二	专利技术转让或使用费	Ⅱ		
三	装置开车费	Ⅲ		
四	流动资金	Ⅳ		
五	备品备件费	Ⅴ		
六	初装催化剂与化学品费	Ⅵ		
七	土地购买或租赁费	Ⅶ		
	工艺装置总投资资本额		Ⅰ+Ⅱ+Ⅲ+Ⅳ+Ⅴ+Ⅵ+Ⅶ	

（二）系数法估算程序简述

系数法估算的主要计算程序如下：

(1) 确定进行研究所需的目标、替代方法与假定条件。即先确定研究的具体目标，完成这些目标的替代方法，以及消除影响相关分析的限制条件。

(2) 工艺包开发。根据市场情况确定工艺装置的规模。制定流程图，注明所需的主要设备，每台设备所需的详细物料与能量平衡。文件中列出的标准设计规程(包括质量与能量平衡、所有物流的组成与特性、设备规范以及性能标准等)，均需按通用格式要求编制并出具报告。

(3) 编制设备规格表。根据工艺流程图以及物料与能量平衡的需求确定主要设备的尺寸，并充分说明主要设备项的具体内容，便于费用估算。例如，只需明确换热器的类型、换热面积与制造材料，就可估算该换热器的设备制造成本，管程与管束长度虽然对于费用估算有所帮助，但不是必需的。

(4) 确定装置总投资额。首先确定交付到装置现场的每台设备的价格，对这些价格进行累加得到设备总费用；然后根据每种工艺或每种设备的建议因子来估算安装设备所需其他专业(如基础、结构、管道、仪表、绝热等)的大宗材料与劳动力费用，再根据建议因子计算的现场间接费用、设计费用、项目管理费与总部管理费用的总和来确定装置总费用。最后，总投资资本额通过装置总费用累加预试车/开车费用、库存资金、初装化学品与催化剂费、专利技术转让或使用费以及土地费用来计算。

(5) 估算装置操作费用。首先根据设计数据确定操作人员、公用工程消耗与化学品需求，然后根据原料、公用工程与操作人员需求确定主要操作费用，其他操作费用(如维护与管理费)则可根据建议因子确定。

1. 确定目标、替代方法与假定条件

首先应该确定技术经济研究的具体目标。例如，可以对两项或更多设计变更进行评估，以确定整体计划中潜在的最佳经济方案。因此，承包商可以优化设计，以获得期望的最终结果，若能与业主进行公开讨论，则比其他承包商更具竞争力。业主可能对不同承包商的两个或多个工艺方案进行评估，以确定哪个设计方案值得进一步考虑。如果所有研究工作均采用 AACE 推荐实践所规定的一致方法操作，即可进行比较。

其次，根据具体目标确立基本假定条件。研究工作的完整性将取决于问题的复杂程度、评估的预定目标、可供评估用的成本与资源以及资金与非资金影响；具体情况视投资决策而定，每一项内容都可能有不同的假定条件与详细程度，这些都需要估算。

(1) 仔细考虑工程设计与设备采购价格的假定条件，否则会导致设备采购价格的估算结果错误。

(2) 详细记录和说明所有估算的假设条件与偏差，并说明研究包括或不包括哪些内容，以便获得这些结果的可检验性与可比较性。

2. 工艺包开发

在编制工艺包之前，首先应该根据市场营销条件、预计的市场需求与份额、规模经济效益及其他因素确定装置的规模。在比较替代方案时，应该保持装置规模不变，除非该装置规模已经在敏感性研究中进行评估。

下面对工艺包开发阶段设计工作所需提供的信息进行说明，以合理定义所考虑的工艺内容，并对评估研究中要使用的建议设计前提作出规定。

(1) 编制估算时，工艺定义方面需明确提供下列详细的工艺流程图及物料数据：

1) 所有物料名称，包括中间物料、循环物料与主要物料；

2) 原料进料量与所有物料的组成；

3) 所有物料的温度与压力；

4) 物料在反应器中的停留时间或反应时间。

应该根据普遍在用的设计规程确定质量与能量平衡。不必记录整个设计单元，但应记录结论所依据的基本性能、设计标准。在大多数情况下，所需记录内容为上述所列的工艺流程图、工艺设备清单以及设计前提偏差。

(2) 划分装置区域与单元(工段)。在进行工艺设计时，应划分相关装置的区域与单元(或工段)的名称，以及这些单元(工段)中所包括的设备。装置划分确定以后就应基本固定，否则即使在同一单元内，如果稍微调整一下装置的单元划分，也可能使将来的研究比较变得更加复杂。例如，某一换热设备是属于本单元，还是属于产生废热的单元，或属于受益于换热器产品的工段？如果仔细划分装置的单元，可极大地方便技术经济的研究比较工作。

3. 编制工艺设备规格书

主要设备项的尺寸根据工艺流程图以及物料与能量平衡的要求确定。工艺装置中的主要设备包括塔、反应器、容器、换热器、空冷器、泵、压缩机、风机、工业炉、杂项设备、特殊设备等。为便于设备费估算，应充分说明主要设备项的具体内容，注明设计参数，并将所有主要设备清单汇总后作为报告的一部分，其详细程度参见表 3-39 所示。

用于费用估算的设备参数清单(样例)　　**表 3-39**

序号	设备名称与参数	数量	序号	设备名称与参数	数量
1	胺接触器	4 台	8	胺贮槽	2 台
	规格：顶部 ϕ2750mm×9000mm 底部 ϕ3660mm×10820mm			规格：ϕ2440mm×2440mm	
	操作压力：1.38MPa			操作压力：0.1MPa	
	操作温度：65℃			操作温度：71℃	
2	胺再生器	2 台	9	砂滤器	4 台
	规格：ϕ5800mm×25620mm			规格：ϕ2750mm×4575mm	
	操作压力：0.35MPa			操作压力：0.35MPa	
	操作温度：127℃			操作温度：85℃	
3	碱预接触器	2 台	10	碳滤器	4 台
	规格：ϕ610mm×7320mm			规格：ϕ2750mm×4575mm	
	操作压力：1.24MPa			操作压力：0.35MPa	
	操作温度：49℃			操作温度：85℃	
4	碱接触器	2 台	11	贫胺泵	共 3 台，其中 1 台备用
	规格：ϕ1380mm×18600mm			类型：离心式	
	操作压力：1.24MPa			流量：335m^3/h	
	操作温度：49℃			驱动：电动	
5	胺分离罐	2 台		功率：240kW	
	规格：ϕ3660mm×5030mm		12	胺过滤泵	2 台
	操作压力：1.24MPa			类型：离心式	
	操作温度：49℃			流量：140m^3/h	
6	胺闪蒸罐	2 台		驱动：电动	
	规格：ϕ3000mm×9150mm			功率：18kW	
	操作压力：0.42MPa		13	半贫胺泵	共 5 台，其中 1 台备用
	操作温度：65℃			类型：离心式	
7	再生器回流罐	2 台		流量：600m^3/h	
	规格：ϕ2750mm×3350mm			驱动：电动	
	操作压力：0.35MPa			功率：670kW	
	操作温度：38℃				

4. 估算设备采购费

设计提供主要设备清单之后，应先计算设备交付价格。由于设备费占工艺装置总费用比例较大，若在设备价格估算环节发生错误，则最终费用估算可能会放大数倍，因此需高度重视设备的设计及其价格计算环节。

有些设备可以确定为“现货供货设备”，由于该类设备的需求量非常大，且制造商也在大量生产，故可以现货供应，此类设备包括机泵、压缩机、换热器以及挤压与研磨设备。但有些设备，尤其是为特定用途而专门设计的设备，如新型设备或工艺开发阶段所用到的设备，则必须根据需要定制。

设备价格汇总表详见表 3-40，其中列出了估算项目资本投资额所需的每台设备的公用工程消耗，也列出了估算操作费用所需的每台设备的公用工程消耗与化学品费的汇总。

设备及其公用工程汇总示例　　表 3-40

序号	项目	数量	设备采购交付价格	化学品费/(US$/h)	冷却水		处理水		动力		蒸汽需求量/(t/h)	蒸汽生产量/(t/h)	净蒸汽/(t/h)	燃料/(1000J/h)
					m^3/h	$1000m^3/h$	m^3/h	$1000m^3/h$	kW	kW·h				
1	预处理单元													
(1)	换热器													
1)														
2)														
(2)	立式塔													
1)														
2)														
(3)	……													
2	反应单元													
(1)	换热器													
1)														
2)														
(2)	工业炉													
1)														
2)														
(3)	……													
3	分离单元													
	……													
	小计									A				
	单位功率/(kW/h)					C		D		B			E	
	总单位功率/(kW/h)									B+C+D+E				

5. 直接费估算

直接费通过表 3-41 所示方法计算。

直接费组成计算　　表 3-41

序号	费用名称	计算公式
1	设备采购交付价格	
2	设备搬运与安装劳动力费	
3	安装材料费	
4	材料安装劳动力费	
5	直接材料费合计	1+3
6	直接劳动力费用合计	2+4
7	直接费合计	5+6

其中，设备搬运与安装劳动力费，包括与设备卸货、开箱检查、存储、现场倒运、吊装就位、找正、灌浆、机械调整、检验等相关的费用，这些费用(表 3-41 中序号 2)可以通过劳动力费用因子(参见表 3-42)，即按采购设备交付价格的某一百分比；或者通过每一种类型主要设备安装所需的劳动力工时数乘以该设备安装劳动力工资费率进行计算。

通用估算设备安装劳动力费用的辅助方法有：

(1) 静设备(如料斗、储槽等非移动设备)所需的安装劳动力费约为设备采购费的 10%；

(2) 动设备(如压缩机、泵、风扇等)所需的设备安装劳动力费约为设备采购费的 25%；

(3) 机械设备(如输送机、进料器等)所需的安装劳动力费约为设备采购费的 15%。

其他类型的设备安装劳动力费用估算，可参照表 3-42 中提供的因子进行近似估算。大多数情况下，需要根据判断确定估算设备安装劳动力费采用的因子。

设备安装劳动力因子　　表 3-42

设备类型	系数(%)	设备类型	系数(%)
吸收塔	20	蒸发器	20
氨气蒸馏塔	20	过滤器	15
球磨机	30	分馏塔	25
吹风机	35	加热炉	30
压块机(带混合器)	25	气化炉	30
离心机	20	锤磨机	25
净化器	15	加热器	20
切焦器	15	换热器	20
焦炭塔	15	气液分离罐	15
冷凝器	20	石灰槽	15
空调器	20	甲烷转化器(催化)	30
冷却器	20	混合器	20
破碎机	30	沉淀器	25
旋风分离器	20	再生塔(填料)	20
凝析罐	15	蒸馏罐	30
蒸馏塔	30	离心集尘器	25

续表

设备类型	系数(%)	设备类型	系数(%)
筛	20	储罐	20
洗涤水塔	15	汽提塔	20
沉淀箱	15	储槽	20
变换炉	25	汽化器	20
分离器	15	水洗塔	20

对于大型设备，采用因子估算法并不十分准确。例如，对于75万美元的压缩机在基础上安装就位、试运转所需的劳动力费，若按压缩机采购费的25%估算，则安装劳动力费约18.75万美元，但实际上安装劳动力并不需要这么多。因此，如果有历史项目的安装劳动力工时数据，则按历史工时估算要比利用因子估算安装劳动力费会更准确些。

大宗材料与劳动力费用部分包括以下9个专业项：基础、结构、建筑、管道、仪表、绝热、电气、防腐及其他。每个专业安装项的大宗材料费(表3-41中序号3)可根据主要设备(如泵、换热器等)的总交付价格并通过查阅项目系统类型对应的大宗材料分配因子计算，相关安装劳动力费(表3-41中序号4)也可通过每个专业项对应的材料因子计算，见表3-43。

大宗材料分配百分比因子(一)　　**表3-43**

专业	费用名称	煤炭搬运/堆放	挤压、研磨、输送	气流床气化	流化床气化	热气清理①	酸性气洗涤②
基础	材料费③	4	4	7	6	6	6
	人工费④	133	133	133	133	133	133
结构	材料费	4	4	7	6	5	6
	人工费	50	50	50	50	50	50
建筑	材料费	2	2	2	2	5	4
	人工费	100	100	100	50	50	100
绝热	材料费	1	1	4	4	3	2
	人工费	150	150	150	100	150	150
仪表	材料费	6	4	7	7	6	7
	人工费	40	40	40	40	40	40
电气	材料费	9	8	9	9	9	9
	人工费	75	75	75	75	75	75
管道	材料费	5	5	40	40	40	40
	人工费	50	50	50	50	50	50
防腐	材料费	0.5	0.5	0.5	0.5	0.5	0.5
	人工费	300	300	300	300	300	300
其他	材料费	3	3	4.5	4	4	4
	人工费	80	80	80	80	80	80

注：① 不包括高铁酸锌；

② 如天然气脱硫(Seloxol)、苯菲尔特脱碳工艺(Benfield)；

③ 设备采购费×因子；

④ 材料费×因子。

大宗材料分配因子的测定，首先对所有需安装的设备按不同的工艺流程和操作条件进行系统分类，然后根据以往项目的一系列概算数据，分别计算各系统类型下的基础、结构、建筑、管道、仪表、绝热、电气、防腐及其他专业的大宗材料费与该系统类型下的设备费之间的比例关系，经综合测定，最后取其平均值得出大宗材料分配因子，该因子采用百分比分配方式。表 3-43 所列为 6 种特殊类型装置的因子，表 3-44 为根据工艺流程划分的 4 种工艺装置类的因子，其中固体、固体-气体、气体工艺、液体与液体-固体等 4 种不同工艺流程装置同时要考虑温度与压力因素，温度的分界点为 400℉，而压力的分界点为 150psig。在计算材料与安装劳动力费时，需要考虑完成安装所需的所有主要专业项目，设备采购交付价格作为相关材料费的计算基数，即大宗材料费（表 3-41 中序号 3）采用主要设备交付总价乘以表 3-43 和表 3-44 对应的大宗材料分配百分比因子进行计算，而材料的安装劳动力费（表 3-41 中序号 4）的计算基数则是相应的大宗材料费。

大宗材料分配百分比因子（二）　　　　表 3-44

系统类型	费用名称	固体输送		固体-气体工艺				气体工艺				液体与液浆系统	
温度/℉		≤400	>400	≤400		>400		≤400		>400			
压力/psig				≤150	>150	≤150	>150	≤150	>150	≤150	>150	≤150	>150
基础	材料费	4	5	5	6	6	6	5	6	6	5	5	6
	人工费	133	133	133	133	133	133	133	133	133	133	133	133
结构	材料费	4	2	4	4	5	6	5	5	5	6	4	5
	人工费	50	100	100	100	50	50	50	50	50	50	50	50
建筑	材料费	2	2	2	2	5	4	3	3	3	4	3	3
	人工费	100	100	100	50	50	100	100	100	100	100	100	100
绝热	材料费	—	1.5	1	1	2	2	1	1	2	3	1	3
	人工费	—	150	150	150	150	150	150	150	150	150	150	150
仪表	材料费	6	6	2	7	7	8	6	7	7	7	6	7
	人工费	40	40	40	40	40	75	40	40	75	40	40	40
电气	材料费	9	9	6	8	7	8	8	9	6	9	8	9
	人工费	75	75	75	75	75	75	75	75	40	75	75	75
管道	材料费	5	5	35	40	40	40	45	40	40	40	30	35
	人工费	50	50	50	50	50	50	50	50	50	50	50	50
防腐	材料费	0.5	0.5	0.5	0.5	0.5	0.5	0.5	0.5	0.5	0.5	0.5	0.5
	人工费	300	300	300	300	300	300	300	300	300	300	300	300
其他	材料费	3	4	3.5	4	4	4.5	3	4	4	5	4	5
	人工费	80	80	80	80	80	80	80	80	80	80	80	80

注：℃＝(℉－32)/1.8；1psig(磅/平方英寸)＝0.0703kgf/cm^2＝0.0068948MPa(表压)。

计算任何类型设备安装相关费用时，必须先计算设备搬运与安装所需的劳动力费。表 3-42 中所列为各类设备搬运与安装的劳动力因子，如果没有相关的因子数据，则可以使用设备采购交付价格的20%作为平均值，来近似估算设备安装劳动力费，但需注意的是，该因子的变化范围可能达15%～35%，或者更高。然后，根据表3-43或表3-44中所列的项目计算大宗材料及其安装劳动力费。

表3-43和表3-44提供了估算与安装设备相关的大宗材料与劳动力费的指导原则，如果需要估算现场劳动力费，则大宗材料与劳动力费的分配就显得非常重要。以表3-44第一列“固体输送”系统的数据为例，“4”表示设备采购价格的4%作为计算混凝土、钢筋等基础材料费的因子，“133”表示上述4%的133%应作为基础施工的劳动力费，也即基础施工的劳动力费为设备采购价格的5.32%。表3-44中，该列顶部的系统类型为“固体输送”，则表示该列只适用于固体输送系统，也就是说，在使用“大宗材料分配百分比因子”表时，估算固体输送类型的大宗材料费与劳动力费只能用该列数字，而不能用其他系统类型栏内的数字。估算劳动力费时还有另外一种按工时估算的方法，例如，每立方米混凝土施工需要的工时数乘以适当的劳动力工资费率可以得到劳动力费。

例如，气-气热交换器的设备交货价格为10万元，其设计温度为800℉，设计压力为125psig，则用该已知条件计算与换热器设备相关联的大宗材料与安装劳动力费用，详见表3-45。

换热器关联的大宗材料与劳动力费用计算示例　　　**表3-45**

序号	专业类别	大宗材料费(元)		安装劳动力费(元)	
		因子	费用	因子	费用
①	②	③	④$=E^{a}\times$③	⑤	⑥=④×⑤
1	基础	6%	6000	133%	7980
2	结构	5%	5000	50%	2500
3	建筑	3%	3000	100%	3000
4	绝热	2%	2000	150%	3000
5	仪表	7%	7000	75%	5250
6	电气	6%	6000	40%	2400
7	管道	40%	40000	50%	20000
8	防腐	0.5%	500	300%	1500
9	其他	4%	4000	80%	3200
	合计	**74%**	**73500**		**48830**

注：a 设备采购价格E=10万元。

按照上述估算方法，单台设备安装直接费等于设备采购价格加搬运与安装该设备的劳动力费，再加与之关联的按大宗材料分配百分比因子计算的其他9个专业的材料费与安装劳动力费。因此，按上述表3-45有关换热器设备直接费计算示例，换热器安装直接费等于：10万元(设备采购价格)＋10万元×20%(设备搬运与安装劳动力费)＋73500元(关联的大宗材料采购费)＋48830元(大宗材料安装劳动力费)，即直接费总额为242330元。

直接费估算时，应将材料费与安装劳动力费分开计算，以便让估算人员再次检查估算的合理性。但估算人员在使用“大宗材料分配百分比因子”时，有时会将材料与劳动力费用因子合并计算，这样交付的成果文件中并不能按表 3-41 中所示的最低详细程度要求计列相关费用，从而对研究的可靠性产生影响。

估算中还有其他一些重要费用项，如确定设备安装所需的劳动力工时，以及现场间接费、工程设计费、项目管理费、总部管理费、不可预见费等费用的计算问题。下面将针对每一费用项内容分别进行讨论。

设备安装所需的工时，可根据历史数据或项目工程师与估算人员的经验确定。工程公司一般会根据不同类型设备的重量、转动设备的动力等参数，编制设备安装所需的单位工时需用表；否则，可以使用表 3-42 中所列的百分比因子。因为设备价格变化可能会很大，其变化范围可高达 5%～35%，故根据设备价格估算安装劳动力费误差较大，虽然在整体费用估算中很少考虑这个变化幅度，但不应忽视它对总费用估算的影响。

表 3-46 为项目(单元)直接费估算汇总表，表 3-47 是以某乙醇企业发酵单元为例的直接费计算样表。

项目(单元)直接费估算汇总　　　　**表 3-46**

序号	项目费用名称	数量	费用合计(美元)		
			设备材料费	劳动力费	合计
1	设备专业直接费				
(1)	(单台设备项目)		(设备交付价格)	设备安装劳动力因子(见表 3-42)	
(2)	……………				
(3)	……………				
(4)	……………				
(5)	……				
	……………				
	设备专业小计	………	A1	B1	C1
2	其他专业直接费				
(1)	基础	………	根据 A1(见表 3-43、表 3-44，下同)	根据独立的材料(见表 3-43、表 3-44，下同)	
(2)	结构	………			
(3)	建筑	………			
(4)	绝热	………			
(5)	仪表	………			
(6)	电气	………			
(7)	管道	………			
(8)	防腐	………			
(9)	其他	………			
	其他专业直接费小计		A2	B2	C2
3	直接费总计	………	A1+A2	B1+B2	C1+C2

某厂发酵单元设备安装直接费计算汇总　　**表 3-47**

序号	项目名称	单位	数量	费用(美元)		
				设备材料费	劳动力费用	合计
1	**设备专业直接费**					
(1)	发酵罐	台	8	904800	90500	
(2)	发酵罐搅拌器	台	8	112000	11200	
(3)	发酵罐冷却器	台	4	519200	51900	
(4)	发酵罐循环泵	台	8	170400	25600	
(5)	发酵罐清理器	台	8	16000	1600	
(6)	发酵池	台	1	195800	19600	
(7)	发酵池搅拌器	台	2	28000	2800	
(8)	发酵池清理器	台	1	3000	300	
(9)	杀菌剂秤	台	1	1400	100	
(10)	杀菌剂泵	台	1	1100	200	
(11)	杀菌剂罐	台	1	14500	1500	
(12)	杀菌剂泵	台	1	18500	2800	
(13)	杀菌剂罐搅拌器	台	1	1300	100	
(14)	杀菌剂进料泵	台	2	44000	6700	
(15)	CO_2尾气洗涤塔	台	1	55400	5500	
(16)	洗涤塔泵	台	1	3200	500	
(17)	洗涤塔风机	台	1	30000	4500	
(18)	洗涤塔冷却器	台	1	30000	3000	
	小计	**台**	**51**	**2148600**	**228400**	**2377000**
2	**其他专业直接费**					
(1)	基础			96700	128600	
(2)	结构			85900	43000	
(3)	建筑			85900	85900	
(4)	绝热			21500	32300	
(5)	仪表			107400	43000	
(6)	电气			128900	96700	
(7)	管道			537200	134300	
(8)	防腐			7500	25800	
(9)	其他			85900	68700	
	小计			**1156900**	**658300**	**1815200**
3	**直接费合计**			**3305500**	**886700**	**4192200**

6．现场间接费估算

现场间接费包括现场间接劳动力、施工支持、劳动力津贴、施工营地、施工设备与小型工具费等，具体内容详见表 3-48 所示。

现场间接费组成细项　　表 3-48

序号	费用名称	序号	费用名称
1	**现场间接劳动力**	**5**	**施工营地**
(1)	监理	(1)	营地设置
(2)	会计	(2)	营地公用工程
(3)	现场工程设计	(3)	营地运行
(4)	工程设计支持人员	(4)	营地设施
(5)	仓储	**6**	**施工机械设备与工具**
(6)	服务人员	(1)	施工机械设备
2	**劳动力津贴**	1)	挖掘设备
(1)	必要的差旅费	2)	搅拌站设备
(2)	上下班通勤	3)	建筑物与钢结构安装设备
(3)	津贴	4)	管道安装设备
(4)	生活费	5)	轿车与小型货车
(5)	工作日内的休息	6)	小型工具
3	**工资税与保险**	(2)	施工机械设备维护
4	**施工支持**	**7**	**施工辅助材料与消耗品供应**
(1)	临时建筑物	(1)	消耗品
(2)	临时道路	(2)	焊接材料
(3)	施工公用设施	(3)	安全用品
1)	公用设施安装	(4)	办公用品
2)	公用设施运行	(5)	脚手架材料
3)	现场通讯	**8**	**清理**

经测算以往数据，现场间接劳动力费、施工设备、施工支持费用与现场直接劳动力费的比例关系详见图 3-11，建议将该百分比因子作为装置间接劳动力费量级估算时使用。

根据图 3-11 对现场间接费作量级估算时，应注意以下几点：

(1) 由于图 3-11 的现场直接劳动力费是基于平均工资费率 20 美元确定的，因此，按图 3-11 计算的现场间接费必须调整为当时估算采用的直接劳动力工资费率。图 3-11 中还分别给出了现场间接劳动力与施工设备、施工支持这两部分费用的变化曲线。

(2) 对于图 3-11 中未包括的劳动力津贴、施工营地费用，所有直接或间接劳动力的保险与税费，因为就大多数项目而言，这些费用一般与劳动力总费用成正比，如缺乏相关数据，则建议该费用按直接与间接劳动力总费用的 35%计算。

(3) 小型工具费。图 3-11 中未给出用于施工设备维护和小型工具等其他间接费用，假定施工设备维护费已包括在上述现场间接费的施工设备费估算中，则对于小型工具(每件工具价格在 500 美元以下的归为小型工具)费可按现场直接劳动力费的某一百分比估算，该百分比具体取值为：现场直接劳动力费用在 30 万美元及以下的按 5%，30 万～300 万美元之间的按 3.5%，超过 300 万美元的按 2%计算。

利用图 3-11 来计算现场间接费，其计算程序、估算内容和估算方法可参见表 3-49。

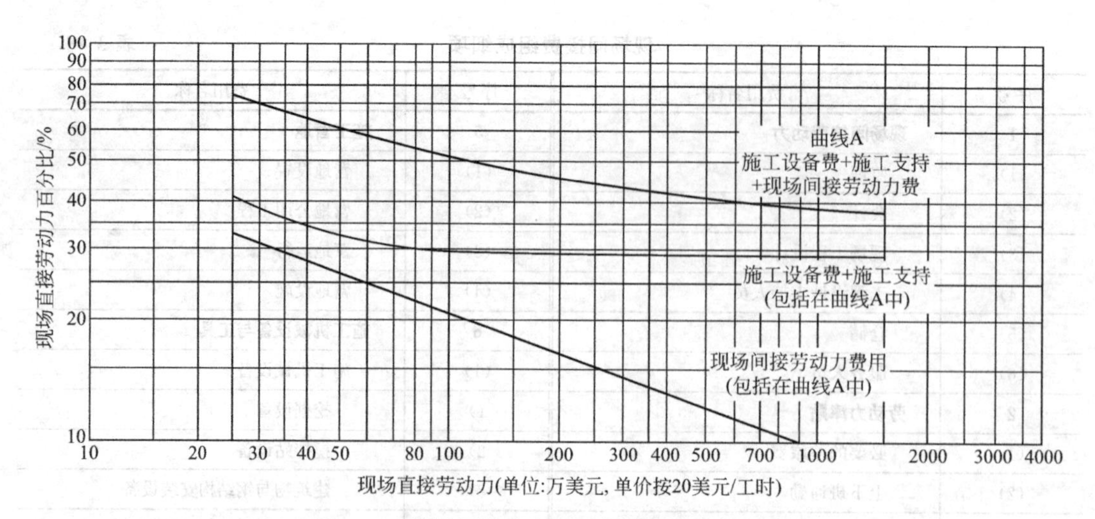

图 3-11 现场间接费占现场直接劳动力费比例

现场间接费估算汇总 **表 3-49**

序号	费用计算程序	计算公式	金额(万美元)	说明
1	**假设条件**			
(1)	现场直接劳动力费总额(即表 3-42、表 3-43、表 3-44 中所有主要设备与其他 9 个专业的安装劳动力费之和)		40	费率按 16 美元/工时
(2)	劳动力津贴按现场直接与间接劳动力费的 35%计算			
(3)	现场直接劳动力工资费率取平均值为 16 美元/工时			
2	**现场间接费估算**			
(1)	现场直接劳动力费(按假定工资费率为 16 美元/工时)		40	见假设条件
(2)	现场直接劳动力费调整(工资费率调整为 20 美元/工时)	(1)×(20÷16)=40×(20÷16)=50	50	用于查阅图 3-11 中的费用因子
(3)	查图确定现场间接劳动力费用因子	查图 3-11 得现场间接劳动力费用因子为 27%		对应于 20 美元/工时的直接劳动力费总额 50 万美元
(4)	现场间接劳动力费(对应于工资费率 16 美元/工时)	(1)×27%=40×27%=10.8	10.8	
(5)	场直接与间接劳动力费小计	(1)+(4)	50.8	
(6)	查图确定现场间接费因子	查图 3-11 得现场间接费因子为 60%		对应于 20 美元/工时的直接劳动力费总额 50 万美元
(7)	现场间接费(不含津贴与小型工具，对应于工资费率 16 美元/工时)	(1)×60%=40×60%	24	
(8)	劳动力津贴(按假定条件，费率为 35%)	(5)×35%=50.8×35%=17.8	17.8	计算基数为直接与间接劳动力费用
(9)	小型工具费	(1)×3.5%=40×3.5%=1.4	1.4	直接劳动力费在 30～300 万美元之间取 3.5%
(10)	**现场间接费合计**	(7)+(8)+(9)	**43.2**	

7. 装置总费用

从表 3-38 可见，装置总费用是由工艺装置费用、总体设施费用、总部办公与管理费以及预备费组成。

工艺装置费用需按装置的主要组成部分——单元或工段划分，如划分为预处理单元、反应单元、分离单元、公用工程等，每个单元或工段的工艺装置费用均需按表 3-50 所示进行分解。

分单元（工段）装置总费用汇总　　**表 3-50**

单元/工段	设备费	大宗材料费	直接劳动力费	现场间接费	工艺装置费用合计	总体设施费用	总部办公与管理费	预备费		装置总费用
								工艺	项目	
①	②	③	④	⑤	⑥=②+…+⑤	⑦	⑧	⑨	⑩	⑪=⑥+…+⑩
预处理										
反应										
分离										
公用工程										
……										
合计										

工艺装置费用即为前述的直接费与现场间接费之和，装置总费用的其他组成分别为：

(1) 总体设施费。这部分内容包括道路、围墙、车间、实验室、办公楼等，费用一般占工艺装置费用的 5%～20%，若设计没有提供相关的详细文件，或不存在其他假定，则可按 15%计算总体设施费用。

(2) 总部办公与管理费。这部分费用一般占工艺装置费用的 7%～15%，在此建议承包商管理费按 10%、业主管理费按 5%，合计按 15%计算。

(3) 预备费。预备费包括由于工程设计不完整或工作范围不完整造成的预期疏漏及不可预见的费用，预备费可划分为工艺预备费与项目预备费两类。

1) 工艺预备费。工艺预备费因子适用于因设计数据有限所造成的技术评估不确定性进行量化分析。估算时根据各单元或工段采用的工艺技术所处的开发阶段，估算时按表 3-51 建议的工艺预备费因子选用。

工艺预备费因子　　**表 3-51**

序号	技术开发状态	工艺预备费占工艺装置费用的百分比
1	有限数据新概念	40%以上
2	工作台数据概念	30%～70%
3	小型中试装置数据	20%～35%
4	全规模模块已经运行	5%～20%
5	工艺已经投入商业运行	0%～10%

一般来说，以设备费为基数的可研估算至少应在提供小型中试装置数据后编制。因此，对于能提供有限设计数据的装置各单元或工段，工艺预备费建议按工艺装置费用的 25%计算。例如，公用工程设计及其费用一般采用众所周知的数据，可选择相对较低的工

艺预备费因子(如5%)。错误发生率高的地方，往往是与公用工程工艺要求相关的各公用工程规模，而不是公用工程的设计；对于可提供有限工程设计数据的反应单元，选用25%的工艺预备费因子比较合适。装置不同单元的工艺预备费列项可参见表3-50所示。

2）项目预备费。项目预备费包括可能产生的费用，在估算时，项目预备费的范围可达15%～30%，但建议在以设备费为基数进行可研估算时，项目预备费按工艺装置费用、总部办公与管理费、工艺预备费之和的25%计算。

在估算文件中，应明确说明估算中实际采用的预备费因子。

8. 资本投资总额其他费用

按表3-38所示，投资总额包括：(1)装置总费用；(2)专利技术转让或使用费；(3)开车与其他预生产费用；(4)流动资金；(5)备品备件费；(6)初装催化剂与化学品费；(7)土地购置或租赁费用。

前面介绍了装置总费用的估算方法，下面介绍除装置总费用以外的其他资本投资费用。

(1) 专利技术转让或使用费。工艺技术专利一般都要支付技术转让或使用费，通常该费用估算可按工艺装置费用的0.5%列支；如果只有装置的个别单元使用了工艺技术专利，则可以对表3-50进行扩展，增加一列“专利技术转让或使用费”。

(2) 开车费用。这些费用是装置开车期间发生的费用，如操作人员的培训、额外的维护、装置的改造及低效运行，具体数值取定如下：

1) 装置满负荷运行条件下取年操作总费用的十二分之一(即1个月的操作费用)，装置年操作费用的估算方法详见“适用于流程工业及其公用工程的技术与经济评估”(AACE推荐实践16R-90)。

2) 装置满负荷运行条件下，1个月运行所需额外25%的总燃料量(包括生产蒸汽所需的燃料)。

3) 为使装置能够满负荷运行，对装置或设备进行预期改造所需的费用，该项费用按装置总费用的2%计算。

4) 用现金交易的副产品。

(3) 流动资金。流动资金应能满足装置每天运行的需要，主要用于支付操作人员的工资、装置维护、化学品采购与存储等费用，流动资金包括的费用项有：

1) 工艺物料存货，包括原料库存、燃料、处于工艺过程中的原材料和尚未进入销售的产成品；

2) 已进入销售流通环节的存货；

3) 应收账款；

4) 流动负债；

5) 其他流动资产，包括用于支付工资、材料与其他应付账款的现金、银行存款和政府证券等。

当前投资估算阶段的流动资金可以按2个月的年度操作总费用估列。

(4) 备品备件费。备品备件的数量应能满足设备关键零部件的初期存货需要，以尽可能缩短因设备维修而造成装置停车的时间，减少经济损失。备品备件费建议按装置总费用的0.5%估算。

（5）初装催化剂与化学品费。初装催化剂与化学品，不包括已在流动资金中计算过的存储催化剂、化学品，其需要量应由设计人员根据装置具体工艺条件计算确定，并按相应的单价计算初装费用。每套装置的初装催化剂与化学品数量与费用均不一样，故应在估算报告中具体说明如何估算该项费用。

（6）土地购置或租赁费。土地费用变化很大，并且很大程度上取决于现场条件，因此，项目所占用的土地费用需根据当地实际的购置或租赁价格估算。

估算 EPC 项目的工程费用时，一般 FEED 或基础设计已完成，故通常只涉及第 3～7 项费用内容；同时，费用估算（或按表 1-3 费用组成）实践中费用含义及组成可能会与 AACE 有差异，因此，在 EPC 项目费用估算中，应根据实际情况结合 AACE 的设备系数法因地制宜地进行调整。

二、美国海湾基于设备费的比率因子估算法

美国海湾出版社出版的《概念性费用估算手册》给出了炼油厂、化工或石油化工等流程工业以图表形式表示的设备规格（容量）与相应设备费的对数曲线，以及设备规格（容量）与相应设备安装人工时数的对数曲线。其中，设备与材料费用图表基于 1996 年 1 月 1 日的平均费用（1996 年 1 月 1 日的指数为 100），从图表中得到的设备与材料费用推荐采用尼尔森炼油厂指数（Nelson Refinery Index）来调整，以得到设计或建设项目时的设备与材料费；所有人工时图表基于 70％的平均劳动力生产效率。

美国海湾地区的概念性费用估算包括两种确定设计或建设炼油厂、化工或石油化工以及其他行业装置的费用估算方法：（1）半确定可行性估算（精度为±10％），基于生成的主要专业工程量、人工时及劳动力费用、材料费、分包合同费，估算出总费用；（2）比率因子估算，基本原理是将全部设备费定义为 1，应用对该费用的加权百分比计算项目其余全部主要专业工作费用的方法；即基于已知的设备费用，采用加权百分数方法得到所有其他费用项，生成精度为±30％的估算。该两种方法可以适用于世界上任何地点建设的石油化工装置。采用美国海湾地区基于比率因子的费用估算至少需要以下基本信息：关于工厂能力、产品形式、基本流程和原料的信息；有单台设备的交付日期及含全部材料费用的完整设备清单；工厂总平面布置位置。

美国海湾地区的通用做法是将 EPC 项目费用划分为直接费、施工设备费、管理费及间接费用以及总部费用四大类。采用基于比率因子的费用估算法主要步骤为：

首先，估算直接费，即基于全部设备费用，根据炼油或石油化工与化工流程从表 3-52～表 3-57 中选择对应流程的直接费用百分比估算；同时，估算出现场直接劳动力费用。

炼油流程系统表基于任何一个或下面的全部工艺系统，并且包括所有需要的专业。详细的比率估算因子见表 3-52：（1）常压、减压蒸馏；（2）饱和烃气体工厂；（3）石脑油加氢脱硫；（4）加氢精制；（5）焦化；（6）重油加氢脱硫；（7）流化床催化裂化；（8）不饱和烃气体工厂；（9）循环油加氢脱硫；（10）C_5，C_6 异构化；（11）催化重整；（12）芳烃抽提；（13）重整加氢；（14）丁烷烃化；（15）烯烃聚合装置；（16）H_2S 回收及硫黄生产。

对于石油化工与化工流程系统，可以直接对应工艺流程品种，采用表 3-53～表 3-57 中的详细比率估算因子进行估算。

炼油工艺系统直接费用百分比　　**表 3-52**

序号	专　业	百分数范围						占全部直接费用的平均百分数			
		其他专业的材料费占设备费用的百分数		其他专业的分包合同费用占设备费用的百分数		其他专业的直接劳动力费用占设备费用的百分数		各专业的材料费占全部材料费的百分数	各专业的分包合同费占全部分包合同费的百分数	各专业的劳动力费占全部劳动力费的百分数	各专业的总费占全部直接费的百分数
1	设备	100.00		44.30	44.60	7.70	7.80	55.83	92.82	10.03	49.97
2	场地准备	0.02	0.05	0.25	0.30	2.75	2.85	0.01	0.55	3.59	1.01
3	现场设施	0.95	1.10	*	*	1.10	1.12	0.55	*	1.43	0.69
4	混凝土	4.25	4.75	0.10	0.12	12.70	12.90	2.41	0.22	16.42	5.63
5	钢结构	8.00	8.30	*	*	3.70	3.75	4.53	*	4.82	3.90
6	建筑物	1.10	1.25	2.20	2.40	1.70	1.75	0.66	4.81	2.21	1.71
7	地下管线	1.10	1.20	*	*	1.40	1.48	0.62	*	1.84	0.83
8	地上管线	32.00	35.00	0.75	0.80	21.30	22.40	18.59	1.60	27.50	18.19
9	地下电气	0.30	0.50	*	*	0.65	0.70	0.16	*	0.87	0.32
10	地上电气	11.50	12.00	*	*	6.10	6.25	6.47	*	7.90	5.81
11	仪表	10.30	10.70	*	*	3.20	3.50	5.82	*	4.16	4.48
12	绝热	4.50	5.00	*	*	7.40	7.50	2.55	*	9.57	3.94
13	防腐	1.50	1.70	*	*	3.90	4.00	0.93	*	5.06	1.84
14	铺设	0.40	0.60	*	*	0.60	0.70	0.27	*	0.81	0.36
15	可摊销费用	1.00	1.10	*	*	2.80	2.95	0.60	*	3.79	1.32
	总直接费用	**176.92**	**183.25**	**47.60**	**48.22**	**77.00**	**79.65**	**100.00**	**100.00**	**100.00**	**100.00**

注：* 没有大量的趋势数据可供归纳出相应的可用数据。

液体类化工厂直接费用百分比　　**表 3-53**

序号	专　业	百分数范围						占全部直接费用的平均百分数			
		其他专业的材料费占设备费用的百分数		其他专业的分包合同费用占设备费用的百分数		其他专业的直接劳动力费用占设备费用的百分数		各专业的材料费占全部材料费的百分数	各专业的分包合同费占全部分包合同费的百分数	各专业的劳动力费占全部劳动力费的百分数	各专业的总费占全部直接费的百分数
1	设备	100.00		24.00	25.50	3.75	5.50	43.50	72.50	5.44	37.60
2	场地准备	1.75	2.50	0.01	0.01	0.50	1.00	1.00	0.01	0.72	0.82
3	现场设施	2.75	3.50	0.60	0.75	1.50	2.25	1.30	1.74	2.95	1.70
4	混凝土	7.50	8.75	2.00	3.00	9.00	12.00	3.58	7.30	15.04	6.39
5	钢结构	11.50	12.50	*	*	4.00	6.00	5.20	*	6.51	4.89
6	建筑物	4.00	5.00	3.00	3.50	3.50	4.50	1.90	9.23	6.08	3.55
7	地下管线	4.00	5.00	0.01	0.02	2.75	3.25	2.00	0.02	4.04	2.17
8	地上管线	37.00	43.00	2.75	3.25	24.00	27.00	18.30	8.35	30.23	20.40
9	地下电气	0.40	0.60	*	*	0.20	0.40	0.20	*	0.39	0.25
10	地上电气	15.00	17.00	*	*	6.50	7.75	7.20	*	9.50	6.85
11	仪表	22.00	25.00	*	*	3.25	4.50	9.82	*	4.59	8.24
12	绝热	7.50	8.50	*	*	4.50	5.25	3.60	*	6.44	3.74
13	防腐	2.50	3.25	*	*	2.75	2.90	1.30	*	3.93	1.70
14	铺设	1.00	1.50	0.30	0.40	0.50	1.00	0.50	0.85	1.05	0.66
15	可摊销费用	1.00	1.50	*	*	2.00	2.40	0.60	*	3.09	1.04
	总直接费用	**217.90**	**237.60**	**32.67**	**36.43**	**68.70**	**85.70**	**100.00**	**100.00**	**100.00**	**100.00**

注：* 没有大量的趋势数据可供归纳出相应的可用数据。

固体类化工厂直接费用百分比 表 3-54

序号	专业	百分数范围						占全部直接费用的平均百分数			
		其他专业的材料费占设备费用的百分数		其他专业的分包合同费用占设备费用的百分数		其他专业的直接劳动力费用占设备费用的百分数		各专业的材料费占全部材料费的百分数	各专业的分包合同费占全部分包合同费的百分数	各专业的劳动力费占全部劳动力费的百分数	各专业的总费占全部直接费的百分数
1	设备	100.00		25.00	26.00	3.75	4.75	44.16	69.24	4.99	37.80
2	场地准备	2.50	3.00	0.01	0.01	0.50	1.00	1.19	0.02	0.78	0.97
3	现场设施	3.50	3.75	0.80	0.90	2.25	3.00	1.57	2.32	3.20	2.02
4	混凝土	8.75	10.25	2.50	3.00	12.00	13.75	4.33	7.37	17.08	7.59
5	钢结构	12.50	14.30	*	*	5.50	6.25	6.30	*	7.06	5.81
6	建筑物	5.00	5.50	3.75	4.25	4.00	5.25	2.34	10.99	6.51	4.22
7	地下管线	4.75	5.50	0.01	0.01	3.00	3.25	2.18	0.02	4.05	2.38
8	地上管线	45.50	46.00	3.25	3.50	27.00	28.25	20.27	9.06	34.59	22.37
9	地下电气	0.50	0.70	*	*	0.30	0.50	0.25	*	0.35	0.25
10	地上电气	15.50	17.00	*	*	6.75	7.25	7.35	*	8.72	6.89
11	仪表	12.25	14.00	*	*	1.50	2.50	5.51	*	2.11	4.14
12	绝热	5.50	6.50	*	*	3.00	4.00	2.47	*	4.03	2.56
13	防腐	2.00	2.75	*	*	1.75	2.25	0.91	*	2.46	1.17
14	铺设	1.10	1.80	0.30	0.40	0.75	1.00	0.52	0.98	0.98	0.68
15	可摊销费用	1.40	1.75	*	*	2.25	2.50	0.65	*	3.09	1.15
	总直接费用	**220.75**	**232.80**	**35.62**	**38.07**	**74.30**	**85.50**	**100.00**	**100.00**	**100.00**	**100.00**

注：* 没有大量的趋势数据可供归纳出相应的可用数据。

液体与固体类化工厂直接费用百分比 表 3-55

序号	专业	百分数范围						占全部直接费用的平均百分数			
		其他专业的材料费占设备费用的百分数		其他专业的分包合同费用占设备费用的百分数		其他专业的直接劳动力费用占设备费用的百分数		各专业的材料费占全部材料费的百分数	各专业的分包合同费占全部分包合同费的百分数	各专业的劳动力费占全部劳动力费的百分数	各专业的总费占全部直接费的百分数
1	设备	100.00		25.00	26.50	4.00	6.00	42.00	70.31	4.93	36.52
2	场地准备	2.25	3.00	0.01	0.01	0.60	1.25	1.08	0.02	0.74	0.90
3	现场设施	3.30	3.80	0.75	0.85	2.25	3.00	1.43	2.25	3.02	1.87
4	混凝土	9.25	10.50	2.75	3.50	12.50	14.00	3.94	7.16	16.15	7.01
5	钢结构	13.50	14.50	*	*	5.50	6.50	5.73	*	6.68	5.37
6	建筑物	5.00	5.50	3.75	4.25	4.75	5.25	2.13	10.67	6.16	3.90
7	地下管线	4.50	5.25	0.01	0.01	3.00	3.50	1.94	0.01	3.75	2.15
8	地上管线	43.00	45.00	3.00	3.50	25.50	28.00	18.06	8.62	32.03	20.25
9	地下电气	0.60	0.90	*	*	0.30	0.50	0.25	*	0.36	0.25
10	地上电气	17.00	18.00	*	*	7.15	8.00	7.30	*	9.00	6.94
11	仪表	24.00	27.00	*	*	3.30	4.60	10.48	*	4.17	8.00
12	绝热	8.00	9.00	*	*	4.50	5.50	3.37	*	5.72	3.55
13	防腐	3.00	3.50	*	*	2.80	3.10	1.24	*	3.49	1.62
14	铺设	1.25	1.75	0.30	0.50	0.75	1.25	0.47	0.96	0.94	0.63
15	可摊销费用	1.50	2.00	*	*	2.25	2.50	0.58	*	2.86	1.04
	总直接费用	**236.15**	**249.70**	**35.57**	**39.12**	**79.15**	**92.95**	**100.00**	**100.00**	**100.00**	**100.00**

注：* 没有大量的趋势数据可供归纳出相应的可用数据。

高压(27.6～34.5MPa)液体类化工厂直接费用百分比　　　　**表 3-56**

序号	专　　业	百分数范围						占全部直接费用的平均百分数			
		其他专业的材料费占设备费用的百分数		其他专业的分包合同费用占设备费用的百分数		其他专业的直接劳动力费用占设备费用的百分数		各专业的材料费占全部材料费的百分数	各专业的分包合同费占全部分包合同费的百分数	各专业的劳动力费占全部劳动力费的百分数	各专业的总费占全部直接费的百分数
1	设备	100.00		25.00	26.00	3.75	5.00	43.16	74.86	5.34	38.10
2	场地准备	1.70	2.25	0.01	0.01	0.25	0.50	0.75	0.01	0.54	0.63
3	现场设施	2.30	3.00	0.50	0.75	1.50	1.75	0.99	1.62	2.21	1.31
4	混凝土	6.50	7.25	1.75	2.00	9.25	10.00	2.92	5.30	12.62	5.26
5	钢结构	9.00	10.00	*	*	3.50	4.00	3.98	*	4.88	3.78
6	建筑物	3.25	4.00	2.50	3.00	3.25	3.75	1.48	7.67	4.50	2.75
7	地下管线	4.75	5.25	0.01	0.01	3.00	3.25	2.12	0.02	4.30	2.38
8	地上管线	45.25	47.00	3.25	3.50	27.00	28.00	19.66	9.72	36.75	22.38
9	地下电气	0.50	1.00	*	*	0.25	0.40	0.25	*	0.38	0.25
10	地上电气	16.50	17.25	*	*	6.75	7.25	7.19	*	9.34	6.94
11	仪表	26.50	27.50	*	*	3.50	4.00	11.66	*	4.88	9.04
12	绝热	8.00	8.50	*	*	4.50	5.00	3.54	*	6.33	3.79
13	防腐	2.75	3.25	*	*	2.75	3.00	1.30	*	3.86	1.73
14	铺设	0.75	1.25	0.20	0.40	0.50	0.70	0.37	0.80	0.79	0.51
15	可摊销费用	1.25	1.50	*	*	2.00	2.50	0.63	*	3.28	1.15
	总直接费用	**229.00**	**239.00**	**33.22**	**35.67**	**71.75**	**79.10**	**100.00**	**100.00**	**100.00**	**100.00**

注：*没有大量的趋势数据可供归纳出相应的可用数据。

液态高混合类化工厂直接费用百分比　　　　**表 3-57**

序号	专　　业	百分数范围						占全部直接费用的平均百分数			
		其他专业的材料费占设备费用的百分数		其他专业的分包合同费用占设备费用的百分数		其他专业的直接劳动力费用占设备费用的百分数		各专业的材料费占全部材料费的百分数	各专业的分包合同费占全部分包合同费的百分数	各专业的劳动力费占全部劳动力费的百分数	各专业的总费占全部直接费的百分数
1	设备	100.00		25.00	25.50	3.75	4.25	45.58	75.07	5.74	40.18
2	场地准备	1.50	2.00	0.01	0.01	0.25	0.50	0.81	0.01	0.59	0.68
3	现场设施	2.25	3.00	0.50	0.75	1.50	1.75	1.07	1.65	2.42	1.42
4	混凝土	6.25	7.00	1.50	2.00	8.75	10.00	2.95	5.09	12.97	5.31
5	钢结构	9.25	9.75	*	*	3.50	3.75	4.28	*	5.35	4.06
6	建筑物	3.25	4.00	2.50	3.00	3.25	3.50	1.59	7.84	4.93	2.95
7	地下管线	4.50	5.00	0.01	0.01	3.00	3.50	2.18	0.02	4.51	2.45
8	地上管线	44.25	45.00	3.00	3.25	26.00	27.50	20.24	9.51	38.51	23.01
9	地下电气	0.25	0.50	*	*	0.01	0.02	0.17	*	0.27	0.18
10	地上电气	11.00	12.00	*	*	4.50	5.25	5.06	*	6.69	4.88
11	仪表	23.50	25.00	*	*	3.00	4.00	10.75	*	4.58	8.31
12	绝热	6.75	7.25	*	*	3.50	4.00	3.11	*	5.67	3.33
13	防腐	2.50	3.00	*	*	2.25	2.50	1.14	*	3.46	1.52
14	铺设	0.75	1.00	0.25	0.50	0.50	0.70	0.42	0.81	0.87	0.54
15	可摊销费用	1.25	1.50	*	*	2.00	2.50	0.65	*	3.44	1.18
	总直接费用	**217.25**	**226.00**	**32.77**	**35.02**	**65.76**	**73.72**	**100.00**	**100.00**	**100.00**	**100.00**

注：* 没有大量的趋势数据可供归纳出相应的可用数据。

其次，估算施工机械设备费，即基于现场直接劳动力费用按照表 3-58 取百分数估算。

施工机械设备百分比　　表 3-58

序号	费用名称	占现场直接劳动力费用的百分数		
		范围		平均
16	租赁或购买	12	18	15
17	施工设备维护劳动力	2	6	4
18	燃料、机油、油脂及耗用品	7	15	12
	合计	**21**	**39**	**31**

注：燃料基于柴油 1.25 美元/加仑考虑，测算相应的费用百分比。

然后，估算管理费及间接费用，即基于现场直接劳动力费用按照表 3-59 取百分数估算。

管理费与间接费百分比　　表 3-59

序号	费用名称	占现场直接劳动力费用的百分数		
		范围		平均
19	间接工资	8	12	10
	总部间接工时费用	4	8	6
	现场间接工时费用	3	7	5
20	临时施工设施	10	20	15
21	法定劳动力附加费与津贴	25	28	27
22	小型工具和消耗材料费	5	10	8
23	其他间接费	10	20	15
	合计	**65**	**105**	**85**

最后，估算总部费用，即基于全部直接与间接费用按照表 3-60 取百分数估算。

总部费用百分比　　表 3-60

序号	费用名称	占全部直接与间接费用的百分数		
		范围		平均
24	工程设计服务	8	16	12
25	施工服务	0.1	0.4	0.2
26	项目总体管理	1	1.5	1.1
	合计	**9.1**	**17.9**	**13.3**

上述四项费用估算合计即为该流程工业 EPC 项目的工程总费用。

详细内容可阅读参考文献［13］的第十章“可行性费用估算手册(美国)的炼油化工项目费用估算”，在此限于篇幅，不再赘述。

第四章　项目管理服务与设计费估算

项目管理服务与设计，是指为了有效组织、实施EPC总承包项目所提供的工程设计、项目管理、采购管理、现场施工管理等工作，其主要内容包括工程总承包项目自承接后的前期准备、项目执行直至机械完工等各阶段所需的工程设计，设计、采购、施工、质量、安全、财务与综合行政等管理，以及项目的进度计划、材料、文档、合同、质量等控制工作。项目管理服务与设计费的细分没有统一的标准可循，但一般将项目管理服务与设计费用划分为设计费和项目管理服务费两大部分。

第一节　项目管理服务与设计费组成

一、项目管理服务费组成内容

项目管理服务费主要指EPC项目管理人员的人工时费用，具体内容如下：

(1) 总部项目管理费，是指项目的管理与控制人员(包括设计、采购、施工管理)在企业总部(Home Office)所发生的人工时费用及其他管理性费用，一般包括管理与控制人员的基本工资、奖金、附加工资(津贴)、社会保险、劳动保护费、差旅交通费、办公设施费、办公费、IT硬件设施及软件费、网络通讯费等。

(2) 现场项目管理费，是指在工程项目现场(Site)期间实施设计、采购、控制、技术、质量、安全以及行政管理等项目管理人员(不包括医护、清洁、茶童、司机、保安、仓库保管等人员)所发生的人工费用，如基本工资与奖金、津贴与福利、法定劳动力附加费(如税费、社会保险费等)。通常现场项目管理人员所需的办公设施费、办公费、差旅交通费、IT硬件设施及软件费、网络通讯费等费用应计入办公临设及其运行费；同时，EPC总承包商的施工管理(CM)应与施工分包商的施工管理相区别，施工分包商的施工管理费在施工间接费中计算。

通常，EPC工程总承包项目管理费按地域分为总部项目管理费和现场项目管理费，设计管理费、采购管理费和施工管理费按总部或现场分别在总部项目管理费和现场项目管理费中计算。

二、设计费组成

工程设计是指依据与业主(用户)签订的项目总承包合同(或设计合同)的要求，按照相关国家的政策和法规，吸收国内外先进的科学技术成果和生产实践经验，选择最优建设方案进行设计工作(包括可能委托的前期项目阶段如FEL2和FEL3，FEED或基础工程设计以及详细工程设计等设计)，并为项目提供建设依据的设计文件和图纸的整个活动过程。

通常EPC项目的设计是指详细工程设计。工程设计是项目实施过程的一个重要阶段，设计工作一般包括：

(1) 按合同规定完成各设计阶段的设计任务；

(2) 对采购工作提供技术支持；

(3) 根据施工进度要求，派出设计代表处理施工中的设计问题；

(4) 参加试车、开车服务。

EPC项目的工程设计包括总部与现场设计，现场踏勘、制造厂商车间检查、操作手册编写，可靠性、可用性和可维护性(RAM)研究、大件吊装研究(若有)、环保咨询、危害与可操作性分析(HAZOP)、可施工性咨询、模块协调，以及装置模型制作等设计服务工作。

设计费包括为工程提供设计服务的专业设计人员在总部及其项目现场所发生的人工时费用，总部设计服务费还应包括差旅交通费、办公设施费、办公费、IT硬件设施及软件费、网络通讯费等费用(详见本章第三节有关内容)。其中，由于操作手册编制费主要是参加编制的设计人员的人工时费，故一般将其计入设计人工时费用；设计专业对于采购的支持、参加设备材料检验以及现场安装指导等设计服务人工时也一并计入设计人工时总数。但是在EPC项目中，设计管理人员的人工时费用通常应计入项目管理人工时费用，设计专业对于试车与开车期间的支持服务则应计入试车/开车支持费用。

第二节 项目管理服务与设计人工时数量

一、项目管理服务人工时估算

项目管理服务人工时数的估算，主要有以下两种方法：一是按资源投入计划估算。即根据项目规模大小和项目组织模式，确定项目组织结构，根据项目管理岗位及其职数设置，按项目进度计划编排项目管理人员的资源需求计划，据此估算所需投入的管理人工时数，其中每年总部按2000工时、现场按2400工时核算。二是按施工劳动力工时的某一比例取定，通常约为8%～15%。

其中采购管理人工时数估算时应扣除仓库保管人员的人工时数，仓库保管人员的人工时费用应在项目生产临时设施运行费中计算。若单独承担EPC总承包项目中的采购或采购服务工作，则采购服务工时应按合同约定的工作范围，分别估算所承担的设备材料采购、采购管理与仓储管理服务等相关工作的人工时后相加。

二、设计人工时估算

专业设计人工时数的估算方式主要按可交付物、设备数量、资源投入计划和某项人工时基数的百分比等四种计算。

(一) 按可交付物估算设计人工时数

设计可交付物一般指工程设计图纸、文件资料。现今，设计基本上都采用计算机软件，因此大大提高了设计工作效率。正常情况下，各种工程图纸的设计及其审核人工时需用量如表 4-1 所示，非标准工程设计图可折合成标准图(A1)计算设计人工时数。

设计图纸资料工日用量参考　　　　**表 4-1**

序号	图纸类型	参考范围(工日/张)	备注
1	管道仪表流程图(P&ID)		按 A1 标准图
(1)	FEED/基础设计(BD)	12～15	
(2)	详细设计(DD)	5～6	
2	详细设计图		按 A1 标准图
(1)	总平面布置图(Plot Plan)	11～13	
(2)	其他专业图纸	4～5	

（二）按设备数量估算设计人工时数

按不同工艺设备台数及其图纸重复利用情况估算所需设计人工时数，具体可对照表 4-2 估算设计人工时数，工程设计其他费用与设计相关总工时的百分比可参见表 4-3。需注意的是，对于不同的工程合同形式，工程设计、设计管理、项目管理与控制(含采购管理)等人工时可按表 4-4 和表 4-5 所示的分配比例进行分摊。

单台设备工程设计人工时对照　　　　**表 4-2**

序号	设备类型	设计人工时范围			
		单台范围		复用范围	
		最少	最多	最少	最多
1	锅炉与加热器				
(1)	成套蒸汽锅炉	800	1000	400	500
(2)	成套电加热水循环锅炉	800	1000	400	500
(3)	铸铁燃气锅炉	650	850	350	450
(4)	钢制烟道换热锅炉	400	500	200	250
(5)	加热炉	600	800	300	400
(6)	脱气加热炉	600	800	300	400
2	分类设备				
(1)	锥形造粒机	400	600	200	400
(2)	压力筛	450	650	225	325
(3)	转动筛	400	600	200	400
(4)	透平筛分类器	500	700	250	350
3	压缩机与空气干燥器				
(1)	往复式气动压缩机	1000	1200	600	700
(2)	往复式电动压缩机	1000	1200	600	700
(3)	离心式成套压缩机	850	1000	425	500
(4)	空冷压缩机	600	800	300	400
(5)	空气干燥器——制冷型	650	850	325	425
(6)	空气干燥器——冷却型	650	850	325	425

续表

序号	设备类型	设计人工时范围			
		单台范围		复用范围	
		最少	最多	最少	最多
4	传送带与链斗升降机				
(1)	传送带——开放式皮带	800	1000	400	500
(2)	传送带——带人行道的封闭式皮带	1000	1200	500	600
(3)	传送带——金属螺杆式	850	1000	400	500
(4)	传送带——往复式	800	1000	400	500
(5)	传送带——卷轴式	800	1000	400	500
(6)	传送带——间隔铲斗提升机	800	1000	400	500
(7)	传送带——连续铲斗提升机	800	1000	400	500
5	结晶器				
(1)	批量真空型	650	850	325	425
(2)	机械式	700	900	350	450
6	干燥物料掺混与进料设备				
(1)	掺混器	50	100	20	40
(2)	振动式打包机	50	100	20	40
(3)	电动振动式进料器	50	100	20	40
(4)	称重式进料器	50	100	20	40
(5)	测体积式进料器	50	100	20	40
(6)	圆盘导翼型进料器	50	100	20	40
(7)	传送带型进料器	80	150	30	70
(8)	卫生型进料器	80	150	30	70
(9)	干聚合物进料器	70	120	30	50
7	干燥器与刨片机				
(1)	常压罐干燥器	700	900	350	450
(2)	真空罐干燥器	700	900	350	400
(3)	双罐干燥器	800	1000	400	500
(4)	槽式常压干燥器	800	1000	400	500
(5)	槽式真空干燥器	800	1000	400	500
(6)	转动干燥器	800	900	400	450
(7)	喷射式干燥器	800	900	400	450
(8)	冷却罐刨片机	700	900	350	450
8	粉尘收集器				
(1)	旋风型	700	900	350	450
(2)	多个旋风型	800	1000	400	500
(3)	脱水型	800	1000	400	500
(4)	自动布袋过滤器	800	1000	400	500
(5)	离心沉降型	1000	1200	500	600

续表

序号	设备类型	设计人工时范围			
		单台范围		复用范围	
		最少	最多	最少	最多
(6)	电动沉降型	1000	1200	500	600
(7)	支流阀	300	400	150	200
9	喷射器				
(1)	单段非冷凝型	200	400	100	200
(2)	双段大气中间冷凝型	200	400	100	200
10	提取设备				
(1)	连续离心提取型	200	500	100	200
11	风扇与鼓风机				
(1)	高负荷离心风扇	600	800	300	400
(2)	电机或V型皮带驱动风扇	100	150	50	60
(3)	旋转鼓风机	400	600	200	300
(4)	离心透平鼓风机	600	800	300	400
12	过滤器				
(1)	压力型过滤器	200	300	100	150
(2)	油雾收集过滤器	200	300	100	150
(3)	板框式压滤机	200	400	100	200
(4)	宝石型过滤器	200	300	100	150
(5)	树叶型过滤器	200	300	100	150
(6)	安装在下水道上的转动型过滤器	300	400	150	200
(7)	振动筛	400	600	200	300
(8)	浮选机械	400	600	200	250
(9)	储气器(气柜)	150	200	50	70
13	发电机与发生器				
(1)	蒸汽透平单元	5000	8000	2000	3500
(2)	惰性气体发生器	2000	4000	800	1500
(3)	滑动垫木安装的柴油发电机	1000	2000	300	500
14	换热器、汽化器和冷凝器				
(1)	壳程管程浮头换热器	600	800	300	400
(2)	壳程管程固定管板U管换热器	600	800	300	400
(3)	钢制翅管、钢制再沸器和夹套管	600	800	300	400
(4)	长管立式蒸发器	800	900	400	450
(5)	卧管式蒸发器	800	1000	400	500
(6)	夹套式玻璃衬里钢容器蒸发器	850	1050	425	525
(7)	冷凝器——排大气	650	850	325	425
15	液液/液固混合与掺合设备				
(1)	推进式混合器	50	150	20	60

续表

序号	设备类型	设计人工时范围			
		单台范围		复用范围	
		最少	最多	最少	最多
(2)	掺混型混合器	50	150	20	60
(3)	槽式混合器	50	150	20	60
(4)	均质器	60	150	25	60
(5)	高强度混合器	60	150	25	60
16	泵				
(1)	离心泵	700	900	350	450
(2)	立式透平泵与潜式泵	850	1100	425	550
(3)	电动齿轮泵	700	900	350	450
(4)	真空泵	400	600	200	300
(5)	污泥泵	700	900	350	450
17	称重设备				
(1)	机械杠杆车重地衡	1000	1200	500	600
(2)	电子测压元件车重地衡	1000	1200	500	600
(3)	嵌入式工业称重仪	200	300	100	150
(4)	自动装袋称重设备	200	300	100	150
(5)	散料称重设备	300	400	150	200
18	分离设备				
(1)	离心批量顶悬浮分离	600	800	300	400
(2)	离心批量底部驱动分离	600	800	300	400
(3)	离心批量自动分离	700	900	350	450
(4)	高速离心分离	700	900	350	450
19	粉碎与切粒设备				
(1)	碾碎机	400	600	200	300
(2)	磨粉机、切碎机、粉碎机	400	600	200	300
(3)	球磨机	500	700	250	350
20	浓缩设备				
(1)	连续型	400	600	200	300
21	容器、反应器与储罐				
(1)	卧式压力容器	800	1000	400	500
(2)	立式压力容器(塔)	1000	1200	500	600
(3)	带搅拌、夹套的反应器	1000	1200	500	600
(4)	真空接受罐	800	1000	400	500
(5)	带搅拌的罐	700	900	350	450
(6)	储罐	600	1000	300	500
22	三废处理设备				
(1)	成套污水处理工厂	600	800	300	400

续表

序号	设备类型	设计人工时范围			
		单台范围		复用范围	
		最少	最多	最少	最多
(2)	焚烧炉——液体废料	500	800	250	400
(3)	焚烧炉——固体废料	500	800	250	400
(4)	固体废料撕碎机	400	600	200	300
(5)	废水处理成套系统	600	800	300	400
23	水处理设备				
(1)	机械表面通风装置	850	1000	425	500
(2)	脱离子交换器	600	800	300	400
(3)	水蒸馏釜	200	300	100	200
24	DOW 热量单元	750	850	300	400

工程设计其他费用与设计总工时的百分比 **表 4-3**

序号	项目	百分数(%)
1	蓝图与复制	14
2	使用计算机	12
3	杂项费用	10
4	差旅费用	3
5	电话、传真和邮寄费用	4
6	法定劳动力附加费与津贴	32
	合计	**75**

工程设计人工时分摊百分数 **表 4-4**

序号	专业	百分数(%)		
		设计、采购与施工合同	设计与采购合同	设计合同
1	运营管理	0.1	0.1	0.1
2	项目管理	1.5	1.6	1.9
3	项目工程师	5.5	6.1	7.0
4	设计管理	0.9	1.0	1.0
5	土建与结构	5.2	8.7	6.3
6	容器	2.6	2.8	3.1
7	电气	5.9	6.5	7.2
8	工厂设计	19.7	17.0	23.8
9	配管	5.0	3.7	3.8
10	行政管理	4.3	4.7	5.3
11	工艺仪表流程图	2.1	2.0	2.7
12	机械设备管理	0.4	0.4	0.4
13	仪表设计	3.6	5.0	4.4
14	仪表制图	4.9	6.4	5.8

续表

序号	专业	百分数(%)		
		设计、采购与施工合同	设计与采购合同	设计合同
15	动设备	0.8	0.8	0.9
16	特殊设备	1.2	1.3	1.4
17	热传递设备	0.5	0.5	0.6
18	工艺	4.2	4.6	5.1
19	估算	1.0	1.0	1.1
20	费用工程师	1.7	1.3	1.4
21	计算机	2.5	2.5	2.8
22	项目启动运营费用	0.1	0.2	0.2
23	技术信息	0.1	0.1	0.1
24	进度	2.2	1.5	1.4
25	采购	3.9	3.8	—
26	检验与催交	3.9	3.8	
27	速记	3.8	4.1	4.6
28	会计	8.8	5.8	5.8
29	办公室服务	1.5	1.6	1.7
30	合同的法律服务	0.1	0.1	0.1
31	总部费用	2.0	1.0	—
合计		**100.0**	**100.0**	**100.0**

设计人工时分配比例　　**表 4-5**

序号	专业	设计人工时范围
1	工艺	7.5%～10.8%
2	配管	30.0%～39.0%
3	自控仪表	9.0%～10.7%
4	电气(含电信)	7.5%～9.2%
5	设备	7.5%～8.9%
6	建筑	2.0%～3.0%
7	土建与结构	9.5%～12.0%
8	其他	6.5%～10.1%
9	设计管理	11.0%～13.0%
合计		**100.0%**

(三)按资源投入计划估算设计人工时数

根据工程设计工作量大小和项目进度计划要求，编制总部与现场的设计资源投入计划，据此计算各专业设计人月数，然后分别根据总部与现场设计人员的周工作时间和加班时间，汇总得到总的总部与现场专业设计人工时数。一般情况下，在工程费用估算阶段，每人每年总部按 2000 工时、现场按 2400 工时核算人工时数。

(四)以某项人工时为基数估算设计人工时数

任何项目组织的各种人工时投入都有一定的规律可循，即各种人工时数存在一定的比例关系，通常项目管理服务与设计人工时都可按施工劳动力工时的某一比例进行估算，如设计专业服务人工时按施工劳动力工时的8%～15%计算。

第三节　项目管理服务与设计人工时价格

一、项目管理服务与设计人工时价格构成

项目管理服务与设计人工时费用全口径统计的组成如表4-6所示。其中，EPC项目现场的项目管理服务与设计人工时价格通常仅包括人员的基本工资与奖金、津贴与福利以及法定劳动力附加费(如税费和社会保险等)等与工资直接相关的费用，总部的项目管理服务与设计人工时价格还可包括项目执行期间的差旅交通费(不包括动遣与休假的差旅)、办公设施费、办公费、IT硬件设施及软件费、网络通讯费等管理费用的分摊，除此之外发生的其他费用通常分别计入EPC项目现场临时设施与运营费、总部管理费、税费等相应费用项。单纯的设计合同或项目管理合同(如PMC：Project Management Contractor)除正常的人工时费用外，还应包括办公设施费、办公费、差旅交通费、IT硬件与软件费、网络通讯费等项目其他管理分摊费用，以及企业管理费、利润与税费，合同人工时价格是费用全口径统计的综合人工时价格等。

项目管理服务与设计人工时全费用内容构成　　表4-6

序号	费用名称	说　明
一	**人工费**	设计、项目管理服务人员的人工费
1	工资与奖金	基本工资、奖金
2	津贴与福利	如工作津贴、技术津贴、住房补贴、物价补贴等各类津贴，劳动保护费(如工作服、手套等基本劳动保护用品，卫生保健费和防暑降温费等)以及福利等
3	法定劳动力附加费	如养老保险、医疗保险、失业保险、工伤保险、生育保险，住房公积金和年金，包括由企业或个人缴纳的费用
二	**管理费分摊**	适用于EPC项目的总部设计与项目管理，以及单独的设计或项目管理服务合同
1	办公设施费	在总部的项目办公设施折旧费或租用费用，计算机、打印机等办公设备，绘图仪，办公桌椅、会议桌、沙发、空调、计算机及网络等设施的分摊费用以及维修维护
2	标准软件费	包括计算机操作系统、Office等应用软件，专用软件(如Aspen Plus+，PDS，PDMS，EDSA，HYSYS，P3，……)，以及各类标准规范购置费
3	办公费	办公用的文具、纸张、印刷、邮电通讯(含IT网络)费、书报、会议费、水电、饮水等
4	差旅交通费	交通费，因公出差、住勤补助费，项目部使用的交通工具及其油料、燃料、养路费及牌照费，以及必要的护照、签证等费用
三	**企业管理费与利税**	适用于单独的设计或项目管理服务合同；在上述两项费用基础上增加
1	企业管理费	包括企业非项目组人员的工资与奖金，固定资产使用费，工具用具使用费，办公费、会议费，差旅交通费(职工因工出差、调动工作的差旅费、住勤补助费，市内交通费和误餐补助费，职工探亲路费，劳动力招募费，职工离退休、退职一次性路费，工伤人员就医路费，管理部门使用的交通工具的油料、燃料、养路费及牌照费等)，出国费，财产保险费、财务费用，税金(企业按规定缴纳的房产税、车船使用税、土地使用税、印花税等)，规费(包括五险一金、工程排污费等)，企业其他费用(如技术转让费、技术开发费、业务招待费、绿化费、广告宣传费、公证费、法律顾问费、审计费、咨询费、员工培训费、标准规范费等)
2	利润	企业承接该设计或项目管理服务业务所应获得的经营成果，即服务收入扣除成本费用和税金后的余额
3	税费	税及其附加，按各个国家规定应缴纳的税费(如营业税、增值税等)计算

二、项目管理服务与设计人工时价格的确定

根据项目执行计划中的人力资源投入计划统计计算项目管理服务与设计人工时价格，首先应确定项目组织机构中设置的各专业、职位/岗位的人工时价格，然后分别将该岗位人力资源投入计划中总部与现场的人工时数比重作为权重，经加权平均后分别得出总部与现场的人工时价格。

【例 4-1】 某境外工程项目管理人员的资源投入计划及相应岗位的人工时价格如表 4-7 所示，试分别计算该项目管理人员在总部及现场工作的综合人工时价格。假定该项目工期为 26 个月，其中基础设计和详细设计 14 个月，施工 12 个月，项目管理人员在总部的年均人工时数为 2000 人工时，现场的月均人工时数为 200 人工时。

项目管理人员资源投入计划与岗位工资　　表 4-7

序号	职位/岗位	资源投入计划(人月)		岗位工资(美元/工时)	
		总部工作	现场工作	总部工作	现场工作
1	项目主任	16	10	75.00	105.00
2	项目副主任	14	12	60.00	85.00
3	设计经理	16	10	55.00	75.00
4	采购经理	16	10	50.00	68.00
5	质量经理	14	12	50.00	68.00
6	安全经理	14	12	50.00	68.00
7	控制经理	14	12	50.00	68.00
8	项目工程师	84	72	35.00	50.00
9	文档控制	28	24	30.00	45.00
10	进度控制	13	13	35.00	50.00
11	费用控制	21	5	35.00	50.00
12	材料控制	14	12	35.00	50.00
13	财会人员	36	16	20.00	35.00
14	行政管理员	34	18	15.00	25.00
15	项目秘书	20	6	12.00	20.00

解： 根据假设条件，按表 4-7 中的人月数分别计算总部与现场的项目管理服务人工时数，并乘以相应的人工时价格，得到项目管理服务的总工时数为 10.78 万人工时(MH：Man-hours)，其中总部和现场的项目管理服务人工时数分别为 5.90 万 MH、4.88 万 MH，相应的人工时费用分别为 212.52 万美元和 265.16 万美元，则项目管理服务总的人工时费用为 477.68 万美元，详见表 4-8。

项目管理综合人工时价格计算　　表 4-8

序号	职务/岗位	服务人月数			折合人工时数			人工时价格(US$/MH)		人工时费用(万美元)		
		小计	总部	现场	小计	总部	现场	总部	现场	小计	总部	现场
1	项目主任	26	16	10	4667	2667	2000	75.00	105.00	41.00	20.00	21.00
2	项目副主任	26	14	12	4733	2333	2400	60.00	85.00	34.40	14.00	20.40

续表

序号	职务/岗位	服务人月数			折合人工时数			人工时价格（US$/MH）		人工时费用（万美元）		
		小计	总部	现场	小计	总部	现场	总部	现场	小计	总部	现场
3	设计经理	26	16	10	4667	2667	2000	55.00	75.00	29.67	14.67	15.00
4	采购经理	26	16	10	4667	2667	2000	50.00	68.00	26.94	13.34	13.60
5	质量经理	26	14	12	4733	2333	2400	50.00	68.00	27.99	11.67	16.32
6	安全经理	26	14	12	4733	2333	2400	50.00	68.00	27.99	11.67	16.32
7	控制经理	26	14	12	4733	2333	2400	50.00	68.00	27.99	11.67	16.32
8	项目工程师	156	84	72	28400	14000	14400	35.00	50.00	121.00	49.00	72.00
9	文档控制	52	28	24	9467	4667	4800	30.00	45.00	35.60	14.00	21.60
10	进度控制	26	13	13	4767	2167	2600	35.00	50.00	20.58	7.58	13.00
11	费用控制	26	21	5	4500	3500	1000	35.00	50.00	17.25	12.25	5.00
12	材料控制	26	14	12	4733	2333	2400	35.00	50.00	20.17	8.17	12.00
13	财会人员	52	36	16	9200	6000	3200	20.00	35.00	23.20	12.00	11.20
14	行政管理员	52	34	18	9267	5667	3600	15.00	25.00	17.50	8.50	9.00
15	项目秘书	26	20	6	4533	3333	1200	12.00	20.00	6.40	4.00	2.40
	小计	**598**	**354**	**244**	**107800**	**59000**	**48800**	**折 36.02**	**折 54.34**	**477.68**	**212.52**	**265.16**

由此可得：

总部的项目管理服务综合人工时价格为：

212.52 万美元÷5.90 万工时≈36.02 美元/工时

现场的项目管理服务综合人工时价格为：

265.16 万美元÷4.88 万工时≈54.34 美元/工时

整个项目管理服务综合人工时价格为：

477.68 万美元÷10.78 万工时≈44.31 美元/工时。

大多数情况下，项目管理服务与设计人工时价格不是按劳动力资源投入计划的各专业、职位/岗位设置进行详细估算。因此，项目管理与控制（含设计、采购、施工管理）、工程设计等管理与服务的人工时价格基本上均按以往项目的历史经验，结合市场竞争情况直接确定总部与现场的服务综合人工时价格。正常情况下，项目管理与控制、采购管理、施工管理、工程设计等综合人工时价格可按表 4-9 取定。

项目管理服务与设计人工时综合价格　　表 4-9

序号	管理与服务工时类别	总部(美元/工时)	现场(美元/工时)	备注
1	项目管理与控制	35.00～60.00	40.00～80.00	含设计、采购、施工管理
(1)	采购管理	30.00～50.00	35.00～70.00	
(2)	施工管理	20.00～40.00	25.00～45.00	
2	工程设计	30.00～55.00	40.00～80.00	

对于单独的设计服务合同，其综合人工时价格的估算，通常先计算在中国境内的企业

总部工作期间的人工费用(含正常的加班与节假日费用)、管理费分摊、固定资产折旧、各种税费等正常成本费用，同时再适当考虑企业的利润，然后根据市场价格水平和竞争性确定综合人工时价格。现场设计代表的服务人工时价格则参考项目所在国的国别(地域)价格差异，在总部工作人工时价格水平上再增加某一幅度值而确定。

【例 4-2】 某中国工程公司现有专业设计人员共计 800 人，为满足企业正常运行，每年必须完成设计收费 2.5 亿元人民币，请问该工程公司的设计人工时综合成本价为多少？假设每人每年工作时间为 2000 人工时，汇率按 1 美元＝6.40 元人民币。

解： 设计人工时平均成本价格可按该工程公司需完成的年最低设计收费额除以年总设计人工时数估算。根据所给条件可知，该工程公司的年设计总人工时数为：

800 人×2000 人工时/人年＝160 万人工时/年

推算该企业的设计综合人工时成本价为：

2.5 亿元人民币/年÷160 万人工时/年＝156.25 元人民币/人工时≈24.41 美元/人工时

一般来说，中国工程公司投标境外 EPC 项目时，其在总部(指中国境内完成的设计工作)的详细设计工时价格大多取值在 30～55 美元/人工时，在中国境外约取值在 40～80 美元/人工时之间；而欧美等国家的工程公司的设计人工时价格大多在 100～170 美元/人工时之间。

第四节　项目管理服务与设计费估算

一、项目管理服务费估算方法

工程项目管理服务费的估算，较为常见的有以下 2 种：

(1) 按工程费用的某一百分比计取；

(2) 按项目管理服务人工时计算费用。

若项目管理服务费按第一种——工程费用的一定比例计取，则该比例通常约为 5%～9%；若按第二种资源投入计划的项目管理服务人工时数，则根据实际情况按表 4-9 酌情确定综合人工时价格，或分别根据资源投入计划统计各职位/岗位的管理人工时数，最后将总部与现场的管理人工时数乘以相应的人工时价格后求和，即可得到总的项目管理服务人工时费。

二、设计费估算方法

工程项目设计费的估算，与项目管理服务费估算相同，主要也有以下 2 种：

(1) 按工程费用的某一百分比计取；

(2) 按设计人工时计算费用。

第一种设计费估算方法主要根据不同工程项目类型所积累的设计费与工程总费用的经验比例来估计，但估算前首先要弄清楚设计服务的范围，如包括 FEED/基础设计，还是仅仅为详细设计等。如从 FEED/基础设计开始的 EPC 总承包项目，则可按工程总费用的

4%～8%计算工程设计费。一般来说，FEED/基础设计费占总工程设计费的比例约为40%～45%。

对于第二种估算方法，关键是先要计算出设计服务所需的总部与现场设计人工时数，然后按投入的设计服务人工时数乘以设计人工时价格即可得到总的设计服务人工时费用。

第五章　设备费估算

在工程费用估算中，设备费的确定非常重要，且要尽可能确保设备费估算的精度，尤其是采用设备系数法估算工程总费用。由于设备费是工程费用估算的基础，并且设备费约占工程总费用的20%～35%，因此设备费估算引起的差错，往往会造成工程总费用放大3～5倍；而对于EPC项目的投标报价，通常也会将设备费占整个EPC项目商务报价的比例，作为评判商务报价合理性的主要准则之一。

第一节　设　备　清　单

一、设备清单

估算设备费时需要按照费用(工作)分解结构要求编制供费用估算用的设备清单。

(一) 工艺设备规格书的编制

工艺装置中，主要工艺设备包括塔、反应器、容器、换热器、储罐、空冷器、泵、压缩机、风机、工业炉、特殊设备、杂项设备等。为满足工艺设备费用估算的需要，设计专业工程师需根据工艺流程图以及物料与能量平衡的要求计算确定工艺设备的设计参数，并根据以下原则设计：(1)设计时尽可能选用市场上能采购到的常规设备，对于特殊设计的设备和相关偏差需加文字说明；(2)设备备用应能满足计划维护外90%可用性的要求，除非以往经验或系统设计研究表明其他备用设备标准适用于该工艺。将所有主要设备汇总在一起编制成工艺设备清单或工艺设备规格书，工艺设备清单或工艺设备规格书中设计参数列项可参照表5-1，各类工艺设备的设计参数需达到该设备清单的详细程度，其中非标设备在详细费用估算阶段应提供金属重量，但在概念性费用估算阶段可以不提供。

工艺设备清单样例　　**表5-1**

序号	设备名称	主要参数	单位	数量	单重(t)	总重(t)	备注
1	胺再生器	材质： 规格：ϕ5800mm×25620mm 操作压力：0.35MPa 操作温度：127℃	台	2			
2	胺分离罐	材质： 规格：ϕ3660mm×5030mm 操作压力：1.24MPa 操作温度：49℃	台	2			
3	胺闪蒸罐	材质： 规格：ϕ3000mm×9150mm 操作压力：0.42MPa 操作温度：65℃	台	2			

续表

序号	设备名称	主要参数	单位	数量	单重(t)	总重(t)	备注
4	再生器回流罐	材质： 规格：ϕ2750mm×3350mm 操作压力：0.35MPa 操作温度：38℃	台	2			
5	胺贮槽	材质： 规格：ϕ2440mm×2440mm 操作压力：0.1MPa 操作温度：71℃	台	2			
6	贫胺泵	类型：离心式 材料： 流量：335m^3/h 驱动：电动 功率：240kW	台	3			共3台，其中1台备用
7	胺过滤泵	类型：离心式 材料： 流量：140m^3/h 驱动：电动 功率：18kW	台	2			

（二）非工艺设备

非工艺设备主要有以下几种：移动设备(叉车、装载机、铲车、挖掘机等)、机车车辆(有轨机车、有轨电车等)、起重设备(起重机、电梯)、载人车辆(小型客车、厢式货车、大型客车等)、维修设备(平床、升降梯等)、应急车辆(消防车、泡沫车、救护车等)、实验室设备、补给船等。通常，HVAC设备、消防和安全设备(灭火器、消防软管等)、电气、电信、自控仪表设备应作为大宗材料计入相应专业的大宗材料费。

区分非工艺设备与永久设施运转期间使用的工艺设备，主要是该类设备与工艺流程没有任何关系，其配备内容和数量虽有一定的标准，但大多数情况下需按业主的要求确定，故需将其与工艺设备相区别。

二、裕量

费用估算中通常包括裕量，以弥补那些与项目范围有关的可预见的但不可定义的费用。裕量主要在确定性或详细费用估算编制阶段使用，在确定性费用估算中，也有可能由于项目定义程度的限制，部分费用估算不能明确。有时候，量化并估算项目各个小物品的费用并不具有成本效益，对此，可在估算中将这些物品费用计入裕量。

在设计初期，设备选型尺寸往往按照设备的正常工况进行选择。但是，在实际发出订单时，设备规格中已经包含一定比例的裕度。裕量视设备类型以及各企业内部流程和规定的不同而不同。在设备定价前，向工艺工程师核实设备规格，以确定是否需要根据初期设备清单所列设备的裕量加上预留金。

机械设备的设计裕量通常用于应对在下达设备订单后出现的后续设计开发费用。在进行详细费用估算时，通常可以从供应商报价中了解设备的采购费用。但是，对于专业机械设备来说，供应商的报价往往不是最终支付的费用，这些报价说不定在什么时候会增加或怎么增加，但通常可以根据以往的项目经验预测到报价会增加。在下达订单购买专业设备后，后续设计活动还可能会缩小设备报价的误差，如提高涂层质量要求，变更设备的金属用材等等。这些预计的额外费用通常作为机械设备的设计裕量(或设备开发裕量)计入费用估算。上述裕量通常会占机械设备总费用一定比例，如2%～5%。

设备的设计裕量可按照规定并结合各专业的专家、项目执行和采购人员的指导意见确定。

每个项目几乎都有可能发生设备在运输途中受损的情况。通常情况下，如果在设备运至工作现场后检查发现设备损坏并迅速进行处理，那么就可以通过保险理赔弥补损失；而对于保险不承保的损失，则要用运输损失裕量来弥补。应根据项目条件、材料交付情况和处理流程，以及运输的材料和设备类型确定运输损失裕量。

估算裕量取决于多种因素。对于概念性估算(例如：能力指数估算法)来说，可能不需要计算裕量，因为估算方法本身已经涵盖了项目的所有范围和费用。裕量所占费用比例随着项目定义日趋完整而慢慢减少。具体裕量及其数额通常由各企业根据具体费用估算流程和经验来确定。

第二节　确定设备价格

要确定设备价格，首先是要明确设备费的计价范围以及设备的交付方式。

设备费应要求单独列明其所包括的试车和开车期间的备品备件、设备运输和供应商代表现场服务费用，或其附带的管道、配件、梯子平台等费用；若设备需在现场组焊或组装的，则应简要说明到货状态；对于设备需要在现场或现场外的其他地方组装以及其他类似问题(如设备绝热、衬里砌筑材料不是由供应商供货)，也应予以明确说明。

设备费的估算，至少应提供以下一些数据信息：(1)工艺流程图；(2)设备清单；(3)设备规格数据表。设备清单的编制应能满足投标报价的需要。

设备费的近似价格可采用预算价、制造厂商或代理商报价、企业内部数据库比对或内部定价，或采用其他方法确定，具体取决于估算的精度要求和工程进展情况。其中，需包括招标过程中的一些内容或要求，如：投标人最少数量、报价的评估方法、外币兑换汇率和投标有效期等，以及计划的驻厂监造、检查、试验和相关差旅条件要求。

一、设备价格数据来源

设备费估算过程主要有两方面：程序和费用数据库。

设备费用数据是设备费估算的基础，应了解以下数据内容：

(1) 数据来源；

(2) 数据日期；

(3) 数据依据；

(4) 费用数据潜在的误差；

(5) 费用数据适用的范围。

通常，设备价格可以通过以下方式和途径得到：

(1) 代理商或经销商报价；

(2) 制造厂商报价；

(3) 公开发布的设备价格数据；

(4) 以前项目上使用的该设备价格；

(5) 利用其他相似的设备，按其能力放大；

(6) 按类似美国海湾标准的成本-规格曲线及成本指数计算。

其中，设备估算数据主要来源有三种：供应商报价、公开的文献资料和计算机估算软件。目前，市场上有大量文献资料和众多计算机估算软件出售。此外，计算机估算软件对于估算过程规范化起到了重要的作用，因为软件开发商提供相应的估算程序及相应的数据库，且定期对费用数据库进行更新。

(一) 供应商报价

设备费用数据最明显的来源是供应商报价。通常通过向供应商发询价文件，以获得准确、有效的报价，但有时也可致电供应商获取大概的设备报价。因此，企业持有一份供应商档案至关重要，以下为按产品种类列举供应商地址和电话号码的两本年刊：(1)《托马斯名录》(Thomas Register)，这是一套根据商标和产品种类按字母表顺序列举供应商的书籍；(2)《化工设备采购指南》(Chemical Engineering Equipment Buyers' Guide)，它由《化学工程》杂志公布。

向供应商进行设备费的询价，准备询价文件至关重要。供应商的询价文件通常分为两部分：询价技术文件和商务文件。

技术文件即请购文件，在与分/承包方的合同中称为询价技术文件。询价技术文件，包括设备材料规格书、数据表、设备图纸，以及其他有关的资料文件。

商务文件是指由采购部门编制的商务类文件。询价商务文件至少应包括(但不限于)下述文件的一部分或全部内容：

(1) 询价函；

(2) 报价须知；

(3) 项目采购基本条件；

(4) 设备、材料包装、运输要求；

(5) 报价回函；

(6) 由报价方填写的报价文件包(空白)；

(7) 其他商务文件。

询价文件中，所询的每台设备位号以及设备名称应与工艺设备表、设备数据表、P&ID 等相一致。

(二) 公开发布的设备价格数据

设备价格数据有许多外部来源，最常见的来源有：

(1) "Richardson Engineering Services"(《理查森工程服务》)：由四卷组成，包括工艺设备成本、施工成本、劳动力、材料、外部工程等，各卷内容会进行季度更新，每年度修订。某些主要设备尺寸的限制可能会造成使用上的问题，然而数据可按预期进行更新而不需直接询价。

(2)“Conceptual Cost Estimating manual”《概念费用估算手册》：该书由美国海湾出版社出版，提供了大量主要设备和材料方面的成本-规格曲线，以及其他项目成本信息。

(3) Guthrie(格思里)：Guthrie已发行了大量与流程工业投资费用估算有关的资料，以某类设备采购成本为基础，提供材料、压力等各种调整因素，以获得大宗材料、劳动力和间接因素的价格，最后得出该类设备的安装设备总成本。

(4) PDQ$：是一个分时计算机系统，需要通过网络来访问其数据库，可快速获取多类主要设备价格。

(5) Questimate(奎斯特麦特)：这是Icarus(伊卡洛斯)公司推出的以个人计算机为基础的估算程序，用来估算设备价格以及石化行业项目总成本，只需从Questimate中获取少量信息来确定设备价格。

(三) 利用类似项目设备的历史价格数据

如果企业有类似项目上采用过相同或相近规格设备的历史价格数据，则可用于该设备费用估算时参考。若使用历史项目的采购价格信息，则估算时需要根据项目选址和市场情况，适当地调整设备价格。

(四) 利用其他相似设备，按比例系数放大

若没有相同或相近规格设备的历史价格数据，但有相似设备的价格信息，则可以根据给定规格依比例确定其他规格的相关成本。通常可从上述来源获取主要设备的比例系数。此外，还可从以下两种来源找到比例系数，以及对比例系数使用情况的相关论述：由R. H. Perry和C. H. Chilton编辑的《化学工程师手册》(Chemical Engineers' Handbook)，以及由M. S. Peters和K. D. Timmerhouse编辑的《化学工程师工厂设计和经济学》(Plant Design and Economics for Chemical Engineers)。

使用比例系数时，应注意以下几点：

(1) 成本-生产能力数据在有限范围内(如10倍)相对合理准确；

(2) 许多设备均按离散尺寸进行生产，不是连续成系列的，设备尺寸通常按阶梯函数增加；

(3) 在规模成本中，设备和工艺流程设计均不考虑技术进步情况和“学习曲线[1]”。

(五) 设备费曲线

美国海湾出版社的概念性费用估算，提供了主要设备与材料方面的成本-规格曲线。

使用成本-规格曲线图估算设备费，主要有以下几个步骤：

(1) 按设备类型、规格，查阅设备成本-规格曲线图；

(2) 进行材质换算，例如按表5-2所示的基于碳钢设备的材质换算系数进行换算；

(3) 利用成本指数进行调整，将设备成本从基准年调整到需估算的年份。

---

[1] 学习曲线是指劳动生产力随时间的推移而增长。通常，劳动效率会随着劳动力的经验和技能水平上升而提高。有关“学习曲线”的具体内容可参考阅读“Project and Cost Engineers' Handbook, Fourth Edition”(《项目和费用工程师手册(第4版)》)第1章22-26页中的描述。

基于碳钢设备的材质换算系数　　表 5-2

材质	泵等	其他设备	材质	换热器
碳钢	1.00	1.00	碳钢壳程和管程	1.00
不锈钢 410	1.43	2.00	碳钢壳程，铝合金管程	1.25
不锈钢 304	1.70	2.80	碳钢壳程，蒙乃尔管程	2.08
不锈钢 316	1.80	2.90	碳钢壳程，304 不锈钢管程	1.67
不锈钢 310	2.00	3.33	304 不锈钢壳程和管程	2.86
橡胶内衬钢	1.43	1.25		
铜	1.54			
蒙乃尔	3.33			

注：合金钢与碳钢同价。

【例 5-1】 如压缩机的设备费用曲线图 5-1 适用于轴向(联)电机驱动的离心式气体压缩机，不包括冷却器和气液分离器；该费用的基准价为 1998 年第一季度。该曲线图的设计条件如下：碳钢材料，入口温度 68℉，入口压力 14.7/14.7/190psia，压缩比为 3：1/10：1/10：1，相对分子质量(Molecular Weight)为 29，比热比(Specific Heat Ratio)为 1.4。

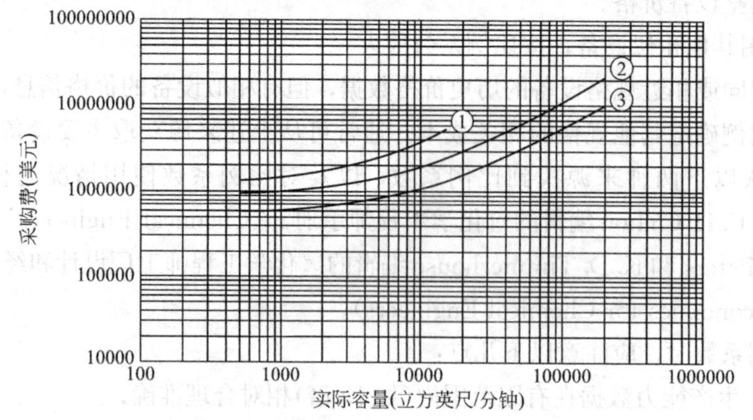

图 5-1　离心式压缩机设备费用曲线

①——9 段，排出压力 1900psia；

②——7～9 段，排出压力 150psia；

③——4 段，排出压力 50psia。

注：psia 指磅/平方英寸(绝对值)1psia＝6.8948kPa(绝压)

试利用该费用曲线图估算 2010 年时采购 8 段离心式压缩机(碳钢，10 万立方英尺/分钟，25000 马力，排出压力为 150psia)的设备费。

解： 查图 5-1 可知，该离心式压缩机在 1998 年一季度时的设备采购费为 1244.48 万美元，根据尼尔森炼油厂指数，压缩机类设备指数在 1998 年时为 1406.7，2010 年为 2030.7，则根据该指数调整，2010 年该压缩机的采购费大约为：

$$1244.48 \times (2030.7 \div 1406.7) \text{万美元} \approx 1796.52 \text{万美元}$$

注：(1) n℉＝[(n−32)×5/9]℃；

(2) 1psia＝0.0703kgf/cm^2＝0.0068948MPa。

二、物流运输及相关费用

设备材料的运输费是指制造商、供应商或代理商等提供的设备、材料制造完工并验收完毕后，按采购订单或合同规定的交货地点到施工现场或指定仓库所发生的包装、运输、保险等费用。

通常，设备从供应商运抵项目现场的运费需单独计算列项。因此，需考虑设备的运输方式及相应的运费计算方法，若涉及国际运输还应说明海运、空运或者陆路运输以及装箱费、港口费、关税、保险、清关服务费等的计算方法；对于超限设备(包括特殊模块运输设备和其他大件运输设备)，还需说明其运输方案的可行性及其价格来源，以及设备直接在基础上就位的可能性及其对运费的影响。

若分解设备、材料费的总价构成，则货物本身的采购费所占比例最大，而运输费用占第二位。大中型石化项目，其设备、材料的物流运输费约占货物总价值的10%～20%，而且每一批货物的运输周期也往往比估算时间长很多；同时，一些小箱小件，特别是管配件等，经常发生诸如规格不对、数量不足、混装错装等问题，结果造成项目进度的延误。因此，对运输工作要给予足够重视。

(一) 设备交付方式

设备材料询价时，应明确设备的交付方式。总承包商可按不同的货物交付方式进行价格的比较，从而决策采用哪种交付方式更为经济可行。

1. 国际货物交运条件

合同双方当事人之间互不了解对方国家贸易习惯的情况时常出现。这就会引起误解、争议和诉讼，从而浪费时间和费用。为了解决这些问题，国际商会(ICC)于1936年首次公布了《国际贸易术语解释通则》(International Rules for the Interpretation of Trade Terms 1936，缩写 Incoterms 1936)，以避免因各国不同解释而出现的不确定性。国际商会根据国际货物贸易的发展，适时对通则的贸易术语进行补充和修订，当前的最新版为《2010年国际贸易术语解释通则》(缩写 Incoterms® 2010，简称2010通则)，是对《2000年国际贸易术语解释通则》(缩写 Incoterms 2000，简称2000通则)的修订。

2000通则将贸易术语(共13种)根据开头字母划分为E、F、C和D组，且按卖方对买方的责任大小依次排列，具体分组情况如下：

第一组为“E”组(EXW)，指卖方仅在自己的地点为买方备妥货物；

第二组“F”组(FCA、FAS和FOB)，指卖方需将货物交至买方指定的承运人；

第三组“C”组(CFR、CIF、CPT和CIP)，指卖方须订立运输合同，但对货物灭失或损坏的风险以及装船和启运后发生意外所发生的额外费用，卖方不承担责任；

第四组“D”组(DAF、DES、DEQ、DDU和DDP)，指卖方须承担把货物交至目的地国所需的全部费用和风险。

修订后的2010通则整合为11种贸易术语，删去了2000通则中的DAF、DES、DEQ、DDU等4个术语，新增了DAT和DAP 2个术语，即用DAP取代了DAF、DES和DDU三个术语，DAT取代了DEQ，且扩展至适用于一切运输方式。2010通则贸易术语不仅适用于国际销售合同，也适用于国内销售合同。

2010通则采用“两类分类法”取代“EFCD分类”，将11种贸易术语按照所适用的运输方式划分为两大类，即适用于任何运输方式的七种(EXW、FCA、CPT、CIP、DAT、DAP、DDP)以及适用于水上运输方式的四种(FAS、FOB、CFR、CIF)。

有关国际商会贸易术语见表5-3。

国际商会贸易术语　　表5-3

序号	术语	定义	2000通则术语组别	2010通则术语类别	备注
1	EXW：EX Works	工厂交货(指定地点)	E组	适用于任何运输方式	
2	FCA：Free Carrier	货交承运人(指定地点)	F组	适用于任何运输方式	
3	FAS：Free Alongside Ship	船边交货(指定装运港)	F组	适用于水上运输方式	
4	FOB：Free on Board	船上交货(指定装运港)	F组	适用于水上运输方式	
5	CFR：Cost and Freight	成本加运费(指定目的港)	C组	适用于水上运输方式	
6	CIF：Cost, Insurance and Freight	成本、保险费加运费(指定目的港)	C组	适用于水上运输方式	
7	CPT：Carriage Paid to	运费付至(指定目的地)	C组	适用于任何运输方式	
8	CIP：Carriage and Insurance Paid to	运费、保险费付至(指定目的地)	C组	适用于任何运输方式	
9	DAF：Delivered at Frontier	边境交货(指定地点)	D组	—	用DAP取代
10	DES：Delivered EX Ship	目的港船上交货(指定目的港)	D组	—	用DAP取代
11	DEQ：Delivered EX Quay	目的港码头交货(指定目的港)	D组	—	用DAT取代
12	DDU：Delivered Duty Unpaid	未完税交货(指定目的地)	D组	—	用DAP取代
13	DAT：Delivered at Terminal	集散站交货(指定目的地或目的港)	—	适用于任何运输方式	2010通则新增术语
14	DAP：Delivered at Place	交货(指定目的地)	—	适用于任何运输方式	2010通则新增术语
15	DDP：Delivered Duty Paid	完税后交货(指定目的地)	D组	适用于任何运输方式	

注：根据经验估算，货运代理费用约为材料成本的15%～18%，其中包括了材料费的0.1563%的“海洋运输保险费”。

2. 国际货物运输方式

国际货物的运输方式主要有以下几种：

(1) 海洋运输(Ocean Transport)。海洋运输又称“国际海洋货物运输”，是国际物流中最主要的运输方式。目前，国际货物运输总量的80%以上是利用海上运输来完成的。

就EPC工程项目而言，货物的海洋运输主要有班轮运输和定程租船。

(2) 铁路运输(Rail Transport)。在国际货物运输中，铁路运输是仅次于海洋运输的主要运输方式，海洋运输的进出口货物，也大多是靠铁路运输进行货物的集中和分散。

(3) 航空运输(Air Transport)。航空运输是一种现代化的运输方式，与海洋运输、铁路运输相比，具有速度快、货运质量高、不受地面条件限制等特点，但运输成本相对较高。空运最适宜于运送急需物资、鲜活商品、精密仪器和贵重物品等。

(4) 公路、内河和邮包运输

1) 公路运输。公路运输(Road Transport)是一种现代化的运输方式，不仅可以直接运进或运出对外贸易货物，而且也是车站、港口和机场集散进出口货物的重要手段。

2) 内河运输。内河运输(Inland Water Transport)是水上运输的重要组成部分，是连接内陆腹地与沿海地区的纽带，在运输和集散进出口货物中起着重要的作用。

3）邮政运输。邮政运输（Parcel Post Transport）是一种较简便的运输方式。国际邮政运输具有国际多式联运和“门到门”运输的性质，手续简便、费用也不高，已成为国际贸易中普遍采用的运输方式之一。

（5）集装箱运输和国际多式联运

1）集装箱运输。集装箱运输（Container Transport）是指将货物装载于标准规格的集装箱内，以集装箱为运输单位进行运输，是一种现代化的、先进的运输方式，可适用于各种运输方式的单独运输和不同运输方式的联合运输。

集装箱运输，根据集装箱货物装箱数量和方式分为整箱和拼箱两种。拼箱货比整箱货在通关手续上所需时间更长，并且拼箱货比整箱货的费用更高。

2）国际多式联运。国际多式联运（International Multimodal Transport）是在集装箱运输的基础上产生和发展起来的一种综合性连贯运输方式，一般是以集装箱为媒介，把海、陆、空各种传统的单一运输方式有机地结合起来，组成一种国际间的连贯运输。

（二）物流运输及相关费用的计算

物流运输及相关费用主要包括运输费、装卸费、保管费、包装费、运输保险费、货代、关税及清关服务费等与设备材料采购直接相关的费用。

1. 物流运输及相关费用计算需考虑的主要因素

业主或承包商通常会要求制造厂商或供应商在其报价中包括运输费用，或者提供运费的选项报价。这会给提供材料或货物的一方施加许多寻找资源、协调和责任的压力。

运费不管由哪一方负责确定，其计算原则都一样，需考虑进度要求、运输距离、几何尺寸和/或重量、发票金额和商品定义等所有因素；国际运输还需考虑其他因素，如货运代理文件、关税、增值税、税则和额外运输/搬运费用。

（1）运输方式的选择

安装要求有时会决定运输模式。根据几何尺寸大小、重量和运输距离，铁路运输可能更经济，而汽车运输在其他情况下可能更具优势。一般情况下，铁路运输与公路运输这两种模式都需进行调查，除非现场情况特别明显。例如，若终点站没有通铁路，则不宜选择铁路运输。

运费估算与其他费用要素一样进行编制。需标明货物名称，列出几何尺寸和重量，记录责任、模式、等级和运输里程，并选用基于重量或里程的适当的运输费率。

对于超限件（超大或超重）的运输需要特别考虑。如果通过铁路运输，可能要求增加车厢；如果通过汽车运输，可以要求许可证或押运。运输路线也可能受桥梁荷载、净空限制、运输时间等因素的限制。最大允许荷载和路线限制情况应事先加以调查清楚。

（2）卸载要求

如大宗粒装材料（如砂子、砾石、谷物、化肥等）的发货商应与收货方协调，以决定最佳承运方式，如底部卸载或端部卸载汽运、底部卸载或旋转式卸载铁路运输等。

（3）货物重量

国际货物运输中，通常按货物的毛重（重量吨，WT：Weight Ton）或货物的体积/容积（尺码吨，MT：Measurement Ton，公制尺寸以 $1m^3$ 为 1 尺码吨，英制尺寸以 40 立方英尺为 1 尺码吨）的较大者（俗称计费吨）为单位来计收运费。

当计算组件的运输重量时，如管线和预制钢，需按工厂理论重量考虑增减公差，如：

1）因螺栓孔而减少重量，因焊制加强板或钢构件法兰而增加重量等；

2）钢材油漆件增加 0.5%的重量，镀锌件增加 3.5%的重量。

在许多情况下，要求提供过磅单以核实按单位重量开具的运费发票，以及确保荷载处于允许的规定范围内。

（4）根据货物等级和计费标准，确定基本运费费率

假设基于起始点至目的地的运输距离为 1000 英里，货物重量大于 5000 磅，其不同运输模式下的运输费率举例如表 5-4 所示，该费率不包括装卸费用。

运输费率表　　**表 5-4**

货物	运输模式	货物运费等级	费率(US$/cwt[①])
发电机组	卡车零担运输	70	17.54
	卡车	45(最少 24000 磅)	9.29
	铁路	45(最少 30000 磅)	14.68
泵	卡车零担运输	85	21.06
	卡车	45(最少 24000 磅)	9.29
	铁路	45(最少 24000 磅)	14.68
压力容器	卡车零担运输	85	21.06
	卡车	40(最少 30000 磅)	9.29
	铁路	40(最少 45000 磅)	13.03

注：① 1 美担(cwt：hundredweight)＝45.359kg。

（5）关税率

关税是一个国家对于通过其国境的货物所课征的税收。各入境国都有其自己的法规对可以入境的商品及其适用关税进行管理；同样，出境国的关税率则由产地国决定。进出口关税的计算方法是：关税税额＝完税价格×进出口关税适用税率。表 5-5 是某国家部分进口货物的关税率。

某国部分进口货物的关税税率　　**表 5-5**

序号	商品	最惠国	一般优惠	最不发达国	美国
1	蒸汽锅炉、发电机	12.50%	8.00%		免税
2	仪表				
	监测仪表	10.30%	6.50%		5.10%
	电气指示盘	10.30%	6.50%		免税
	带式记录仪	免税	免税		免税
	数据处理仪器	3.90%	免税		1.90%
3	机泵				
	混凝土输送泵	9.30%	2.50%		免税
	容积泵	9.30%	2.50%		免税
	离心泵	9.30%	2.50%		免税
4	反应器	12.50%	8.00%		免税

(6) 滞期费

滞期费是指没有在承运商规定的时间内完成装卸，造成船舶、货车或汽车运输的延误而作为损害赔偿金支付给承运商的补偿款。

2. 海运运费计算方法

由于国际货物运输总量的80％以上是利用海上运输来完成的，故在此介绍海运运费的计费方法。对于国际货物的海上运输，根据运输方式的不同，其计算方式也不同，计费方法如表5-6所示。

国际海运运输费计算方法　　表5-6

<table>
<tr><th>运费种类</th><th colspan="2">运费计算公式</th><th>杂费</th><th>其他费用</th></tr>
<tr><td>班轮运费</td><td colspan="2">运费＝基本运价×计费吨＋附加费</td><td colspan="2" rowspan="3">燃油附加费，货币贬值附加费，转船附加费，直航附加费，超重、超长和超大附加费，港口附加费，港口拥挤附加费，选港附加费，变更卸货港附加费，绕航附加费</td></tr>
<tr><td rowspan="2">集装箱运费</td><td>按件杂货收取</td><td>运费＝基本运价×计费吨＋附加费</td></tr>
<tr><td>按箱收取</td><td>运费＝包箱费率×箱数</td></tr>
<tr><td>不定期船运费</td><td colspan="2">运费＝费率×装(卸)船重量</td><td></td><td></td></tr>
<tr><td>多式联运运费</td><td colspan="2">运费＝短途发运费＋全程运费＋短途送达费</td><td>装卸费、换装包干费、货物港务费、货物保管费</td><td>中转费、服务费</td></tr>
</table>

但对于大件设备或大批量的大宗材料、设备、机具，往往采用定程租船的方式。定程租船的租金或运费，一般有2种：

(1) 按装运货物的数量计费：规定每单位重量或单位体积的运费额，按装船时或卸货时的货物重量或体积计费；

(2) 按航次包租金额计费：规定整船运费，船东保证船舶能提供的载货重量和体积，不管租方实际装多少，按整船付费。

3. 运费估算示例

运费计算的步骤，首先需确定运输模式，其次按货物的英文名称根据货物分级表查询确定该货物的运费等级和运费计算标准，然后根据货物等级和计费标准查询确定运费费率，最后查询确定货物本身所经运输线路、港口和站场的有关附加费用。货物的基本费率和附加费率之和是货物每一运费吨的单价，以该货物的计费重量吨(或尺码吨)乘以单价，即可得到运输费用。

表5-7是美国休斯敦某建设工程项目采购的部分设备和预制件的运输费计算示例。

运费估算示例　　表5-7

货物名称	尺寸(英寸)	重量(cwt)	FOB价	运输模式	运费等级	里程(英里)	费率(US$/cwt)	运费(US$)
发电机	长313×宽96×高131	74970	达拉斯	铁路	45	243	8.09	606507.30
风机		6975	堪萨斯	卡车零担运输	85	710	17.90	124852.50
机泵		2160	丹佛	卡车零担运输	85	1019	26.68	57628.80
预制钢结构		92000	休斯敦			50	3.48	320160.00
预制管段		54000	休斯敦			30	3.48	187920.00
合计								**1297068.60**

设备材料的国际货物物流运输通常均委托专业运输公司进行估算，如我国工程公司在承接EPC工程项目时，常常选用中远集运(COSCO)、中外运长航、中创物流、DHL等专业的物流公司，提供工程项目上所需运输的设备、大宗材料、半成品预制件的重量、几何尺寸大小、发运港、发运时间和目的地等有关信息的清单，由专业物流公司编制运输方案并估算物流费用。通常，超限设备需单独估算物流运输费用，其他小件设备、大宗材料等均可采用货物价值的某一比例快速估算物流费用。如在沙特的工程项目，不管具体的小型设备、大宗材料从哪个国家采购，其货物运输到项目现场的物流运输费用通常为货物FOB价的10%～12%之间(含国际运输、清关服务、关税和内陆运输)，且综合考虑了项目上紧急采购时的空运因素。但就国际EPC工程总承包项目而言，所有设备、大宗材料从制造/供应厂商到项目现场的物流费用(含大件运输、国际与内陆运费、货物运输保险、进口关税等)普遍介于货物出厂价格的15%～25%之间。

三、其他费用

(一) 备品备件

设备的备品备件一般分为以下4种：施工用备品备件、试车备品备件、开车备品备件和2年内备品备件。一般来说，施工用备品备件由供应商随设备提供，其费用已包括在相关设备费中，不需另计；试车和开车备品备件通常需要单独计算，其费用估算需按照设备供应商或装置开车团队的建议，并参照业主的要求和定义确定；而2年内备品备件是否需要包括在EPC项目的费用估算中，应按照业主的要求确定。

主要备品备件应按每台设备分别列项，备品备件的内容及数量除按业主要求确定(如业主在招标文件中的描述)外，还应能满足设备关键零部件的初期存货需要，以尽可能缩短因设备维修而造成装置停车的时间，减少经济损失，否则按EPC承包商的经验并参照设备供应商的建议确定。

各种备品备件费可采用询价、历史数据、参考数据和各专业专家讨论的方式确定。在项目前期，建议备品备件费可按装置总费用的0.5%估算。

(二) 供应商代表现场服务费

供应商代表现场服务是指根据设备采购合同规定，按要求派出工程师，指导施工单位进行现场的设备安装与调试。通常，供应商代表现场服务费按设备采购合同的约定，需明确现场服务的次数及基本的服务时间，该服务费用(包括服务人工时费和国际差旅费)包括在供应商的设备费报价中。

供应商代表现场服务费需分别按每台设备计列(或按设备位号列项)，若是一揽子设备总价，则要说明费用的计算依据。

(三) 驻厂检验(监造)

对于金额巨大或关键的设备、材料，为了确保设备、材料的质量符合采购合同的规定和要求，避免由于质量问题而影响工程进度和费用控制，应做好设备、材料制造过程中的检验或监造以及出厂前的最终检验。对于有特殊要求的设备、材料，应委托有资格能力的单位进行第三方检验。

现场检验工作可以贯穿设备制造的全过程(从原材料进货检验、加工、制造、组装、中间控制点检验和中间产品试验、强度试验、致密性试验、整体性能考核试验，直至包装、装箱)或其中的一个或几个环节。检验的方式主要有以下3种：

(1) 中间检验，由检验人员在制造商的工厂对设备、材料制造的中间质量控制点和中间产品试验进行监控的检验手段。

(2) 最终检验，由检验人员在制造商的工厂对已经完成组装的设备、材料或半成品进行综合性能检验的检验手段。

(3) 车间检验，由检验人员在制造商的工厂对设备、材料的整个制造过程进行监控的一种检验手段。

通常驻厂检验服务人工时费计入项目管理服务费，但有时由于驻厂检验、监造涉及的服务人工时较多，尤其是第三方检验费用较高的情况下，也会将该费用直接计入相关设备的采购费。

四、确定设备价格

根据估算的精度要求和工程进展情况，设备费无论是采用预算价、制造厂商或代理商报价，还是采用企业内部数据库比对或内部定价等方法确定，其费用内容必须完整，既要包括设备本身的制造费用，还要包括物流运输及保险等相关费用；是否需包括备品备件费用、关税等，应根据业主的费用估算要求确定。

第六章　大宗材料费估算

大宗材料费用估算是费用估算的重要组成部分，对项目的成败起着至关重要的作用。由于大宗材料的单位成本变化很大，即使投入较多精力，也难以确定相关费用。需要采用有效的方法来协助确定大宗材料费用。

第一节　大宗材料的构成

一、大宗材料含义

大宗材料是指按量和件数准备并安装的成品和半成品材料，这些材料可根据标准产品目录说明进行采购，批量购进后根据要求进行配送，如钢管、导管、配件以及线材等。

大宗材料的一些特点包括大面积(如屋顶板)、大量(如砂子、碎石、土壤)和超长度(如螺纹钢筋、钢管)，其主要特点是其并非专为项目而设计制造。大宗材料由行业按产品纯度或性能以及制定相关标准的组织如美国材料与试验协会(ASTM)等进行设计。大部分大宗材料均为大量生产，且通过当地制造商或经销商即可获得。

大宗材料有直接材料与辅助材料之分，这里所指的大宗材料为大中型工业加工企业所认可的直接的大宗材料，即习惯上称之为“主要材料”，该直接材料(或主要材料)为安装并构成该永久设施的一部分(如钢筋、混凝土、管道、电缆等)。有些费用估算中也会包含某些临时材料，这些临时材料会被拆除且不构成永久设施的一部分(如混凝土模板)。通常，将用于保护施工和施工工人的措施性或辅助周转性材料(如施工围护、临时钢板桩、混凝土模板、脚手架材料等)以及施工消耗材料(如砂轮片、焊接材料等)排除在大宗材料范围之外。

二、大宗材料分类

(一) 按加工程度分类

大宗材料按加工程度可分为以下3类：

(1) 原材料，指未经加工或很少加工的、处于其基本状态的材料，比如，煤、圆木、铁矿石以及砂；

(2) 预制材料，指通过基本的车间作业，如焊接、切割、钎焊、弯曲以及成型将原材料转换为最终材料形式；例如，将基本型钢预制为建筑用的结构钢，将随机长度的管子制成成品所需尺寸的管件，包括管法兰焊接，以及由碱性钢或合金钢钢板制成电缆接线盒；

(3) 设计加工材料，指已经按设计完成实质性加工，如电换能器、泵或涡轮机的材料，电气仪表设备等，并伴有定制性质的大量工程设计。

（二）按专业分类

大宗材料按专业分类，主要可分为以下10个类别。

1. 土木建筑材料

(1) 挖掘、回填和场地准备材料。场地准备工作包括因土壤改良所需的换土。该些材料包括回填用的土壤、砂子、碎石，此外基桩通常也包括在这里。

(2) 混凝土和砖石建筑。混凝土类型包括基础、结构以及非结构性混凝土(如路缘石和人行道)；混凝土包含钢筋、水泥、砂子、碎石等，此外还包含泥浆；混凝土有商品混凝土和现场搅拌混凝土之分。砖石建筑包括中空型和实心型，建筑主体由混凝土、砖和复合材料等建成。

(3) 建筑饰面。此类材料包括室内地板(如瓷砖、花岗岩、水磨石、硬木、地毯)，墙壁(如墙板、陶瓷、镶木、墙纸、玻璃)和天花板饰面材料(如吸音板、垂吊式天花板)。

(4) 防水材料。防水材料包括地上和地下防水材料。在地上防水材料中，包括建筑和结构外层，如屋顶和侧板。屋顶材料可由金属板和自然材料制成。地下防水材料限于密封构筑物和基础。包括各种应用材料和喷涂材料。

2. 钢结构

钢结构材料包括主构件，如桁架、设备钢框架、管廊架，钢构厂房的钢立柱、横梁、大梁等；次要构件有操作平台、立梯、斜梯、檩条等。此外，还有支承管道的钢结构，可在现场补足。

3. 管道、给水排水及采暖通风

(1) 管道系统：用于液体、半液体和流体化干物料的输送。

管道：用各种材料如钢铁、合金、铝、铜和合成材料等制成管状的材料。

管配件：在管道系统中起联结、控制、变向、分流、密封、支撑等作用的零部件的统称，如弯头、异径管、三通、管帽、法兰、垫片、紧固螺栓等。

阀门：控制物料流过给定管道系统的装置。

(2) 给水排水系统，包括工厂与建筑物内的给水与排水管道系统。

(3) 采暖通风：如暖通空调设备、空调调节阀、风管、风口等。

4. 电气

电气类材料包括将电力配送至耗电设备或装置的设备材料(但发电设备除外)，有些费用估算中还包括中间配电(如变电站)设备。电气材料始终包括：电线和电缆、导线管和配件、电缆桥架、接线板、保护管和管件、照明设备、接线盒、电伴热；通常也将变压器、电动机控制中心、开关设备和电路板、接地故障保护、断路器、电动机启动器等电气设备纳入电气大宗材料的范畴。

5. 电信

电信材料指广播对讲系统、通讯系统、信息网络、电视等系统、设施中使用的设备或材料。包括基站、铁塔、电话系统、网络终端设备、扩音对讲机、扬声器、路由器、局域网交换机，以及电缆、光缆、线槽等。

6. 仪表

仪表类大宗材料包括传感元件、传输装置和控制装置，此外还包括安全阀以及消防安全传感设备和控制设备。仪表专业的大宗材料可分为两个部分：第一部分为现场仪表，即可就地读出和显示压力(P)、温度(T)、流量(F)或液位高度(L)；第二部分为将 P、T、F、L 信号传输到监测与控制系统，可通过控制阀控制相关参数。

7. 绝热

此类材料包括用于保温或保冷以及保护人员以防被灼热表面伤害的材料，包括墙壁、屋顶和基础用的绝热材料。绝热在非建筑工程中主要应用于管道和设备，管道绝热用的普通保温和保冷材料包括矿棉、硅酸钙、聚氨酯和泡沫玻璃等绝热体，以及铝合金薄板、镀锌铁皮等外保护层。

8. 防腐

此类材料包括用于建筑物外部防腐蚀、建筑物防潮和装饰、金属管防腐蚀、塑料管防紫外线、设备防腐蚀和化学保护、槽罐防腐蚀和化学保护等，以保护和维护建筑物或设备、管道和钢结构。

9. 防火

此类材料是指某种具有防火特性基质的合成材料，或本身具有耐高温、耐热、阻燃特性的材料。常用的防火材料包括防火板、防火门、防火卷帘、防火玻璃、防火涂料、防火混凝土、防火堵料等材料。

10. 衬里砌筑

此类材料包括工业炉、烟风道等结构内部用于隔热、耐火或耐酸的材料，如(隔热)耐火砖、不定型耐火材料、耐火泥浆、耐火纤维、耐酸瓷砖等。

对于一般由施工分包商安装的特殊项目材料，如建筑消防和景观美化工程，应分别归入上述相应专业材料费中。

第二节　大宗材料数量

一、大宗材料数量的统计

AACE 将“清单”定义为从设计图纸中测量和列出所需材料的工程量，以确定其在估算中的供应和安装成本，并作为材料采购的依据。

大宗材料数量需按统计量加一定幅度的设计裕量和施工损耗裕量确定。大宗材料的统计方法有：详细的材料统计表、设计草图、标准详图、计算机模拟统计或系数法等。若是通过供应厂商、专业专家和项目实施人员途径获得的数据，则应予以说明；预计可从计算机三维模型中获得数量，则应按照各材料的列项方法和统计口径提供。制订大宗材料数量的详细统计方法时，应重点考虑以下几方面内容：

(1) 土方和现场准备工作。参考可用的岩土数据、地形图或摄影测绘图等，弄清是否需要进行树木、杂草和表土层清理，以及一般开挖回填至现场正常标高；开挖和回填量可根据标准基础详图、地下管沟草图或者其他方法计算，考虑永久性围墙、标牌和绿化的工程量以及道路、铁路和海上工程的工程量如何计算。

(2) 打桩。说明如何确定各类型桩的工程量，如钻孔灌注桩可按桩的直径和深度计算，包括钢筋、混凝土或水泥、砂石、碎石等工程量。

(3) 混凝土。参考现有的标准混凝土基础设计方案，说明如何计算现浇混凝土模板、骨料、钢筋、地脚螺栓及其他预埋件，以及固化剂、水泥灌浆等的数量；明确预制混凝土是采购商品混凝土还是现场搅拌；模板可重复利用，但其费用是在混凝土材料费中计算还是在施工费中计取。

(4) 建筑物：按在IFD(Issue for Design)版次的平面布置图上标注的设备布置/尺寸选用长、宽、高尺寸及层数，明确各建筑物以及单层或多个楼层内需提供家具的范围。建筑物可按工艺、电气、维修车间、仓库、贮存或行政管理等功能分类。

(5) 钢结构。模块化装配与现场制作安装工程量应分开，还需说明材料统计表是否要按照轻型、中型和重型分类，以及管型管道支承架是纳入管道还是钢结构的工程量中。

(6) 管道。定义小口径管道和大口径(如大于*DN*50)管道的尺寸，以及当管道横跨多个工艺装置时，工程量的计算界面(如：第一道阀门后的下游，或严格按界区坐标等)，参考规范、P&ID图、平面布置图和路径确定长度；明确蒸汽伴热管长度不包括给水管/回流管和集合管；提供用于确定蒸汽伴热管、小口径管道、管托和支吊架工程量的计算系数。

(7) 电气。明确预期用电设备负荷清单、单线图和区域分类。若仪表电缆计入电气专业，则可按I/O点数、仪表台件数和线路走向确定仪表电缆的长度，具体可参考电线/电缆规格书，明确量化终端接线盒假定位置。电伴热规范应该规定设备和管道(按照管道规格尺寸)如何影响伴热类型、路径以及控制器。

(8) 仪表。识别仪表台件、控制系统、盘柜等统计使用的P&ID图版次，说明P&ID图显示的哪些项目属于制造厂商设备包供应的仪表计价范围，以及属于制造厂商设备包仪表的配线或管路的范围。若由制造厂商供货，说明是按“包”整装交货(现场仅需进行试验和调校工作)，还是由制造厂商散件供货装运、承包商负责安装，以及从撬装设备到控制点或接线箱的连接工作。说明安装备件和控制系统备用卡插槽裕量的依据。控制系统的规模根据I/O点数或制造厂商的要求确定。

(9) 防腐。说明如何确定设备、管道、钢结构的现场刷油工作量及其补漆量，如补漆量根据历史经验数据按总防腐面积的某一比例(如5%)计取。

(10) 防火。说明钢结构或塔裙座是否需要防火，以及防火是在现场还是制造厂商车间实施，概述现场防火施工如何计量。

(11) 绝热。参考技术规范，描述设备和管道系统绝热采用的材料和结构形式，如毯子、成型绝热材料、外保护层材料、可拆卸式保温结构、阀门保温箱、法兰保温箱等。

(12) 衬里砌筑。明确哪些衬里砌筑工作量是由制造厂商在工厂装配时完成的。参考设计图纸和技术规范，描述设备、烟风道衬里砌筑采用的材料和结构形式。

二、大宗材料统计裕量

大宗材料统计设计裕量是基于已知的但不确定的数量估算，对于每种材料，需要说明按工程定义等级预计的设计裕量和使用方法计算数量。各种材料的设计裕量(按基数的百分比)尽可能罗列在一张表上，便于快速查阅。如表6-1提供的是大宗材料设计与施工裕量示例。

施工损耗裕量，包括大宗材料从现场仓库领出到完成合格产品过程中的运输损失，以及施工(预制)过程中不可避免的加工损失等，该合理的损耗量通常应计入大宗材料耗用总量，而不在大宗材料单价中考虑；但若施工分/承包商按给定的大宗材料清单计算价格，则应将施工损耗裕量在大宗材料单价中综合考虑。施工(或预制)损耗裕量通常按照大宗材料种类结合专家讨论意见和历史数据测算。为方便查阅，将施工损耗裕量与设计裕量放在同一张表中，如表 6-1 所示。

设计与施工材料裕量　　　　**表 6-1**

材料名称	设计材料表裕量	施工损耗裕量
土方工程	10%	12%
现场工作	12%	10%
钻孔灌注桩	5%	7%
板桩	3%	1%
混凝土	7%	10%
预制钢结构	8%	10%
钢结构模块	8%~10%	15%
可拼装式钢结构构架	5%~10%	12%
建筑物	6%~10%	8%
设备	5%	0%
管道预制	5%~10%	10%
管道模块	5%~10%	10%
可拼装式管道构架	5%~10%	10%
蒸汽伴热管	15%	8%
电气设备	5%	0%
电气桥架、保护管	10%~20%	10%
电线、电缆	10%~20%	15%
电伴热	15%~30%	5%~20%
仪表控制阀	5%~15%	0%
仪表盘柜	5%~10%	0%
仪表管路	10%~30%	10%
仪表台件	5%~15%	0%
管道绝热	10%~30%	10%
设备绝热	5%~15%	10%
设备、钢结构防火	15%~25%	5%
防腐	10%~25%	3%

第三节　大宗材料费用估算

大宗材料费用可以采用预算价格、供应商或制造厂商报价、企业内部数据库比对、内部定价或其他来源确定，大宗材料费与其供货状态有关，因此，需说明大宗材料是原材料还是以半成品预制件供应到现场；对于在现场建混凝土搅拌站、材料在现场外预制或预组装等专项问题，也一并予以说明。

若材料在现场外预制，则应说明大宗材料计划在现场外预制的数量与费用估算方法，如按重量、管道等级计算单价、制作商报单价等。若在现场外组装模块(包括管廊模块和设备模块的组装，但不包括整装设备和撬装设备)，则应说明计划在现场外组装模块的范围以及组装地点，模块是直接放在基础上就位，还是在最终就位之前先放置在一个临时中转待运区域。

一、大宗材料的采购询价

大宗材料询价时，所提供的询价文件的信息内容应完整、准确，否则无法及时获得供应商的报价或准确的价格。

询价文件应包括但不限于以下一些内容：

(1) 工程项目名称及工程地址；

(2) 材料说明，必要时辅以规格书；

(3) 预计数量，以便供应商报出批量折扣价格；

(4) 报价期限：一般比较合理的期限为 7～10d，但复杂制造工程(如要求按模块化供货)的报价可能需要更长时间；上述报价期限在时间有限的情况下最为有效、且应尽快作出合作要求的答复；

(5) 联系人与联系方式，以便对询价文件有疑问时可及时询问；

(6) 建议的合同期限及交货日期；由于尚未确定开工日期，可按施工进度计划提出建议的交货期限；

(7) 采用固定总价、固定单价合同还是采用单价可调合同；

(8) 要求按最低折扣条件执行；

(9) 大宗材料进入现场是否有限制。

供货商应尽力按照总承包商规定的提交时限提供报价，若预计不能及时提交，则应及时告知总承包商；若供货商自身也在等待相关采购信息，则应在提交报价时明确说明价格填报情况。

二、企业内部数据库

企业应建立各种大宗材料特性、质量、规格、执行标准等方面的数据库，以及相应的实际采购价格信息。应定期更新价格数据库；若不能定期更新，则保留价格清单库便无任何实际意义。对现有材料和产品情况的掌握，可使估算人员在符合规范要求的前提下考虑采用备选材料。

三、曲线估算法

曲线估算法是一种按规格与成本之间关系进行估算的一种方法，成本可以是工艺装置、工艺装置的一部分、设备或大宗材料成本。图 6-1 表示的是管道成本与泵流量(单位：m^3/h)

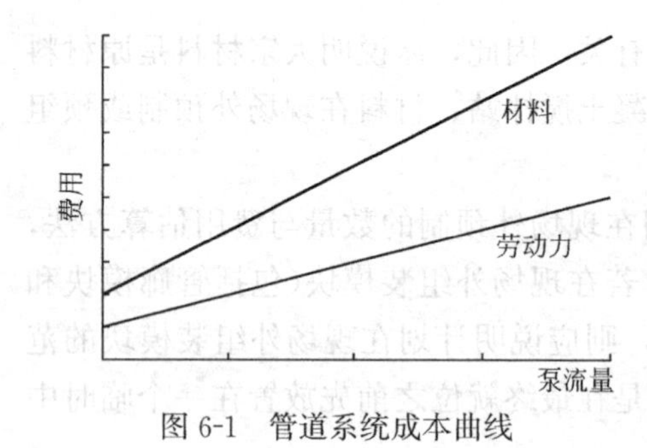

图 6-1　管道系统成本曲线

相关联的管道系统成本曲线，该曲线可由多个数据点建立，该曲线首先应确定泵设备和管道的价格基础。在此，假设单级重型离心泵，泵和管道的材料均为碳钢，则成本曲线将给出管道材料和管道劳动力的基准成本；其次，还给出劳动力的基准费率，如流程工业劳动力基准费率按美国海湾地区1994年时的直接劳动力雇用成本确定，约为每小时15美元。

若需要碳钢之外的其他大宗材料，则可将一种材料标准成本换算为另一种材料标准成本。表6-2给出了曲线的材料成本从碳钢到其他较便宜材料(如聚氯乙烯)或到其他较贵材料(如不锈钢)的材料成本与劳动力成本的换算系数。

例如，假设泵所需的管道为304不锈钢，查表6-2可知，304不锈钢的材料成本系数为2.25，即是碳钢成本的2.25倍；不锈钢的劳动力成本系数为碳钢成本的1.10倍。

材料成本与劳动力成本换算系数　　**表 6-2**

序号	材料	材料成本系数	劳动力成本系数
1	聚氯乙烯	0.85	0.90
2	碳钢	1.00	1.00
3	不锈钢(304)	2.25	1.10
4	不锈钢(316)	3.90	
5	铬镍铁合金	5.00	1.15

具体步骤如下：

第1步：按泵的流量(m^3/h)查图6-1，得到碳钢管道材料费；

第2步：按泵的流量(m^3/h)查图6-1，得到碳钢管道安装劳动力费用；

第3步：查表6-2可知，304不锈钢管道材料费用系数为2.25；

第4步：查表6-2可知，不锈钢管道安装劳动力费用系数为1.10；

第5步：不锈钢管道材料费 = 碳钢管道材料费×2.25；

第6步：不锈钢管道安装劳动力费用 = 碳钢管道安装劳动力费用×1.10。

曲线估算在项目开发初期很有用，但若与从详细设计得到的估算相比，则具有很大的误差，然而这种估算方法可实现快速估算，且仅需要最少的设计数据。如果曲线是通过综合大量信息后得出的，则也可将其考虑用于初步估算。如果是用于固定总价(LSEPC)或固定总价交钥匙LSTK(Lump-Sum Turnkey)等EPC总承包项目投标，则不宜将曲线估算结果用于报价；曲线估算可考虑用于补偿型合同或进度计划要求不严，以及拟用于总工程量清单和详细费用计算的详细设计信息情形。

四、系数估算法

系数估算法利用的是两个费用要素间建立的关系。就大宗材料费用估算而言，这两个费用要素分别为：

(1) 主要费用要素，指用作次要费用要素的费用估算基础。如设备、构筑物和设施，但更多选用的是将设备费作为估算法的主要费用要素。

(2) 大宗材料费用要素。大宗材料费用要素包括：场地准备、土方挖掘与回填、基础、钢结构、管道、电气、仪表、防腐、绝热、其他。

与曲线估算法相同的是，系数估算法需要跟踪和收集一组项目的相关数据。该方法可实现快速估算，易于理解，且相对合理准确。以下以容器和泵为例，介绍利用系数估算法的估算示例。

【例 6-1】 基于泵和容器费用的大宗材料(含安装劳动力费)系数如表 6-3 所示，假如某台泵设备价值为 1.50 万美元、容器价值 2.50 万美元，试估算与该泵和容器安装相关的大宗材料及其安装劳动力费。

基于泵和容器费用的大宗材料系数 表 6-3

序号	专业	泵	容器
1	设备(基准)	1	1
2	土方	0.25	0.15
3	混凝土	0.40	0.25
4	管道	1.10	0.75
5	仪表	0.95	0.70
6	电气	0.40	—
7	绝热	0.35	0.40
8	防腐	0.05	0.05

解： 与设备相关的大宗材料费(含安装劳动力费)＝基准设备费×大宗材料系数。

查表 6-3 可知，泵对应的配管大宗材料(含安装劳动力费)系数为 1.10，容器对应的配管大宗材料系数为 0.75，则泵、容器对应的配管系统大宗材料费分别为：

泵配管系统大宗材料费＝泵设备费×大宗材料系数＝1.50×1.10＝1.65(万美元)

容器配管系统大宗材料费＝容器设备费×大宗材料系数＝2.50×0.75＝1.88(万美元)。

其他相关的大宗材料费可按此方法估算，与该泵和容器安装相关的大宗材料(含安装劳动力费)估算结果如表 6-4 所示。

泵和容器相关的大宗材料与劳动力费 表 6-4

序号	专业	大宗材料与安装劳动力费(单位：万美元)	
		泵	容器
1	设备(基准)	1.50	2.50
2	土方	0.38	0.38
3	混凝土	0.60	0.63
4	管道	1.65	1.88
5	仪表	1.43	1.75
6	电气	0.60	0.00
7	绝热	0.53	1.00
8	防腐	0.08	0.13

五、确定大宗材料单价的注意事项

（一）应有足够的时间准备特殊材料的询价

前面介绍了关于材料单价信息的来源，大部分大宗材料均可通过这些参考资料获得。材料规格用于确定所需的确切材料，而价格参考信息必须与材料的规格相一致。对于特殊材料，估算人员需通过电话联系并获得供应商的书面报价，但特殊材料应提前确定，以便供应商有足够的时间准备报价。

（二）应定期更新估算软件价格库

有些估算软件编有相关材料的单价数据库，作为估算软件的一部分，这有助于企业能快速准备多项估算，但这些价格通常为某国家或地区范围内的平均价格，与当时地方供应商的价格可能稍有差异，故应定期对软件中的价格数据进行更新，价格更新可按季度或年度进行。

材料价格主要来自于项目投标企业或执行单位编制的请购单时，需分析请购单价格和规范计算单位，并从估算人员的使用角度进行整理汇总。有时，材料价格也可采用计算和公布的材料系数或指数。

（三）考虑影响材料价格的其他因素

估算材料费时，要尽可能获得所有材料的报价，这不仅仅是因为材料价格会出现无法预计的波动，而且由于不同的项目，其现场与供货商的距离远近各不相同，因此到不同项目现场的运输费率差异很大；同时，材料装货量也会对运输费用产生很大影响。在确定材料单位运输费率时，估算人员还应考虑以下一些因素：

(1) 检查材料是否符合规格要求。如果有更加便宜的替代材料，同时基于项目施工经验认为是一种满意的替代产品且合同管理员有可能接受时，估算人员可以考虑选择该种替代材料。例如，在大坝的预搅拌混凝土中使用水泥混合材和掺合料，运输主管部门和水利管理部门可能会批准，但是建筑工程师有时会拒绝采用这类材料。许多标准规范允许采用替代材料，但会注明如“在使用替代材料前，需得到相关专业人员的批准”这样的规定。

(2) 供货商会要求额外支付运输费用或其他小型装货费用。例如，预拌混凝土供货商会要求支付部分混凝土装载运输费用，这项费用相当大，但如果混凝土浇筑量不大时，必须考虑该项费用。

(3) 必须考虑固定尺寸产品的订购量对单价的影响。例如，某项工作仅需要 15m 聚乙烯塑料管，该种管材的报价为每米 2.35 元，但是盘管的最小长度为 30m，此时估算人员就必须考虑其他项目现场是否有可用的聚乙烯管，而这可能只需支付一定的材料保管费用；否则，就应在估算中将塑料管的价格定为每米 4.70 元(包括剩余浪费部分)。

(4) 掌握各分部分项工程单位材料的使用量。估算人员应记录好各种常用材料单位用量的换算数据。例如，每平方米半砖墙需要 60 块砖，每立方米块石填料需要 2.1t 石块，每平方米天花板乳胶漆的需要量为 0.07L。

(5) 材料卸货和场内运输费可以按单位费率单独进行计算，也可以作为现场工作项纳入施工费中，通常这两种计算方法同时采用，具体要看材料采购合同的责任划分。如对于饰面砖，砖的价格往往包括卸料的费用，而现场材料仓库(堆场)内的搬运费用(包括叉车和人员费用)包含在生产临时设施运行费中。

(6) 如果材料规范或项目合同条款要求对材料进行取样，估算人员需要确定由此产生的材料试验费用。通常，供货商会无偿提供样品，而材料试验通常由独立机构来完成，因此必须在工程量清单中明确，或作为单独项目列出，或在相应的材料安装费中考虑。

(7) 考虑材料施工与运输的损耗与浪费因素。材料净用量应该按照图纸中的尺寸进行计算，不允许有任何增加、缩减或浪费，但施工时由于需要对材料进行切割或搭接，因此应允许施工分包商有一定的材料浪费。估算人员需考虑：在现场是否制定了材料选择程序以满足规定的质量要求(如选择不同的面砖以拼成特定的图案)；材料在卸货和运输过程中是否会出现损坏；在对标准部件切割以满足现场具体尺寸要求时，设计是否会导致材料的额外浪费；现场的保安措施是否得当，能否有效控制材料失窃或恣意破坏；下一工序是否能够有效保护上一工序完成的成品，防止遭到损坏；企业是否有某种材料的施工经验；材料是否会被错用，如饰面砖用于外墙面出现数量不够时，采取何种措施才能防止在重新订购这类少量材料时出现材料质量下降。

第四节　设备材料采购策略

一、设备材料采购地资源分析

设备材料的采购，在研究分析许多总承包项目业主认可的供应商名单(Vendor List)、原产地的价格优势与资源可供应性等方面因素后，总结出如下具有采购优势的设备材料产地：

(1) 地方建材原则上在项目所在地采购，事前签订采购框架合作协议；

(2) 中国制造设备材料在交货工期保证、费用上有一定优势，但必须要获得业主的批准，按设计标准规范制造；

(3) 日本的特殊钢材最具竞争力，日本的电气与仪表也有较强的竞争力；

(4) 塔、容器等静设备在韩国或印度采购，有时费用相对中国制造还要有竞争力；

(5) 动设备、长周期设备、电气仪表设备往往宜在欧洲采购。

二、制定设备材料采购策略

采购开始前，首先需制定项目采购策略与方案，明确设备材料的询价对象、交付方式与采购合同的类型。一般来说，采用固定价格(总价)合同，采购方从一开始受到的风险最低，但要求充分定义相应的工作范围，以便让供应商和制造厂商能提供完整的报价。一旦以后的工作范围发生变化，供应商可能要求修改合同、提出变更或合同延期等，从而导致额外费用，在这种情况下，当初采取其他采购方式可能更合适。

其次，应决定货物采购使用何种技术规格。多数情况下，应使用一套完整的设计规格书进行材料的采购；在其他情况下，可使用性能要求规格书，仅对采购要求作一般性的定义。供应商或分包商需决定如何才能最好地满足采购要求。

最后，施工分包时，尽可能将地方建筑材料、管道支吊架、防腐涂料、绝热材料，以及电气仪表中的保护管、小型支架等材料交由分包商采购。这些材料要么品种规格多且杂乱，不便于管理，短缺时补充采购困难，易对施工进度产生影响；要么材料损耗量大，不易管理与控制。

三、询价(报价)澄清

要切实做好采购询价(报价)文件的澄清工作。在采购开始前期，向制造商或供应商澄清询价技术文件和商务条款，同时，明确制造商或供应商应提供的具体资料、交货时间，以及特殊设备或服务的信息资料，以确保取得符合要求、品质最佳、价格最优和工期最短的设备材料。通过先期与制造商或供应商的澄清和沟通，有利于采购进度计划实施，减少延误，解决买卖双方的问题，从而确保采购过程流畅。

第七章 施工费用估算

施工费用通常通过施工分包招标或询价确定，因此，施工费估算主要由施工分包商完成。不管是由总承包商自行估算还是施工分包商完成，施工费估算方法基本相同，只不过施工费的归类可能会稍有不同。如有的总承包商会将脚手架搭拆材料费和大型机械吊装费单列在施工间接费中，而有的则直接分解到相应专业的直接施工费中；但是无论如何，与工程施工有关的劳动力和机械设备的动员与撤离，以及施工生产与生活临时设施费一般列入施工间接费计算。

借助计算机的使用，估算人员可以很方便地对工程量进行计价。主要通过计算机程序来更改劳动力、材料、施工机械设备等资源的单价。以往，劳动力和施工机械设备的单价通常是按照“自有原则”进行计算的，即假设企业能提供足够多的劳动力资源并使用自有施工机械设备来完成某项工作。而现在，最现实的方式是采用项目所在地及周边地区的当前劳动力市场和施工机械设备租赁市场的价格。

第一节 直接施工费

直接施工费通常由施工直接劳动力费、施工消耗材料费和施工机械使用费组成。

一、直接劳动力费

直接劳动力工资费率和劳动力费用的计算方法对于估算工作的顺利完成有很大的促进作用。在费用估算中，设备材料费通常从供应商或产品定价目录中获得，而劳动力费的确定则可能是估算中最为困难的一项工作。项目直接劳动力费用确定的最基本方法是项目各专业直接劳动力投入人工时数乘以相应劳动力工资费率之和。各专业直接劳动力工时计划投入量根据参与项目直接劳动力的劳动生产效率及其劳动组合、项目的作业时间安排计算确定；劳动力工资费率根据各专业工种及其技术等级确定，有时也可参考政府机构、协会等有关组织发布的相关参考资料，但需根据项目劳动力资源组织策划调整劳动力工资费率。

（一）直接劳动力工资费率

1. 直接劳动力工资费率的组成

直接劳动力费用的估算通常包含以下三部分的内容：

（1）发放给直接劳动力的工资，包括基本工资与奖金；

（2）津贴与福利：各种津贴与补贴(如工作津贴、技术津贴、物价补贴等)，劳动保护费(如工作服、防暑降温费、卫生保健等)，以及福利费等；

（3）法定劳动力附加费：指依法由雇主支付或代扣代缴的税费以及社会保险等。

如当地劳动力资源供给无法满足项目需求，需从外地招聘劳动力，则劳动力费用中需包含劳动力招聘与遣散的旅行费、生活费补助和激励奖；若需通过加班才能满足项目进度要求，则还需要考虑增加加班及其他有关费用。有的企业将员工的餐费包括在劳动力工资费率中，这里建议餐费在生活营地运营费用中计算较为适宜。

2. 工资费率的计算

劳动力工资费率可采用下述公式进行计算：

劳动力工资费率＝雇佣一名劳动力的年费用÷年实际工时数　(7-1)

在20世纪上半期，建筑承包商按周来计算小时工资费率，这样计算虽然比较简单，但是与当前采用的方法相比缺少准确性。以年为单位对工资费率和工时进行计算的优点主要有：

(1) 将年假和公共假日包含到应支付小时费率中；

(2) 加班通常取决于一年中各季节的工作时间比，如夏季的白天时间长，允许更长的工作时间，可以安排加班。

式(7-1)只是计算工资费率的一种理论方法，其中劳动力年费用应按照劳动力费用支付记录进行定期检查更新。通常奖金的发放额会发生变化，如技术人才引进奖、半熟练劳动力工资费率的提高、即时奖金以及临时性支出等。

劳动力工资费率计算时，应重点考虑以下内容：

(1) 在本地区是否有足够的熟练劳动力资源；如果没有，是否需要提高劳动力工资或从外部招聘劳动力；

(2) 有多少招聘劳动力需要支付旅行费，关键人员是否需要额外发放生活津贴；

(3) 是否需要与当地工会组织签署协议，是否会影响工资水平；

(4) 是否需增加奖金和工资。

有些企业，通常拥有自己的劳动力资源，对各工种的劳动力工资发放有明确的规定。在计算劳动力费时，只需对工种、年工作时间以及工作地点进行修改。由于当前国际认可的工资费率并不能反映劳动力市场的价格，当熟练劳动力紧缺时，劳动力价格就会上升；当劳动力出现过剩时，劳动力价格就会下降。因此，需要通过分析并结合劳动力市场情况对劳动力工资费率进行定价。

利用计算机软件估算费用，可以在估算文件提交前的任何阶段对数据库中的劳动力相关内容进行调整，在最终审查阶段通常还会对劳动力工资费率进行总体调整。

表7-1和表7-2反映2003年4月美国当时的劳动力工资费率水平。该表计算工资费率时，依据美国当地政府有关部门制订的相关规定和要求，如美国建筑联合委员会规定：(1)生活津贴25美元/晚；(2)病假工资79.70美元/周；(3)国家强制保险，以收入89.00美元/周作为底线，超出部分按照12.8%计取。同时，增列了按规定(如美国的《国家工作细则协议》)需支付给专门设备操作人员的专业技能额外支出。

劳动力单位工资费率计算　　**表7-1**

序号	项目名称	单位	数量	备注
1	夏季时期			
(1)	周数	周	30.0	

续表

序号	项目名称	单位	数量	备注
(2)	周小时数	h	44.0	相当于每周5d，每天8.8h
(3)	小计	h	1320.0	
(4)	年假日天数	h	123.2	按14d计算
(5)	年公共假日天数	h	44.0	按5d计算
(6)	应扣除假日小时数	h	167.2	
2	冬季时期			
(1)	周数	周	22.0	
(2)	周小时数	h	39.0	相当于每周5d，每天7.8h
(3)	小时小计	h	858.0	
(4)	年假日天数	h	54.6	按7d计算
(5)	年公共假日天数	h	23.4	按3d计算
(6)	应扣除假日小时数	h	78.0	
3	病假			
	生病天数(如冬季，按8d考虑)	h	62.4	
4	全年应工作小时数合计	h	1870.4	
5	恶劣天气影响扣减工时	h	37.4	按应工作小时数的2%
6	**全年实际工作小时数合计**	**小时**	**1833.0**	

劳动力单位工资费率计算(续)　　表7-2

序号	项目名称	单位	技工	普工	备注
1	**年工资**				
	周基本工资	美元/周	299.13	225.03	
	周津贴	美元/周	28.00	14.00	
	周工资费率	美元/周	327.13	239.03	
	小时工资费率	美元/h	8.39	6.13	每周按39h
	年工资收入	美元	15692.66	11465.55	按应工作小时数1870.4h计算
	公共假日工资部分	美元	565.49	413.16	公共假日计67.4h
2	**额外费用**				
	非生产性加班(只计一半时间)				
	夏季时期周加班小时数	h	2.50		
	冬季时期周加班小时数	h	0.00		
	夏季时期年加班小时数	h	65.50		
	冬季时期年加班小时数	h	0.00		
	非生产性加班费用	美元	502.39	377.94	工资性津贴不计入基数
	扣除病假工资				
3	**专业监管**				
	每个工长监管的人数		7		
	增加工长的工资级别		2		

续表

序号	项目名称	单位	技工	普工	备注
	50%的时间用于监管	美元	1388.10	1086.17	
4	**工作规则协议**				
	专业技能额外支出	美元		598.53	按全年工作小时数，费率0.32美元/工时
5	**合计(1)**	美元	18148.64	13941.35	
6	**总部费用**				
	国家强制保险	美元	1584.99	998.60	超出89美元/周部分费率为12.8%
	带薪假期	美元	1897.82	1386.61	共29d，每天按7.8h共计226.20h
	退休养老金	美元	390.00	390.00	每周按7.50美元计
	培训	美元	100.23	76.64	所有工资的0.50%计
7	**合计(2)**	美元	22121.68	16793.20	
	劳动力遣散费及杂项	美元	331.83	251.90	费率按1.5%计
8	**合计(3)**	美元	22453.51	17045.10	
	保险(雇主责任险、第三者责任险)	美元	449.07	340.90	费率按2%计
9	**年劳动力费用合计**	美元	22902.58	17386.00	
10	**小时工资费率**	**美元/h**	**12.49**	**9.48**	**按实际工作时间折算**

上述这种电子表格方法可用于计算各种用工方式的劳动力工资费率，且便于对数据表中相关内容进行调整。企业在任何时候均可以根据实际情况调整表中的劳动力费用组成项和有关数据。在更改数据时，主要考虑以下内容：

(1) 年工作时间，主要考虑各季节工作时间所占的比例；

(2) 每周工作小时数；如全年每周正常工作时间39h，但是夏季的工作时间可以延长；

(3) 恶劣天气出现的天数，这取决于一年中受气候条件和海拔高度影响的时间；

(4) 人性化奖金，如非生产岗位的后勤服务人员的工资是否需要与熟练和半熟练人员保持一致；

(5) 劳动力费用构成内容调整。如社会保险通常包含在劳动力费用中，但雇主责任险、第三者责任险很少包括在劳动力费用中；又如工长很少作为施工管理人员计算。另外，根据项目所在地的法律规定，还有哪些费用应在劳动力费用中考虑。

如将表7-1中的夏季工作时间改为35周，每周工作50h；冬季为17周，每周工作仍为39h；工长的现场施工管理和保险费用不纳入劳动力费用情况下，劳动力工资费率的调整计算详见表7-3和表7-4。表7-2的计算结果为技术工人工资费率为12.5美元/工时(四舍五入)；普工为9.5美元/工时；而表7-4显示，技术工人为11.60美元/工时，普工为8.80美元/工时。这说明周工作时间延长，总小时费率会随之降低。

劳动力单位工资费率计算　　表 7-3

序号	项目名称	单位	数量	备注
1	夏季时期			
1.1	周数	周	35.0	
1.2	周小时数	h	50.0	相当于每周 5d，每天 10h
1.3	小计	h	1750.0	
1.4	年假日天数	h	140.0	按 14d 计算
1.5	年公共假日天数	h	50.0	按 5d 计算
1.6	应扣除假日小时数	h	190.0	
2	冬季时期			
2.1	周数	周	17.0	
2.2	周小时数	h	39.0	相当于每周 5d，每天 7.8h
2.3	小时小计	h	663.0	
2.4	年假日天数	h	54.6	按 7d 计算
2.5	年公共假日天数	h	23.4	按 3d 计算
2.6	应扣除假日小时数	h	78.0	
3	病假			
	生病天数(如冬季，按 8d 考虑)	h	62.4	
4	全年应工作小时数合计	h	2082.6	
5	恶劣天气影响扣减工时	h	41.7	按应工作小时数的 2%
6	**全年实际工作小时数合计**	**h**	**2040.9**	

劳动力单位工资费率计算(续)　　表 7-4

序号	项目名称	单位	技工	普工	备注
1	**年工资**				
	周基本工资	美元/周	299.13	225.03	
	周津贴	美元/周	28.00	14.00	
	周工资费率	美元/周	327.13	239.03	
	小时工资费率	美元/h	8.39	6.13	每周按 39h
	年工资收入	美元	17473.01	12766.34	按应工作小时 2082.6h 计算
	公共假日工资部分	美元	615.83	449.94	公共假日计 73.4h
2	额外费用				
	非生产性加班(只计一半时间)				
	夏季时期周加班小时数	h	5.50		
	冬季时期周加班小时数	h	0.00		
	夏季时期年加班小时数	h	171.60		
	冬季时期年加班小时数	h	0.00		
	非生产性加班费用	美元	1316.17	990.13	工资性津贴不计入基数
	扣除病假工资				
3	**专业监管**				

续表

序号	项目名称	单位	技工	普工	备注
	每个工长监管的人数		7		
	工长工资级别增加		2		
	0%的时间用于监管	美元	0.00	0.00	不作为施工管理人员考虑
4	**工作规则协议**				
	专业技能额外支出	美元		666.43	按全年工作小时数，费率 0.32 美元/工时
5	**合计(1)**	美元	19405.01	14872.84	
6	**总部费用**				
	国家强制保险	美元	1584.99	998.60	超出 89 美元/周部分费率为 12.8%
	带薪假期	美元	1897.82	1386.61	共 29d，每天按 7.8h 共计 226.20h
	退休金	美元	390.00	390.00	每周按 7.50 美元计
	培训	美元	106.51	81.30	所有工资的 0.50%计
7	**合计(2)**	美元	23384.33	17729.35	
	劳动力遣散费及杂项	美元	350.76	265.94	费率按 1.5%计
8	**合计(3)**	美元	23735.09	17995.29	
	保险(雇主责任险、第三者责任险)	美元	0.00	0.00	费率按 0%计
9	**年劳动力费用合计**	美元	23735.09	17995.29	
	小时工资费率	**美元/h**	**11.63**	**8.82**	**按实际工作时间折算**

在劳动力费用估算时，施工劳动力小时工资费率应综合不同的劳动力组合、基本工资、奖金、津贴、法定劳动力附加费和其他因素等计算。直接劳动力既可按学徒工、临时工、技工、工长、总工长进行组合，也可以按工种(如：管工、焊工、铆工、电工、木工、瓦工等)进行组合。

(二) 单位劳动力费用

1. 劳动生产效率

(1) 劳动生产效率概念

什么是劳动生产效率？目前学术界主要有以下一些解释：

1) 生产效率是每个工人每小时生产产品的数量，即产出与投入之间的比率。生产效率可以由下述任一个公式表示，但通常用每小时产出与投入的比率计算生产效率。

$$\begin{aligned}生产效率&=产出\div投入\\&=产品数\div工时\\&=总产出\div总工时\end{aligned}\tag{7-2}$$

2) 生产效率用于衡量劳动效率，与根据本行业最佳生产方式建立起的基准或标准进行比较，确定劳动效率的高低；生产效率的变化会导致费用的增加或降低。

3) 生产效率是由生产某种成品所需要的时间确定。

简单地说，生产效率可以用单位时间的产出或结果确定，时间通常用人工时表示。例如，每个人工时(或者其他标准测量单位)浇筑混凝土的立方米数、安装的管道延长米数，等等。

在建筑行业中，通常混用“生产效率”和“产量”这两个概念，这是不正确的。产量用于衡量产出，即生产的产品数量(如安装的管道长度)，它是一个绝对数；而生产效率则用于衡量产量及投入(如管道安装过程中消耗的工时)，如每个工时所安装的管道长度，故它是一个相对数。在施工量和生产效率的计算中，可以使用下列公式：

生产效率＝产出(完成的个数)÷ 投入(工时或机械小时数) (7-3)

理论上说，承包商能完成全部的产量，但很难达到其计划的生产效率。譬如，承包商很可能达到了每天铺设1000m管道的生产效率计划，但每天消耗的劳动力却会比原计划多1倍。在这种情况下，承包商虽按计划完成了施工，但生产效率却只有原计划的50％。

因此，产量和生产效率之间不是成倒数关系。不能简单地说，如果承包商的劳动生产效率为75％，则存在25％的效率差。

(2) 劳动生产效率的主要影响因素

影响劳动生产效率的主要因素有：

1) 可利用的劳动力资源与劳动力素质；

2) 机械化程度；

3) 劳动强度；

4) 额外加班与倒班；

5) 高空作业；

6) 气候条件；

7) 装置的复杂性；

8) 检修和停车条件；

9) 地理位置和其他影响生产效率的因素；

10) 界区内(ISBL)、界区外(OSBL)工作区域内人性化设施的配置(如储物柜、卫生设施、餐厅)和生产支持设施(如工具房、仓库和材料中转待运区)的位置。

此外，对于改造或扩建项目，还需考虑施工作业降效因素。由于工程项目的改造或扩建，必然会受原有设施及管理制度的各种限制，如门卫管理制度、动火作业许可等等，施工降效可能会达20％～40％，具体要根据各项目实际情况确定。

工程项目施工的劳动生产效率要综合考虑上述情况对基准施工劳动生产效率进行调整。

(3) 周工作时间与加班的约定

应约定施工周正常工作时间，如每天工作8h，每周工作5d，并可适当安排适宜的倒班时间，但需说明倒班小时与对应工作津贴的计算方法。劳动力费用中应考虑加班费用支出所增加的费用。

2. 单位劳动力费用的计算

由于劳动力费用在项目总费用中所占比例较大，所以计算劳动力费用必须仔细、准确。有时劳动力费用估算时采用单位作业成本，即每作业单位的劳动力费用。单位劳动力费用可基于估算人员的经验、历史项目劳动生产效率数据以及职工人数计算确定，但通过经验确定单位成本应限于估算人员对该项作业任务具有丰富现场经验的情形。

(1) 历史生产效率

用于计算单位成本的历史生产效率数据信息主要从以下两个渠道获得：

1）企业的历史成本记录；

2）相关出版物参考资料。

使用劳动生产效率计算单位劳动生产力费用举例如下。

【例 7-1】 假如砌筑 $10m^2$ 墙体需要花费的劳动时间为：泥工 6 小时、普工 5 小时。泥工的工资费率(含工资福利及附加)21.00 美元/工时，普工为 17.00 美元/工时。试计算砌筑该墙体的每平方米劳动力费用。

解： 砌筑该 $10m^2$ 墙体的劳动力费用为：

泥工：6×21.0＝126.0(美元)

普工：5×17.0＝85.0(美元)

砌筑 $10m^2$ 墙共花费劳动力费用合计为：126.00＋85.00＝211.00(美元)

从而，每平方米墙体砌筑的劳动力费用为：211.00 美元÷$10m^2$＝21.10 美元/m^2

单位工时率(如工时每立方米、工时每吨、工时每平方米等)可根据企业的历史项目劳动生产效率数据计算，将履行某一具体作业所需的直接劳动力总工时数除以该作业任务的完成数量。采集历史项目劳动生产效率测算单位劳动生产力费用时，应注意以下两点：

1）该项作业的劳动作业条件，如作业条件理想、一般还是其他状况；

2）单位劳动力费用的组成范围。比如，一个项目安装 100t 钢材所花费的劳动工时与另一个项目安装 250t 钢材在作业范围上是否具有可比性，是否一个项目包含了各种各样的钢材与脚手架搭拆工作，而另一个项目并未包括脚手架搭拆的劳动力工时。

(2) 直接劳动力人数统计法

使用直接劳动力人数计算法确定单位劳动力费用时，要求能够亲临现场观察施工作业、现场条件、涉及的工作任务量、完成任务所需的直接劳动力人数，以及完成任务所需的时间。下面举例说明该方法。

【例 7-2】 某项目有一天需要浇筑 $57m^3$ 的混凝土，但不需表面抹光处理。根据现场条件，安全且行之有效的办法是使用 1 台吊车及 1 台 $1.5m^3$ 的吊斗进行浇筑。为了有效完成此项任务，决定派 4 个工人完成，其中混凝土搅拌车安排 1 人、现场浇筑 2 人、振捣 1 人。假如装料需 3min、运料、卸料及返回现场需时 5min、设备拆卸与退场 15min、设备设置准备时间为 30min，效率低下耗时增加 20%，工人的工资费率为 12.5 美元/工时，试计算浇筑每立方米混凝土的劳动力费用。

解： (1) 正常作业所需时间为：

1）设备设置准备时间为：30min；

2）设备拆卸时间为：15min；

3) 57m³ 混凝土用 1.5m³ 吊斗的装运重复次数为：$57\text{m}^3 \div 1.5\text{m}^3 = 38$(次)

每次：

吊斗装料时间＝3min

吊运、卸料及返回时间＝5min

循环重复时间总计为：$38 \times (3+5) = 304\text{min}$

则正常作业时间合计为：$30+15+304=349\text{min}$

(2) 劳动效率低下增加耗时：$349 \times 20\% \approx 70\text{min}$

(3) 作业时间总计：$349+70=419\text{min} \approx 7\text{h}$

(4) 计算混凝土浇筑每立方米单位劳动力费用

4 人工作 7 小时的劳动力费用为：

$$12.5 \times 7 \times 4 = 350(\text{美元})$$

即浇筑 57m³ 混凝土的劳动力费用需 350.00 美元，从而，每立方米混凝土浇筑所需劳动力费用为：

$$单位劳动力费用 = \frac{350\ 美元}{57\text{m}^3} = 6.14\ 美元/\text{m}^3$$

估算人员获取劳动力费用信息的渠道有很多，众多专业社团以及承包商、分包商、行业机构以及政府组织都出版估算手册或公布市场劳动力价格信息。无论费用信息来源于哪种渠道，估算人员在对具体项目的具体情况作出决定时必须要保持慎重，因为所有这些渠道都是以平均数和不具普遍适用性的其他情况为基础。

单位劳动力费用与工资费率的用途不同。估算劳动力费用时尽可能采用工资费率，因为工资费率消除了劳动力费用变化对费用估算的影响，当直接劳动力人工时计算完成后，就可使用某一具体项目的工资费率；采用这种方法的另一好处是可以方便地将费用估算转换为项目控制估算，以进行项目管理。

二、施工消耗材料费

施工消耗材料包括施工过程中一次性消耗材料(如焊条、氧气、乙炔气、砂轮片、水、电等)，以及在整个项目周期内属于消耗品、但在某个期间可以再利用的“施工辅助材料和周转材料”，如防水布、钢丝绳、安装胎具、混凝土模板、脚手架钢管等。

施工消耗材料费一般根据定额(如企业定额)的消耗量，按项目所在地的市场信息价或实际采购价进行计算。

三、施工机械设备费

施工机械设备费是指项目施工作业所发生的施工机械使用费以及机械安拆费和项目所在国内的施工机械场外运费，主要包括施工机械的折旧费、维护修理费、安装拆卸及辅助设施费、机上人员工资性费用与津贴、燃料动力费、保险费、养路费及车船使用税等。施工机械设备费可采用不同的方法计算，具体取决于施工分/承包商是租用还是购置施工机械设备。如果租用施工设备，则施工机械设备费中包括租金与燃油费用。如果施工设备为施工分/承包商自有，则施工机械设备费包括占有成本(购置、维护与折旧)加上运行成本

（如燃油、动力或修理费用）。国内的施工机械设备操作人员费用计算在施工机械使用费中，但国外许多施工分包商将施工设备操作人员纳入直接劳动力费用计算，即使如此，实际上该操作人员费用仍属于施工设备运行成本。

（一）施工机械租赁与购买比较

施工机械设备是租赁还是购买的问题比较复杂，必须考虑周全，通常主要还是从所需施工机械设备的价值、使用频度等经济方面予以综合考虑。如购买设备前要考虑以下几个方面因素：

（1）需确定添置固定资产对企业税负结构的影响；

（2）记录不同类型设备的维护和效率，以确定更新的时间，并将有关费用列入年度预算；

（3）提供施工设备停放与修理零部件的存放仓库，以及相关维修设施；配备经培训的维护人员，并确保到位；

（4）确定施工设备在正常工作年份中使用的利用率，包括设备的可移动性、灵活性、施工设备在项目上其他场所使用的能力或在其他项目场地使用的能力，以及设备的折旧计算或费用分摊方法；

（5）施工设备修理用零件和修理工具储存地点的安全要求；

（6）若将施工设备直接运送到工地上使用，则可以省去进场和退场的费用。

租赁施工设备前，应考虑以下几个方面因素：

（1）不要增加任何固定资产以影响企业的税负结构；

（2）设备维护记录要最小化，对于正常的维护和利用率确定不需要任何正式记录；

（3）不需要提供存放和修理设施，不需要训练有素的专业维护人员；

（4）若某个型号的施工设备不常用或是长期不用，则当该设备从工程项目中退场时应停止计算租金，而且该设备转移到另一个项目上使用时，租赁费用应容易地转移至那个项目；若是自有施工设备，则该费用需要按内部关联交易转账；

（5）设备的安全性仅需在使用时予以充分注意，因为设备只是在需要的时候才运到现场；

（6）必须考虑到设备的可用性和设备动遣距离，选择能以合理的进场和退场费用提供所需设备的租赁公司。

关于施工机械设备的租赁与购买比较，现举例如下。

【例 7-3】 若租赁一台新的焊接机械，其月租金为 300 美元，而买一台新焊机需要 2500 美元，相关的数据如表 7-5 所示，试决策该焊机是采用购买还是租赁方案。

焊接机械购买与租赁费用数据　　**表 7-5**

序号	项目名称	单位	数值	备注
1	新焊机购置费	美元	2500	
2	焊机租赁费	美元/年	3600	300 美元/月×12 月/年＝3600 美元
3	预计焊机使用寿命	年	8	
4	燃料动力与维护费用等	美元	0	因为两种焊机都是一样需要的，故对比时可以省去
5	折旧年限	年	8	采用直线折旧法
6	残值	美元	0	
7	税率	%	34	

解：因为租赁费的税金可以立即核销，税后的租赁费为：

$$3600\times(1-34\%)=2376(\text{美元})$$

新焊机采用直线折旧法，年折旧费用为：$2500\div8=312.50$(美元)

则税后折旧费为：$312.50\times(1-34\%)=206.25$(美元)

由于购买新焊机是额外现金流，发生在期初(即零时点)为：-12500 美元

在8年期内的每年期末，购买相对于租赁有一笔资金节约：

$$2376+206.25=2582.25(\text{美元})$$

则因购买新焊机而产生的额外现金流及其贴现现金流如表7-6所示。

购买新焊机的额外现金流　　**表7-6**

年份	额外现金流(美元)	贴现系数		贴现现金流(美元)		总贴现现金流(美元)	
		90%	80%	90%	80%	90%	80%
0	−2500.00	1.0000	1.0000	−2500.00	−2500.00	−2500.00	−2500.00
1	2582.25	0.5263	0.5556	1359.00	1435.00	−1141.00	−1065.00
2	2582.25	0.2770	0.3086	715.00	797.00	−426.00	−268.00
3	2582.25	0.1458	0.1715	376.00	443.00	−50.00	175.00
4	2582.25	0.0767	0.0953	198.00	246.00	148.00	421.00
5	2582.25	0.0404	0.0529	104.00	137.00	252.00	558.00
6	2582.25	0.0213	0.0294	55.00	76.00	307.00	634.00
7	2582.25	0.0112	0.0163	29.00	42.00	336.00	676.00
8	2582.25	0.0059	0.0091	15.00	23.00	351.00	699.00
	合计			351.00	699.00		

采用内插法，当净贴现现金流为0时，贴现率为：

$$90\%+\frac{-50}{175-(-50)}\times(90\%-80\%)\approx90\%-2.22\%=87.78\%$$

故贴现现金流回报率约为87.78%，倾向于购买新焊机。

(二) 施工机械设备费估算

在建筑业比较发达的国家或地区，施工机械设备租赁市场中可提供各类施工设备。施工设备购买有直接购买的，也有采用分期付款方式，在某些情况下还可以采用合约租赁购买。在投标报价阶段，施工机械设备费可通过以下步骤计算确定。

第1步：根据工程量和拟采取的施工方法，选择确定拟使用的施工设备及其规格型号；通过评估生产率确定施工设备的投入数量，检查投标文件中确定的各阶段进度计划。

第2步：获取施工设备价格。

施工机械设备来源包括：

(1) 为投标项目采购专门设备；

(2) 企业自有施工机械；

(3) 外部市场租赁施工机械。

施工机械设备价格基于：

(1) 按照“自有原则”计算出的价格；

(2) 企业自有设备内部单价；

(3) 设备出租方的报价；

(4) 市场信息价。

第3步：可以采用事先设计好的相关表格，对不同的施工机械设备报价进行比较。

第4步：计算每一种施工设备的小时单价，主要计算范围包括：

(1) 施工设备自身小时单价(包括折旧、维修、设备保险、证照和管理费)；

(2) 操作人员包干费率；因为设备需要日常维护、添加燃料或油脂，操作人员的工作时间会比设备运行时间长，如在美国的《国家工作细则协议》中规定了每8h需要为操作人员增加的工时，同时还列出了连续工作时需要支付额外费用以及操作人员操作设备时的责任；

(3) 燃料和润滑油；燃料用量取决于设备的类型和能力大小，通常采用设备使用期间的平均消耗量。

(4) 杂项消耗品，如因轮胎爆裂而导致的更换轮胎费用或非正常磨损而发生的费用。

第5步：计算施工设备费：按照每项工作单位费率计取。如果在企业的估算程序中明确了计费方法，则由估算人员确定具体费率；除此之外，估算人员还应计算有关施工设备的组立、移位、拆除等相关费用(若需要)。

(三) 大型机械费

大型机械费，是指工程项目施工必须使用的大型机械(指起重能力150t以上的起重机械，或运输能力大于60t的运输机械)的使用费或租赁费、动遣费、组装拆除与移位费、吊装场地加固费与大型机械行走所需的临时道路处理费，以及与大型机械吊装有关的方案编制与评审、吊装试验等相关费用，大型机械吊装费需综合考虑以下几项费用：(1)场地处理费；(2)大型机械进出场与组拆费；(3)大型机械使用费。

首先由工程技术人员根据工程项目中需采用大型机械吊装的设备、构件(如模块、管道或钢结构预制件等)的参数(不限于规格尺寸、吊装高度、安装位置等)、结构特点、供货状态、到货时间和施工现场的条件统筹计划大型机械吊装方案，确定拟使用的大型机械种类、能力、数量、吊装机械的来源、计划进场与使用时间，以及场地处理方案，估算人员根据该大型机械吊装方案估算大型机械吊装费用。

1. 场地处理费

为保证大型机械的使用安全，不管是满足其行走或移位需要，还是吊装机械站位需要，对场地的地耐力都有一定的要求。该项费用一般可根据场地处理方案参照土建工程估算方法计算。场地处理费需综合考虑以下几项工作内容：

(1) 地基处理。对吊装机械站位的地基进行处理的费用，包括场地夯实，打桩处理，土方开挖、回填与弃运，碎石回填，混凝土浇筑等。

(2) 道路铺垫。为满足吊装机械行走或拖拉设备需要，对现有地坪或道路进行加固或重新修筑临时道路。

(3) 铺板保护。对现有场地、道路及其地下设施采取保护措施，而在其上加铺厚钢板进行保护，其中加厚钢板应按周转材料计算分摊费用。

2. 大型机械进出场与组拆费

大型机械的动遣成本很高，因此，若企业的自有大型机械距离项目所在地遥远，且使用时间又短时，则不妨就近考虑可使用的大型机械资源，经方案的经济性论证后再行决定大型机械是采用租赁还是自有机械动遣的方案。

计算大型机械进出场与组拆费用时，要综合计算大型机械动遣运输费用，临时进口关税，大型机械运输与吊装保险，大型机械的组立、拆除、移位等费用。

3. 大型机械使用费

大型机械使用费计算时，需包括使用台班费、停滞台班费、燃料动力费、辅助吊装设施(如平衡梁、吊装索具等)费、辅助吊装机械费。由于大型机械在同一个项目中使用时间相对较长，故大多数采用包月价计费。

四、脚手架搭拆费

工程项目各个专业施工都会涉及脚手架，且搭建的同一脚手架往往供不同专业同时使用。因此，把脚手架搭设与拆除费用独立于各专业直接费进行单独估算显得合情合理，这也就是许多工程公司将脚手架材料费单独计入施工间接费的缘故(但架子工的劳动力费仍在各专业的直接施工费中计算)，但这样做不便于按专业进行切块分包和费用核算。实际上，只要在充分调研的基础上，按专业合理分配脚手架材料费也不难做到。

脚手架搭拆费用主要估算架子工的投入量和脚手架材料的投用量与占用时间。

架子工可以按占直接劳动力工时的历史经验系数计算，然后根据施工专业讨论确定是否需要根据高度进行调整，也可以根据施工工作量和项目工期计划架子工的投入量；石油化工工程安装所需架子工的劳动力工时数往往按相关安装专业直接劳动力工时数的一定比例测算，如工艺管道按20%～25%，设备、钢结构安装、电气仪表按15%，或综合按上述专业安装劳动力工时的20%左右计取。

脚手架材料系周转使用，可通过施工数据和/或历史经验数据获得。若脚手架材料是自有的，则可按施工进度计划时间计算摊销费；若是租赁的，则按每天的租赁价格计算租赁费。工程实践证明，根据脚手架搭拆劳动力工时数按直接施工费综合工时单价估算脚手架搭拆费用，既容易计算，也不会有太大的偏差。同时若根据脚手架搭拆的空间(立方米)和一次搭拆时间(即从搭建到拆除止的占用时间，以天为单位)，也是估算脚手架费用的一种方法。

第二节 施工间接费

施工间接费应根据费用性质进行分解、归类列项。

一、施工间接劳动力费

(一) 施工间接劳动力费组成

施工间接劳动力费用主要是指直接支持工程项目施工作业的履行安全、质量、施工、采购、控制、行政等职能的管理人员以及工程师的人工时费用，包括的费用内容与直接劳动力费用一样，但不包括办公运行费用，施工间接管理人员费用应与办公运行费用分开。

该施工间接管理人员不同于施工间接劳动力计划中所列岗位或人员，不包括工长及为项目施工提供服务的间接劳动力，如餐饮和营地运营服务人员(包括厨师、清洁卫生人员等)、司机、保安、医生/护士等。通常，现场保安、医生/护士的劳动力工时费用计入HSE费，厨师、营地清洁员和保安等劳动力费和餐饮在营地运营费用中开支，仓库保管员的工资在生产设施运行费用中计算；而工长、监火、打旗、文明施工等相关人员作为施工直接劳动力，也不统计在施工间接管理人员中。

(二) 施工间接劳动力费的计算

根据项目施工组织结构和施工间接劳动力投入计划，分别计算各职位(岗位)在项目施工执行期间的人月数，再按确定的各职位(岗位)的月薪标准估算人工费；或根据施工项目规模大小按施工直接人工时的某一比例(通常约为10%～15%)取定，按综合的施工间接管理人工时单价估算施工间接管理人工费。表7-7是某工程项目的施工管理人工时及其费用计算表，其中部分间接人员(如保安、保管员、现场清洁工、医生、护士、茶童等)不作为施工间接管理人员，故已作删除；从该表中推算出的管理综合人工时单价为14.81美元/工时，该单价也可用于该地区的施工间接管理人工时费用计算。

施工间接管理人工时费用 表7-7

序号	职位/岗位	人月数	折合人工时[①]	人工时单价(美元/工时)	合价(美元)
1	项目经理	33	8580	40	343200
2	施工经理	33	8580	25	214500
3	采购经理	31	8060	25	201500
4	控制管理	31	8060	25	201500
5	质量经理	31	8060	25	201500
6	安全经理	31	8060	25	201500
7	行政主管	32	8320	15	124800
8	行政人员	86	22360	9	201240
9	劳资员	59	15340	10	153400
10	财务人员	64	16640	10	166400
11	秘书	32	8320	9	74880
12	控制主管	31	8060	18	145080
13	计划工程师	60	15600	15	234000
14	统计工程师	60	15600	15	234000
15	费用/进度控制工程师	62	16120	15	241800
16	文件管理员	112	29120	10	291200
17	材料主管	31	8060	18	145080
18	仓库主管	82	21320	15	319800
19	采购工程师	57	14820	15	222300
20	材料管理员	143	37180	10	371800
21	合同工程师	34	8840	15	132600
22	安全主管	31	8060	18	145080
23	安全工程师	31	8060	15	120900

续表

序号	职位/岗位	人月数	折合人工时①	人工时单价(美元/工时)	合价(美元)
24	安全监工	432	112320	15	1684800
25	安全员	372	96720	12	1160640
26	质量主管	35	9100	18	163800
27	质量检查员(土建)	110	28604	15	429061
28	质量检查员(钢构)	14	3749	15	56238
29	质量检查员(设备)	64	16723	15	250848
30	质量检查员(管道)	98	25537	15	383058
31	质量检查员(电气)	46	12050	15	180746
32	质量检查员(仪表)	54	13967	15	209508
33	质量检查员(防腐)	16	4039	15	60587
34	质量检查员(绝热)	11	2753	15	41301
35	焊接检查员	79	20423	15	306345
36	质量工程师	34	8840	15	132600
37	施工主管	119	30940	18	556920
38	施工协调员	62	16120	15	241800
39	起重工程师	20	5200	15	78000
40	起重监工	20	5200	15	78000
41	测量工程师	21	5460	15	81900
42	土建工程师	132	34320	15	514800
43	土建主管	86	22360	18	402480
44	钢结构工程师	28	7280	15	109200
45	钢结构主管	21	5460	18	98280
46	设备工程师	84	21840	15	327600
47	静设备监工	40	10400	15	156000
48	动设备监工	31	8060	15	120900
49	储罐监工	25	6500	15	97500
50	管道工程师	114	29640	15	444600
51	管道监工	58	15080	15	226200
52	无损检测工程师	24	6240	15	93600
53	焊接及热处理工程师	24	6240	15	93600
54	记录员	82	21320	9	191880
55	电气工程师	55	14300	15	214500
56	电气监工	33	8580	15	128700
57	仪表工程师	67	17420	15	261300
58	仪表监工	32	8320	15	124800
59	防腐绝热工程师	92	23920	15	358800
60	防腐绝热监工	44	11440	15	171600
61	脚手架工程师	23	5980	15	89700
62	脚手架监工	60	15600	15	234000
	合计		**1029266**	**14.81**	**15244252**

注：① 每月按 260 小时折算。

二、生产与办公临时设施费

（一）临时设施费

首先由工程技术人员根据业主招标文件及承包项目需要，编制临时设施计划，明确临时办公室、预制场、仓库、材料堆场、停车场和其他临时设施的要求，包括临时设施的建筑面积、新建或租赁设想、建设地点(现场或现场外)、平面布置、建设标准、使用材料，以及已有哪些公用工程设施可用于施工或其他方面，并需说明临时设施及其施工现场的用电、用水及排污处理要求。

现场生产及办公临时设施费用按照上述确定的方案进行列项估算，如例 7-4 所示，其中部分单价可通过向当地分包商询价确定。

【例 7-4】 某承包商承揽的工程项目，临时设施用地由业主无偿提供，根据该项目的规模和业主提供的场地大小，该承包商对现场的临时设施进行了规划，临时设施的平面布置如图 7-1 所示，相应的临时设施费用估算见表 7-8。

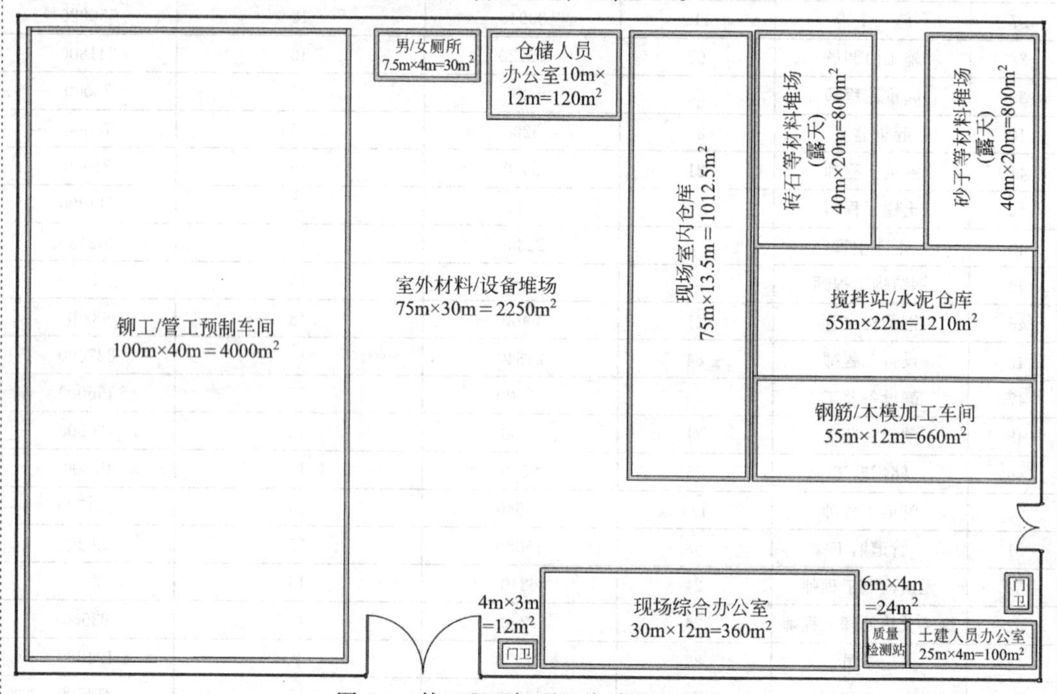

图 7-1　某工程现场项目临时设施规划

某工程项目临时设施费用　　　　**表 7-8**

序号	项目名称	规格	单位	数量	单价	合价(万元)	结构形式
1	铆工/管工预制车间	100m×40m	m²	4000	3000	1200.00	钢结构彩钢房
2	室外材料/设备堆场	75m×30m	m²	2250	150	33.75	碎石铺垫
3	现场室内仓库	75m×13.5m	m²	1012.5	3000	303.75	钢结构彩钢房
4	现场综合办公室	30m×12m	m²	360	3600	129.60	钢结构彩钢房

续表

序号	项目名称	规格	单位	数量	单价	合价(万元)	结构形式
5	仓储人员办公室	10m×12m	m^2	120	3600	43.20	钢结构彩钢房
6	门卫(2个)	4m×3m	m^2	24	3000	7.20	砖混结构
7	搅拌站/水泥仓库	55m×22m	m^2	1210	6000	726.00	钢结构彩钢房
8	砖石等材料堆放场	40m×20m	m^2	800	300	24.00	露天，混凝土地坪
9	砂子等材料堆放场	40m×20m	m^2	800	300	24.00	露天，混凝土地坪
10	钢筋/木模加工车间	55m×12m	m^2	660	3000	198.00	钢结构彩钢房
11	质量检测站	6m×4m	m^2	24	3000	7.20	钢结构彩钢房
12	土建人员办公室	25m×4m	m^2	100	3600	36.00	钢结构彩钢房
13	男/女厕所	7.5m×4m	m^2	30	6000	18.00	钢结构彩钢房
14	道路		m^2	1000	360	36.00	混凝土
15	围墙(含大门)	长150m，宽105m	m^2	510	1200	61.20	砖砌/钢栅栏
	合计					**2847.90**	

通常在境外承接工程项目时，新建现场办公室每平方米单位造价约在550～600美元之间(含水电、空调费用)，但若采用集装箱式办公室(每个12.5m×3.7m，2间/个)，则购置旧集装箱的成本更低，一般不高于8000美元/个(未包括装修装饰、室内办公设施与空调费用)。

为提高投标报价的竞争力，生产与办公临时设施建造费应根据项目规模和工期长短作合理的摊销或折旧处理。

(二) 临时设施运行费

现场办公和施工临时设施运行费用包括为办公提供的办公设备设施和资源，以及生产临时设施与办公临时设施投入使用后正常运行所需的管理、服务与消耗，主要费用项有：

(1) 办公设备：办公桌椅、会议桌椅等办公家具，以及计算机、打印机、复印机、传真机、电话机等设备的购置；

(2) 纸张、笔、硒鼓等办公用品与消耗品；

(3) 网络及通讯费用、快递服务费等；

(4) 行政用车辆的租赁或折旧、车辆修理/保养费，以及燃料费与司机的工资与津贴等；

(5) 施工管理人员的差旅费；

(6) 办公室清洁、安保、茶点等服务人员工资与津贴及其相关费用；

(7) 为保证现场办公与施工临时设施投用所需的公用工程消耗，如供水、供电、发电机维护与燃料费、排污处理等费用；

(8) 施工承包商仓库或材料堆场的仓储管理，如从业主或总承包商的材料设备堆放区领取材料、堆场卸车以及将材料交付施工安装前的管理。

临时设施的运行费用可根据临时设施方案，按上述费用项分别估算购置/租赁费和服务人工时等费用；有时，临时设施的运行费用也可根据施工工期和施工管理人月数按经验数据估算，如中东施工项目的临设运营费用折合施工间接管理人工时价格约 1.5 美元/工时左右。

三、营地设施与运营费

生活营地设施计划，首先应根据项目所在地可供选择的现有设施或业主提供的场地条件，进行自建或租赁的方案决策，然后按照各类人员的住宿标准、公用设施(食堂、洗衣设施、卫生洗浴设施、停车场等)及生活福利设施(如健身房、室内与室外娱乐设施等)的基本要求，或改造现有设施，或安排布置营地设施。与生产与办公临时设施一样，生活营地设施的建设与运营费需分开估算。

(一) 营地设施费

当生活营地采用租赁方案时，可根据项目工期按市场租赁价进行估算；如对租赁的营地进行设施改造或完善，则营地费用需在租赁价格基础上另加改造费用。

对于自建的生活营地，以购置活动房为宜。生活设施建设费需包括营地具备入住条件的所有费用，主要包括以下一些内容：

(1) 生活营地的设计及其批准；

(2) 生活营地的场地准备、围墙、大门、房屋基础、地坪、绿化、停车场等土建工作；

(3) 营地房屋(含空调和照明)的建造或安装，如宿舍、厨房、餐厅、卫生间及其他公共服务设施等；

(4) 给水及消防设施的采购和安装，含给水罐、给水泵、给水管线、消防水系统等；

(5) 排水设施的采购和安装，包括污水管、污水罐(化粪池)以及污水处理设施；

(6) 供电及配电设施(如变压器、开关柜、发电机、电缆、场地照明等)的采购和安装；

(7) 营地家具(如床、桌椅、洗衣机、热水器等)与床上用品、娱乐设备及厨房用具等的采购与配置。

营地设施建设费需根据生活营地建设方案，逐项进行估算；最终费用需综合考虑项目工期和不同项目共同使用等情况进行分摊或摊销。

如在中东地区自建营地，其建筑面积每平方米造价可按 580 美元计算；若项目规模小，工期又短，则根据所能容纳的人员数量，人均建造分摊费用可按 3500 美元计算。

(二) 营地运营费

生活营地运营是指生活营地交付使用后的正常运行管理及维护、维修服务以及供水、供电、排污处理、保洁、保安、餐饮等服务(含厨师、帮厨、保洁、看门等服务人员的工资与奖金等)，以满足日常的食宿要求。营地的运营有时整体分包给某个专业公司进行运营管理。

如 2008 年，某中国工程公司租赁沙特某业主建造并运营管理的营地，食宿费的收费标准为：(1)住宿费，施工管理人员 SAR20/天、工人 SAR15/天；(2)伙食费(一日三餐)，施工管理人员 SAR25/天、工人 SAR18/天(注：SAR 为沙特里亚尔，US＄1＝SAR3.75)。

如果餐饮费包括在劳动力工资费率内，则不应在营地运营费用中重复计算。

四、施工人员与机具动遣费

(一) 施工人员动遣费

施工人员动遣费包括施工直接与间接劳动力从其原居住地调遣到工程项目所在地的动员费用，以及项目结束后的撤离费用，通常包括以下一些费用：

(1) 施工人员的国内交通费(包括原居住国和项目所在国)；

(2) 国际航班机票费；

(3) 护照办理与签证费；

(4) 其他动遣所需的必要费用，如体检费、签证指标费、工作准证费、项目所在国的医疗保险费、居住证办理等费用。

施工动遣费根据项目施工直接与间接劳动力投入计划和相应劳动力的来源地，按调查得到的签证费与交通费等单价估算。

如从中国上海动遣到沙特阿拉伯达曼的施工人员动遣费的费用组成项及其相应费用如表 7-9 所示。

施工人员动遣费用清单 表 7-9

序号	项目名称	单位	金额		备注
			人民币元	沙特里亚尔	
1	中国国内发生费用				
	国内护照	本	200		
	国内体检	人	350		
	国际机票	单程/人	7000		上海—达曼
	出境签证	人	150		沙特驻中国大使馆收费
2	沙特境内发生费用				
	工作指标(BLOCK VISA)	人		3600	政府正常收 2000 里亚尔/人，其余为从中介购买指标费
	工作许可证	人		250	
	沙特体检	人次		150	
	沙特医疗保险	人·年		750	
	沙特居住证(IQAMA)	人·年		750	
	IQAMA 注销	人		200	
	沙化费用	人·年		4000	根据沙特劳动法，企业每就业 100 名员工须就业 13 名沙特籍员工，否则每名非沙特员工每月须交纳 333.33 里亚尔沙化费用
	劳动保险费(GOSI)	人·年		600	按注册员工月工资的 2%收取
	往返签证	人		400	200 里亚尔/单次，500 里亚尔/多次
	国际机票	单程/人		3000	达曼—上海
	合计	**人**	**7700**	**13700**	

（二）施工机具动遣费

施工设备机具动遣与撤离，是指普通施工设备机具从来源地(或存放地)调遣到项目所在地，并在项目任务完成后从项目撤离。通常，大型机械的动遣费用在大型机械吊装费中考虑。

计算施工机械的调遣或撤离费用时，均需考虑以下一些费用：

(1) 为方便运输，施工机械的拆卸(如需要)或装箱；

(2) 机械设备所在地及其项目所在国的内陆运输；

(3) 海运/铁路运输，以及运输保险；

(4) 报关与清关费用，以及与临时进口关税有关的费用；

(5) 运输结束后恢复原样。

施工机械动遣费可根据拟动遣设备的清单，向相关运输公司询价后计算。

五、通勤费

通勤费是指项目人员(包括直接人员、施工间接劳动力和项目管理服务人员等)往返于生活营地与项目现场(或预制场)工作地的交通费用，通常包括：(1)车辆租赁(如自购车辆，则按市场租赁价计提折旧)及维修保养费；(2)司机的工资与津贴；(3)燃料费用等。

通常，通勤车辆采用租赁方式(含司机)的成本相对较低，施工人员的通勤费可以按项目施工组织拟租赁车辆的数据、租赁时间及相应的市场价格估算，但较为简便快捷的方法是根据以往经验分别按施工直接劳动力和间接管理劳动力的人工时数乘以经验工时单价进行估算。如项目与施工现场的车程在半小时内，施工人员通勤的综合人工时费用可按0.20～0.40美元/人工时之间估算。

第三节　工　程　分　包

在EPC项目中，总承包商往往会将一些专业工作对外分包，该分包工作可能包括现场准备、铁路、储罐现场制作安装、桩基、土建、装修装饰、防腐绝热工程等；但混凝土浇筑、钢结构、设备、管道、电气和仪表等专业的施工，也有可能由EPC项目承包商自己组织完成，但有时总承包商也会将这些专业工程分包出去。

一、工程分包策略

总承包商一般通过以下两种方式来选择分包商的数量：一种方式是将土建、机械、电气和仪表以及专业分包项目等通过竞标方式选择大项目分包商；另一种方式是根据投标准备可供使用的设计图纸数量来选出无数个小分包商，但该种分包方式，由于界面处理与协调工作量大，总承包商需投入更多的现场项目管理人员。

向专业施工能力强的企业分包工程对总承包商非常有吸引力，因为这会将多数技术和财务风险转嫁给对方，并且只要工程如约进行，利润就有保证；另一方面分包商可能通过增加工程量和现场变更赚取利润，大多数合同都会规定总承包商必须事先获得业主的书面批准，方可进行工程任何部分的分包。

工程分包可根据业主要求和项目执行策略，采用局部的EPC、EP、PC、C等分包形式。施工分包应优先量化施工计划和劳动力投入分析所需的所有分包商工时数；同时，对于分包商使用的材料应该分别说明业主或总承包商的供货范围、供货状态、领用方式及交付地，以及分包商自行采购的材料范围，并明确各分包合同的计价策略(单价合同、固定总价合同等)。如基于固定单价的打桩工程，应包括所有桩机的进出场费用和基桩材料费，但不包括桩基检测；又如基于预算报价的钢结构、管道和设备专业的防腐绝热工程计价，不应包括工程量清单以外的现场修补等。

二、工程分包询价

工程分包询价，需向分包商提供分包招标文件、相关专业的工程量清单、标准测量方法、分包合同条件和有关附件，以及相关图纸。理想的做法是删除工程量清单中不需要报价的子项，以免造成混乱。借助计算机辅助估算系统，单独对相关的分包工程量项目进行统计、汇总计算。工程量清单说明要与项目采用的技术标准、规范相适应，这有助于确保估算人员随询价书发送正确的标准规范。对基于图纸和技术规范的招标，询价书必须明确每个分包合同所包括的工作范围及材料供应范围，如储罐现场安装分包商需了解其价格中是否包括绝热防腐、无损检测等工作，储罐板材由总承包商按母板还是加工滚圆后的半成品件提供，焊接材料是否由总承包商提供等。

在分包商报价基础上编制施工费用估算时要格外小心，因为总承包商对所有作业负责。因此，当事各方要确保其报价是基于准确、完整的信息。

估算人员应按相同基准对所有分包商的标书进行计算比较，并检查其投标报价有无计算错误。估算人员一般应进行下列检查：

(1) 各专业的所有子项都应报价。要求分包商提供所有缺失的报价，否则，估算人员需填入自己的估算值。

(2) 各子项的单价应切合实际。如果发现明显错误，应通知分包商澄清，并修改其报价。

(3) 一般来说，工程量清单中相同子项的单价应保持一致，以避免对有关变量进行评估时出现困难，但应允许类似的子项因工程数量、安装位置、时间等因素的差异而有所不同。

(4) 分包商应该接受没有附带修订的合同条款，以便使估算人员能够在各报价之间做出公平对比，避免合格的标书造成任何误解。在实际中，分包商递交的标书会有许多附加条件，这些条件可能与招标文件有冲突，这些细节问题通常需要在标书澄清阶段解决。

(5) 报价应基于工程量清单进行评估。如果分包商更改了其中的工程量或计量单位，会造成错误，应提醒分包商注意，以便其更正标价。

第八章　工程项目其余相关费用估算

前面重点介绍了流程工业项目中设备、大宗材料、施工费及其项目管理服务与设计费等方面的估算内容与方法，工程项目其余相关费用，如工程保险费、财务费用、EPC临时设施费、动遣费、试车开车费以及涨价费、不可预见费等虽然在工程总费用中所占比例相对较少，但也不可忽视。

第一节　工程保险费

一、工程保险的种类

EPC项目承包历来被认为是一项“风险事业”，为了转移风险，就要向保险公司办理保险。工程项目承包中，常见的保险种类主要有以下几种。

1. 工程一切险

工程一切险是一种综合险，又称全险，是对投保的工程项目从开工到竣工验收的整个项目期间的已完工程、在建工程、到达现场的材料和设备、施工机具设备和物品、临时设施以及现场其他资产等方面的任何损失进行保险。

投保工程一切险需注意下列事项：

(1) 投保工程一切险并不包括所有的风险损失，而是有很多限制，因此，在投保工程一切险时，对引起损失的原因方面的众多限制条件(包括责任免除、免赔额度等)须特别留意，并认真了解清楚；

(2) 工程一切险的保险金额按工程合同总价计算，保险期限通常包括工程合同规定的全部工期，保险费率则根据工程项目的性质、自然条件、地理环境以及工期长短等因素，由总承包商与保险公司协商确定；

(3) 若总承包商将工程施工任务分包给施工分包商实施，则该部分的保险通常由施工分包商另行投保，在这种情况下，总承包商投保工程一切险的保险金额应按合同总价扣除施工分包合同金额后的余额进行核算；除非工程一切险由总承包商统一投保。

一般情况下，保险公司会承担以下几方面原因造成损失的赔偿责任：

(1) 自然灾害，如水灾、冰灾、海啸、暴雨、飓风、地震、雷击等；

(2) 被盗窃；

(3) 意外事故，如火灾等；

(4) 雇员缺乏经验，疏忽、过失造成的损失；

(5) 材料和工艺缺陷引起事故造成的损失。

但工程一切险不包括战争、军事行为、武装冲突、民众骚乱、恐怖活动、没收、罢工、核辐射、核爆炸、核污染及其他放射性污染、自然磨损、设计错误、合同终止、货物运输及交通事故等造成的损失。

2. 第三者责任险

在承包项目的合同条款中，通常规定承包商要投保第三者责任险，并规定其最低限额。该保险针对工程施工期间、在工程施工范围内对第三者造成财产损失或人身伤亡事故时，第三者可能要求业主赔偿，业主为了免除自己的责任而要求承包商进行第三者责任保险。这样，在发生造成第三者的责任事故时，保险企业对承包商由此遭受的赔偿和发生的诉讼费用等按保险合同规定进行赔偿。

3. 雇主责任险

承包商对其员工和所雇劳动力要投保雇主责任险或人身意外伤害险，以免使业主因此类事故遭到索赔、诉讼或其他损失。此项保险的保险金额要根据工程所在地的劳工法等有关法律来确定。

4. 货物运输保险

货物运输保险包括国际货物运输保险和境内货物运输保险，险别随运输方式的不同而各有不同。如对于国际货物的海上运输保险，主要保险有平安险(F. P. A: Free from Particular Average)、水渍险(W. P. A/W. A: With Particular Average)和一切险(All Risks)，所谓一切险是包括平安险、水渍险和其他外来原因所导致的损失，但不包括一般附加险(如短量险、碰损险等)和特别附加险(如战争险、罢工险等)。

5. 机动车辆险

机动车辆险，简称车险。承包商在施工区外行驶的车辆要投保车险，否则其车辆不能上路行驶。

6. 社会保险

社会保险是社会政策的保险，即为实施社会政策的一种手段。社会保险通常包括伤害保险、健康保险、老年保险、失业保险等。有的国家对本国籍和外籍的雇员要求强制性投保社会保险，且指定在该国国营专业保险公司投保。

7. 出口信用保险

利用融资方式承包工程项目时，由于使用了出口信贷这种融资方式而需要投保出口信用保险。

8. 保函的保险

对于大型EPC项目要对保函进行保险。

9. 其他险

除上述保险之外，主要还有战争险、汇率风险保险、投资险和政治风险保险等。

二、工程风险保障

为了有效地管理各种可能的风险，应先对可能遇到的风险分类排队，进而对各项风险的保障予以分类，然后根据具体情况决定采取相应的对策，以达到避免风险或减少风险可能造成的损失，甚至利用风险扩大收益的目的。所谓风险保障，即指在通过某些措施，使得即使发生预测的风险，也不会或少量遭受损失。可供选择的风险保障分为以下三类。

1. 必须的风险保障

通过强制性保险取得的保障是必须的风险保障。

EPC项目要不要保险，要保那些险，承包商没有选择的自由。几乎所有的EPC项目合同都强制要求进行各种保险，这种强制性要求固然是为了保障业主的本身利益，同时对承包商也是有利的，因为业主招标时都允许总承包商将保险费计入投标报价及合同价格。对保险的强制性要求往往在合同文件中有明确规定，很多EPC项目合同范本对保险作了明确的规定，如FIDIC条款中第21、22、23、24、25条款的保险条款。对于一项工程来说，业主(或政府)明文规定的若干种强制保险，就是公认的必须的风险保障。必须的风险保障主要有以下几种：

(1) 承包商应以承包人和业主联合的名义对任何原因引起的一切损失和损坏进行保险，这种保险不仅包括施工期的一切已完工程、在建工程和永久工程所用的材料、施工机具及其他物品，甚至还包括由于施工原因造成的维修期内的损失和损坏，也就是所谓的工程一切险；

(2) 承包商应对工程施工和维修期内发生的或由施工和维护所引起的任何人身、物资、财产的损害负责，使业主不受索赔、诉讼、赔偿等损害；还要进行对包括业主及其雇员在内的任何财产和物质有形损害的责任进行保险，通常称之为第三者责任险；

(3) 社会保险，如中国的社会保险主要包括养老保险、医疗保险、失业保险、工伤保险、生育保险等等，而有的国家(如美国)包括人身意外伤害险、雇主责任险；

(4) 机动车辆险；

(5) 十年责任险。

以上所有的保险条款都要求承包商在工程开始时，将保险单和保险金收据提交给现场工程师或其他机构。EPC项目合同条件范本中关于保险的规定，为大多数国家的EPC项目合同所接受，有的业主甚至规定在签订承包合同后，承包商必须在规定的时间内提交保险单，否则，业主不支付预付款，并视承包商违约。

同样，EPC项目承包商在往后的工程分包合同中也需考虑要求土建、安装施工分包商进行保险，以保障EPC项目承包商的利益，同时对施工分包商也有利。当然，EPC项目承包商投保的保险，可以扣除分包商投保的保险，避免重复。

2. 最好要取得的风险保障

最好要取得的风险保障的保险基本属于自愿保险的范围，属于非强制性保险，取决于承包商自己的风险管理策略，通常情况下，这类保险包括运输保险、设备保险、物资保险、产品质量保险、责任保险、汇率保险以及政治风险保险等。

3. 有利可图的风险保障

有些保险虽然要付出代价，但可能带来可观的利益，这类保险形成了有利可图的风险保障。

三、保险费用的计算

工程承包项目有关保险的投保，应视项目业主的要求和承包商的工程风险管理决策而定，保险费的费率与计算标准也应根据所投保的保险险种、标的物金额或数量、免赔额等与保险公司商定。这里需注意的是，应根据不同的保险种类在相应的费用中计算，避免重复计算或遗漏；如医疗保险、社会保险通常在劳动力费用中计算，而货运保险则在设备材料费中计算。

下面根据近两年来在沙特阿拉伯执行 EPC 工程总承包项目时所投保的保险与参考费率来说明保险费用的计算方法。

(1) 安装一切险(Erection All Risks)：保险费率一般为工程承包合同总价的 1.75‰；但是当 EPC 项目合同额度比较大时，可根据项目的困难程度，与保险公司谈判，争取按照一个固定数额收费，如当按合同总价 1.75‰计算的保险费超过 500 万美元时，按 500 万美元支付保险费；安装一切险的免赔额需与保险公司进行协商确定。

(2) 公众责任险：该险种可免除因一些约定的公众责任造成的项目损失(公众责任需事先与保险公司约定，比如酷热因素、台风因素造成的工期延误而遭受业主罚款)，可向保险公司进行索赔，保险费率约为工程承包合同总额的 5‰。

(3) 财产一切险：该险种可将因财产丢失、损毁造成的损失向保险公司索赔，费率约为财产清单中财产原值的 1.0%～1.5%。

(4) 雇主责任与员工补偿险：该险种意在免除承包商因员工工作中受到伤害以后，雇主应该赔偿给员工的医药费、补偿费、后续治疗费、员工理疗期间薪水等所有与员工补偿有关的风险；保险费按项目期员工工资收入总额(工资总额可以协商)的 0.5%～1.0%计算，如按人均月工资 1000 美元，平均每月 1400 人，项目工期为 22 个月计算保险费。

(5) 员工意外伤害险：正常情况下包括在安装一切险中，但也可另行为员工投保意外伤害险，保费为 SAR 80/人·年(汇率：USD1.00=SAR3.75，SAR 为沙特里亚尔)。

(6) 机动车辆险：按车辆净值的 2%～2.5%缴纳保险。

(7) 其他强制性个人保险。

1) GOSI(系社会保险)，是沙特政府劳工部要求所有企业为其雇员缴纳的社会保险，保费按月收取：

① 沙特籍劳工：月注册工资的 11%；

② 非沙特籍劳工：月注册工资的 2%。

2) 医疗保险：沙特政府规定，企业雇用外籍员工须为雇员交纳医疗保险，收费标准为 SAR 750/人·年。

EPC 项目的保险险种会随项目的不同而稍有不同，但是万变不离其宗，结合多年来在中东地区执行项目的经验，总承包项目的保险费用(除上述应在设备材料费中计算的货物运输保险外)按照工程项目费用估算总价的 1.2%～1.5%计算较为合适。

第二节 财 务 费 用

财务费用主要涉及的有：银行保证函、资金占用成本和汇兑损失等。

一、银行保证函

在 EPC 项目活动中，业主为了保障自己的利益，往往要求承包商出具银行保函。银行保函目前已是最普遍、最常见和最易被各方所接受的信用担保方式。

EPC项目中，银行保函是一种在特定条件下可支付的银行承诺文件，它的内容完整、严谨、公正和明确。银行保函的主要内容通常在业主的招标文件中有具体规定，承包商可以请银行按规定的格式出具保函。若没有具体规定，承包商可以通过银行按国际惯例或征得业主意见出具保函。

（一）银行保证函种类

EPC项目中常用的银行保函主要有以下几种。

1. 投标保函(Bid Bond)

投标保函是银行根据投标人的请求开给业主的、用于保证投标人在投标有效期内不得撤回标书，并在中标后与业主签订承包合同的保函。担保金额一般为投标报价的0.5%～3%，业主往往会在招标文件中明确百分比，但有时也会给定一个绝对额；保函的有效期一般为60d、90d、150d、180d不等。

2. 履约保函(Performance Bond)

履约保函是用于保证中标人严格按照承包合同要求的工期、质量、数量履行其义务的保函。担保金额一般为承包合同金额的5%～10%；保函的有效期自提交履约保函开始，到项目竣工验收合格止，一般不能短于合同规定的工期，如果工期延长，也应通知银行延长保函的有效期。

3. 预付款保函(Advance Payment Guarantee)

预付款保函只在承包工程中有预付款的条件下使用。预付款保函的金额与预付款等额，约为合同金额的10%～15%。预付款一般逐月从工程进度款中扣还，预付款保函的金额也应随之逐渐减少。

4. 质量保证金保函

质量保证金保函一般为合同金额的5%～10%；有效期一般为一年或双方商定；若业主规定的履约保函保证内容包括了工程质量保证期，则不需单独再开立质量保证金保函。

5. 海关免税保函

海关免税保函是指承包商通过银行向工程所在国的海关或税收部门开具的担保承包商在工程竣工后将临时进口的免税物资(不包括工程用的周转材料)运出工程所在国或照章纳税后永久留下使用的经济担保书。它适用于免税工程和机具设备可以临时免税进口的工程；担保金额一般为应缴纳税款的金额，有效期一般与项目工期一致或略长；保函退还的条件是：(1)保函有效期满前，承包商将临时进口的施工机具设备运出项目所在国，或经有关部门批准，转移到另一免税工程，但须通过银行将保函有效期顺延，或在缴纳关税后在当地出租、出售或永久使用；(2)保函有效期满时，若承包商从业主那里得到了进口物资已全部用于该免税工程的证明文件，则可退回保函；如有剩余物资，则需对剩余物资缴纳关税后才可在当地出售。

（二）保函开立方式

银行保函的开立方式有直开、转开和转递等形式。业主往往会在工程招标文件中要求承包商必须通过项目所在国的一流银行出具保函，或在外国银行开具保函后，再通过当地的一家往来银行向业主呈递保函。

(1) 直开。直开保函的手续费低，承包商只需向一家银行支付手续费。

(2) 转开(Endorsement)。转开的手续费较高，承包商必须向原开证行(指承包商所在国的国内银行)和当地的“转开”银行支付手续费，承包商相当于是双重付费。

(3) 转递(Authentication)。转递的手续费很低，甚至有的银行考虑与承包商的业务关系而不收取任何手续费。

(三) 银行保函费的计算

不管哪一种类的银行保函，其费用的计算都应根据项目所在国的政治经济风险、保函开立方式、出具保函的银行收费标准以及需银行保证的时间长短(最小计算单位为“月”)而定。

如中国承包商在中东海湾六国执行工程承包项目，业主往往不接受直开保函，而要求转开保函。这样，中国的金融机构(如中国银行)作为开证行，按保证金额收取约每年4‰的保函费用(含手续费，下同)；再由项目所在国的当地银行转开时，还要收取约每年2‰的保函费用，两者累计保函达每年6‰。但对于哈萨克斯坦，业主均能接受直开保函，从而承包商只需支出每年4‰的保函费用。

二、资金占用成本

资金成本可以用公司投资的机会成本或投资期望值衡量，也可以用资金实际来源的发生成本来计算。为了简化和方便，一般资金成本用银行贷款利息来计算。

因此，在报价时计算资金的占用成本，首先要对工程项目进行现金流分析，然后根据资金缺口额及持续时间、按银行同期贷款利率水平加权平均计算。

三、汇兑损失

汇兑损失(Exchange Loss)是指办理外汇买卖和兑换外币等业务产生的损失，即外币资金在使用时，或外币债权、外币债务在偿还时，由于期末汇率与记账汇率不同而发生的折合为记账本位币的差额，期末汇率低于记账汇率而折合为记账本位币的差额为汇兑损失；也就是说，若国内记账采用的是人民币为本位币，则按照期末(月度、季度或年度终了)规定汇率折合的记账人民币金额与原账面人民币金额之间的差额即为汇兑损失。

一般情况下，月(季、年)度记账汇率通常采用当月(季、年)1日中国人民银行公布的外汇牌价的中间价，不宜采用中间日期。而在投标报价时，则可按当时中国人民银行公布的外汇牌价的中间价计算汇兑损失。由于汇率变动造成的货币币值变化，应在风险费中的涨价费中考虑。

第三节 EPC临时设施和动遣费

EPC项目的生产与生活临时设施，使用者主要有总承包商、业主(含业主聘用的工程师、顾问或项目管理公司等)和分包商三类。不管该生产与生活临时设施是由业主提供，还是由总承包商统一规划、建设，抑或是施工分包商自建/租赁，由于使用者的不同，其费用的归属也各不相同。业主的临时设施及其运行费用一般可计入“项目其他费”项下的“业主其他费用”，总承包商使用的临时设施及其运行费用一般可计入“项目通用费用”项下的"EPC临时设施费"，而施工分包商的临时设施及其运行费用则计入施工间接费。

无论是总承包商使用的EPC临时设施（含生产、办公与生活营地），还是业主要求总承包商提供的临时设施，其建设/租赁及其运行的费用估算方法与施工临时设施一样，可按照项目执行计划中EPC临时设施方案，参照第七章第二节介绍的相应方法进行估算。

EPC项目管理服务与设计人员的动遣、撤离，以及项目执行期间按规定回国休假的差旅费，可参照施工人员与机具的动遣费计算方法进行估算。

第四节 总部管理费

说起总部管理费，许多企业的估算人员及其与费用相关的人员，通常都会不自觉地将总部管理费与利润捆绑在一起，有时习惯将两者合并计算。下面具体介绍一下这两者所包含的内容与区别。

一、总部管理费

不管工程项目规模的大小，每个承包商都会发生某些固定费用。这些项目费用通常按年估算，然后依据每年估算的总量按一定百分比扣除。总部管理费用包括但不限于以下一些费用项：

(1) 总部管理人员的薪金；

(2) 员工福利；

(3) 保险费；

(4) 办公楼等固定设施租金；

(5) 固定资产折旧；

(6) 办公文具及用品；

(7) 固定资产维修与维护；

(8) 采购与营销；

(9) 总部人员的差旅费；

(10) 业务执行费；

(11) 广告宣传费用。

比如，假设承包商每年的管理费为4800万美元，年营业额约为6亿美元，则总部管理费约为年营业额的8%。

企业将总部对工程项目提供的管理支持及相关费用分摊到项目上。企业对总部管理费用并不是完全依据其年度实际完成的工作量进行分摊，而是按企业规模在正常情况下需完成的产值测定一个基本费率，如3%，但企业有时也会根据实际情况对总部管理费费率进行调整。

二、利润

不同的承包商，其计算的方法可能会有所不同。利润取决于项目规模、竞争态势、经济状况、业主以及承包商自身对项目的关切度等因素，承包商经常按劳动力成本或全部直接及间接费用的0%～15%计取利润。然而，承包商可能也会"购买"一个工程项目；换句话说，承包商不预期获得赢利，甚至预期会亏损。对于一个承包商能很好履行的系列合同而言，这种情况并非少见。如果承包商在项目早期就开始准备，则其前期准备费用将会得到消化，对现场的实际费用也会更好地把握，承包商也会处于一个非常具有竞争性的地位，同时保持在随后合同中的赢利。在经济衰退时期，承包商可能会故意接受项目所带来的损失，因为该损失自然比企业因没有工程任务而被迫关门的损失要小得多。然而从长期来看，获利对承包商而言是必然的，企业投入的资金价值会产生回报，从而反映企业当前的投资收益。最终，承包商因承担这样的风险理应得到额外的利润作为回报。因此，利润是承包商作为承担某一工程项目风险及努力工作的补偿的资金价值，实质上是承包商在扣除项目全部工程直接与间接费用后的“剩余”部分，这也就是企业在工程项目投标报价中常常不单独考虑利润的原因。

第五节 税 费

一、与 EPC 项目有关的税收种类

各个国家的税收名目不尽相同，但主要可归纳为以下几类：

(1) 收益税类，指对企业或个人的纯收入或利润课征的税收。通常包括企业所得税、营业利润税和个人所得税。

(2) 流转税类，指以收入额为计征对象的一种税收。主要有营业税(合同税)、增值税(价值附加税)、消费税、各种进口物资的关税、许可证税、印花税和通行税等。

(3) 财产税类，有固定资产税、房产税、地产税等。

(4) 杂项税，国家或地方政府可能以各种名目征收的各种手续费，或用摊派名义征收的各类服务设施的费用等。

(5) 需交纳的社保基金。

与工程保险费用计算一样，工程费用估算中重点应考虑流转税的征收方法与征收环节。如个人所得税在劳动力费用中考虑；企业所得税是企业有利润的情况下才缴纳，故不应该在费用估算中计算；进口材料设备的关税需要在清关时缴纳，故通常计算在设备材料费中；通常，按费用估算总额计算营业税，但沙特阿拉伯没有营业税，故不需要计算该税费；进口增值税通常在设备材料进口清关时缴纳，在哈萨克斯坦需按最终的工程费用估算总价计算增值税，但进口增值税部分可作为进项税抵扣，等等。

二、工程项目税收示例

国际 EPC 项目的税收计算很复杂，往往涉及承包项目的合同架构与签订方式。现分别以在沙特阿拉伯和哈萨克斯坦执行 EPC 工程总承包项目为例，说明总承包项目可能涉及的税收及其计算方法。

(一) 沙特阿拉伯的税费

沙特阿拉伯有两大石油公司：一个是沙特阿拉伯国家石油公司(简称“沙特阿美”：SAUDI ARAMCO)，另一个是沙特基础工业公司(简称“沙比克”：SABIC)。这两大石油

公司发包的国际EPC项目，若项目由沙特境外的国际工程公司中标承包，则大多数情况下其签订的项目合同往往分为IK(In Kingdom)合同和OOK(Out of Kingdom)合同。IK合同针对沙特境内部分的工作，由国际工程公司在当地注册的公司与业主签订；OOK合同针对沙特境外部分的工作，由国际工程公司直接与业主签订合同。因此合同架构已基本确定，税收计算也相对较为简单。

1. 与工程项目有关的税收

(1) 外国公司(分支机构)企业所得税：按净利润的20%征收。

对外国公司经营所得利润征收所得税是沙特的基本税种，来自于营业销售和资本所得的利息被视为普通营业收入。所得税的扣交是通过付款人而并非所得收款人征收，尤其是未在税务总局登记的收款人。

(2) 净利润汇出境外：按汇出沙特阿拉伯境外外汇的5%征收。

(3) 预扣税。沙特政府对在本地没有永久性机构的非居民在沙特阿拉伯获得的款项按照以下税率征收预扣税：

1) 管理费(有管理服务合同的，如旅店管理和船运管理)为20%；

2) 技术使用费、支付给总公司或者关联公司的款项为15%；

3) 租金、支付提供技术或顾问服务费用、支付航空机票、支付货运或海运、支付国际电话服务、支付利息、支付保险或再保险、支付股息红利等为5%；

4) 其他付款为15%；

5) 若对于IK合同范围内的项目，若需改从沙特阿拉伯境外采购设备材料，则货款汇出沙特境外时，需要缴5%的预扣税。

(4) 沙特阿拉伯从事工程承包项目，没有营业税、增值税和个人所得税。

2. 关税

总体上说，沙特阿拉伯属于低关税国家，大部分进口产品被课以5%的关税，而进口那些与国内新兴工业有竞争的商品将被课以20%的关税。对于大多数工程项目的设备、大宗材料，可以以业主的名义申请免除关税，但手续烦琐，周期较长。

进口品需向海关交纳3%的附加税(相当于清关手续费)，所有免税货物也要交纳港口费。但委托清关代理公司的服务费需另行支付，进口货物到达港口后，给予14d的免费放置保管；超过14d的，则需支付滞港费。集装箱滞港费按SAR 100/标箱·天收取，散装货物收费标准与货物有关。

清关/运输代理商的选择也比较重要，直接影响到关税/免税申报和进口货物的清关速度。

对于临时进口的施工机械设备(指项目完工后再运出沙特且能监管的，但周转材料不行)需要向海关进行申请，申请滞留时间需在工程承包合同工期内，同时需提交等额于施工设备净值5%的关税的银行保函。若施工机械实际滞留时间超过银行保函的期限，则需提前一个月办理延期出口手续。

3. 政府收费

涉及沙特政府收费项目主要有：

(1) Block Visa(工作签证指标)：该指标正常申办费用为2400里亚尔/人，申办周期

4～6个月。但若通过代理商申办，费用最高达2400里亚尔/人+6000里亚尔/人·年(含沙化费用)，但协商后的代理费有可能降至1500里亚尔/人·年。

(2) IQAMA(临时身份证)，主要有以下一些费用项：

1) 办证费750里亚尔/人·年；

2) 体检费150～200里亚尔/人；

3) IQAMA Renew(临时身份证更新)：200里亚尔/人·年。

(二) 哈萨克斯坦的税费

1. 目前哈萨克斯坦与工程有关的主要税种

(1) 企业所得税：年度纳税比例20%，应纳税所得额为全年总收入和允许扣除项目的差额。作为一般性原则，允许扣除额包括所有为取得应纳税收入产生并有充足文档支持的费用(不包括某些特定的不可扣除或限制扣除的费用)。

(2) 财产税：财产税的对象是除交通工具以外的基本生产性和非生产性资产，税率为1.5%。

(3) 增值税：按纳税人销售额的12%计算缴纳(注：2007年为14%，2008年降为13%，2009年又降至12%)。

(4) 进口增值税：由进口方在清关时按照关税完税价格的12%缴纳，进口方可以将该进口增值税作为进项税抵扣。

(5) 个人所得税：2007年统一为10%(2007年之前为5%～20%的超额累进税制)。

(6) 社会税：雇主以及接受派遣人员的企业都必须按照11%的统一税率缴纳社会税，税基为减除强制性养老金后的工资总额。

(7) 职工社会义务保险税：工资的15%～20%，其中85%用于退休基金、10%用于医疗保险、5%用于社会保险金，但外国公民不需交纳退休基金。

(8) 红利税：在哈萨克斯坦的分公司需就扣除企业所得税后的净利润按15%的税率(国内税率)缴纳分公司利润税，但根据中哈两国税收协定，在获得中国居民纳税人证明的基础上，该红利税率可能减少到5%；子公司红利税为10%。

2. 进出口关税

哈萨克斯坦政府于2007年12月28日通过第1317号决议《哈萨克斯坦共和国对外经济活动商品目录和海关税》，分《进口关税》和《出口关税》两部分。计税方式分为"从价税"和"从量税"两种，并对部分商品规定了"最低从量限价"。从价税率等级分成0%、5%、10%、15%、20%、25%、30%共7档，平均税率为6.06%；从量税率仅对酒类商品。出口对6大类商品征收10%～20%不等的从价税率，同时规定了"最低从量限价"。征收出口关税的6大类商品中，包括了废钢铁、铁道及电车道铺轨用钢铁材料、铝制品、铁道及电车道机车或其他车辆的零件。若从中国采购钢材物资进口到哈萨克斯坦的项目上使用，则适用的关税税率为0%～15%。

第六节 试车和开车费

试车与开车费用通常包括试车与开车期间的支持或配合人工时费、公用消耗、备品备件，以及初始原料、润滑油、初装化学品和催化剂费用，具体的试车、开车工作范围应在费用估算策划中简述，并说明如何计算该费用，如以人员为基础，可根据历史数据测算得出的系数计算等。试车与施工工作界面可参照业主核准的机械完工定义来界定，试车和开车备件参照上述相关内容；试车和开车阶段第一次注入的润滑油、加热或冷却介质、化学品等，其数量由工艺组按照设备尺寸、厂商资料和工艺条件估算，催化剂和填料可与专利商、设计承包商和制造厂商商讨确定，其费用计算范围符合业主要求。

一、试车与开车服务工作内容

试车与开车服务内容包括总承包商所作的试车/开车准备、指导、技术监督、试车/开车、安全技术和操作维修等技术服务。

试车/开车由开车经理受项目经理委托组建开车管理组，负责具体的开车管理工作。开车管理组主要由工艺工程师、机械工程师、仪表工程师、电气工程师、开车工程师和开车安全工程师组成，同时包括开车保运组。

项目开车管理是EPC项目管理全过程中的综合阶段，是项目实施目标的检验阶段，涉及专利商、供货商、总承包商、施工分包商和业主等诸多方面的责任和协调工作。

试车/开车服务费指试车/开车期间(即机械完工后直到实现生产稳定状态)总承包商提供的劳动力支持与服务费用和相关材料，包括参与试车和开车管理人员、工程技术人员及直接劳动力的费用，以及试车与开车期间所需的水、电、气、风、燃料、润滑油等公用工程消耗和备品备件费，专利商和供应商代表服务费，首次充填催化剂和化学品费等。通常，试车和开车期间的物料由业主提供，公用工程消耗、催化剂、化学品大多数情况下由业主负责提供，但有时业主也会要求总承包商提供。

二、试车开车费用估算

(一) 试车与开车支持费

试车/开车阶段的服务与支持，主要指参与试车/开车的设计、技术、管理人员及直接劳动力的费用。对于总承包商来说，其提供的试车与开车服务人工时费用可根据试车/开车阶段的组织结构和项目劳动力资源计划(包括试车/开车管理、设计及技术支持人员和直接劳动力)统计人工时数，并根据支持与服务人员的相应岗位/工种的劳动力工资及津贴等综合计算。

(二) 备品备件费

试车与开车期间的备品备件根据需用量清单和供应商的报价确定。

(三) 公用工程消耗费用

理论上说，公用工程包括燃料、净蒸汽(即所需用的蒸汽减去装置自身生产的蒸汽量)、电与水，但在装置的投资中往往包括了所有蒸汽设施、变配电设施及水处理设施，也包括废水处理与废产品处理的费用。因此，这里公用工程假设：只有电力与燃料需外购；除燃料与电力费用外，其他操作所需的公用工程费用可以忽略不计。蒸汽的年成本中，绝大部分为燃料费。

在估算公用工程消耗费用时，必须首先确定各项公用工程的需求，其中包括对工厂照明等非生产项目的合理允许额。此外，还应对其他使用和不可预见费给予一个允许额。表3-40所示为典型项目所需公用工程的一览表，该表列出了计算项目投资所需的每台设备的公用工程汇总，还列出了计算操作费用所需的每台设备的公用工程消耗汇总数与化学品费用汇总。

除了公用工程一览表之外，也应对消耗方式进行审核，以确定是否每天以一个平均的速率消耗。如果消耗速率发生波动，那么公用工程的计价不应仅以总消耗量为基础，而应以峰值需求速率甚至是发生峰值需求速率那一天的时间为基础进行考虑。进一步需要考虑的问题是公用工程是否必须不间断地使用。如果有替代的公用工程源，或者能承受周期性的公用工程供应中断，则其速率所引起的费用比起不间断时的速率稍低。此外，估算也应考虑到在某些领域中，不间断速率是不可能的，如果居民用电的需求量超出可供应量，则电力公司就会在任何时候采取限电或拉闸措施。在该情况下，资本投资费用估算和营运费用估算均必须考虑到能替代的备用公用工程源，如应急发电机或能替代以燃料运行的燃机发电。

在通常情况下，公用工程费用随需求增加而减小。

估算人员必须从电力公司获取现行每千瓦时的电力单价，如果项目业主不外购电，而是从业主自有的发电系统取电，那么公用工程消耗费用计算必须按业主自己的发电系统为基础考虑。

蒸汽成本取决于很多因素，其中包括压力、燃料成本、温度、冷凝水热值等。如果业主没有蒸汽成本方面的有关数据，则在费用估算时必须考虑燃料成本、锅炉水处理成本、营运劳动力成本、投资的折旧额、维修保养费用以及其他与蒸汽生产相关的成本。按经验值，蒸汽成本可以按燃料成本的2～3倍估算。

水的成本变化量非常大，具体视所需的水质以及所需的水量而定。另外，如果水在排放之前发生污染，则必须将水的净化成本考虑在内。同理，如果水在处理过程中有热量，则必须将水的冷却成本考虑在内。大多数情况下，水不能直接排入河流或者自然地下水中，水必须在其质量和温度等于或优于其在河流或自然地下水抽取时的质量和温度才能排放。

燃料费通常随着所用的燃料类型、燃料热值以及燃料供应源不同而变化。估算时不单单考虑燃料的成本，而且也应考虑所需的燃烧设备类型以及燃料储存设施。通常情况下，通过这些因素可以确定出最便宜的可用燃料。

在估算过程中，必须对公用工程要求、设备、效率损失以及不可预见费进行考虑。一般情况下，公用工程的消耗量因为规模的经济性以及单位生产能力(或容量)或较大型工艺装置的生产可降低损失而并不与产量成正比。根据经验值，公用工程的消耗量与生产能力的0.9次方成比例，但并非与生产能力成线性比例。

对于正常的公用工程而言，必须在估算中考虑所有动设备的驱动机燃料动力和润滑油脂的费用。燃料成本应以各台设备的年运行小时数乘以每小时燃料消耗量，然后乘以所用燃料的现行成本为基础；润滑脂和润滑油的成本与燃料费成直接关系，通常约等于大部分设备类型燃料费的16%。

(四) 催化剂与化学品费

试车与开车期间的催化剂与化学品，指初装催化剂与化学品，不包括已在流动资金中计算的用于存储的催化剂和化学品。该初装费用具体应由设计人员根据装置工艺条件计算初装催化剂与化学品的需要量，并按相应的单价计算。每套装置的初装催化剂与化学品数量与费用均不一样，故应在估算报告中具体说明该项费用是如何进行估算的。

（五）原材料费

若业主需要EPC项目总承包商提供试车与开车阶段的原材料，则其费用可按以下方法估算。

根据特定的工艺流程，原材料成本是营运成本的一个主要部分。因此，必须以工艺流程表作为指导，编制出一份完整的、涵盖所有原材料的清单。编制原材料清单时，必须获取每项原材料以下一些信息：

（1）采购数量，如吨数等；

（2）单位成本；

（3）可用的材料来源；

（4）单位时间和/或生产单位所要求的数量；

（5）原材料的质量，指浓度、可接受的不纯度等。

在估算每项原材料的数量时，必须留有合适的裕度，以允许搬运和储存过程中的损失、流程中的浪费以及工艺不良品的存在。

通常原材料采购价格的获取渠道有很多，而且准确性也较高。一般情况下，其采购价格可向供应商直接获取，但也可以通过供应商价格表以及有关行业或机构公开发布的市场价格信息资料获得。

估算任何原材料成本时，需考虑并注意以下几方面问题：

（1）原材料成本会随着质量(如浓度、金属表面处理程度、不纯度等)不同而变化。通常质量越高，单位成本就越高，如试剂级盐酸采用5磅瓶盛装，而工业用盐酸(氯化钠)采用槽车或罐车运输，其成本更低。

（2）原材料的可获得性。即市场上是否有足够的供应能力来满足拟建工艺装置的需求，因为对某种原材料的需求突然增加较大会导致原材料价格的上涨，尤其是在该原材料的可用存量非常小或者该原材料只是其他工艺的副产品时价格上涨会较多。

（3）原材料价格通常可以商谈。商谈所得的折扣价通常比报价或公布的市场信息价低很多，若总承包商有相同或相似材料的采购议价经验，则也应考虑，并估算出可以获取的折扣额。

（4）应估算利用工厂自身或业主另一个工厂所生产或获取的原材料成本。该项成本往往容易疏忽，原因是这些原材料并不是通过采购获得。此类原材料应按照其市场价或业主账面值归为一种成本，所采用的市场价应为按照任何不由业主内部使用而引起的直接销售成本所修正的当前市场价。此外，必须考虑业主内部运输或输送所增加的成本。

（5）关于中间产品的原材料价格估算。如果目标原材料是一种未建立市场价格的中间产品，则其成本应以最相近且已建立市场价格的下游产品或材料的价格为基础，其成本等于该下游产品或材料的价格减去未发生的直接销售成本，然后加上业主内部转运成本，最后减去采用该中间产品而不再继续对其进行深加工所减免的操作成本。

（6）必须估算当做原材料的燃料费用。对于当做原材料的燃料，如在甲烷转化流程中所用的天然气，与其他任何原材料一样，应视作原材料。

(六) 培训费

工程实施的各个阶段均应考虑业主操作人员的培训与实习计划：

(1) 设计；

(2) 监督安装；

(3) 试车；

(4) 装置开车运行；

(5) 装置的技术维护和维修；

(6) 质量检查；

(7) 装置管理。

每一阶段的培训与实习应由理论课和实践课组成，并通过相关的以获得独立操作可能的考查或考试。实习的目的在于获得装置实际运行时所必需的理论知识和经验技巧，业主会在培训、实习的各阶段对其结果进行评估，并从整体上对全部培训计划进行评估。

因此，培训应包括对业主操作人员的理论培训、仿真模拟培训、同类装置实习培训，以及装置开车与运行上岗培训。

有时业主会要求总承包商提供与在建装置工艺流程及产能相似的同类装置组织对业主相关人员进行实习培训。培训内容、时间及培训费用应符合招标文件要求。

第七节 涨 价 费

涨价是费用估算与项目费用风险分析的一个重要组成部分。

一、涨价费概念

在项目管理过程中，涨价与风险分析原理一样，也可以通过一些合适的管理策略(比如分包、投标、加快进度、套期保值等)来缓解并控制这种风险。AACE对涨价的定义是：由于技术、经济或市场状况等外部因素的变化导致费用或价格的变化，这种变化即是涨价。外部因素主要有：通胀/紧缩市场价格的影响、市场竞争状况、科学技术、项目监管、行业/区域生产率等，不包括由于管理层对项目采取相应的措施而导致费用的变更等。

区分涨价、不可预见费与汇率变化很有必要，因为在经济动荡的今天，涨价风险常被企业管理层作为自身对项目执行不力而导致费用超支的一种借口。因为风险事件导致费用估算充满不可确定性，该风险分析是用来分析不可预见费的；虽然将涨价与汇率变化的风险相分离往往比较困难，但却很有必要，因为这两种风险所应对的策略有所不同。比如：汇率风险既可通过汇率的套期保值来缓解，也可采用汇率保险来转移汇率风险；涨价既可通过商品的套期保值来缓解，也可通过签订商品交易合同并支付一定的定金来提前锁定价格，等等。

在费用估算的过程中，可以用来确定涨价的参数主要有费用、进度、现金流与价格指数，这四个参数均可以通过历史数据或者有经验的估算人员/经济学家来确定。然而，由于市场环境的变化、通胀/紧缩的经济环境与进度的不确定性，导致这四个参数的确定充满着不确定性特征，难以精确的测算，因此在此引入了蒙特卡罗模拟分析方法，集成这四种参数来确定合理的涨价费。下面分别介绍这四个主要参数。

1. 费用

通过定义费用项的概率分布函数，采用范围估计、参数估计与期望值估计等方法得出总费用的累计概率分布函数，确定在一定置信度情况下的不可预见费水平，以包括不可预见费的总费用概率分布函数为基础来测算涨价费，该概念将在后面章节中予以详细介绍。该参数与进度息息相关，与价格指数无关；也就是说在测算涨价费的时候，不需要考虑费用项与涨价费之间的相关系数。

2. 进度

这里的进度是指每个费用项发生的时间点，而不是工作/活动项的进度。在关键路径上，费用项进度与活动进度相一致，但在非关键路径上，这两种进度并不总是一致的。一般是将费用项进度的开始时间固定，完工时间设定为某种概率分布函数，比如三角分布，以此来体现进度的不确定性特征。该参数与费用相关性较强，与价格指数独立。

3. 现金流

鉴于现金流计算比较复杂，且该现金流相对于费用、进度而言对涨价费的不确定性特征影响不大，因此在实际测算过程中，现金流采用确定性特征。

4. 价格指数

经济学家一般通过市场调研来获得价格指数，一些历史数据(如 CPI、PPI 等)也可以通过一些政府统计机构来获得，比如美国劳动部、欧盟统计局与加拿大统计局等。他们主要通过工业生产者价格指数(PPI)来反映设备与材料价格的上涨或下跌，利用消费者价格指数(CPI)来反映劳动力成本的变化，一些企业甚至直接采用 CPI 作为涨价测算的基础。一些经济学家也采用工资价格水平、就业成本指数、平均小时工资费率、劳动生产效率等来反映劳动力成本的变化。

经济学家对这些指数有很多科学的预测方法，但估算人员发现有时候这些预测值并不适用，因为有时候估算人员关注的费用项涨价并不直接从经济学家预测的数值中找到，因此将两者结合起来使用是一种明智的选择。

由于近期宏观经济环境动荡，价格不确定性水平很高，因此可以说这些指数的涨/跌幅度定义为某种概率分布函数，通过历史数据的拟合或专家经验来确定价格指数涨/跌幅度的最小值、最可能值与最大值，以此来模拟出涨价费。价格指数与其他参数相互独立。

这种基于蒙特卡罗模拟分析的涨价费的确定方法，主要有如下一些优缺点：

优点：(1)与不可预见费、涨价风险分析方法及程序相一致；(2)为决策者提供考虑风险的决策支持信息；(3)集成多种通用的涨价费确定方法；(4)采用蒙特卡罗模拟分析技术；

缺点：(1)价格精确预测比较困难；(2)有时候综合考虑四个参数不确定性特征显得费力、费时。

二、涨价费估算程序

在计算涨价费时，不宜在总费用上使用涨价率，而是应分析各涨价率所对应主要费用组成项的具体价格变动情况，分别按各主要费用组成项的价格乘以对应的涨价率，计算出整体的综合涨价值。通常，涨价值可简单地按下述程序进行估算。

(1) 确定主要费用组成项的构成百分比与费用细项。

(2) 确定每个主要费用组成项的涨价率。涨价率的确定可以基于判断作出，也可以基于公布的预测做出；一般基于一定时期(通常为“年”)的涨价率，再按该项费用发生时间计算出该组成项的涨价率。

(3) 确定项目的进度计划。

此是本估算方法最关键的环节，因为主要费用项不在同一时间开始和结束，故在判断中必须考虑适用于每个主要费用项的时间间隔。如设计完成后，接着是设备材料的采购，而工程施工和分包在设备材料运抵作业现场后开始工作。主要费用项的结束也遵循一个类似的程序。

涨价值按各主要费用组成项的中心点时间(即消耗一半成本时的时间)计算。

(4) 按各费用组成项的成本占比与相应的涨价率计算整体涨价值。

计算涨价值时必然要使用到涨价率。对于短期项目来说，涨价率对项目成本估算的影响相对较小，但错误的涨价率和费用组成项类别假设可能会导致较大的差异；对于较长周期项目来讲，涨价率对估算成本增加的影响较大，尤其是估算期长达几年时间时影响更大。合适的做法是分别对各主要费用组成项考虑涨价率的基础上再计算整体的涨价值。

【例 8-1】 假如某工程项目费用由以下 4 个细项组成：①设备材料采购费；②施工费；③工程分包费；④设计费。

相关的数据假设如下：

(1) 基于 2011 年年底的估算费用为 25000 万元；

(2) 费用组成项百分比：设计费 12%，设备材料采购费 53%，施工费 25%，分包工程费 10%；

(3) 工程项目进度计划见图 8-1 所示；每个费用组成项都从同一时间点开始，估算时间如图 8-1 所示作为基准时间；

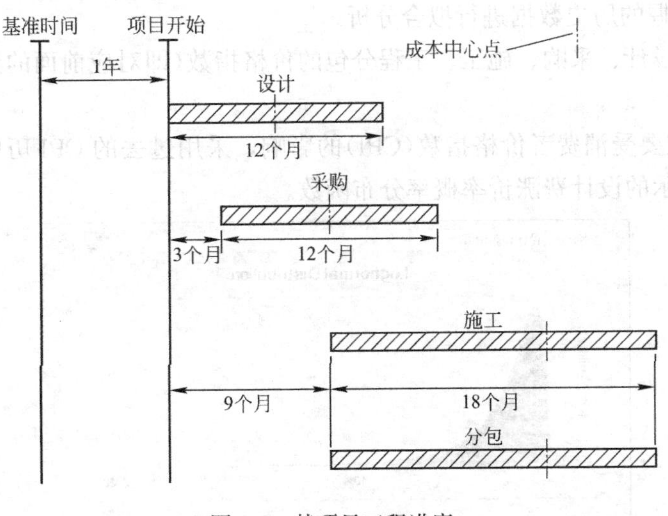

图 8-1　某项目工程进度

(4) 每年的涨价率分别为：采购 8%、施工 6%、分包合同 7%、设计 4%。

试估算该项目的整体涨价值。

【分析】 在本例子中，对于设计和采购费，其成本中心点约在整个时间段的一半处；对于施工和分包工程费，成本中心点约在整个时间段的 2/3 处，相对于基准时间的成本中心点为：

(1) 设计：1 年＋1/2×12 个月＝ 1.5 年；

(2) 采购：1 年＋3 个月＋1/2×12 个月＝1.75 年；

(3) 施工：1 年＋9 个月＋2/3×18 个月＝ 2.75 年；

(4) 工程分包：与施工费的计算一致，为 2.75 年。

解： 首先根据各费用组成项的成本发生中心点时间和年涨价率，计算该细项的涨价率，然后据此计算各组成项涨价后的金额，将包括涨价在内的费用总额减去原估算费用额，即为涨价额。

包括涨价值在内的各项目费用额为：

设计：　$25000\times12\%\times(1+4\%)^{1.5}=3182$(万元)

采购：　$25000\times53\%\times(1+8\%)^{1.75}=15160$(万元)

施工：　$25000\times25\%\times(1+6\%)^{2.75}=7336$(万元)

分包：　$25000\times10\%\times(1+7\%)^{2.75}=3011$(万元)

含涨价值的费用估算总额为：3182＋15160＋7336＋3011＝28689(万元)

故该项目的涨价额为：28689 万元－25000 万元 ＝ 3689 万元。

在例 8-1 中，关于涨价率与费用进度都是作为一个固定的点值进行预测，但在实际操作过程中，这两者往往是围绕该点值(作为最可能值)而上下或前后变动，因此，涨价值也是一个相对的范围值，它可采用蒙特卡罗模拟分析技术来估算。下面为了说明问题，用到的历史数据是按给定的涨价率条件根据近几年数据模拟，但在具体的工程项目应用时应根据估算当时所掌握的历史数据进行拟合分析。

(1) 将影响设计、采购、施工、工程分包的价格指数(即对应前面的涨价率)定义为概率分布函数。

1) 设计费主要受消费者价格指数(CPI)的影响，采用过去的 CPI 历史数据进行拟合，得到如图 8-2 所示的设计费涨价率概率分布函数。

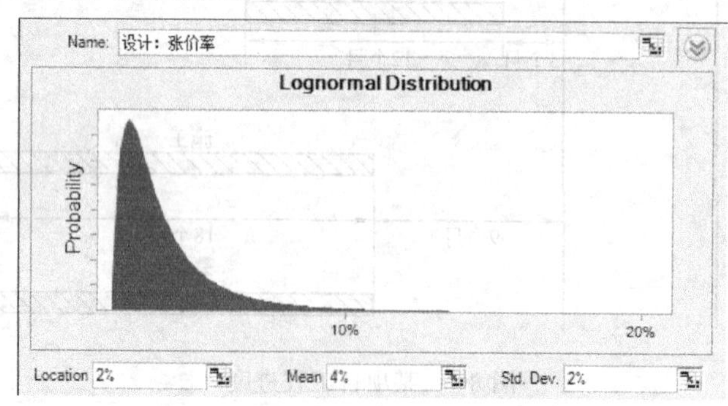

图 8-2　设计涨价率对数正态分布

2）采购受到钢材材质（如碳钢、不锈钢和铜）的影响，选用MEPS黑色金属指数与LME铜价指数统计数据，通过将不同材质钢材的历史数据拟合成概率分布函数，并综合这些概率分布得到采购涨价率的分布函数如图8-3所示。

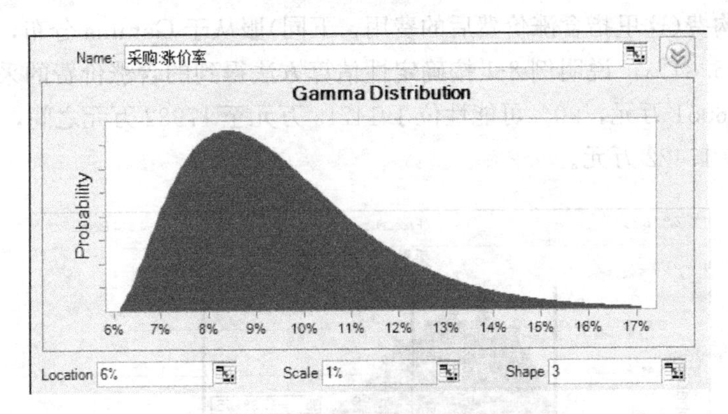

图8-3　采购涨价率Gamma概率分布

3）施工、工程分包费用主要受CPI与PPI（工业生产者价格指数）的影响，利用CPI与PPI指数拟合得到施工涨价率的概率分布函数如图8-4所示，工程分包涨价率类似。

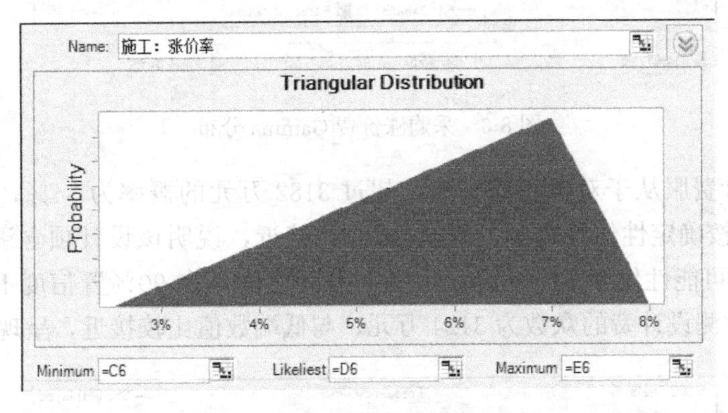

图8-4　施工涨价率三角概率分布

（2）将设计、采购、施工与分包的进度分别定义为三角分布，图8-5是采购进度的三角分布图，设计、施工与分包等其他费用的进度概率分布与此类似。

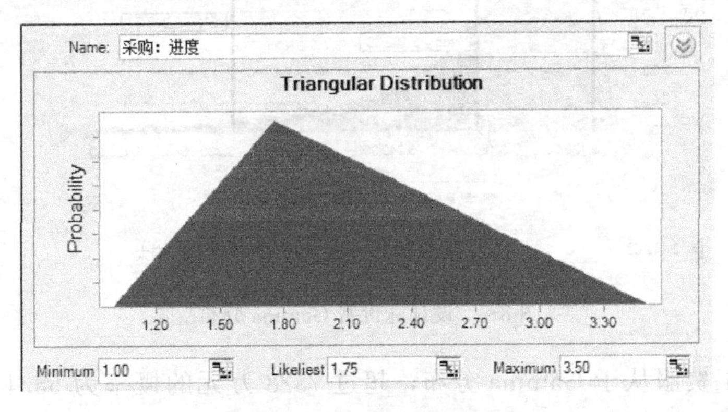

图8-5　采购进度三角概率分布

(3) 通过水晶球(Crystal Ball)软件对其进行5000次模拟，分别得出采购、设计、施工、工程分包，以及整个项目含涨价费的费用概率分布，如图8-6～图8-10所示。从这些图中可以看出：

1) 预测采购费(这里指含涨价费后的费用，下同)服从于Gamma分布，超过14672万元的概率高达95.84%，说明例8-1按确定性估算方法得到的含涨价费的采购费15160偏低，平均值为16051万元，90%可能性位于14715万元至17982万元之间，在90%置信度下预测采购费为17422万元。

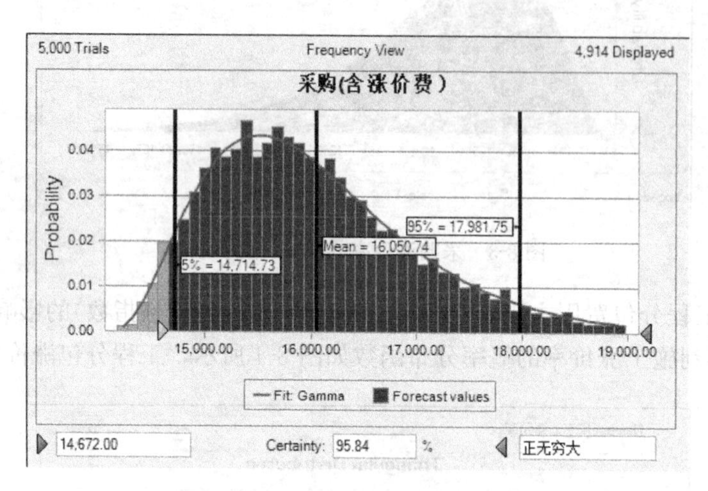

图8-6　采购涨价费Gamma分布

2) 预测设计费服从于对数正态分布，超过3182万元的概率为34%，平均值为3182万元，与例8-1按确定性估算得到的3182万元相接近，说明该设计项含涨价的费用计算较为合理，90%可能性位于3106万元至3344万元之间，在90%置信度下预测设计费为3279万元，但预测设计费的众数为3124万元，与低端数值比较接近，呈现正偏态分布。

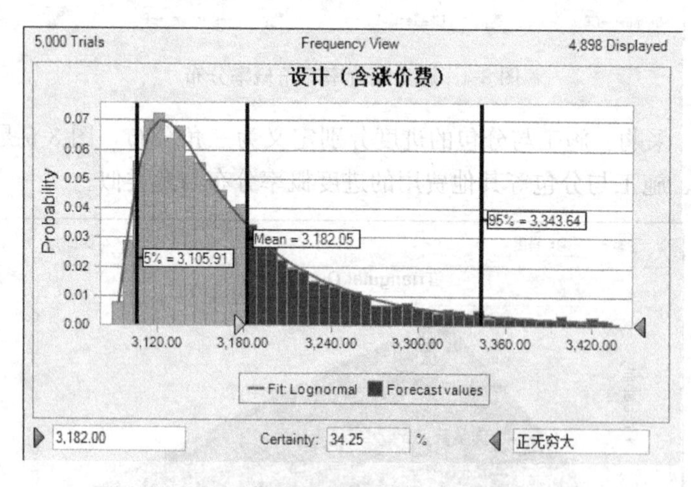

图8-7　设计涨价费Gamma分布

3) 预测施工费服从于Gamma分布，超过7528万元的概率为55.44%，平均值为7665万元，与例8-1按确定性估算得到的7336万元相差不大，说明该施工项含涨价的费用计算较为合理，90％可能性位于 6971 万元至 8621 万元之间，在 90％置信度下预测施工费为 8354 万元。

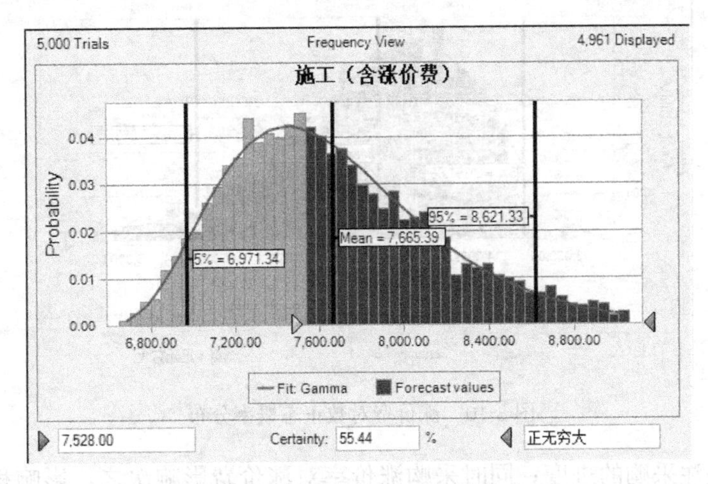

图 8-8　施工涨价费 Gamma 分布

4）预测分包费服从于 Gamma 分布，超过 3011 万元的概率为 54.4％，平均值为 3069 万元，与例 8-1 按确定性估算得到的 3011 万元相差不大，说明该分包项含涨价的费用计算较为合理，90％可能性位于 2789 万元至 3455 万元之间，在 90％置信度下预测分包费为 3343 万元。

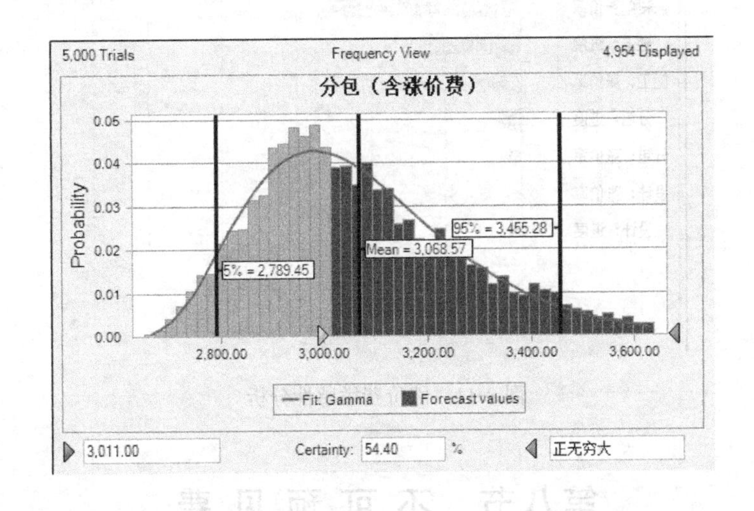

图 8-9　分包涨价费 Gamma 分布

5）模拟分析得到的整个项目含涨价在内的费用总额的概率分布如图 8-10 所示，从图中可以得出：按例 8-1 确定性估算得到的 3689 万涨价费严重偏低。超过的概率高达 94.41％，90％的可能性处在 3352 万元至 7093 万元之间，平均值为 5007 万元，在 90％置信度下涨价费为 6526 万元，服从于对数正态分布。

对涨价费的各构成要素进行敏感性分析，得到的结果如图 8-11 所示。从该图中可以看出：采购进度对涨价费的影响最大，达到了 46.6％。因此，在投标报价及项目执行阶

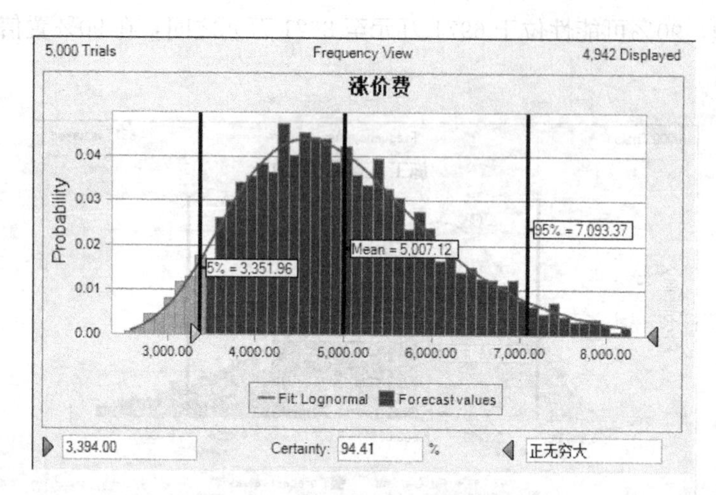

图 8-10　涨价费对数正态概率分布

段，需要重点关注采购的进度；同时采购涨价率对涨价费影响次之，影响程度为 27.1%，因此应关注不同材质钢材的涨价情况，做好风险应对策略，将费用控制在预算范围内。

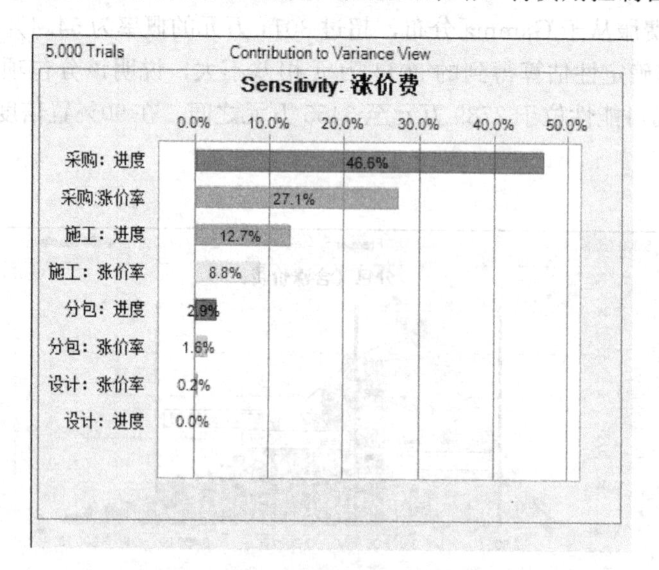

图 8-11　涨价费敏感性分析

第八节　不可预见费

一、不可预见费基本概念

不可预见费的定义在国际工程造价界中颇有争议。目前，国际上有关协会组织对不可预见费的定义主要有以下几种。

AACE 对不可预见费的定义为：针对其状态、发生和/或影响不确定且经验表明其发生很可能导致额外费用的项目、条件或事件的估算所追加的金额，它一般在以往资产或项目经验的基础上采用统计分析或判断的方法进行估算。通常不包括：(1)关键范围变更，如最终产品规格、能力、建筑规模以及资产或项目位置的变更；(2)非常事件，如大型罢工及自然灾害；(3)管理储备；(4)涨价及货币影响。其状态、发生和/或影响不确定的项目、条件或事件包括但不限于：(1)规划与估算错误及遗漏；(2)小幅的价格波动(并非普遍上涨)；(3)项目范围内的设计开发与变更；(4)市场与环境条件的变更。通常费用估算中都包括不可预见费，且工程实施中会或多或少发生支出。

ICEC 将不可预见费定义为：在估算中增加的总额，以包容不确定状态、存在和/或影响引起以及根据经验可能会发生的项目、情况或事件，通常根据过往资产或项目经验通过统计分析或判断进行估算。不可预见费不包括：(1)主要范围更改，如最后产品规格、容量、建筑物尺寸和资产或项目位置的变更；(2)异常事件，如大罢工和自然灾害；(3)管理储备金；(4)物价上涨和货币影响。不确定状态、存在和/或影响引起以及根据经验可能会发生的项目、情况或因素包括但不限于：(1)错误和疏忽的计划和估算；(2)小幅价格波动(非一般物价上涨)；(3)范围内的设计开发和变更；(4)市场和环境条件的变动。费用估算中通常包括不可预见费，而且会控制在预期范围内。

英国造价工程师协会对不可预见费的定义最为简单：在已定义项目范围内未能预测，但确实存在的预算费用。

基于上述三种不可预见费定义的理解和提炼，不可预见费的解释如第一章第二节所述。

二、不可预见费的使用

不可预见费在费用估算中最容易被误解，这是因为项目团队的各成员都从其各自不同的角度看待不可预见费。项目经理可能希望项目预算包括尽可能多的资金，以便确保实际费用不会超出预算；他还希望自己能够把大笔不可预见费计入费用估算。设计经理可能希望用不可预见费填补设计超支，而施工经理则不希望设计部门使用不可预见费，那样他就可以把不可预见费用于填补施工超支；企业管理层则可能会认为所有不可预见费都只是费用估算的“浮报”，只有项目管理不善，才需动用不可预见费。

对于估算人员来说，不可预见费是指为应对估算过程固有的不确定性因素的影响而计入费用估算的款项。因为费用估算不是一门精确的科学，所以需要加上不可预见费。估算人员认为，把不可预见费加在之前得出的点估算费用上，在保持项目范围相对不变和费用估算的假设前提下，有可能确保实际费用不超出费用估算。根据费用估算的其中一个定义，费用估算是按照某个复杂方程式计算得出的期望数值，这个方程式由若干概率费用项组成，每个概率费用项在定义范围内随机变化。正是因为费用估算各组成要素的数值具有可变性，使得估算总额本身也具有可变性。

图 8-12 和图 8-13 分别说明了费用估算单个组成项的不同潜在变化情况。图 8-12 中，估算项的可变性在 100 美元估算值附近呈正态概率分布，其中，实际费用低于费用估算的概率(即垂直虚线左侧的曲线下方表示区域)为 50%，实际费用超出费用估算的概率(即垂直虚线右侧的曲线下方表示区域)也是 50%。该估算项的估算费用为 100 美元，但是费用估算精度范围是 50 美元到 150 美元，或者说估算精度范围是－50%～＋50%。但是在费用估算中，大多数费用组成项的可变性并非呈正态概率分布，而是呈偏态分布。

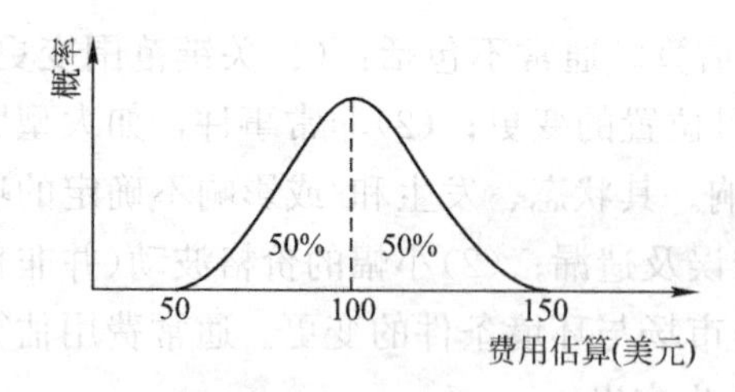

图 8-12　估算项的可变性呈正态概率分布

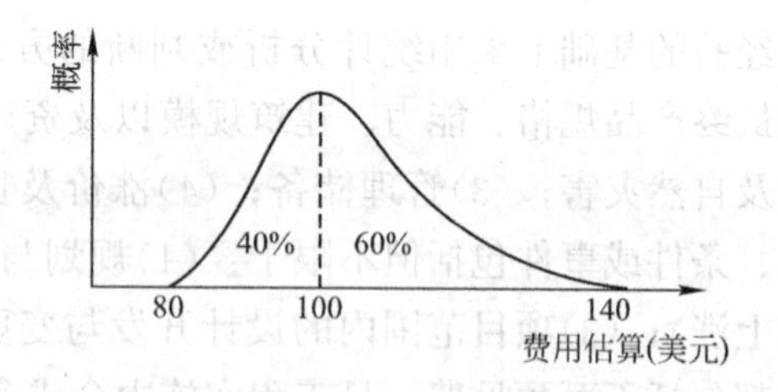

图 8-13　估算项的可变性呈正偏态概率分布

在图 8-13 中，费用估算的精度范围向高端倾斜。该单个估算组成项的费用估算为 100 美元，但是费用估算精度范围是 80 美元至 140 美元，或者说是－20%～＋40%；也就是说，实际费用低于费用估算的概率只有 40%，而实际费用高于费用估算的概率为 60%。为了均衡超出估算和不超估算的概率，需要在之前得出的 100 美元点估算值基础上再增加一定数额的款项，该款项就是不可预见费。不可预见费不会改变 80 美元至 140 美元的整体精度范围，但它可以提高不超过估算的概率，减低超出估算的概率(或风险)。

费用估算中，大多数组成项的费用呈一定程度的偏斜度，而且通常偏向高端值；也就是说，实际费用超出费用估算的概率高于实际费用不超出费用估算的概率。但是，也有一些组成项向低值偏斜。整个费用估算的可变性与各个费用组成项的可变性存在着函数关系。由于大多数费用项的概率分布偏向高值，故费用估算的最终费用概率分布也常常偏向高值。因此，不可预见费通常是一笔起着积极作用的资金，用于平衡点估算值附近的可变性，并把实际费用超出点估算费用的概率降低到合理限度内。

通常，不可预见费可用来弥补以下一些费用项：

(1) 估算过程的误差和遗漏；

(2) 与工程量有关的变更；

(3) 估算编制时，因尚未完善而不能确定最终工程量的设计；

(4) 无需精确量化但需估算的费用项；

(5) 通常运用系数法或其他概念估算法计算并量化的费用项；

(6) 安装费用的变化；

(7) 气候条件变化的影响；

(8) 工资费率的变化；

(9) 材料和设备费的变化；

(10) 部分建筑材料被替代而导致的材料和设备费变化；

(11)可能影响项目执行计划的工程量的变化。

但是，不可预见费并不适用于下列情形：

(1) 项目范围的重大变更；

(2) 不能预见的大规模停工，如罢工等；

(3) 自然灾害，如暴风、飓风等；

(4) 不能预见的过度通货膨胀；

(5) 不能预见的过度货币币值波动；

(6) 属于涨价费范畴的一些因素，如：因通货膨胀、人员结构变化、可用劳动力和市场情况变化而导致的工资变化，因通货膨胀和市场情况而导致的材料和设备费变化，劳动生产力的变化，劳动力的可用资源、技能和劳动效率的变化等。

三、费用风险分析

费用风险分析过程有助于理解实际费用超出或低于具体费用估算值的概率。费用风险分析从科学的角度解释费用估算的不确定性，并帮助确定计入费用估算中不可预见费的数额。费用风险分析的目的是提高项目评估的准确性，而不是提高费用估算的精度。

费用风险分析常常使用可行的模型来确定项目费用总额可能的取值范围附近的综合概率分布，以便将费用风险水平和特定项目费用联系起来。如果假设原始的点估算费用值大约位于项目实际费用范围的中心位置，那就是说最终费用超过费用估算(不包括不可预见费)的概率为50%。在实际工作中，费用超支的概率大于费用盈余的概率。这就是说，项目最终费用呈偏态分布，最终实际费用超过点估算费用值的概率超过50%，历史数据亦证明如此。

比较常用的两种费用风险分析方法为：

(1) 战略风险分析模型，即衡量项目确定程度和项目技术复杂性，以确定项目费用的系统性风险；

(2) 项目特有的详细风险分析模型，即衡量各估算构成要素的精度范围，以确定项目费用项特有的风险。

两种风险分析模型都可得出预期项目最终费用的概率分布图，以及置信水平与最终费用值的具体计算表。最终费用的概率分布图可用于确定包括在费用估算中不可预见费的数额。通常情况下，管理层会根据其愿意接受的风险水平来确定不可预见费的数额。确定的费用与原始点估算费用值之间的差额就是不可预见费的数额。

表 8-1 所示为根据典型风险分析模型得出的累计概率分布表。在该示例中，原始点估算费用值(即加上不可预见费之前)为 2330 万美元。从表 8-1 中可以看出，实际费用不超过(即低于)2330 万美元原始点估算费用的概率只有 20%。

项目费用估算的累计概率分布 **表 8-1**

不超过估算的累计概率	确定的资金额(万美元)	估算的不可预见费(万美元)	相对增加率(%)
0%	1850		
10%	2230		
20%	2330	0	0.0%
30%	2420		
40%	2480		
50%	2540	210	9.0%
60%	2600		
70%	2660	330	14.2%
80%	2740		
90%	2860		
100%	3250		

如果要使实际费用低于费用估算的概率达到 50%，也就是说实际费用超过费用估算的

概率也为50%，那么需要为项目提供2540万美元的资金。这就意味着要在费用估算中增加210万美元的不可预见费，增加的数额相当于原始点估算费用的9.0%。如果要使实际费用低于费用估算的概率达到70%，就需要提供2660万美元资金，也就是说要在费用估算中增加330万美元的不可预见费，增加额相当于原始点估算费用的14.2%。

上述费用风险分析模型的分析结果，如图8-14所示。从图8-14可见，增加不可预见费数额，实际费用低于项目估算费用(点估算费用值加上不可预见费)的概率也随之增加。这说明不可预见费并不能提高费用估算的整体精度。在该示例中，不可预见费并没改变1850万美元至3250万美元的整体精度范围。但是，如果使用得当的话，不可预见费能够降低与费用估算相关的风险，改善项目评估的结论。费用风险分析不但能够有效确定不可预见费的数额，为管理层提供关于项目估算变化性的信息，而且在建立费用风险分析模型的过程中，常常可以发现在项目中风险与机会并存。这样，既可以针对风险较高的费用项，采取措施降低费用所带来的超支风险，又可以关注风险较低的费用项，充分利用这些费用项提高实现赢利的机会。

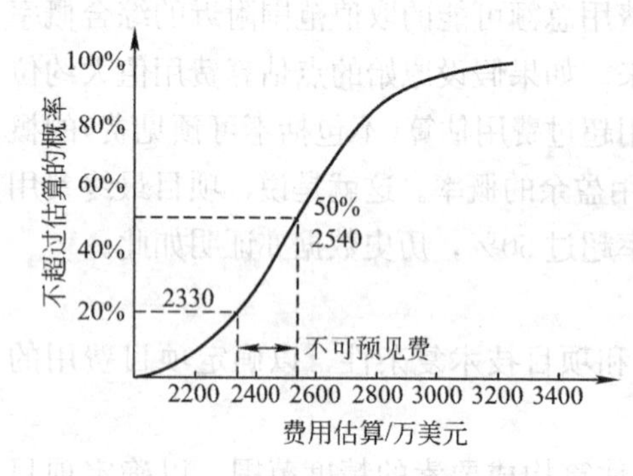

图8-14 项目费用估算的概率分布

有关费用风险分析的更多知识与不可预见费的估算方法详见第十章“基于风险驱动的项目费用量化分析方法”中的相关内容。

第九章　审查评估与估算分析

费用估算是工程项目投资决策或投标报价的核心工作，而对估算进行审查及审批则是费用估算过程中必不可少的步骤。本章界定了费用估算的审查、审批和文件交付过程的基本要素，规定了费用估算的审查、审批和文件交付的工作程序，为负责或参与估算审查的人员的审查工作提供了指导原则。

第一节　估算过程审查

估算的目的是预测项目可能发生的费用。估算评审的目的是确定费用估算编制的质量和精度。估算分析与审查评估应确保估算人员使用了合适的估算方法、流程、技巧、数据和指导方针进行估算编制。运用结构化的估算审查评估周期和估算审查评估技巧，有助于确保估算的质量和一致性，从而有效地支持决策层的决策过程。

一、估算审查的组织准备

必须指定专门人员负责审查进度计划和管理工作。费用估算审查过程中可能包括多个审查会议。估算负责人通常先对相关要求和计划进行评估，然后设立审查组并确定审查组各成员的角色和责任。总体来讲，向项目估算提供重要信息、参与估算准备工作或负责估算费用管理的人员，都应在适当阶段参与审查组的活动。通常，企业管理层只参与最终审查，或只有必须立即做出决定时才参与，然而费用估算的最佳实践已经证明企业管理层自始至终参与审查会使最终审查效率更高，分歧更少。

大多数审查中(最终管理层审查除外)，审查组应包括下列人员：估算负责人，进度及计划负责人，以及主要设计人员、采购负责人、施工经理、计划工程师等关键费用信息提供人参加与其相关部分的估算审查会。涉及的人员没有上限，应考虑所有提供费用依据或专业知识的人员(如安全、质量、施工管理、财务、法律等)参加审查会。在整个审查会议期间，应指定专门的会议记录人员对会议内容进行记录，并形成会议纪要。对估算组的初级人员来讲，参加审查过程是很好的锻炼机会。

在估算审查及验证期间，需要考虑“独立性”的问题，以获得客观公正、无偏见的审查结果。在任何情况下，所有准备估算审查的人员都不应过多地受管理层的影响。

组织估算审查时需注意：确保估算编制统一规定文件(BOE)能支持审查，且审查后还应根据需要进行修改完善，以便支撑后续的投标澄清及中标后的变更管理过程。估算编制统一规定是估算审查的关键依据，不但给出了作为估算编制的依据文件，还列出了很多其他文件。估算编制统一规定之所以很关键，还在于每一个项目如果要实现有效变更管理都必须依据估算编制统一规定文件。所有的估算依据文件均应作为审查依据收集并集中成册，并且在审查前发给审查组的每一位成员。对于EPC项目的费用估算审查，建议给审查参与人员至少留出2天时间来研究这方面的资料。

二、估算的初步审查

（一）工程技术组审查

工程量是估算价格的基础和源头，因此，估算审查首先应从工程设计开始。工程技术组重点对设计工程量和项目范围进行审查。凡制定工程设计依据文件（包括编制项目执行计划和进度计划、图纸、设备材料清单等）的主要人员应和估算负责人及估算组一起参与该审查。工程技术组应深入评估估算和估算编制统一规定，以确定其能准确体现项目范围。大多数情况下，工程技术组成员也将负责管理正在进行的费用估算的部分工作。

工程量审查中一个关键环节就是列出所有准备估算时用到的图纸、工程图、规格书和其他交付的技术文件，并确保其完整性，且是最新版。检查并确保估算和进度表内容相吻合，即审核进度表文件的依据是否前后连贯一致。同时，工程技术组必须树立信心，相信交付的文件资料已经先行量化，或在估算中已予以合理量化。

通常，项目早期阶段完整的估算包括两个方面的要求：（1）全面，如能满足AACE 4级或5级精度的项目估算；（2）作为下一个项目阶段中对工程技术组工作进度和费用估算（即相当于AACE 3级或2级详细估算，用作下一个阶段）的控制依据。由于估算的费用可作为预算的目标，同样应获得工程技术组必要的认同。

（二）费用估算组审查

费用审查一般由估算负责人组织该费用估算编制组成员进行审查，但对于大型EPC项目或重要项目，需由项目组费用估算部门经理或主管组织；必要时可考虑在企业内部建立一个由其他经验丰富的估算人员组成的“同行审查”组进行审查。由于这些人员轮流担当“同行审查”的角色，因而能保证客观、公正，达到相互交流、学习的目的，并使企业的所有估算连贯、一致。

初步审查将评估估算的范围是否完全量化，估算文件编制是否完整，是否按估算编制统一规定文件进行编制，并符合项目、合同或企业的指导原则；然后由一个或几个熟悉企业审查程序或估算格式的人员进行详细的计算检查，主要审查以下内容：

（1）各种计量单位与货币单位的换算；

（2）单价与合价；

（3）总价与分项价的计算公式；

（4）无费用计算遗漏或重复；

（5）小数点无误等。

估算组的审查要确保费用估算与估算编制统一规定相一致。估算编制统一规定通常包含的信息很多，包括但不限于以下一些内容：

（1）工程设计依据，包括范围、工程设计所不包括的内容等；

（2）进度依据，包括项目策略、里程碑、正常工作时间的假设等；

（3）费用依据，包括定价来源、裕量、因子、比率、外汇汇率、费用增加或减少的原因等；

(4) 风险依据，包括涨价费、不可预见费的估算方法等。

与估算编制统一规定相似，费用估算组应确保其编制的指导原则恰当。这些指导原则可能会确定必需的方法、工具、费用结构和模式等等，也可能会确定审查本身的组织形式。随着估算范围、费用和重要性的不同，对不同等级的估算审查的组织模式也会有所不同。

(三) 项目组审查

费用估算组和工程技术组对估算详细审查后，交由项目经理和投标项目组的其他核心成员进行审查。此时的目标就是赢得整个投标项目组对估算的支持，特别是项目经理的支持，这也是通过全面验证和质量审查的前提。

项目组审查的第一步就是由项目组和项目经理检查估算文件，包括估算编制统一规定、估算概述和费用估算明细，目的是确保估算易于理解、完整一致、可重复、可追溯且可辩解说明。项目经理必须充分理解估算的编制方式，因为项目经理需要将估算提交给上层管理人员，并予以解释说明；整个项目组也应该理解全部估算文件、估算形式和估算内容。然后由项目组的其他主要成员(项目控制、施工、试车等相关人员)来对估算中属于各自负责工作范围内的费用内容进行检查，以获得认可，即估算中的内容(包括项目安全、执行策略、进度、可施工性、开车需要等)与相应的专业人员理解一致。

下面分别说明估算审查时项目经理应关注的几个关键点。

1. 估算验证

大多数企业都实行项目经理负责制，因此项目经理往往都是项目费用估算结果的最终负责人。项目经理应仔细核查估算的基础，对估算的合理性及竞争性进行验证。大多数有经验的项目经理会根据自己的经验来验证估算。

费用估算应包括估算数据审查分析报告，包括关键基准率和因子与类似项目的历史数据、企业的费用指标(如关键绩效指标)或来自外部的基准进行比较分析。费用估算完成时，估算的精度应该通过独立审查过程对项目主要部分以及整体进行验证。验证主要是为了确保估算中关键指标和类似项目中同一指标相一致，或者有所提高。可以说，估算验证从一个独特、客观的角度对估算进行了一次全面审查。如果发现有大的出入，必须进行解释说明。估算验证指标可能包括总体指标(如设计费用占项目造价的比例)及各项详细指标(如各专业劳动效率、单价水平)。估算验证通常也可采用更加综合的指标来核查估算。同样，任何和估算有明显出入之处也必须能解释说明。

验证开始时，首先将估算的设计费、项目管理服务费、劳动力和设备材料的价格水平(或百分比)等主要指标与企业或行业正常范围进行比较；然后将估算项目的主要组成部分(如建筑物、管道)与类似项目加以比较，以确保费用估算能与实际费用相一致；最后以一个类似的已完成项目为基础，再对类似项目与估算项目之间的费用差异进行定量比较后，判断这一新数值是否接近估算的数值。这种验证有助于解释计划项目与其他项目之间有何不同或相似，并且可指出哪一部分应进一步验证。当上述验证完成后，可以判断估算是否合理。

2. 估算的风险分析依据

任何估算费用的发生本质上都服从一定的概率分布。项目费用很大程度上取决于执行过程中所遇到的风险事件，因此，费用估算和风险分析之间有直接关系。项目经理和项目组应该对估算的风险依据进行审查，并且应认可与项目有关的费用风险分析；特别是项目经理，必须认同估算中给出的风险因素、风险评价、出现的概率、发生意外的次数，以便能在后续的管理层审查中说清楚。其他风险费(如涨价费)也应能够说明原因，并且应形成相应的书面文档，便于理解。

3. 根据历史上成功项目的估算进行调整

项目经理通常很乐意根据历史上获得成功的项目估算对目前的估算进行调整。所以弄清楚历史项目与当前项目之间的差别及产生差别的原因有助于增加目前估算的置信度。这种调整通常应在管理层审查时作详细介绍，但是不应涉及过多的细节内容，同时应该准备好可用于调整的备用方案，以备审查期间需要。

如果要对比历史项目的估算与当前项目的估算，那么应先确定当前项目估算相对于历史项目估算的调整与变化情况，包括差价和差异率，举例说明如下：

历史项目与当前项目估算的费用比较　　表 9-1

	历史项目估算(美元)	目前估算/美元	差价(美元)	差异率
现场工作	250000	275000	+25000	+9.1%
混凝土	525000	475000	-50000	-10.5%

在费用估算的过程中，应建立专门对范围(包括数量)、进度和费用等项进行跟踪的费用趋势分析过程。该过程可能会涉及估算组、进度计划人员及管理层。趋势分析过程应该筛选出所有的差异，并对所有的差异作出明确解释。

对估算的工程量和价格的重大差异，应有针对性地对相关的文件或程序进行专项审查，这些审查将更深入地评审重大差异，比如工程量差异、单价差异、范围差异和涨价幅度差异。

上面主要讨论在项目组内部对其所编制的估算的审查程序，以确保估算文件的质量和完整性、可靠性。这个审查阶段之后，估算的精度应很清楚，并能反映出可用的范围信息，以更好地准备估算，为项目的决策过程提供支持。

三、管理层评审

项目组对估算的审查，目的是为范围确定和决策过程提供支持。然而，在项目组内部审查基础上还需进行企业管理层的组织评审。与项目组审查一样，估算验证是管理层评审的一个关键步骤。管理层评审由企业投标报价主管部门组织，这种评审既可以按照项目组的内部估算审查程序进行，也可以不按照它进行。

管理层评审的次数通常取决于投标报价项目的战略重要性或估算总费用。当企业主管部门对费用估算进行评审时，一定要切记前述的基本审查要素，特别要注意估算评审的目的是确保投标报价满足决策的要求。因此，为了获得高质量的估算文件，在投标报价开工会上，应对费用估算提出明确的要求。估算文件的基础性支持文件的质量决定了估算质量，基础文件质量审查(如工程量审查)应结合以往的经验和知识，以确保估算的质量。

主管部门组织的估算评审往往时间有限。因此，应在估算阶段组织中间审查会，以减少最终评审时出现太多的意外。主管部门对估算的最终评审主要是对估算和估算文件中的关键要素进行严格评价；该审查不是详细的、独立的费用审查，而是验证过程的一部分，需要快速审查。

关键审查要素及应考虑的主要问题包括以下几方面内容。

1. 估算编制统一规定

估算编制统一规定文件评审的主要内容有：(1)估算编制统一规定文件组织编制完成情况；(2)所有要求信息的收集情况，如估算的设计依据、计划依据、费用依据及风险依据等；(3)对项目范围和所有关键、潜在工作的清晰界定情况。

2. 估算人员及专业水平

了解费用估算编制人员及其类似项目的估算工作经验和专业水平。例如，是否按照规定的估算程序和招标文件要求编制费用估算，是否在估算阶段进行了检查和审核。

3. 估算方法及程序

包括：(1)编制估算时采用的估算方法、技巧及程序，以及适合目前的项目类型与可采用的资料情况；(2)不同部分的估算采用的估算方法是否不同；(3)估算的详细程度能否满足投标报价和审定的要求；(4)估算中存在的不确定费用项及其处理方法；(5)对项目地点与复杂程度的调整方法及其合理性；(6)估算准备的时间是否足够；(7)估算编制时采用的费用分解结构及费用编码是否恰当。

4. 估算文件

包括：(1)估算文件的完整性；(2)估算汇总表、各分项费用表编排及详细程度是否符合招标文件的要求；(3)估算中的每项费用是否有据可查。

5. 估算验证

(1) 审查估算编制指标分析报告，并与历史类似项目的相关指标和统计数据进行比较分析；不局限于：设备材料采购价格的来源与价格取定情况，各服务人工时数与综合人工时单价、各专业施工工效与工时数、施工综合工时单价、各项费用的比例关系等一些关键性指标，以及与以前类似项目的价格比较分析。

(2) 借助费用风险定量分析软件，找出最有可能引起不可预见费的敏感费用项，并由估算人员对敏感的费用项再作仔细复查。

如果发现明显问题，应向估算人员询问原因，并需要更加彻底地审查估算细节。

6. 估算细节

虽然各方面估算工作按照要求编制，但仍需注重估算的部分细节，并进一步确认估算的质量。估算评审只需重点抽查关键性指标与费用偏离项，并对费用风险分析软件得出的敏感项进行复查，没有必要对每个估算细项进行审查，只要依据、专业、方法和指标可靠，并且符合要求，那么费用估算的最终质量就有保证。

在详细审查时可应用帕累托法则(又称为 20：80 法则)，即 80％的费用来自估算中 20％的费用项。对于具体估算来说，关键的费用因子可能各不相同，有的时候可能是项目的某个流程单元，有的时候可能是项目上使用的设备或机械类型，还有的时候可能是大宗材料总量或总劳动力工时数。如果某些项或某些范畴中的项目估算不正确，将会对费用产生很明显的影响，应详细审查这些项目，不能只注重结果，必须深入研究具体的估算过程。例如，让估算人员说明某些费用项的计算过程，包括设计工程量的计取方法、设备材料采购询价情况与价格的取定方法、劳动力工时单价以及所做的调整与调整原因，快速核实这些金额；如果估算人员的回答含糊其辞，那就有必要彻底审查整个估算。

有些情况下，特别是当涉及银行或第三方金融机构需要的融资项目费用估算，管理层可能要求准备一个全面的、详细的、独立的核定估算。

四、决策层审批

决策层审批时，通常注重对全局影响的重大事项的分析，而不涉及估算细节。

项目组应向企业决策层说明当前估算的总体情况，各项关键性指标，与类似装置中数据的一致性情况，指出并解释说明与其他项目指标明显不同的地方。

由于决策层很重视费用风险分析和不可预见费，因此，需清楚地解释费用风险的性质和发生的概率，如何应对，不可预见费的确定，各自的成因是什么，以及费用分布范围。如果估算的不可预见费、涨价费过高，就需要向决策层说明其与正常市场价格水平的差异所在，然后由决策层来确定他们所能接受的风险级别。在风险分析、评估过程中，需讨论重大风险的成因及其应采取什么措施以减轻和防范风险，以及区分“正常”估算中的费用风险与“非正常”估算中风险产生的原因。有些风险因素可能无法采取措施降低风险。最后需由决策层根据其所能接受的置信区间(即可承受的风险水平)来评审并确定意外事件及风险费(若最终报价低于估算总价)，并且决策层决定风险费是否需要列项及其数额。

项目组经常会认为项目范围已确定完毕，然而决策层审定时常常会问到关于替代报价问题，看是否有费用更低的选择方案。因此，为了方便决策层的审批，项目组应该提前准备好所有可降低费用的替代性选择报价方案(包括设计、采购、范围等)，以及相应的可降低费用额。

估算审查的有效性取决于审查时提交的文件和提交方式。无论哪一次审查，都应及时做好会议记录，特别是应把要做的修改以及谁提出的修改要求记录下来。虽然这些记录不会成为估算编制统一规定的正式文件，但可以作为估算资料供日后参考。

五、估算文件定稿与归档

(一) 估算文件修改与完善

根据审查和审定过程中提出的审查意见调整费用估算非常重要。该过程应该包括一个反馈回路，以确保要求、整改等主要评审意见编入最终费用估算；该过程还必须包括估算组、项目组和管理层，并且在组织结构上清晰明了。图 2-2 清楚地表明了整个估算的修改完善过程，该反馈回路需要包括估算和估算编制统一规定两种文件。

当管理层或决策层直接做出费用估算的修改意见和决策时，应签署费用估算评审意见表和价格决策表，估算人员应根据估算评审与决策意见调整费用估算。

(二) 文件资料的归档

所有估算文件的修改均应及时记录备案。如果费用估算改动较大，就需要对费用估算的一部分或全部内容进行重新审查，直到项目组、管理层都认同估算已满足要求。估算编制统一规定(BOE)是支持项目控制、变更管理和其他项目执行活动的关键文件，必须及时更新，确保该支持文件是最新的。

完整的费用估算文件(包括整个估算、估算编制统一规定、估算审查意见与决策表等)应该由项目组统一整理，并在估算工作结束后一周内移交主管部门(单位)，及时进行归档。

为便于查阅和对估算数据进行分析，费用估算归档文件均应使用可编辑的电子版文件，但对于非自制的文件(如带有签字的审查决策表)，则可扫描后以 PDF 格式提供保存。

第二节 估算的综合分析

一、估算分析材料的准备

费用估算编制完成后，在提交估算审查前应准备相应的分析报告。

费用估算分析报告不只是简单地罗列一堆数据或估算计算公式，如果对数据代表的内容和数据不包括的内容不加以说明，那么一系列数据就毫无意义。一般情况下，完整的费用估算报告应包括：

(1) 估算编制统一规定(BOE)；

(2) 估算摘要；

(3) 估算详情；

(4) 估算基准报告；

(5) 估算调整报告；

(6) 估算支持数据。

估算编制统一规定文件十分重要，它说明了费用估算的范围以及估算包含的所有假设前提。条理分明的估算依据文件有助于提高估算本身的可信度。

在实际工作中，常常需要根据项目工作分解结构编制各种估算汇总表。例如，需要按项目编制估算汇总表，然后根据工艺系统或单元编制估算明细表；或者根据工艺系统(或单元)编制估算汇总表，然后根据各个工艺系统涉及的专业编制估算明细表。需注意的是，要确保估算汇总表出现的每个数值都能追溯到估算明细表中。

费用估算明细表通常用于估算分析报告编制中使用的全部费用估算关系。在概念性估算中，估算明细表可能只是包括少数计算公式的一页报表，但是在大规模的详细估算中，估算明细表可能是详细列报各个费用子目的数百页报表。估算明细表按照项目费用(工作)分解结构编制，也可以按照各种不同的方法进行列报。

费用估算一般还包括估算基准报告。报告应对比说明当前项目和其他类似项目的基准信息和度量标准。例如，对于建筑物费用估算来说，估算基准报告应对比当前项目和近期类似项目的每平方米建筑物单价。估算基准报告尽可能包括以下主要基准度量标准和比率：

(1) 项目单位生产能力费用；

(2) 设计费占工程总费用的比例；

(3) 项目管理服务费占工程总费用的比例；

(4) 设备费占工程总费用的比例；

(5) 大宗材料费占工程总费用的比例；

(6) 各专业工程的大宗材料费占工程直接费的比例；
(7) 施工费占工程总费用的比例；
(8) 各专业工程的施工费占工程直接费的比例；
(9) 施工间接费占施工费的比例(或施工间接费与直接施工费的比例)；
(10) 各专业工程直接费占工程总费用的比例；
(11) 项目通用费用占工程总费用的比例；
(12) 试车/开车费占工程总费用的比例；
(13) 风险费占工程总费用的比例；
(14) 大宗材料费与设备费的比例；
(15) 设计费与设备费的比例；
(16) 施工费与设备费的比例；
(17) 开车费用与设备费的比例；
(18) 每台设备的设计工时数；
(19) 分专业的单位材料数量的设计工时数；
(20) 架子工工时数占直接劳动力总工时数的比例；
(21) 项目管理服务与设计人工时数与施工总工时数的比例；
(22) 施工直接劳动力单位工时数(按分专业的设备、材料的综合计量单位统计)；
(23) 施工间接劳动力工时占施工直接劳动力工时的比例；
(24) 设计综合人工时单价；
(25) 项目管理服务综合人工时单价；
(26) 施工直接劳动力综合工时单价，即施工费(不含大型机械费)÷所有直接劳动力总工时数；
(27) 施工费综合工时单价，即施工费(不含大型机械费)÷所有施工直接与间接管理劳动力的总工时数。

此外，还需要编制估算调整报告，根据之前编制的费用估算调整当前的费用估算。报告应说明因范围变化、价格变化和风险变化等情况引起的主要费用差异。

最后，应整理并提供所有估算支持文件。这些文件不需提交给业主，但仍应准备好以回答业主提出的问题。估算支持文件包括用于估算编制的所有记录、文件、图纸、工程可交付成果以及供应商报价等。

二、估算综合分析评判

对于工程项目投标报价而言，费用估算是投标的核心，费用估算的正确与否直接关系到投标的成败。提高费用估算的准确性，既能降低投标报价的费用风险和盲目性，又能提高投标报价项目中标率。要善于总结以往项目的投标报价经验和教训，在应用费用风险分析软件之前，可采取以下一种或多种方法，对费用估算进行综合性的分析评判。

(一) 单位工程造价

搜集并积累的项目所在国家或地区的以往同类型项目的工程费用按其规模(生产能力)折算单位工程造价，与当前项目估算的单位工程造价进行对比分析，控制报价。该方法虽然极其简便，但使用时需注意项目规模、工程范围和时间上的可比性，否则误差会相对较大。

（二）专业之间的正常比例

对于一个完整的流程工业项目，土建、建筑、钢结构、设备、管道、电气、仪表、防腐、绝热等主要专业费用占工程直接费用也有一个合理的比例范围，据此可初步判断专业报价的合理性，各主要专业的费用占比如表9-2所示。

专业工程直接费比例　　表9-2

序号	专业	费用比例（%）	备注
1	土建	7～10	包括场地准备、桩基
2	建筑	3～6	包括HVAC及室内消防给水排水
3	钢结构	5～7	
4	设备	25～45	包括衬里砌筑
5	管道	13～21	包括地下管道及消防管道
6	电气	4～9	包括电信
7	仪表	5～10	
8	防腐	1～2	
9	绝热	2～4	包括防火

（三）各类费用的正常比例

任何一个流程工业项目的工程费用，其内部各种费用之间都有一个正常、合理的比例关系，若某一估算中的比例与经验值之间存在较大差异，就需仔细分析差异的原因，是设计工程量的问题，还是采购价格的取定，抑或是施工费等计算环节上的差错，等等。

(1) 公用工程与工艺装置之间的工程费用比例。通常公用工程部分的费用是工艺装置的30%～40%。

(2) 设备费、材料费、施工费、间接费等各类费用之间的比例。对于国际EPC项目，其设备及大宗材料费(包括运费)在工程总费用中约占40%～65%(其中设备采购费约占20%～35%)，施工费加上土木建筑材料费约占20%～35%，项目管理服务与设计费约占10%～15%，其他费用约占5%～10%。

(3) 土木建筑与安装费用之间的比例。通常，土木建筑费用(包括钢筋、混凝土、砂等大宗材料费)约占55%～60%，安装施工费约占40%～45%。

(4) 施工间接费率：对于机电仪表安装工程承包项目，施工间接费约是直接施工费(不含大型机械费)的65%～80%；但就土木建筑工程施工项目，施工间接费约是施工直接费(含大宗材料费)的25%～35%。

同时，利用设备费或施工费占工程总费用的比例推算工程总费用，并与估算的工程总费用进行比较，若估算费用与推算费用存在较大差异，则需仔细核查各部分费用，找出问题所在。

（四）单价水平

通过分析费用估算中各种设备、大宗材料采购或施工费等的单价，与以往项目的经验数据或当前市场价进行比较，判断其是否合理。

(1) 各种类型的设备、大宗材料采购的单价，如碳钢塔、不锈钢容器等设备费的吨单价，或某相似规模的泵、压缩机、开关柜等设备的每台估算价格与历史项目上曾采购过价格进行对比，同类保温材料的每立方米单价，镀锌钢结构(预制件)的采购吨单价等。

(2) 各专业施工直接费或施工费(有些细项也可以包括大宗材料)的单价，如每立方米的现浇混凝土、人工或机械土方的开挖与回填，每平方米建筑物单价，HVAC每平方米单价，钢结构安装吨单价，管道安装寸径单价，储罐制作安装吨单价，防腐、防火的每平方米单价，矿棉保温/玻璃纤维保冷的每立方米单价，大型吊装机械费的吊装吨单价，每工时的施工费综合单价等，具体可参见第十一章“基于规则的施工费用快速估算”相关内容。

(3) 劳动力工时单价，如项目管理服务与设计的综合人工时单价，各专业直接劳动力工资费率及其相互之间的关系等。例如，土木建筑、绝热防腐的直接劳动力工资费率若高于管道安装的劳动力工资费率就显得不合理，需对劳动力工资费率作出调整。

(五) 劳动生产效率

劳动生产效率是用来衡量施工费用合理性的一项重要指标。采用该指标对工程施工部分的费用估算进行宏观控制很有效，尤其是对于综合性的大型项目，由于有上千条费用子目，逐项审查费时又费力，这时就可以简单地评估各专业的劳动生产效率，与以往历史经验数值进行对比分析，具体可参见第十一章“基于规则的施工费用快速估算”相关内容。

(六) 综合指标估算法

综合指标估算法，如第十一章“基于规则的施工费用快速估算”所介绍的内容，通过对各专业有代表性的工作量进行快速估算，其结果与详细估算值进行对比分析，重点对费用存在较大差异的专业项进行复核。

第十章　基于风险驱动的项目费用量化分析方法

在EPC项目承包领域，世界知名承包商、咨询公司、协会与研究机构已纷纷引入基于蒙特卡罗模拟的分析方法来确定项目费用估算的不可预见费，分析费用估算的内部估算规律，即：找出费用子项与总费用之间的相互关系，判断费用估算合理性。由于费用估算的准确性与合理性会受到国际政治、经济等宏观因素的影响，同时也受到估算方法、估算人员水平等微观因素的影响，因此，费用估算过程充满着不确定性，探寻出对费用估算产生影响的风险事件的有效性，制定合理的风险管控策略对项目的有效控制是非常有意义的。然而，国内承包商在项目实践中引进并应用这些先进的方法与理念尚不多见，与西方承包商差距较大。为此，有必要详细阐述并分析该方法及其实践。首先，介绍国外研究现状，提出风险管理及其量化分析涉及的概念与术语，然后构建分析流程图，介绍分析方法及工具，最后结合工程项目投标报价实践，对费用风险量化分析所覆盖的传统蒙特卡罗模拟、二阶蒙特卡罗模拟与风险驱动理论等分析方法进行详细的介绍。

第一节　国外费用估算量化分析现状

为了应对风险事件所导致的费用估算充满不确定性的难题，许多国际知名工程公司纷纷引入基于蒙特卡罗模拟的费用估算分析方法，分析风险事件的影响以及哪些费用项对总费用影响较大，结合企业自身抗风险的能力与宏观市场经济环境，确定在一定置信度下不可预见费水平，提高中标率，并为企业创造一定的经济利润。如欧洲的西班牙联合技术公司(TR：Tecnicas Reunidas)、法国德希尼布(Technip)、英国派法克(Petrofac)、意大利塞班(Saipem)、挪威阿克工程(Aker Solutions)，美国的柏克德(Bechtel)、福陆(Fluor)、芝加哥桥梁钢铁公司(CB&I)、福斯特惠勒(Foster Wheeler)，日本的日挥(JGC)、千代田(Chiyoda)，以及韩国的SK建设(SK)、三星工程(Samsung Engineering)等知名国际工程公司，不仅是国际EPC项目工程市场领域的巨头，而且在ENR 225中的排名也一直遥遥领先。项目投标报价评估时，往往通过风险定量分析软件(Crystal Ball，@Risk，Primavera Risk Analysis等软件)对费用估算进行不确定性分析，其中Fluor所采用的二阶蒙特卡罗模拟费用估算分析方法最为著名。

与此同时，一些国际知名的工程造价协会或机构也纷纷引入该方法制定相关费用估算风险分析标准来对费用进行有效控制，例如：AACE(美国工程造价促进协会)、SPE(世界石油协会)、GAO(美国审计署)、NASA(美国国家航空航天局)等。其中，AACE目前已经推出了6套费用风险分析推荐实践，分别为：不可预见费确定规则(40R-08)、利用范围估计法进行风险分析及确定不可预见费(41R-08)、利用参数估计法进行风险分析及确定不可预见费(42R-08)、利用参数估计法进行风险分析及确定不可预见费的应用案例(43R-08)、利用期望值估计法进行风险分析及确定不可预见费(44R-08)，以及进度关键路径/费用集成风险量化分析(57R-09)等，2012年2月又发布了6套风险管理程序初稿文件，包括：风险识别、风险评估、风险概率分布选择、进度风险分析、进度/费用集成风险分析等，并面向全球风险量化分析专家征询意见，其中：进度风险分析推荐实践已正式推广。美国的David Hulett教授针对国际炼油工程承包领域成立了自己的项目风险量化分析咨询办公室，为ConocoPhillips(康菲)、Chevron(雪佛龙)、Fluor(福陆)、KBR等石油或工程企业完成了多个工程建设项目的费用与进度风险量化分析咨询。

第二节　基本概念

一、风险管理简介

工程项目的复杂性、一次性、个性化和较长的生命周期会增加项目的不确定性。项目的各个方面都存在风险，包括最初资本投资、项目进度、最终资产运营的持续成本、利润以及其他衍生利润等。风险和不可预见费分析适用于每一个预测或估算项目。在进行费用估算和项目管理时必须考虑风险，因为实际费用有可能与费用预算或目标成本相等，但并不是绝对的。

风险分析是识别项目情况、范围和定价方面存在可能导致费用风险的不确定性。不确定性包括可能对项目产生积极影响的事件，以及可能威胁结果的事件，换句话说：

不确定性＝威胁＋机会

其中：威胁——是指可能对结果产生负面影响的事件；

机会——是指可能对结果产生正面影响的事件；

不确定性——包括所有正面和负面的影响。

二、不可预见费的基本算法

关于不可预见费的估算方法，美国AACE推荐的算法主要包括专家判断法、预案指南、模拟分析法、范围估算、期望值法、参数建模法、混合方法等7种。

(一)专家判断法

专家判断法极具自我解释性。从“专家”这个字眼就能看出，判断必须要依赖于丰富的经验，并且具有风险管理和分析能力。大多数算法在一定程度上是一种专家判断的混合体，改善所有方法可带来专业和正确的判断。该方法的缺点是，它极易在判断不一致或存在偏差时被强加溯源性风险。因此，在非“集体思维”情况下，若存在不同的个人意见，则可通过取得多个专家或有经验的团队的一致意见来实现差异最小化。

(二)预案指南

预案指南方法非常简单，提供计算单一的用于所有费用估算、特定类型项目进度中的不可预见费或浮动值(如费用基准或工期的百分比)，该估算可以使用参数估算方法。常见的方法是为每个费用与进度估算建立一张不可预见费与范围值的表格，表中数值与范围都不一样，主要用来评估一般风险，比如使用新技术。

该方法具有简便、易懂和一致性等特点，因此，它容易得到管理层的认同。对指南不断进行改进，其结果是能够使其更富有经验主义、专业知识和优异的判断，从而也不断发展了指南。因为该方法简单，所以缺乏经验的人常常使用这种方法，因此，指南必须描述清晰，编制成文件，并通过培训提供支持。

该方法的缺点是，它不能有效地防范项目特有的或常见的风险，还可能对既定项目造成严重影响。鉴于这个原因，这种方法常用于当范围定义等级等系统性(即非项目特有的)风险占主导地位时的早期估算。任何情况下，运用该方法产生的结果必须结合专家的判断加以完善。

（三）模拟分析法

模拟分析法是将专家判断与使用仿真程序分析模型结合起来得到概率输出。建模和模拟分析的优点是可以促进分析人员和团队的经验及其输入，这些经验的输入非常适用于处理项目特有的风险，同时也会直接得到概率输出。

该方法的不足之处在于：(1)复杂性，它要求使用者具备专业知识的应用技能，这使得它易被操纵；同时由于过分依赖分析人员和团队的输入，故其结果的一致性并不高。(2)因为这些方法没有经验依据，所以有时会难以有效地处理早期估算中占主导地位的系统性风险。(3)建立模型时需要考虑估算或工期的替换方案，以估算风险发生时的影响，这要求估算和进度专家参与整个项目的执行过程。

（四）范围估算

在费用范围估算中，费用模型通常是基于一定详细程度的费用估算的总和，过于简单的方法可能是将项目的工作分解结构和费用分解结构作为费用模型。防范溯源性风险的准确方法可能侧重于费用估算的决定性因素，这些因素主要通过考虑各费用要素对项目总费用的意义大小鉴定，然后根据团队对风险的认识而指定费用的范围和分布经验评估模型中的每个费用要素，模拟分析中需充分考虑费用要素间有显著相关时的情形。蒙特卡罗模拟程序或类似的模拟程序即利用输入的费用项目范围和分布来估算，模拟输出就是总费用的概率分布与一些辅助性数据，以支撑决策者的决策过程。

（五）期望值法

期望值法直接估算每个已识别的重要风险对费用或进度的影响。模型从风险清单开始，估算出每种风险的发生概率以及风险发生时对费用或进度的影响，费用或进度持续时间发生的概率即为“期望值”。概率、费用与进度估算由团队对风险的理解而选定的概率分布来代替，模拟分析时需要充分考虑风险和费用或进度活动之间有显著相关时的情形。蒙特卡罗模拟程序或类似的模拟程序即利用这些概率和费用概率分布作为输入，模拟输出就是总费用的概率分布与一些辅助性数据，以支撑决策者的决策过程。

（六）参数建模法

参数模型算法是从定量的风险动因与历史项目的费用增长或进度延误结果的多变量回归分析方法得来的，例如，通过对数据库里的每个项目(如项目范围定义等级等)的风险动因赋值，就可对项目的实际费用增长进行回归分析。回归分析方法不但提供算法，而且能提供关于范围的统计信息。参数建模法与预案指南一样，也具有简单、易懂和一致性强等优势，此外，参数建模本质上也是以专家经验为基础。

参数建模法的劣势是：(1)复杂性，开发参数模型需要具有统计知识与风险和结果范围的历史数据，但有时候可利用行业关于一般风险的研究成果；(2)不能有效地防范某一特定项目的特有风险或常见风险，还有可能对既定项目造成严重或异常的影响。基于该原因，这种方法常用于当范围定义等级等系统性(即非项目特有的)风险占主导地位时的早期估算。任何情况下，应用该方法产生的结果必须结合专家的判断加以完善。

(七) 混合方法

上述各种方法各有其优势和劣势，就单个方法而言，最常见的方法是范围估算法和期望值法，这两种方法都使用蒙特卡罗模拟或类似的模拟程序。但是，最好使用两种或多种方法对费用或进度的风险进行估算，常用的组合方法有：将专家判断与其他的任何一种方法相结合；或用参数法解决系统性风险，用模拟分析法解决项目特有的风险。参数模型也可以为预案指南这种方法提供原始数据。

三、数理统计术语

使用模拟分析方法分析费用估算的不确定性，可用于判断费用估算的合理性及对应的不可预见费，涉及的指标主要包括总费用的均值(Mean)、中位数(Median)、众数(Mode)、偏态(Skewness)、方差(Variance)、百分比(Percent)、置信区间(CI)，以及通过蒙特卡罗模拟分析产生的累积概率分布、敏感性分析、相关系数等，并分析不同百分比下的费用估算合理性及其不可预见费，如表 10-1 所示，以此来深入剖析费用估算的合理性与可信性。

费用估算模拟分析统计指标体系　　　　**表 10-1**

序号	统计特征	序号	统计特征
1	均值、众数、中位数	3	置信区间、百分比
2	峰度、方差、变异系数		

基本的统计术语用于描述由模拟建立起来的计算结果分布(结果)，分布的大小或结果的数量(迭代次数)基于要求获得收敛的数。也就是说，必须运行足够多的模拟次数，以便即使有再多的运行次数也不会改变结果分布。通常将模型至少运行 1000 次或更多次迭代，就能建立起有意义的大小合适的结果分布。

(一) 平均值、中位数和众数

平均值、中位数和众数是包括在模拟输出报告中关于结果分布的标准值。这些值是开始分析的基础，提供了有用的分布中心位置的信息。另外，这些值也可以是用于评价极值或非正常结果的基础。对于对称分布的结果，这三个值相等。

1. 平均值(Mean)

一组数值的平均值是把全部数值加起来再除以数值总数。“平均”一词通常指平均值，例如，5.2 是 1、3、6、7、9 的平均值。

2. 中位数(Median)

中位数是位于一组排序后数值的最中间数值。例如，6 是 1、3、6、7、9 的中位数(平均值是 5.2)。如果数值总数目是奇数，找出中位数是把数值由小到大排列起来，然后选出最中间的数值；如果数值总数目是偶数，中位数则是最中间两个数值的平均值。

3. 众数(Mode)

众数是一组数值中出现频率最高的数值。最大群集度出现在众数上，例如，众数薪水是最多工人所拿的薪水，某一新产品的众数颜色是最多招标方(客户)喜欢的颜色。在完全对称的分布中，如正态分布(图 10-1 的(*a*)分布)，其平均值、中间值和众数聚集在一个点上；在不对称或偏态分布中，如对数正态分布，其平均值、中间值和众数趋于分散，如图 10-1 中的(*b*)分布。

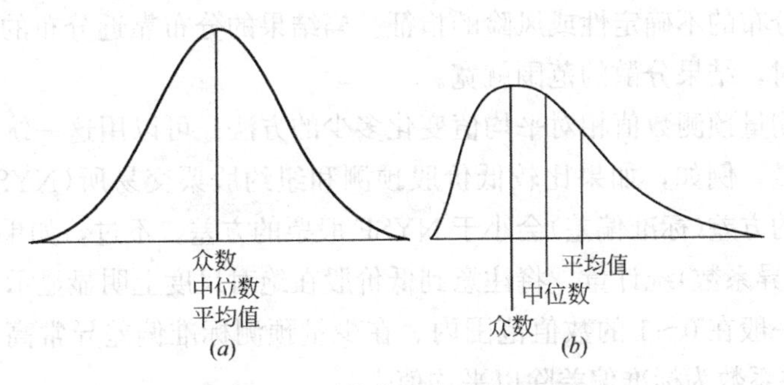

图 10-1　平均值、中位数和众数

（二）偏态

数值分布(频数分布)如果不对称，则被形容成“偏态”，例如，图 10-2 中的曲线 A 显示正偏态(“朝右”偏态)，尽管有些示例的取值高多了，但是多数示例的取值接近最低端；曲线 B 显示负偏态(“朝左”偏态)，尽管有些示例的取值低多了，但是多数示例的取值接近最高端。

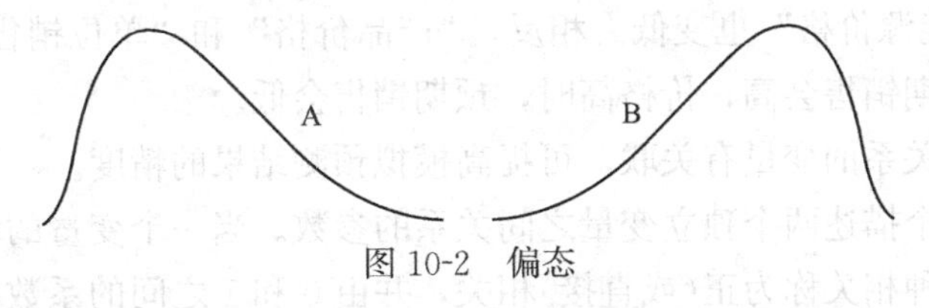

图 10-2　偏态

如果从统计学描述曲线，曲线 A 呈正偏态，偏态系数可能为 0.5；曲线 B 呈负偏态，偏态系数可能为−0.5。

偏态数值大于 1 或小于−1 显示高度偏态分布，0.5 和 1 之间或−0.5 和−1 之间的数值显示中度偏态，−0.5 和 0.5 之间的数值显示分布相当对称。

（三）峰度

峰度指分布尖度。例如数值分布可能完全对称，但看上去要么“尖”要么“平”，如下图 10-3 所示。

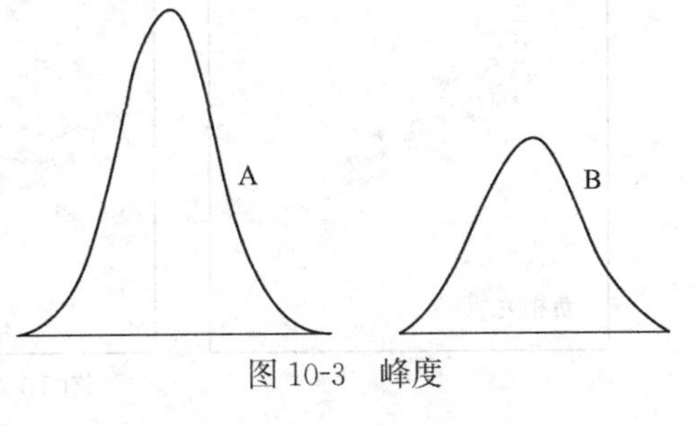

图 10-3　峰度

假设图 10-3 中的曲线代表某一大公司的工资分布，曲线 A 相当尖，因为多数员工的工资收入相差无几，只有极少数收入很高或很低；曲线B顶部平平的，表明工资水平相当分散。

从统计学描述曲线，曲线A相当尖，峰度约为4；曲线B相当平，峰度约为2。

通常把正态分布当做参考标准，其峰度为3。峰度小于3的分布被形容为钝峰(意思平的)，峰度大于3的分布则被形容为尖峰(意思尖的)。

(四) 方差

典型的模拟输出报告中其他关于结果分布的重要统计信息是标准偏差与方差。标准偏差与方差提供了结果分布宽度的信息。标准偏差是结果关于平均值分布的离散度(偏差或分布)的测度。方差是标准偏差的平方，也是结果关于平均值分布的离散度(方差或分布)的测度。方差是分布的不确定性或风险的指征。当结果的分布靠近分布的平均值时，方差就小；当方差大时，结果分散的范围就宽。

方差提供了测量预测数值相对平均值变化多少的方法。可以用这一统计量来比较两个或更多的预测变量。例如，如果比较低价股预测和纽约股票交易所(NYSE)股票的预测，期望低价股价格的方差(标准偏差)会小于NYSE股票的方差。不过，如果比较两个预测的标准差系数(即变异系数)统计量，将注意到低价股在绝对尺度上明显显示有更多变动。

标准差系数一般在0～1的数值范围内。在少量预测标准偏差异常高的情况下，可能会超过1。标准差系数为标准偏差除以平均值：

$$\text{标准差系数}=\frac{s}{\bar{x}} \tag{10-1}$$

如以百分数形式显示，则可用100乘以上述计算结果。

(五) 相关系数

当两个变量的数值全部或部分依赖于另一方，则称这些变量相关。例如“能源价格”可能与“通货膨胀”呈正相关。当“通货膨胀”变高时，“能源价格”也变高；当“通货膨胀”变低时，“能源价格”也变低。相反，“产品价格”和“单位销售”可能呈负相关，例如价格低时，预期销售会高；价格高时，预期销售会低。

使两个有正负关系的变量有关联，可提高模拟预测结果的精度。

相关系数是一个描述两个独立变量之间关系的参数。当一个变量的增加和另一个变量的增加有关联，这种相关称为正(或直接)相关，并由0和1之间的系数来标明；当一个变量的增加和另一个变量的减少有关联，这种相关称为负(或反转)相关，并由0和－1之间的系数来标明。相关系数的绝对数值越接近＋1或－1，变量的相关程度就越高。图10-4示例显示了三个相关系数。

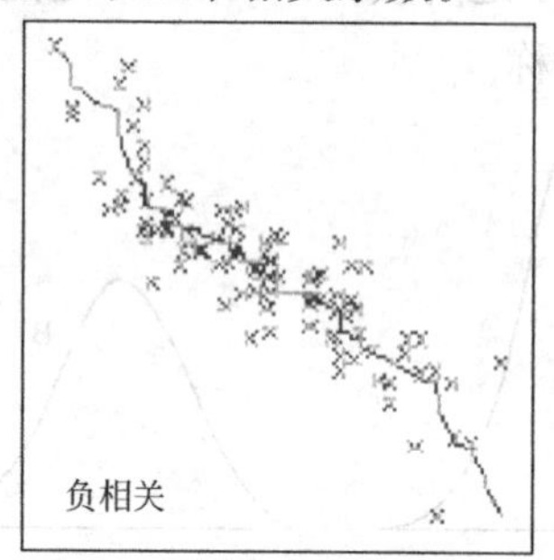

正相关

图10-4　相关系数

选择相关系数来描述模型中两个变量的关系时，必须考虑两者的关联有多密切。在实际应用中，一般相关系数不会为1或-1。

相关系数测量两个变量线性关系的强度。但是如果两个变量不具有相同的概率分布，它们不可能是线性相关。这种情况下，根据原始数值得出的相关系数没有意义。

如果用等级数值而不是实际数值计算相关系数，即使变量的概率分布不同，相关系数也具有意义。

等级数值是将实际数值从小到大按次序排列，并用排好的序号代替数值，例如，最小数值的排序是1，第二小数值的排序是2等。

用等级数建立变量之间的相关系数，可能会导致信息的微小流失，但是这些信息的流失可以从下面的两个优势中得到补偿：(1)相关假设不必具有相似分布类型；实际上基于等级数的相关系数与变量的概率分布无关，即使分布范围一端或两端被截断，仍然可以采用基于等级数建立起来的相关系数；(2)为每一个假设的概率分布生成的相关系数不变，不必要随着概率分布的变化，重新计算变量之间的相关系数。

(六) 置信区间

由于蒙特卡罗模拟是一种用随机采样来估计模型结果的技术，从这些结果计算出的统计数字，如平均值、标准偏差等，总会存在一些误差。置信区间(CI)是围绕某个统计量计算出来的范围。例如，一个围绕平均值统计量的95%置信区间，定义为平均值有95%的机会被包括在特定区间内，同时平均值有5%的机会在区间外。围绕平均值的置信区间如图10-5所示。

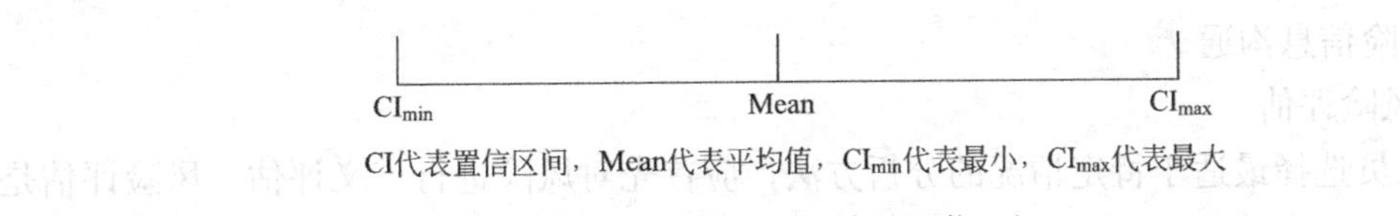

图10-5 围绕平均值的置信区间

对于多数统计量，置信区间对称围绕统计量，即 $X=CI_{max}-Mean=Mean-CI_{min}$。由此也可以得出平均值会有95%的概率在估计平均值加或减 X 的范围之内。

置信区间对决定统计量的精度，也就是模拟的精度非常重要。总的来说，随着计算示例的增多，置信区间会缩小，统计量会变得越来越精确。

(七) 百分比

百分比是0～100尺度上的数字，表明等于或低于某一数值的概率分布的百分率。标准化考试通常以百分比形式列出结果。因此如果处在95%上，那意味着95%的参加考试者得到了和您一样的考分或还要低的考分，而不是您答对了95%的试题。也许您只答对了20%，即使如此，您取得的成绩也与95%的参加考试者一样好，或者比95%的参加考试者更好。

另举一个例子，假设想为退休存够钱，可创建一个包括所有不确定变量的模型，如投资年回报率、通货膨胀、退休时的开支等，得到概率分布结果如图10-6所示，如果选择平均值，钱不够的概率就会有50%。所以选90%所对应的投资数，这样钱不够的概率将只有10%。

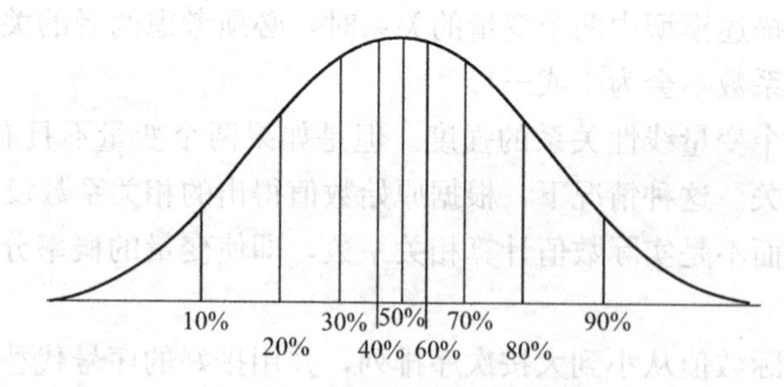

图 10-6　正态分布的百分位数

第三节　费用风险分析基本流程

一、基本流程

风险分析的正确操作并不难，如果分析操作得当，则会给项目规划带来有力支持。但是，如果分析操作不当，则会产生灾难性后果，因为这样分析出来的结果会有严重的风险少报、漏报现象，会对项目的未来前景出现误报。

进行费用估算，必须进行风险分析，主要包括以下 3 个步骤：

(1) 风险评估；

(2) 风险分析；

(3) 风险信息沟通。

(一) 风险评估

估算人员选择最适于特定情况的分析方法，应首先对风险进行广义评估。风险评估是识别项目风险或不确定性以及它们的特征，包括所有不确定性、机会和威胁。风险评估包括：

(1) 定义关键假设；

(2) 列出风险源；

(3) 确定风险源是否属于独立风险源；

(4) 确定风险分析方法。

1. 定义关键假设

费用估算内包含的关键假设如果不确定，则将会对 10%或以上的项目费用造成影响。不含特定的工作范围，例如为项目提供与其工作范围相匹配的预制场所，或者允许同时执行的另一个项目使用共享资源。

2. 列出风险来源

制定可能影响项目范围或费用的风险来源清单。从关键假设开始，增加可能对费用造成 10%或以上影响的不确定区域。清单可包括：

(1) 主要设备和建筑安装大宗材料的供应和价格；

(2) 合同工作范围；

(3) 直接劳动力相关事宜，如技术工人缺乏、劳动合同到期、生产效率低下；

（4）法律规定；

（5）经济或汇率的不稳定性；

（6）现场的地下情况；

（7）环境问题；

（8）可能发生重大变化的范围；

（9）电力、水等供应设施的可用性；

（10）影响工程进度的不利气候条件；

（11）需进口的材料、劳动力招聘以及合同方等。

3．确定风险源是否属于独立风险源

一些风险源彼此相互联系，而有一些则是相互独立的，例如，劳动力成本取决于劳动生产效率，与材料费没有关系。若风险清单中包含相关风险源，则需使用复杂的概率技术将其分解或合并，直到找出独立的风险源。

4．确定风险分析方法

风险分析方法有许多种，包括标准检查表和数学模型。经验表明，在特定情况下每种方法都适用。风险分析方法主要分为以下3种类型：

（1）量化分析：检查表、典型风险水平的历史数据、直观推断法等；

（2）风险模型：估算细分技术，将范围分配到各个分组，并确定估算的整体影响；

（3）概率法。

（二）风险分析

风险分析是量化各个风险发生的概率以及各个风险可能对项目产生影响的严重程度。一旦在风险评估阶段暴露出风险，分析人员将进一步确定风险，完成目标成本所需的不可预见费以及估算范围。风险分析需要应用适当的风险分析技术，风险分析技术包括：

（1）确定风险源；

（2）确定完成目标成本所需的不可预见费；

（3）确定估算的准确范围。

1．确定风险源

确定风险源是指通过量化各个风险和风险与费用估算的关系（以及相互关系），对风险评估进行扩展。表10-2为使用不同方法确定的风险。

风险定义　　　　表10-2

风险分析方法	量化分析	风险模型	概率法
要求确定独立风险源	是	是	否
风险定义	整个项目	项目（估算）组成部分，如工作结构	基础风险源或要素
风险被定义为	达成50/50估算所需的应急或风险资金的百分比	3个点：范围基础、顶部和底部。顶部范围是90%置信度，底部范围是10%置信度	概率分布，可以是3个点、5个点或者一整条曲线

2. 确定目标成本

要确定目标成本，分析人员必须确定不可预见费的数额，要确定所需的不可预见费，分析人员必须确定采取何种风险分析技术，这是3种主要风险分析方法的不同之处。

3.确定估算的准确范围

准确范围是测量项目风险的另一种方法。估算准确性的定义就是预计项目最终费用落入的费用范围。准确性通常用80%置信度进行说明，也就是说，这个范围包括10%～90%发生机会之间的所有结果。

一旦确定了不可预见费总量，准确范围也就确定了。如果使用量化方法，可以通过评估最佳/最差情形来确定范围。估计能设想到的最坏情况下(即每一项都不利)所需的费用，然后估计能设想到的最好情况下(即不需任何风险费，所有的机会都发生了并且不存在任何威胁)所需的费用。

如果使用风险模型或概率方法确定估算目标成本，也可以使用确定不可预见费和目标成本时所使用的模型来确定范围。

(三) 风险信息沟通

费用风险分析最后一个步骤就是为项目领导提供信息，使其能够使用这些信息对项目进行有效管理。除了明确不可预见费估算和准确范围外，还应说明以下内容：

(1) 不可预见费估算的依据；

(2) 如何进行风险分析，以及所发现的问题；

(3) 所有关键的假设和重要风险；

(4) 制定威胁/机会风险列表。

1. 分配风险资金(可选)

风险资金可以分配给估算的直接费用类别。注意风险调整不能简单地按比例分配，分析人员应根据经验判断、对特定项目和风险的了解进行应急分配。

2. 制定影响控制矩阵

利用风险控制矩阵可以进行充分的风险信息交流(可选)，通常需要与负责执行该项目的项目经理一起合作完成，其主要工作流程如下：

(1) 列出所有的主要风险(包括可能错误的关键假设)，评估每个风险带来的严重后果，这称为“影响水平”。

(2) 确定风险缓释、消除或控制措施。确定采取何种具体措施，包括：

1) 降低不确定性，将风险转换成可以处理的确定性事务或者降低负面结果发生的概率，这可以通过以下方法降低不确定性：

① 使用原型法、模拟法或建模；

② 就确定性事务制定基本固定计划，制定弹性计划应对不确定性；

③ 通过固定价格合同进行风险分配。

2) 减轻不确定性带来的后果。可以通过很多方法来减轻不确定性带来的后果，如制定可选平行(替代)计划，如果计划A失败，则可以执行计划B。

将措施按实施的难易程度或费用高低进行排序，称为“控制水平”。

(3) 制定矩阵。将风险按对后果的影响程度以及风险后果控制的难易程度归类于四个象限。表10-3所示的矩阵表示风险控制战略。

风险控制战略　　表10-3

影响＼程度	控制的难易程度	
	低	高
高	查看是否有办法降低风险产生的影响或者增强风险控制水平。也许可以将风险划分成能够控制的组成部分。如果不能，则对风险进行监控，但只在证明成本与利润比例相对合理的情况下才采取控制措施	基于控制的机理实施控制； 在适当时候进行监测，但是，当发现应该采取措施时，采取控制措施
低	忽略这些风险； 无法证明控制成本与利润的比例合理	在证明成本合理的情况下控制确保赢利，不使用简单的控制机理，除非利润与成本相比明显低

(4) 确定监测对象，即定义反应点。如果预计风险可能会发生，则可以选择"抢先一击"执行风险控制计划(如使用总包合同)；或者在风险发生以后再执行计划。后一种情况也必须确定监测对象，确定应执行何种风险行动措施，以及何时执行(如发现什么测量值将"引发"行动计划的执行)。

二、蒙特卡罗模拟分析方法简介

蒙特卡罗模拟亦称随机模拟方法，是一种通过随机模拟和统计实验来求解数学、物理和工程技术等问题的近似解的数值方法。其基本思路是：假定函数 $Y=f(X_1, X_2, \cdots, X_n)$，蒙特卡罗方法利用一个随机数发生器预先生成一组样本值 X_1，X_2，…，X_n，然后按 $Y=f(X_1, X_2, \cdots, X_n)$ 的关系式确定函数的值 $y_i=f(x_{1i}, x_{2i}, \cdots, x_{ni})$。反复独立抽样(模拟)多次($i=1, 2, \cdots, n$)，即可得到函数的一组抽样数据($y_1$，$y_2$，…，$y_n$)。当模拟次数足够多时，便可给出与实际情况相近的函数 y 的概率分布、期望值、方差、标准差，分析计算结果的概率分布和数字特征。通常模拟分以下几个步骤进行：

(1) 对每一项活动，输入最小、最大和最可能估计数据，并为其选择一种合适的先验分布模型；在经济系统中常用的概率分布为：均匀分布、正态分布、贝塔(β，Beta)分布与对数正态分布等；

(2) 计算机根据上述输入，利用给定的某种规则，快速实施充分大量的随机抽样；

(3) 对随机抽样的数据进行必要的数学计算，求出结果；

(4) 对求出的结果进行统计学处理，求出最小值、最大值，以及数学期望值和标准偏差；

(5) 根据求得的统计学处理数据，让计算机自动生成概率分布曲线和累积概率曲线(通常是基于正态分布的概率累积S曲线)；

(6) 依据累积概率曲线对指标的统计特征进行分析。

第四节　基于风险驱动的费用量化分析方法

一、传统蒙特卡罗模拟分析方法

(一) 原理与方法

项目风险量化分析是将经过排序并筛选出的重点风险因素加载到项目费用中，然后采用蒙特卡罗模拟技术对其进行量化分析。其主要步骤包括：(1)项目费用加载风险因素；(2)项目费用不确定性的概率分布描述；(3)项目费用相关系数的确定；(4)模拟过程；(5)灵敏度分析；(6)不可预见费额度分析。企业依据风险量化分析的结果并结合自身实际情况来确定可以承受的风险水平，同时针对灵敏度较高的风险采取相应的风险应对策略。

1. 项目费用加载风险因素

首先，将风险因素分配给受其影响的对应费用项，以此来体现费用任务项的不确定性特征；其次，通过专家判断法确定费用项的最小值、最可能值与最大值；最后，利用三点估计值计算出费用项概率分布的参数值。

2. 项目费用不确定性的概率分布描述

基于蒙特卡罗模拟的费用概率分布应选用连续性概率分布，而不是选用离散的概率分布，一般选择三角分布与BetaPert分布定义各费用。三角分布可能获得不现实的低估算，也可能获得不现实的高估算。BetaPert分布是三角分布与Beta分布的衍生品，可以通过最小值、最可能值与最大值来确定其对应的两个参数，通过调整概率所对应的随机值来调整该分布形状(比如用 P_{30} 的值代替 P_{10} 的值)，使其形状不断地接近实际的费用情况，故BetaPert分布可以恰当地描述费用不确定性特征，广泛地用于费用不确定性的建模中，如图10-7所示。

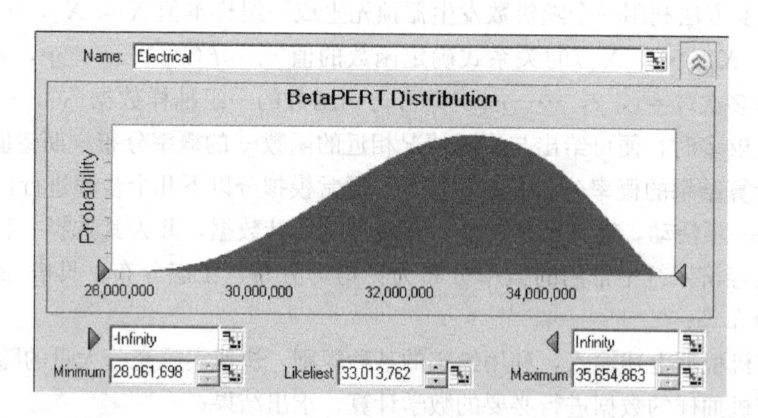

图10-7　费用概率分布

3. 项目费用相关系数的确定

费用与风险因素的影响存在着相互依赖性，故可采用相关系数(COC)来进行描述。相关系数的确定方法包括基于历史数据与专家主观确定两种方法，其中基于历史数据的确定方法包括Pearson与Spearman法，但这两种方法在工程建设实践中非常繁琐或困难。后者主要依据于专家的主观判断，已有广泛的应用前景。首先，找出对总费用影响较大的费用项；其次，通过专家的主观判断确定费用之间的相关系数，可以将同一专业的费用项相关系数设为0.6，不同专业的费用项相关系数设为0.3；最后，对专家主观判断的相关系数的一致性进行检验、调整，此过程可通过风险量化分析软件得以实现，如表10-4所示。

费用项相关系数　　**表 10-4**

相关系数	动设备	静设备	施工管理	间接费	电气	钢结构	混凝土	临时设备	自控仪表
动设备	1.000	0.600	0.300	0.300	0.300	0.300	0.300	0.300	0.300
静设备		1.000	0.300	0.300	0.300	0.300	0.300	0.300	0.300
施工管理			1.000	0.300	0.300	0.300	0.300	0.300	0.300
间接费				1.000	0.600	0.300	0.300	0.600	0.300
电气					1.000	0.300	0.300	0.600	0.300
钢结构						1.000	0.600	0.300	0.300
混凝土							1.000	0.300	0.300
临时设施								1.000	0.600
自控仪表									1.000

（二）模拟与分析过程

费用的概率分布相关系数作为模拟软件的输入变量，通过 Pertmaster、RiskyProject 或水晶球(CB：Crystal Ball)等风险量化分析软件对费用进行模拟，模拟需要确定样本采样的方法与采样的次数。样本抽样方法有蒙特卡罗采样法与拉丁超立方体采样法，由于后者分布范围的采样更均匀、更一致，比蒙特卡罗采样法更精确，因而采样方法利用拉丁超立方体采样法。采样的次数要保证数值的预测保持稳定，且误差也保持稳定，一般采样的次数确定在 2000～5000 之间。

1. 敏感性分析

模拟分析可以得到风险优先排序表(同 P-I 矩阵定性分析)，以及那些对总费用估算结果影响较大的费用项；也可用于确定为提高估算精度而应重点核实的费用项，最值得做的工作有哪些，哪些输入变量的概率分布范围有必要进一步缩小等，如图 10-8 所示。

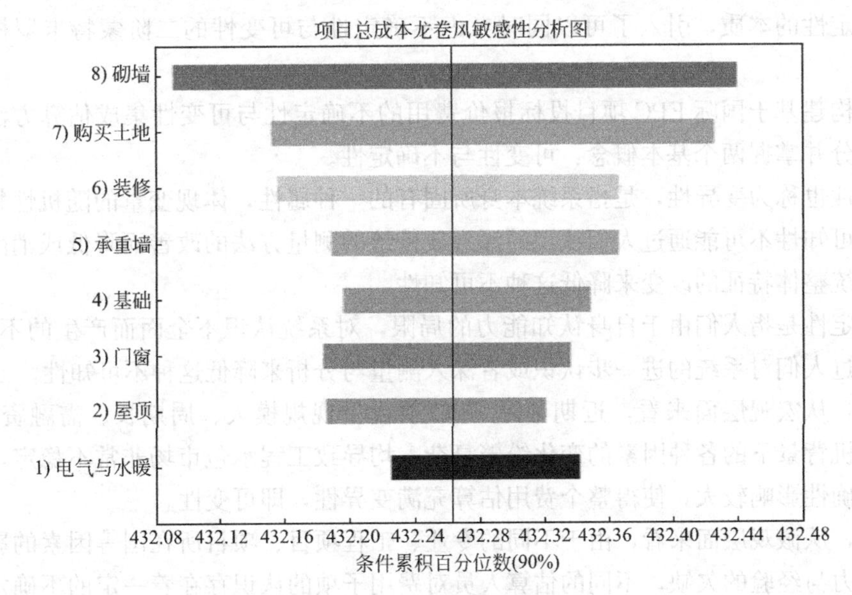

图 10-8　敏感性分析

2. 不可预见费分析

模拟分析可以得到总费用的概率分布或累积概率分布图，如图 10-9 所示，从该图中可以得到如下三个重要结果：(1)估算的基准费用是否合适，超支的概率多大；(2)最可能的费用为多少；(3)费用估算的不可预见费取多少合适。相关工程造价协会一般推荐选择 P_{50} 对应的总费用作为分析的基础。

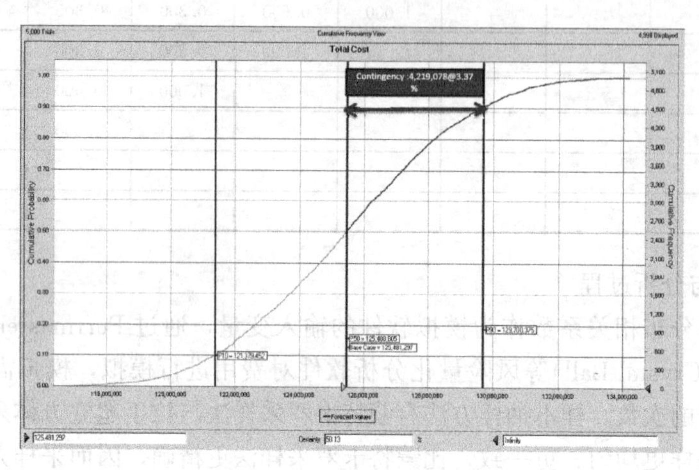

图 10-9　不可预见费分析

二、二阶蒙特卡罗模拟分析方法

(一) 原理与方法

针对国际 EPC 项目承包市场充满复杂而又不确定的政治、经济与金融环境现状，在费用估算领域，传统的基于专家经验的费用估算分析方法在解决后金融危机时期所面临复杂多变的环境时显得苍白无力，故在此引入了蒙特卡罗模拟技术，同时为了深入挖掘费用估算不确定性的本质，引入了可以同时考虑不确定性与可变性的二阶蒙特卡罗模拟分析方法。

为了构建基于国际 EPC 项目投标报价费用的不确定性与可变性集成估算方法，首先应正确区分并掌握两个基本概念：可变性与不确定性。

可变性也称为变异性，是指系统本身所固有的一种属性，体现变量的随机性特征，对变量的不可知性不可能通过人们认识的深入或传统的测量方法的改善而降低或消除，但可以通过系统整体特征的改变来降低这种不可知性。

不确定性是指人们由于自身认知能力的局限，对系统认识不全面而产生的不可知性，但可以通过人们对系统的进一步认识或者深入测量与分析来降低这种不可知性。

其次，从宏观层面来看，近期国际 EPC 项目呈现规模大、周期长、需融资的特征，后金融危机背景下的各种因素的变化纷繁复杂，均导致工程承包市场非常不稳定，对费用估算的准确性影响较大，使得整个费用估算充满变异性，即可变性。

再次，从微观层面来看，由于不同的专业、工程项目、项目所在国等因素的影响，以及自身能力与经验的欠缺，不同的估算人员对费用子项的认识存在着一定的不确定性。对这些费用子项中的两个参数——最大值与最小值的确定，可通过专家咨询或进一步测量以提高精度，降低不可知性，逐渐认识并归纳获得准确值。

鉴于传统的一阶蒙特卡罗模拟方法在描述费用子项可变性的同时不能对参数的不确定性进行描述，为此，基于费用的不确定性与可变性集成估算方法，应选用二阶蒙特卡罗模拟方法描述费用子项可变性和相应参数的不确定性，以实现对可变性与不确定性进行集成分析。从这两个层面来看，构建基于二阶蒙特卡罗模拟的费用估算方法来分析费用估算本身的可变性与不确定性就具有实际意义。

最后，在对国际EPC项目投标报价费用估算进行一阶蒙特卡罗模拟时，估算人员面临的难点在于不能精确地确定最可能值，估算人员更多地希望能将最可能值定义为在一定范围内的概率分布。构建二阶蒙特卡罗模拟模型不仅可以解决不能精确估算最可能费用的难处，而且可以将最可能值定义为某种概率分布，这样更加符合费用估算的实际情况，一定程度上降低了国际宏观政治经济环境影响与估算人员自身素质高低对费用估算产生的不确定性，得到更加合理且可操作的估算结果。

综上所述，在分析国际EPC项目投标报价费用估算时，需要综合考虑不同专业的费用子项内部可变性与参数的不确定性，从而科学地分析总费用的不确定性。随着人们对蒙特卡罗模拟应用研究不断的深入，将此方法引入到国际EPC项目投标报价费用估算中就具有较好的实用价值，可以获得较好的经济效益与社会效益。

（二）集成费用不确定性与可变性的二阶蒙特卡罗模拟费用估算方法

1. 费用项概率分布函数的确定

设第 i 项第 j 个专业的费用子项为 C_{ij}（其中 $i=1, 2, \cdots, n$；$j=1, 2, \cdots, m$）；均值为 μ_{ij}。为了构建基于二阶蒙特卡罗模拟的费用估算方法，需首先确定费用子项 C_{ij} 以及相应的最可能值 P_m^{ij} 的概率分布。

费用子项 C_{ij} 的概率分布一般被定义为 β 分布与PERT分布的组合，即 $C_i \sim BetaPERT(\alpha_{ij}, \beta_{ij})$，通过 $P_{\min}^{ij}$，$P_{\max}^{ij}$，P_m^{ij} 来确定此分布的两个形状参数 α_{ij} 与 β_{ij}，其中：3点估计中的最可能值 P_m^{ij} 可以服从自然现象中最常见的正态分布，也可以服从三角分布。正态分布的均值 μ_{ij} 产生的概率最高，处于波峰位置，不满足 P_m^{ij} 由专家确定最小值、最可能值与最大值的实际情况，因此将 P_m^{ij} 定义为三角分布，即 $P_m^{ij} \sim Triangular(a_{ij}, b_{ij})$，其中，$a_{ij}$ 与 b_{ij} 分别是 P_m^{ij} 的最小值与最大值。

通过以上分析，可以将费用子项 C_{ij} 定义为 $BetaPERT$ 分布，对应的最可能值 P_m^{ij} 定义为三角分布，如图10-10所示，以此作为二阶蒙特卡罗模拟输入变量的概率分布。

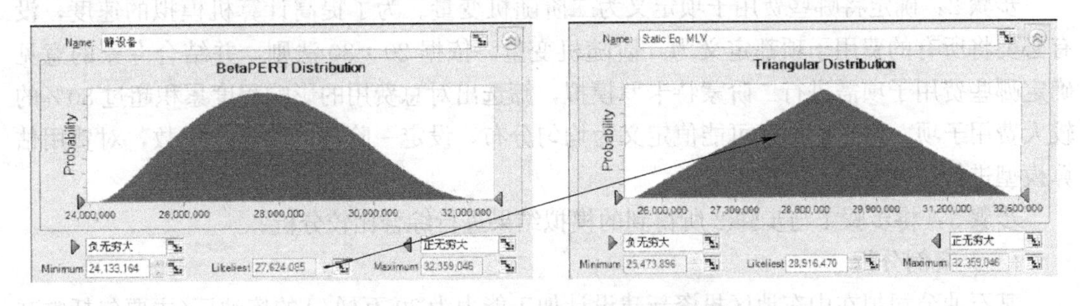

图10-10　二阶蒙特卡罗模拟概率分布确定过程

2. 二阶蒙特卡罗模拟费用估算分析步骤

二阶蒙特卡罗模拟的二阶随机变量的产生需要对费用子项与最可能值分别进行随机抽样。因此，在原来一阶蒙特卡罗模拟的费用子项随机抽样的过程中增加一个最可能值的随机抽样过程，形成图 10-11 中所示的双环。内环是一阶迭代过程，用于完成对费用子项可变性的描述；外环是二阶迭代过程，用于完成对最可能值不确定性的描述。依据费用估算的复杂性、可变性与不确定性特点，方法的可操作性、全面性与科学性原则，建立基于国际 EPC 项目投标报价费用的不确定性与可变性集成估算方法的分析流程，如图 10-11 所示。

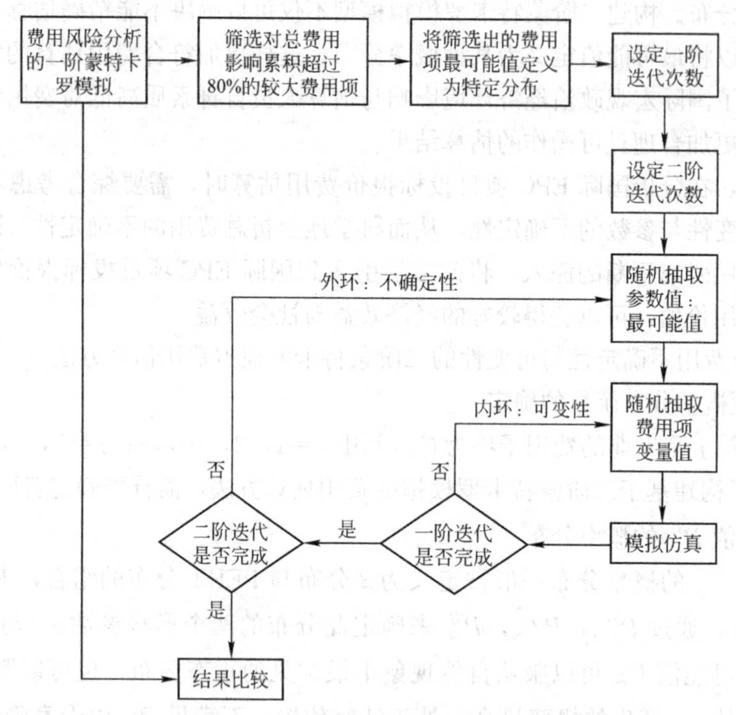

图 10-11　基于费用的不确定性与可变性集成估算方法的分析流程

基于二阶蒙特卡罗模拟的国际 EPC 项目投标报价费用估算方法的详细分析步骤如下：

步骤 1：使用传统的一阶蒙特卡罗模拟(或一维蒙特卡罗模拟)方法对费用估算进行模拟分析，得出对总费用影响较大的费用子项及其累积概率分布。

步骤 2：确定将哪些费用子项定义为二阶随机变量。为了提高计算机模拟的速度，没有必要将所有的费用子项都定义为二阶随机变量。依据 20∶80 法则，并结合专家的意见确定哪些费用子项需进行二阶蒙特卡罗模拟，筛选出对总费用的影响程度累积超过 80%的较大费用子项，将它们的最可能值定义为均匀分布，设定一阶与二阶迭代次数，对费用估算模型进行二阶蒙特卡罗模拟。

步骤 3：将步骤 1 与步骤 2 所得到的模拟结果进行综合比较分析。

（三）案例分析

某石油公司拟在中东地区投资新建设计加工能力为 30 万桶/d 的炼油厂(主要包括常减压、煤油加氢、减压蜡油加氢、延迟焦化、催化裂化等多套工艺装置)，该厂计划于 2015

年投入运营。业主对该新建炼油厂拆分成13个项目进行国际招标。由于中东地区过渡依赖于石油经济所产生的高额利润，几乎所有的国际知名工程公司都已进入该地区，市场呈现完全竞争的特征，竞争异常激烈，低价中标的现象频频出现。中国的一家甲企业参与了其中一个招标包的竞标，此外还有7家国际工程公司参与了该项目的竞标，其中有3家来自欧洲的工程公司，4家来自韩国的工程公司。由于近期韩国工程公司的炼化工程承包战略重点在中东，自2009年以来几乎席卷了中东地区的EPC总承包市场，以低价竞标与国际采购、政府大力扶持等诸多优势成为该地区工程承包市场的领先者，市场份额已达到40%左右。因此，甲企业在其自身设计/国际采购与境外项目管理能力不足、经验缺乏的情况下，要在该项目竞标中打败实力强大的韩国与欧洲企业十分艰难。

1. 初步的费用估算

该项目按项目所在国境内或境外实施内容拆分为境内和境外2个合同进行报价，初步的费用估算情况如表10-5所示。

初步的费用估算汇总 **表10-5**

序号	费用名称	金额(万美元)	备注
1	**境外合同**	**28418.83**	**指项目所在国的境外费用**
1.1	设计与采购服务	1295.40	
1.2	项目管理	247.05	
1.3	采购	22156.54	
1.3.1	工艺设备	15512.57	
1.3.1.1	静设备	6703.66	
1.3.1.2	动设备	7354.33	
1.3.1.3	成套设备	1454.58	
1.3.2	管道	2679.92	
1.3.3	电气	1944.19	
1.3.4	仪表	2019.86	
1.4	间接费	4719.84	
2	**境内合同**	**20169.78**	**指项目所在国内发生的费用**
2.1	现场设计与采购服务	434.85	
2.2	施工管理	3214.40	
2.3	现场采购费	6564.61	
2.3.1	土建	2625.41	
2.3.2	建筑	690.29	
2.3.3	钢结构	2403.71	
2.3.4	管道	101.35	
2.3.5	电气	101.69	
2.3.6	仪表	31.51	
2.3.7	防腐保温	610.65	
2.4	直接施工费	6704.02	
2.4.1	土建	1940.62	

续表

序号	费用名称	金额(万美元)	备注
2.4.2	建筑	73.18	
2.4.3	钢结构	325.18	
2.4.4	设备	1637.73	
2.4.5	管道	1674.42	
2.4.6	电气	284.59	
2.4.7	仪表	263.86	
2.4.8	防腐保温	504.44	
2.5	施工间接费	3251.90	
3	**总费用**	**48588.61**	

2. 传统专家意见评估

为了既提高项目投标的中标率，又降低风险，并能保证项目有合理的利润，甲企业按其内控管理程序组织专家对该项目的费用估算进行评审，评审的基础是依据以往海外项目执行经验、中国国内项目执行经验以及专家的经验数据，评审时主要集中在 2 种不同的意见上，以下分别称为专家组 A 意见与专家组 B 意见。

(1) 专家组 A 意见：认为项目总报价明显偏高，建议降价 10%(即 4800 万美元左右)，总报价确定在 4.38 亿美元左右，唯有这样才能既提高中标率，又能保证一定的利润。

理由是：虽然境外采购过程非常复杂，但估算人员将该部分的风险高估导致费用估算偏高，建议降低 10%；此外，施工与施工管理部分费用也偏高，企业有充足的施工劳动力资源和类似项目的施工经验，完全可以将施工费用控制在估算范围内，同时若将大部分施工工作分包给当地施工分包商，则该部分的费用估算还可作较大幅度的下调。

(2) 专家组 B 意见：认为企业在中东地区执行的 EPC 项目较少，且在项目当地执行的经验非常匮乏，担心有较高的风险，目前该项目的初步报价已经比较低，基本上没有降价的空间，特别指出该价格水平已没有利润，应属于赔本报价；若要采取低价策略先进入该地区的工程承包市场，则 4.86 亿美元的报价已属于低价竞标，中标希望较大。

境外采购过程远比想象的要复杂得多，主要是因为许多国际供应商/制造商没有积极响应甲企业的采购询价，直接导致大部分国际采购费用无法估算，项目进度滞后、人工成本增加，因此认为项目执行过程中发生的费用会更高。

如果按照专家组 A 意见，将初步报价降低 10%，则甲企业根本无法在估算范围内顺利完成该项目。

3. 基于蒙特卡罗模拟的费用估算分析过程

针对上述专家组 2 种意见不一致的情况，企业决策层考虑到项目所面临的经济、国情、类似项目经验少等风险因素，要求其风险管理团队(以下通称独立组 C)独立于专家组意见的情况下，利用基于蒙特卡罗模拟的费用估算分析方法(费用估算按 AACE 2 级对应的精度要求)对总费用进行量化分析。首先，对项目费用估算进行简单的一阶蒙特卡罗模拟分析，将模拟分析意见反馈给专家组；然后，专家组结合模拟分析结果对项目费用估算再次评审，仍未达成一致意见；最后，独立组 C 引入高级的蒙特卡罗模拟技术——二阶蒙特卡罗模拟费用估算分析方法对项目报价深入分析，将第二次模拟分析意见再次反馈给专家组，最终专家组就评审意见达成一致，同意对初步报价进行合理的调整，这样不仅保证了中标率与合理的利润，而且也使甲企业对于在项目执行过程中需承受的费用风险做到心中有数，使项目的执行达到了预期的经济效益。

(1) 传统蒙特卡罗模拟分析

1) 概率分布函数的定义

将各输入量(费用项)的概率分布函数选为BetaPERT分布，然后确定费用项的最小值与最大值。这两个数值的确定有两种方法：

① 基于历史项目经验的专家经验法；

② 基于AACE推荐的2级费用估算精度要求。

由于甲企业在中东地区尚未执行过类似项目，且在中国国内执行过的类似项目经验数据不适合使用，故采用基于AACE推荐的2级费用估算精度要求。根据MAIMS (Money Allocated is Money Spent，预算必然被超支)规则——项目执行阶段费用估算超支现象必然产生，将最小值确定为最可能值的85%，最大值确定为最可能值的108%，使最可能值与最大值更加接近。

2) 费用相关系数的定义

通过静态敏感性分析得到对费用影响较大的几个费用项分别是：动设备、静设备、间接费、施工间接费、施工管理、采购/管道、土建、现场采购费/钢结构、采购/仪表、采购/电气等，依据20∶80规则与相关系数费用项不超过15组的规则，选择动设备、静设备、间接费、施工间接费、施工管理、采购/管道、现场采购费/土建这7个费用项建立相关系数矩阵。同时，依据以往项目费用估算分析的经验，利用专家经验确定相关系数：专业内费用项相关系数设定为0.6，专业之间费用项相关系数设定为0.3，如表10-4所示。

3) 模拟过程

采用Crystal Ball风险分析软件对费用估算进行5000次模拟，得到相对于总费用的敏感性分析、总费用的累积概率分布曲线、费用子项与总费用的相关系数关系、不可预见费的分析等一系列结论，这些分析结果将在下面二阶蒙特卡罗模拟费用估算分析结果中一并展示。

(2) 二阶蒙特卡罗模拟费用估算分析方法

由于专家组对传统蒙特卡罗模拟费用估算分析结果仍达不成一致意见，由此可见该项目的费用估算比较复杂，因而独立组C对该项目的费用估算应用二阶蒙特卡罗模拟再进行第二次模拟分析。

1) 传统蒙特卡罗模拟分析过程

此处分析过程同上述1)、2)、3)，详细的分析过程此略。

2) 确定哪些费用项需进行二阶蒙特卡罗模拟

依据敏感性分析结果，结合20∶80法则，筛选出对总费用影响程度累积超过80%的较大的7个费用子项，分别是：动设备、静设备、间接费、施工间接费、施工管理、采购/管道、现场采购费/土建。考虑到专家对国际设备采购部分的费用估算不明晰，争议较大，面临的风险较高，同时采购/管道对总费用的影响也较高，达到了20.9%，因此将动设备、静设备与采购/管道的费用项的最可能值定义为三角分布来进行二阶蒙特卡罗模拟分析。将这3个费用子项 C_{ij}（$i=1$，2；$j=1$，2）的最可能值 P_m^{ij}（$i=1$，2；$j=1$，2）定义为三角分布，即 $P_m^{ij} \sim Triangular(a_{ij}, b_{ij})$，精度要求假定为－5%～＋5%，即：

$$a_{ij}=0.95\mu_{ij}$$

$$b_{ij}=1.05m_{ij}$$

3）模拟过程

根据图10-11的模拟分析步骤，将费用子项全部定义为具有可变性特征的随机变量，3个费用子项的最可能值定义为具有不确定性特征的随机变量，建立内、外双环。内环是完成对费用子项可变性的一阶迭代过程，迭代次数设为5000次；外环是完成筛选的最可能值不确定性的二阶迭代过程，迭代次数设为50次，通过风险定量分析软件将费用估算迭代250000次，得到50个总费用的累积概率分布曲线与敏感性分析结果，根据总费用的累积概率分布曲线得到一定置信水平下的不可预见费分析结果。

（3）模拟分析结果比较分析

1）敏感性结果比较分析

将专家意见与一阶蒙特卡罗模拟、二阶蒙特卡罗模拟得到的敏感性分析结果，如图10-12、图10-13所示，进行比较，可以得到如下结论：

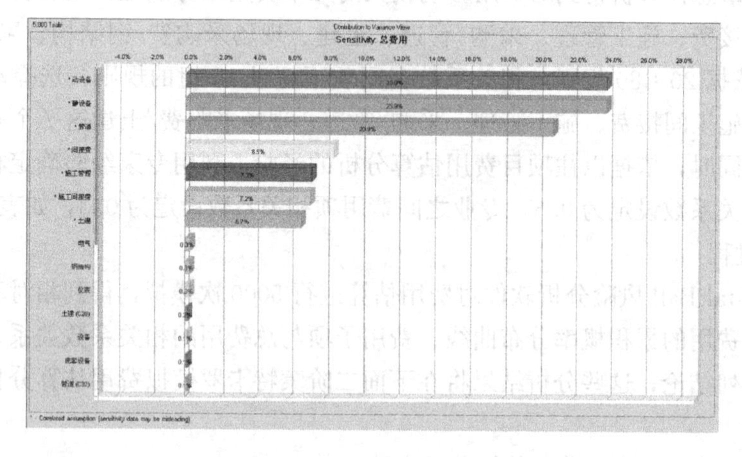

图10-12　一阶蒙特卡罗模拟

① 专家意见：境外采购部分费用估算的正确与否对总费用影响较大，但得不到影响程度的量化值；

② 两次模拟结果：影响总费用估算正确与否最敏感的几个费用项均是动设备、静设备、采购/管道、间接费、施工管理、施工间接费与现场采购费/土建，影响程度累计超过80%；之后敏感性较强的费用项排序有所变化，第一种模拟方法得到的敏感费用项依次为：采购/电气、现场采购费/钢结构、采购/仪表与直接施工费/土建，影响程度较小；第二种模拟方法得到的敏感费用项依次为：现场采购费/钢结构、采购/电气、动设备、采购/仪表、静设备、直接施工费/设备、直接施工费/土建等，影响程度均低于1%。

综上所述，基于二阶蒙特卡罗模拟的费用估算方法进一步强化了动设备、静设备、采

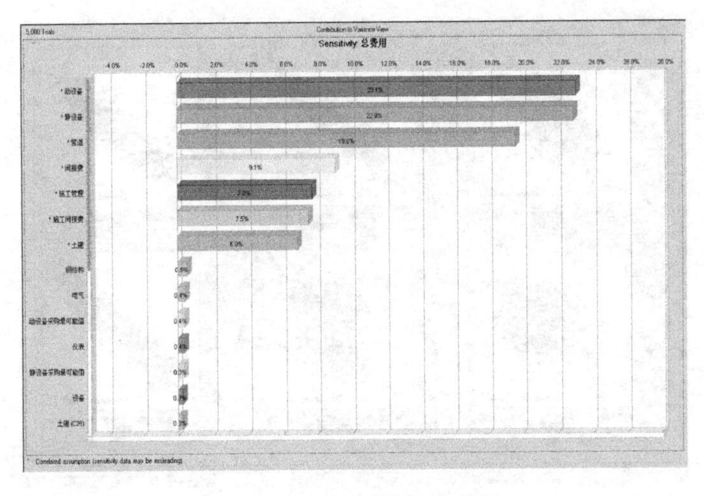

图 10-13　二阶蒙特卡罗模拟

购/管道、施工管理等费用项的敏感性，与专家评估意见有接近的地方。但是，专家组一味地强调全部境外采购和施工费用对总费用估算的正确与否影响较大，显得有点片面，通过后述两种模拟分析得到的结果也验证了此结论。因此，估算人员应重点关注与动设备、静设备、采购/管道、间接费、施工管理、施工间接费与现场采购费/土建等相关的一些费用项估算，核实其估算的合理性与正确性。

2）相关系数结果比较分析

为了分析第三层级哪些费用项与总费用之间的相互依赖关系，可以通过蒙特卡罗模拟得到各费用项之间的相关系数，如图 10-14 和图 10-15 所示，找出那些相关系数较大的费用项，便于估算人员重点核算这些费用项的估算准确程度，提高整个项目费用估算的精度。

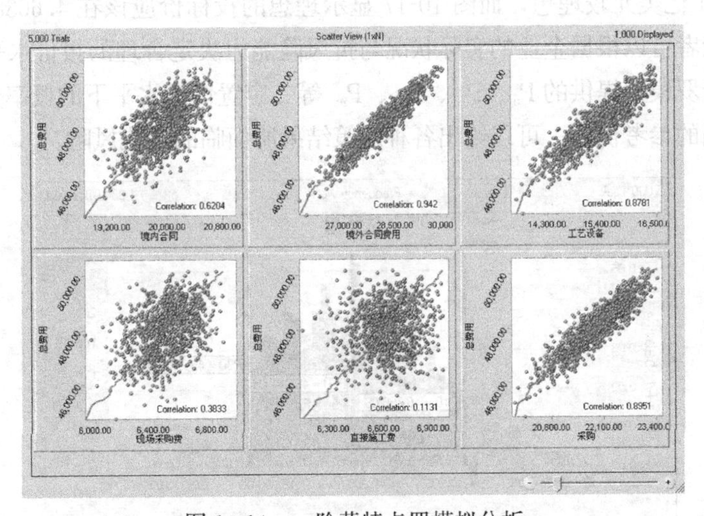

图 10-14　一阶蒙特卡罗模拟分析

① 专家意见：同上，认为境外采购部分费用估算对整个项目费用的估算影响较大，总费用对其依赖性较强。

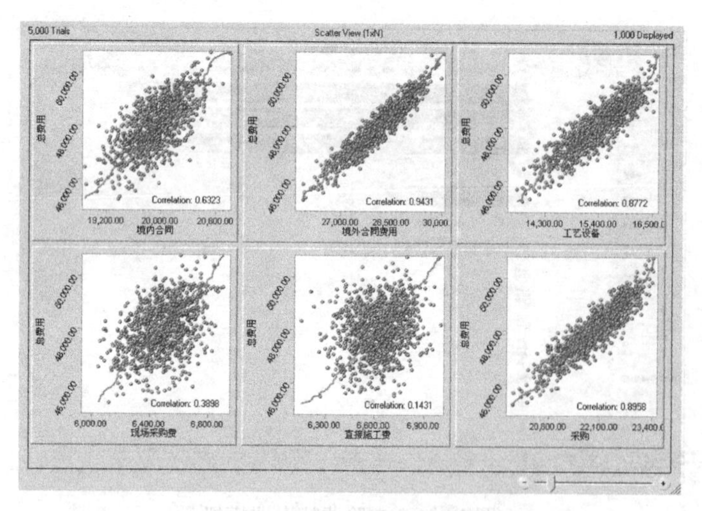

图 10-15 二阶蒙特卡罗模拟分析结果

② 两次模拟结果：均认为境外合同费、采购、工艺设备与总费用之间的相互关系最大，约 0.9，相关系数理论表明，这几个费用项与总费用之间的相互依赖性很强，即相关性属于高级级别，之后是境内合同，相关系数也达到了 0.6。

综上所述，专家组与两种模拟分析方法得到的结论基本相似，但是专家过多地强调境外合同费的重要性，显然该结论有点偏离项目的实际情况。

3）总费用累积概率分布比较

从图 10-16、图 10-18 可以看出：一阶蒙特卡罗模拟在一定置信度水平下仅仅是单点估计，而二阶蒙特卡罗模拟可以提供一定置信度水平下的概率分布或范围值，为估算人员提供更多的信息。例如，根据 AACE 关于不可预见费确定的规则，该项目的总报价应该为 P_{50} 点所对应的 4.8041 亿美元较理想，而图 10-17 显示理想的投标价应该在 4.6638 亿～4.6992 亿美元之间，决策者可以根据企业的实际状况与抗风险能力决定合理的报价水平。值得一提的是，二阶蒙特卡罗模拟提供的 P_5、P_{10}、P_{90}、P_{95} 等一定置信度水平下的概率分布，对于科学决策也具有较强的参考价值，可以给出各种决策结果所面临的量化风险。

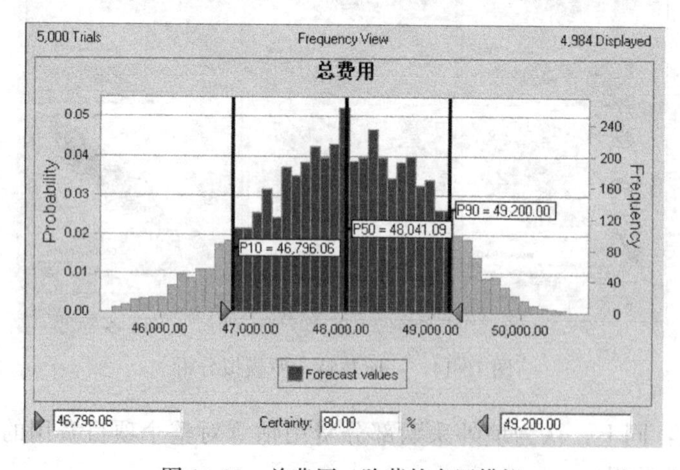

图 10-16 总费用一阶蒙特卡罗模拟

① 专家意见：项目总报价明显偏高，建议降价 10％左右(即约 4800 万美元)，总报价确定在 4.37 亿美元左右，境外采购部分建议降低 10％；施工与施工管理部分费用偏高，可以大幅度降低。

② 一阶蒙特卡罗模拟费用估算模拟结果：原先项目的初步总报价低于 4.8589 亿美元的概率为 71％，说明原先的项目初步报价偏高。根据 AACE 推荐的规则，如果项目报价水平在 P_{10} 时，在完全竞争并且以低价中标的市场中，该投标价的中标概率为 90％，即预期中标率为 90％，投标价为 4.6796 亿美元。项目报价最可能的值约为 4.8041 亿美元，且以 80％的可能性介于 4.6796 亿～4.9200 亿美元。

③ 二阶蒙特卡罗模拟费用估算模拟结果：原先项目的初步报价低于 4.8589 亿美元的概率在 55％～78％之间，虽然概率有所下降，但说明初步报价仍然偏高。依据 AACE 推荐实践，为了使项目能够顺利中标，可以将定价水平确定在 P_{10} 左右。由于本次模拟会产生 P_{10} 值对应的概率分布曲线，如图 10-17 所示，投标价格以 80％的可能性介于 4.6638 亿～4.6992 亿美元之间，选定 P_{50} 对应的 4.6759 亿美元作为最终的投标价，在第一次模拟得到的 4.8041 亿美元的基础上继续降低近 1300 万美元，但预期中标率仍能维持在 90％的概率水平。

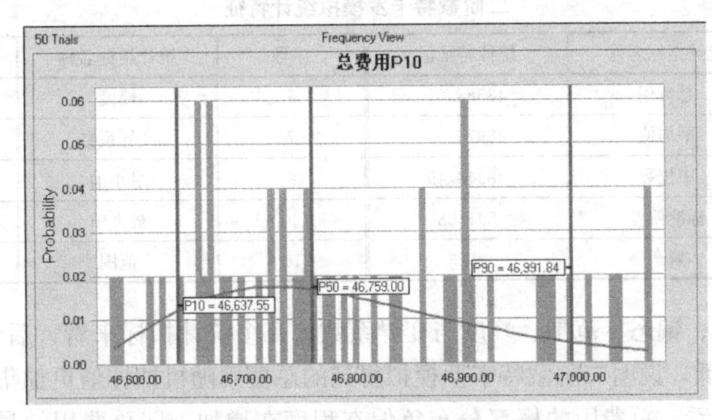

图 10-17　总费用二阶蒙特卡罗模拟 P_{10} 概率分布

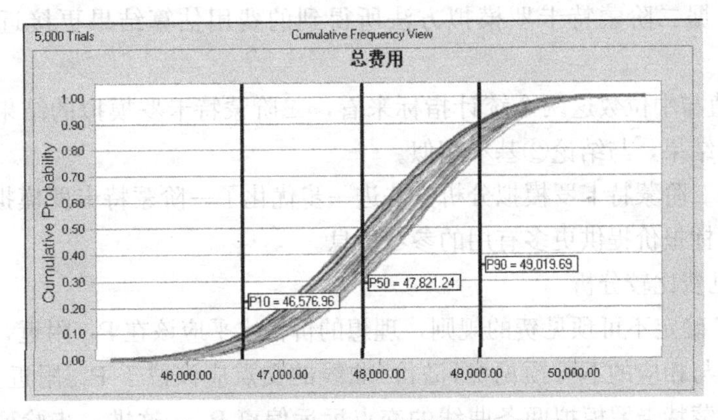

图 10-18　二阶蒙特卡罗模拟模型结果

综上所述：无论是专家组 A 意见还是专家组 B 意见，简单地根据以往项目执行的情况或经验数据提出 10％降价或者不降价均不可行。一阶与二阶蒙特卡罗模拟分析结果不仅支持降低整个项目的投标报价，还提供了以4.6759亿美元报价较之于直接降至4.37亿美元明显有利可图的信息，而且可以保证中标率仍在90%的情形下达到3.7%的利润，这种现象在国际EPC项目中比较少见，事实上中资企业在海外项目执行的时候能做到保本就已经是一件非常不容易的事情了。

4）两种模拟分析的总费用统计特征比较

从表10-6、表10-7中可以得到如下结论：

一阶蒙特卡罗模拟统计特征　　表10-6

序号	统计指标名称	统计特征值	序号	统计指标名称	统计特征值
1	总费用	48588.61	6	峰度	2.73
2	平均值	48021.68	7	变异系数	0.0191
3	中位数	48069.71	8	最小值	44712.80
4	标准偏差	914.92	9	最大值	50563.51
5	偏态	−0.2436	10	范围	5850.71

二阶蒙特卡罗模拟统计特征　　表10-7

序号	统计指标名称	统计特征值	序号	统计指标名称	统计特征值
1	总费用	48588.61	6	峰度	2.73
2	平均值	48976.31	7	变异系数	0.01
3	中位数	48948.49	8	最小值	47378.42
4	标准偏差	591.08	9	最大值	51072.55
5	偏态	0.23	10	范围	3694.13

① 从标准差、偏态、范围、峰度与变异系数这几个统计指标来看，后者相对于前者，统计指标都在降低，说明二阶蒙特卡罗模拟得到的总费用随机抽样值更加集中；

② 从偏态来看，总费用的概率分布负偏态程度在增加，即总费用的最可能值与最大值更加接近；根据MAIMS规则，在项目执行阶段，费用超支的现象是一种几乎必然发生的现象，因此根据二阶蒙特卡罗模拟方法所得到的费用估算结果更接近于项目的实际情况；

③ 从平均值与中位数这两个统计指标来看，二阶蒙特卡罗模拟的结果明显高于一阶蒙特卡罗模拟的结果，与结论②基本相似。

综上所述，二阶蒙特卡罗模拟分析方法进一步优化了一阶蒙特卡罗模拟分析方法，并且能为最终的投标报价提供更多有用的参考信息。

5）不可预见费比较分析

根据AACE确定不可预见费的规则，理想的价格水平应该在P_{50}附近，即总费用的累积概率分布曲线与相应的不可预见费(溢价)曲线的交点应该位于P_{50}附近。通过图10-19可以发现，一阶蒙特卡罗模拟两条曲线的交点远远偏离P_{50}，这进一步验证了该项目费用估算的不合理性。造成费用估算出现如此大偏差的原因主要包括：

① 估算人员对中东地区炼化工程的价格体系不清晰；

② 对该地区大型EPC项目缺乏较为全面的项目参考数据；

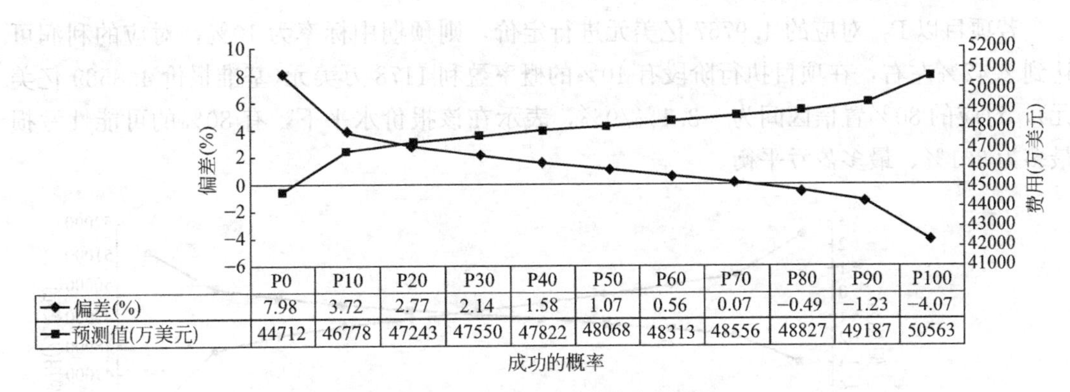

	P0	P10	P20	P30	P40	P50	P60	P70	P80	P90	P100
偏差(%)	7.98	3.72	2.77	2.14	1.58	1.07	0.56	0.07	−0.49	−1.23	−4.07
预测值(万美元)	44712	46778	47243	47550	47822	48068	48313	48556	48827	49187	50563

图 10-19　总费用一阶蒙特卡罗模拟

③ 对业主招标文件中要求的费用估算计价规则理解不准确。

对不可预见费的确定与深入分析方面，目前中国国内企业通用的方法还是简单在总价基础上计取一个比例系数(如 5%)，然后将这些不可预见费分配到不同的专业中，并由项目经理控制，以此来保证项目的顺利执行，但模拟分析得到的结果能够提供更多的有用信息。

① 专家意见：简单的比例确定，本次专家审查会上尚未就不可预见费的比例系数的确定达成一致。

② 一阶蒙特卡罗模拟分析结果结论：

若项目以 P_{10} 对应的 4.6778 亿美元进行定价，如项目执行得好，则对应的损失能达到 3.73%左右；若按该价格水平投标，则预期中标率为 90%，但在项目执行阶段有 90%的概率亏损 1810 万美元(基准报价 4.8589 亿美元)，相应的 80%置信区间为 0%/5.15%，表示在该报价水平下，有 80%的可能性最少盈亏平衡、最多可以盈利 5.15%。

若项目以 P_{50} 对应的 4.8068 亿美元进行定价，则预期中标率为 50%，对应的损失可达到 1.07%左右，在项目执行阶段有 50%的概率亏损 520 万美元(基准报价 4.8589 亿美元)，相应的 80%置信区间为−2.68%/2.33%，表示在该报价水平下，有 80%的可能性亏损最多为 2.68%、最多盈利 2.33%。

若项目以 P_{90} 对应的 4.9187 亿美元进行定价，则预期中标率为 10%，对应的利润可达到 1.23%左右，在项目执行阶段有 10%的概率盈利 598 万美元(基准报价 4.8589 亿美元)，相应的 80%置信区间为−4.9%/0%，表示在这种报价水平下，有 80%的可能性亏损最多为 4.9%、最多盈亏平衡。

③ 二阶蒙特卡罗模拟分析结果结论(见图 10-20)：

若项目以 P_{10} 对应的 4.8224 亿美元进行定价，如项目执行得好，则对应的损失能达到 0.75%左右；若按该价格水平投标，则预期中标率为 90%，但在项目执行阶段有 90%的概率亏损 364 万美元(基准报价 4.8589 亿美元)，其对应的 80%置信区间为 0%/3.2%，表示在该报价水平下，有 80%的可能性最少盈亏平衡、最多可以盈利 3.2%。

若项目以 P_{50} 对应的 4.8948 亿美元进行定价，则预期中标率为 50%，对应的利润可达到 0.62%左右，但在项目执行阶段有 50%的概率盈利 360 万美元(基准报价 4.8589 亿美元)，对应的 80%置信区间为−1.48%/1.67%，表示在该报价水平下，有 80%的可能性亏损最多为 1.48%、最多盈利 1.67%。

若项目以 P_{90} 对应的 4.9767 亿美元进行定价，则预期中标率为 10%，对应的利润可达到 2.42%左右，在项目执行阶段有 10%的概率盈利 1178 万美元(基准报价 4.8589 亿美元)，对应的 80%置信区间为－3.1%/0%，表示在该报价水平下，有 80%的可能性亏损最多为 3.1%、最多盈亏平衡。

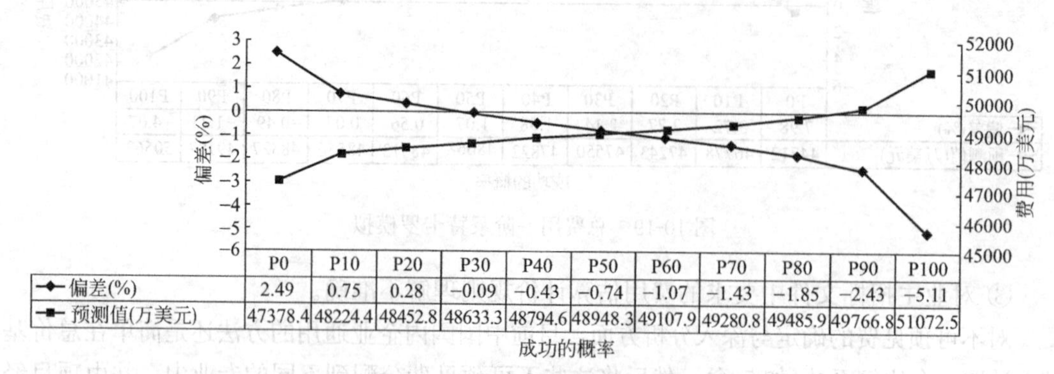

	P0	P10	P20	P30	P40	P50	P60	P70	P80	P90	P100
偏差(%)	2.49	0.75	0.28	−0.09	−0.43	−0.74	−1.07	−1.43	−1.85	−2.43	−5.11
预测值(万美元)	47378.4	48224.4	48452.8	48633.3	48794.6	48948.3	49107.9	49280.8	49485.9	49766.8	51072.5

图 10-20　总费用二阶蒙特卡罗模拟

从二阶蒙特卡罗模拟分析可以发现，两条曲线交点在零点之下，基准报价 4.8589 亿美元稍微偏低，因此可以将报价稍调高些，比如以 4.8948 亿美元投标的话，不仅可以保证 50%概率中标，而且还可以保证 0.62%的利润。

总之，在 EPC 项目投标报价费用估算领域，二阶蒙特卡罗模拟得到的结论可进一步优化一阶蒙特卡罗模拟所得到的结论，但两种模拟分析结果都能进一步优化专家的评估意见，使费用估算更加接近项目的实际情况，帮助估算人员分析费用估算合理性。

(4) 项目投标结果

专家组根据两种模拟分析方法得到的一系列结论，结合类似项目的工程实践，一致同意向企业决策层提出按 4.88 亿美元报价的建议。甲企业按该报价击败了实力强劲的韩国与欧洲的工程公司，最终赢得了该项目，为中国企业在中东地区石化工程总承包市场树立了一个里程碑。

三、基于风险驱动理论的费用风险分析方法

(一) 原理与方法

全球经济政治环境动荡、汇率无规律的变化等使得国际 EPC 项目的费用估算充满了不确定性与变异性，同时风险因素也呈现出随机性特征，因此综合考虑风险因素的随机性与费用估算的不确定性特征就显得迫在眉睫。

1. 必要性

在采用该方法对费用估算的不确定性进行模拟分析前，首先需要区分两个重要的概念：风险与不确定性。(1)风险是指损失的不确定性，损失发生的概率是可以计量的；(2)不确定性是指人们在事先只知道所采取行动的所有可能后果，而不知道它们出现的可能性，或者两者均不知道，不确定性是难以计量的。

风险与不确定性并不相同，风险的定义只能与目标相联系。风险最简单的定义是“起作用的不确定性”，也就是说，如果发生风险，那么目标将会受到影响。因此，风险的更

加完整的定义是“能够影响一个或多个目标的不确定性”。而不确定性与目标并不相关，是指人们对客观世界的认识受到各种条件的限制，不可能准确预测目标如何进展。因此，可以看出风险是一种不确定性，而不确定性不全是风险。

风险因素是指能产生或增加损失概率和损失程度的条件或因素，是风险事件发生的潜在原因，是造成损失的内在或间接原因；风险事件又称风险事故，是指直接导致风险发生的偶发事件，是造成风险损失的外在原因或直接驱动器。为了提高费用估算的精度，有必要通过制定行之有效的风险应对措施，对费用项的内在风险因素进行有效的监控来控制风险，并进一步降低费用估算的不确定性。因此，可以利用基于概率理论的蒙特卡罗模拟技术对总费用进行模拟分析。

2. 输入变量的概率分布函数确定

依据风险定性分析结果筛选出处于高水平与中等水平的风险因素作为分析的输入变量，筛选出的风险因素一般具有战略性特征，然后确定这些风险因素发生的概率与影响值的概率分布，以此来对风险因素进行定量描述。

(1) 发生的概率：指抽样中风险事件出现的次数，用百分比表示。比如对某个风险因素抽样1000次，风险事件共出现400次，则风险事件产生的概率为40%。伯努利分布(二项分布)用来描述固定抽样中特定事件所出现的次数，参数为抽样次数 n 与概率 p。构成此分布的三个条件是：每次抽样只有两种结果，抽样相互独立，所有抽样中事件发生的概率相同。离散型0-1的伯努利分布是前者 $n=1$ 情况下的特例，即一次抽样中风险事件出现的概率，因此可以将此指标定义为服从离散型0-1的伯努利分布，其中，“1”值对应着风险事件发生的概率，“0”值对应着风险事件没有发生的概率。

(2) 影响值：指风险事件一旦发生，对费用子项产生影响的范围值，用百分比表示。可以通过专家意见的最小值、最可能值与最大值来确定影响值的概率分布。三角分布用来描述最小值与最大值固定、最可能值发生概率较高的分布，风险事件的影响值可以采用三角分布来对其进行定量描述。

3. 风险分配矩阵的构建

在费用风险分析的过程中，一个风险因素可能会对几个费用子项产生影响；相应的一个费用子项有可能会受到几个风险因素的影响，因此有必要将风险因素与费用子项有机地结合起来，建立如表10-8所示的风险分配矩阵。表中“▲”表示对费用子项产生影响的风险因素，以费用子项1为例，其准确的估算受风险因素1、风险因素2与风险因素4共

风险分配矩阵 表10-8

费用类别	风险因素				
	风险因素1	风险因素2	风险因素3	风险因素4	……
费用子项1	▲	▲		▲	
费用子项2			▲	▲	
费用子项3	▲		▲		
费用子项4		▲		▲	
……					

注：▲——表示风险因素对费用子项会产生影响。

同影响；同时，也可以看出风险因素1对费用子项1与费用子项3共同产生影响，其他分析以此类推。

（二）模拟分析基本原理

定义好风险事件产生的概率与影响值的概率分布之后，再结合风险分配矩阵，对总费用进行蒙特卡罗模拟分析。首先需详细分析基于风险驱动理论的费用风险分析方法迭代原理，然后推导出基于风险驱动理论的费用风险分析流程。

1. 风险驱动的迭代原理

分析风险驱动的迭代原理之前，必须引入"风险因子"这个比较常见的概念，用RF表示，风险费$C_R = C_0 \times RF$。"风险因子"是指若干个风险因素的影响值。若只发生一个风险事件，则风险因子等于风险因素的影响值；若同时发生多个风险事件，则风险因子等于多个风险因素的影响值的乘积。比如：风险因素A影响值的最小值、最可能值与最大值分别为90%、100%与115%，风险因素B影响值的最小值、最可能值与最大值分别为100%、110%与130%，则综合的影响值的最小值、最可能值与最大值分别为90%、110%与150%。在费用风险分析过程中，对应的风险费$C_R = C_0 \times RF$，其中：C_0为费用的原始估计值。若风险事件没有发生，则表示没有风险因素会对费用估算产生影响，费用估算为确定值，对应的风险费$C_R = C_0$，因此可将风险因子设定为1。基于风险驱动理论的费用风险分析对应的详细迭代步骤如下：

(1) 随机选择出每个风险因素概率分布的影响值；

(2) 在每次迭代过程中，随机筛选出来的风险因素如果发生，那么风险因子就设定为风险因素概率分布的影响值，即三角分布；如果风险事件没有发生，那么风险因子就设定为1；

(3) 将步骤2中的风险因子的数值乘以受其影响的费用子项；如果有多个风险因素对费用子项产生影响，那么综合的风险因子就是这些风险因素的风险因子之间的乘积，然后再将综合的风险因子与受其影响的费用子项相乘；

(4) 将步骤3中每次迭代得到的费用累加后得到总费用；然后经过模拟软件的数千次迭代即可得到总费用的概率分布。

2. 模拟分析流程

基于风险驱动理论的费用风险分析过程主要包括：(1)风险识别；(2)风险定性分析；(3)评估风险$P \times I$矩阵与风险分配矩阵；(4)第一次蒙特卡罗模拟分析；(5)制定相应的风险响应策略；(6)第二次蒙特卡罗模拟分析；(7)费用模拟结果比较分析，如图10-21所示。

（三）案例分析

1. 项目背景

某石油公司拟在非洲投资新建一座炼油厂，初步投资费用估算如表10-9所示。由于该项目投资额较大、建设周期较长、项目所在国资源缺乏，面临的风险也较大，因此需要对费用估算所面临的不确定性进行详细分析，筛选出发生概率较高、影响较大并且敏感性较强的风险因素，对这些风险因素采取行之有效的措施进行规避，使项目在投资估算范围内能够顺利建成。

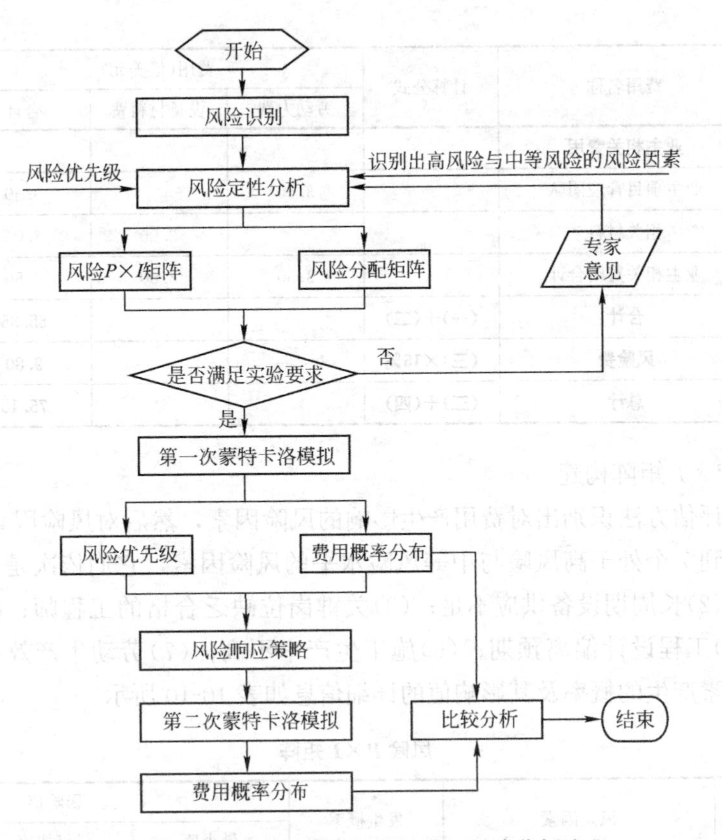

图 10-21　基于风险驱动理论的费用风险分析流程

某炼油厂初步投资费用基准估算　　**表 10-9**

序号	费用名称	计算公式	费用(亿美元)			备注
			劳动力费	设备材料费	合计	
一	**承包商相关费用**					
1	长周期设备		0.15	3.30	3.45	
2	设备		2.00	8.50	10.50	
3	大宗材料		4.00	14.00	18.00	
4	现场直接费小计	1+2+3	6.15	25.80	31.95	
5	现场管理人员		2.60		2.60	
6	其他现场间接费		2.50		2.50	
7	现场间接费小计	5+6	5.10		5.10	
8	直接与间接劳动力费小计	4+7	11.25		11.25	
9	项目管理服务		5.00		5.00	
10	与建造相关的材料		1.80	4.00	5.80	
11	总部设计		5.40		5.40	
12	总部管理费		5.60		5.60	
	承包商相关费用合计		29.05	29.80	58.85	

续表

序号	费用名称	计算公式	费用(亿美元)			备注
			劳动力费	设备材料费	合计	
二	**业主相关费用**					
1	业主项目管理团队		3.50		3.50	
2	相关材料			3.00	3.00	
	业主相关费用合计		3.50	3.00	6.50	
三	**合计**	**(一)+(二)**			**65.35**	
四	**风险费**	**(三)×15%**			**9.80**	
五	**总计**	**(三)+(四)**			**75.15**	

2. 风险 $P \times I$ 矩阵构建

通过专家评估方法识别出对费用产生影响的风险因素，然后对风险因素的 $P \times I$ 矩阵进行排序，得到7个处于高风险与中等风险水平的风险因素，它们依次是：(1)联合体协议偏离预期；(2)长周期设备供应不足；(3)关键岗位缺乏合格的工程师；(4)项目承包策略的变更；(5)工程设计偏离预期；(6)施工生产率不高；(7)劳动生产效率偏离预期等。这 7 个风险因素产生的概率及其影响值的详细信息如表 10-10 所示。

风险 $P \times I$ 矩阵　　**表 10-10**

缩写	风险因素	发生概率	影响值		
			最小值	最可能值	最大值
JVALIGN	联合体协议偏离预期	30%	100%	105%	110%
LLE	长周期设备供应不足	60%	85%	105%	115%
STAFF	关键岗位缺乏合格的工程师	50%	90%	100%	110%
CONSTR	项目承包策略的变更	30%	100%	110%	130%
CHANGE	工程设计偏离预期	50%	95%	110%	130%
CONLAB	施工生产率不高	100%	90%	110%	120%
LABRATE	劳动生产效率偏离预期	100%	90%	105%	110%

3. 风险分配矩阵

将风险因素分配给受影响的费用子项，建立如表 10-11 所示的风险分配矩阵。其中：长周期设备费用受长周期设备供应不足、项目承包策略的变更和工程设计偏离预期等风险因素的影响；设备费用受项目承包策略的变更和工程设计偏离预期等风险因素的影响；材料费受工程设计偏离预期等风险因素的影响；直接与间接劳动力费用受项目承包策略的变更、施工生产率不高和劳动生产效率偏离预期等风险因素的影响；项目管理服务费受关键岗位缺乏合格的工程师、项目承包策略的变更和劳动生产效率偏离预期等风险因素的影响；与建造相关的材料费受项目承包策略的变更、施工生产率不高和劳动生产效率偏离预期等风险因素的影响；总部设计费受联合体协议偏离预期、关键岗位缺乏合格的工程师和工程设计偏离预期等风险因素的影响；业主项目管理费受联合体协议偏离预期和关键岗位缺乏合格的工程师等风险因素的影响；相关材料费受工程设计偏离预期等风险因素的影响。

风险因素与费用项之间的风险分配矩阵　　　　**表 10-11**

费用类别	JVALIGN	LLE	STAFF	CONSTR	CHANGE	CONLAB	LABRATE
长周期设备		▲		▲	▲		
设备				▲	▲		
材料					▲		
直接与间接劳动力				▲		▲	▲
项目管理服务			▲	▲			▲
与建造相关的材料				▲		▲	▲
总部设计	▲		▲		▲		
业主项目管理团队	▲		▲				
相关材料					▲		

4. 蒙特卡罗模拟分析

首先，将风险因素发生的概率与影响值设定为蒙特卡罗模拟分析的输入变量，如图 10-22、图 10-23 所示，其中，风险事件的发生概率定义为服从 0-1 的伯努利分布，影响值定义为服从三角分布；其次，根据风险因素的 $P \times I$ 矩阵与风险匹配矩阵，结合风险驱动的迭代原理，确定受风险因素影响的费用子项所对应的风险因子，如长周期设备费用项受 LLE(长周期设备供应不足)、CONSTR(项目承包策略的变更)与 CHANGE(工程设计偏离预期）等风险因素的影响，对应的综合风险因子为：RiskTriang(0.85，1.05，1.15)×RiskTriang(1，1.1，1.3)×RiskTriang(0.95，1.1，1.3)。然后，将费用子项与对应的综合风险因子相乘，比如长周期设备费用项的风险费为 $C \times$ RiskTriang(0.85，1.05，1.15)×RiskTriang(1，1.1，1.3)×RiskTriang(0.95，1.1，1.3)，其他风险费的计算公式类似。值得说明的是此处所用的模拟分析软件是@Risk。

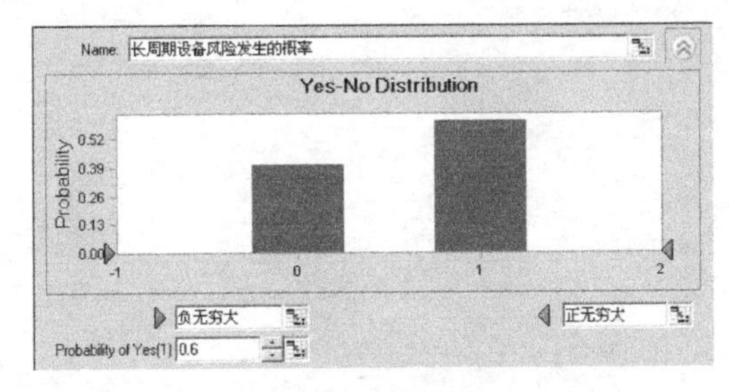

图 10-22　发生概率的概率分布

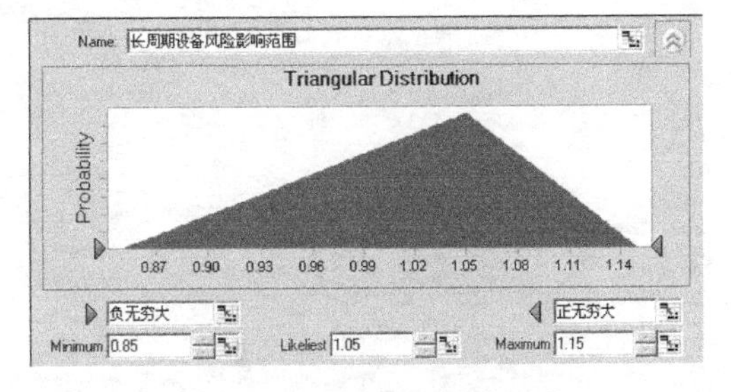

图 10-23　影响值的概率分布

利用风险定量分析软件对总费用进行 5000 次模拟，得到相对于总费用的敏感性分析结果，风险因素的影响程度优先排序依次是：工程设计偏离预期产生的概率对费用估算结果影响最大，影响程度为 36.7%；其次是项目承包策略的变更发生的概率，影响程度为 32.4%；之后依次是工程设计偏离预期与项目承包策略的变更的影响值。由此可见对总费用估算影响较大的风险因素分别是设计与项目承包策略。为了提高费用估算的精度、降低风险产生的概率，需要制定合理有效的措施来降低设计与项目承包策略所面临的风险。

5. 风险响应措施前后结果比较分析

针对上述分析结果，通过培训、提高设计人员的技术水平来消除工程设计偏离预期的发生概率。然后利用风险定量分析软件对总费用再次进行蒙特卡罗模拟，将两次模拟得到的总费用的概率分布进行对比，如表10-12所示。发现第二次模拟分析得到的总费用90%置信度范围值变得更窄，从最初的12.59亿美元降低为8.37亿美元。相对于75.15亿美元的基准费用而言，第二次模拟得到的最可能值76.65亿美元(众数)比第一次模拟得到的最可能值78.19亿美元(众数)更接近于基准值。与此同时，达到基准费用的概率也从最初的65%提高至80%。

两次模拟分析结果比较(单位：亿美元)　　表10-12

模拟	P_5	众数	平均数	中位数	P_{95}	90%宽度($P_{95}\sim P_5$)
第一次模拟	74.88	78.19	80.11	79.48	87.47	12.59
第二次模拟	74.39	76.65	77.84	77.40	82.76	8.37

四、费用量化分析结果的决策支持作用

基于风险驱动的费用量化分析方法提供$P_0\sim P_{100}$概率分布的费用估算数据，高层决策人员可以依据对项目的经验、企业的承受能力以及争取项目中标的迫切程度确定决策价格：(1)保守型决策，可以选择P_{90}的费用估算结果作为决策价格的基础；(2)折中型决策，可以选择P_{50}的费用估算结果作为决策价格的基础；(3)激进型决策，可以选择P_{10}的费用估算结果作为决策价格的基础。

费用风险量化分析除了为企业价格决策提供科学依据之外，敏感性分析结果指出了对费用影响最为显著的子项，为项目的科学管理以及风险控制提供明确的目标以及努力的方向，可以使得投标报价响应更具有针对性，项目管理的策划与实施具有更加明确的资源配置与过程控制目标。

第十一章　基于规则的施工费用快速估算

投标报价进度紧，要求在项目的早期做出科学的决策，为此有必要开发基于规则的快速费用估算方法。基于规则的费用估算方法的重点与难点在于施工费用的估算，为此，本章以石油化工 EPC 项目为例，重点介绍较为复杂的施工费用快速估算方法，其他行业可以参照该方法作适应性调整后使用。

第一节　工程施工费用的快速估算

通过对 EPC 项目施工费用估算的分析和总结，不难发现工程施工费用构成有其内在的规律。大型机械费与吊装总重量息息相关；同时，除大型机械费外的直接施工费与施工间接费又与劳动力工时密切关联，将该两部分费用除以直接与间接劳动力总工时数得到的综合工时单价在一个时期内均稳定在某一水平上。因此，EPC 项目特别是国际 EPC 项目的施工费用估算可充分利用该规律，将图 1-2 中工程施工费用构成重新组合，如图 11-1 所示，并建立相关的测算指标即可实现快速估算。

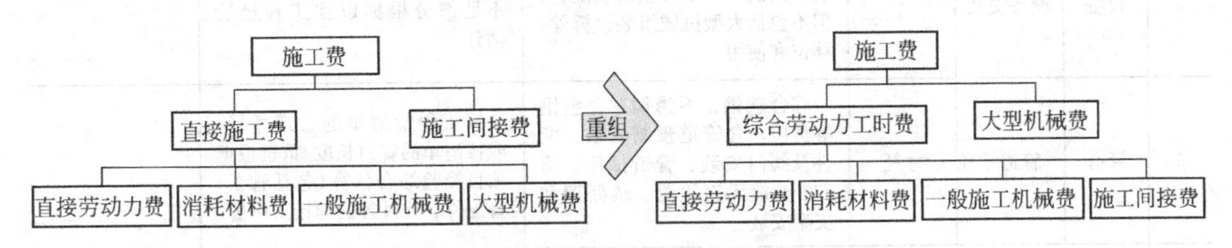

图 11-1　工程项目施工费用层次结构重组对比

一、规则与指标的组成

施工费估算规则主要由估算指标名称、计量规则、单位直接劳动力工时消耗(综合或分级)、综合工时单价、大型机械吊装吨单价等构成。由于大型机械吊装费占施工费的比例较低，因此，施工费用快速估算的精度高低关键在于单位直接劳动力工时消耗与综合工时单价指标值的确定。

（一）估算规则

工程施工费用快速估算规则的基本设想是：首先建立费用估算的直接劳动力工时测算指标；其次按直接劳动力工时指标对工程项目的工程量清单进行分类计算汇总；再次根据经验判断确定各工时指标的单位直接劳动力工时消耗量，计算直接劳动力工时数；然后依次计算间接劳动力工时数，决策确定综合工时单价、大型机械吊装吨单价等；最终将总的劳动力工时数与综合工时单价相乘并加上大型机械费即可得到工程施工费用。

（二）劳动力工时消耗指标

1. 直接劳动力工时指标的设置

通常，石油化工 EPC 项目工程费用按专业划分为土建、建筑物、钢结构、设备、管道、电气、电信、自控仪表、防腐、绝热和防火等 11 个专业。因此，快速估算首先要找出每个专业具有代表性的、能直接反映并涵盖该专业施工所有工作内容的直接劳动力投入量的一个综合性指标——直接劳动力工时综合指标，作为 1 级测算指标，该指标如表 11-1 所示。

直接劳动力工时估算 1 级综合指标　　**表 11-1**

序号	专业	综合指标名称	计量单位	工作内容	计量规则	备注
1	土建	混凝土	m^3	综合土方、桩基、混凝土、道路与铺砌、地下工程、绿化、围墙等工作	混凝土道路、地坪按混凝土面层计算混凝土量，垫层、基础、框架结构、混凝土沟、井、桩基等根据设计按混凝土实体体积计	
2	建筑物	建筑面积	m^2	包括建筑物内装修装饰、给水排水、照明配电、保温隔热、HVAC 等，但不包括桩基和设备混凝土基础	按清单统计设计建筑面积，其中：全钢建筑和半钢结构建筑，也可分别按钢结构和混凝土量套用指标	
3	钢结构	钢结构安装	t	钢结构安装（高强螺栓连接），包括现场补漆	按工程量清单重量计算	按采购预制件考虑
4	设备	设备安装	t	设备安装就位、内件/附件安装，调试，大型机械吊装配合；但不包括大型机械组装、拆除、移位和使用	按工程量清单的设备重量，不足部分根据以往工程经验估计	
5	管道	管道寸径	寸径	综合碳钢、不锈钢、合金钢等材质，含管道预制安装、配件及阀门安装、管道试压、清扫、焊缝无损检测、热处理和支架安装	按工程量清单的管道寸径，或按清单的管道长度/重量根据项目经验综合估算（包括管子、管配件、元件等的焊接工作量）	
6	电气	电气电缆	m	包括所有变配电设备、电缆敷设、桥架、保护管等，但不包括土建工作	综合清单中的动力电缆、控制电缆、接地电缆等电缆长度	
7	电信	电信电缆	m	含所有通信设备、电缆敷设等，但不包括土建工作	综合清单中的通信电缆、光缆等电缆长度	
8	自控仪表	仪表电缆	m	包括所有仪表设备、电缆、桥架、导管安装、回路测试等	综合控制电缆、屏蔽电缆、电源线等的电缆长度	
9	防腐	防腐	m^2	综合设备、管道、钢构等金属表面的喷砂除锈、底/中/面漆	按工程量清单数量，只计算一遍防腐面积	
10	绝热	保护层	m^2	包括绝热体、保护层与必要的底层处理	根据工程量清单，统计计算绝热体的外保护层面积	
11	防火	防火	m^2	包括钢结构框架、立式设备裙座、钢支架等的防火喷涂、涂抹	按清单统计。防火体积按厚度折算为面积，防火钢结构重量按经验值折算为面积	
12	大型机械	大型机械	t	包括大型机械的动遣、组装/拆除/移位、使用台班、吊装场地处理等费用，不包括应在相应专业中计算的吊装配合工时	按需利用 150t 以上大型机械吊装的设备、材料、构件等大件的金属与非金属的总重量	该指标仅用于计算大型机械费（2 级指标）

但是，由于各类石油化工装置相同专业的各工程量构成有时会有较大的差异，如A装置的地上碳钢管道焊接寸径占总寸径量的92%、不锈钢管道占8%，而B装置的地上碳钢管道焊接寸径占78%、不锈钢寸径占13%、合金钢寸径占9%，则由于不同材质的管道焊接寸径所消耗的工时数不同，导致A装置和B装置单位寸径的综合劳动力工时消耗量就会有明显的差异，故需根据该类差异因素对相应专业的综合工时指标值进行调整，比较可行的方法是在每一专业下再分解设置2级工时指标，以提高直接劳动力工时的估算精度。直接劳动力工时估算2级分解指标见表11-2。

直接劳动力工时估算2级分解指标　　　　**表11-2**

序号	分级指标名称	计量单位	工作内容	计量规则	备注
1	土建				
1.1	土方	m^3	综合人工与机械土方的挖填运	按设计图示尺寸，不包括放坡与工作面部分的体积	
1.2	桩基	m^3	综合钢筋、混凝土	按桩基混凝土体积计算	
1.3	混凝土	m^3	综合钢筋、混凝土、模板、地下部分、道路、地坪、绿化、围墙等工作	混凝土道路、地坪按混凝土面层计算混凝土量，垫层、基础、框架结构、混凝土沟、井等按混凝土体积	
2	建筑物				
2.1	变电站	m^2	包括建筑物内装修装饰、给水排水、照明配电、保温隔热、HVAC等，但不包括桩基和设备基础	按工程量清单统计设计建筑面积，多层建筑应将各层的建筑面积相加	包括配电间
2.2	控制室	m^2			包括机柜间
2.3	仓库	m^2			包括压缩机房、泵房、维修车间
2.4	办公楼	m^2			含警卫室、小卖部
2.5	其他建筑	m^2			
3	钢结构安装				
3.1	重型	t	钢结构安装（高强螺栓连接），包括现场补漆	按工程量清单分类汇总	指每米重量在75kg以上
3.2	中型	t			指每米重量在25～75kg之间
3.3	轻型	t			指每米重量在25kg以下
3.4	平台板	m^2	平台板的安装，不包括防腐；镀锌钢格板按成品件考虑	按工程量清单计算	
3.5	彩钢板	m^2	混凝土框架结构或钢结构建筑围护及屋面板的安装，压型钢板和彩钢夹芯板按成品件供货考虑	按工程量清单计算	
4	设备安装				
4.1	静设备（中小型）	t	设备现场搬运、安装就位，内件安装	非大型机械吊装的静设备质量，按设备清单重量计算	
4.2	静设备（大型）	t	设备安装就位，内件安装	需大型机械吊装的设备质量，按设备清单重量计算	

续表

序号	分级指标名称	计量单位	工作内容	计量规则	备注
4.3	动设备	t	设备安装就位，单机试车	按工程量清单重量，不足部分根据以往工程经验估计	
4.4	撬装设备	t	设备安装就位		
4.5	包设备	t	设备安装就位，调试		含成套/系统设备
4.6	工业炉	t	包括炉架/炉管、烟风道、附件/配件的制作安装，焊接热处理、无损检测，筑炉、衬里，但不含防腐	按清单重量(含非金属重量)	按模块供货
4.7	储罐	t	含储罐的制作安装、无损检测、附件安装，但不包括防腐绝热	包括罐本体、附件的总重量	
5	管道				
5.1	碳钢管道	寸径	包括现场运输、预制安装、试压、清洗、无损检测、热处理(若需要)	按工程量清单寸径，或按清单的管道长度/重量根据项目经验综合估算(包括管子、管配件、元件等的焊接工作量)	包括低温碳钢
5.2	不锈钢管道	寸径			
5.3	合金钢管道	寸径			
5.4	非金属管道	寸径	包括现场运输、预制安装、试压、清洗		
5.5	伴热管安装	m	包括安装、试压等	按工程量清单长度	
5.6	支吊架安装	t	支吊架安装，不含预制、防腐	按工程量清单重量	按预制件供货
6	电气				
6.1	变压器	套	包括安装、调试、油过滤	按工程量清单数量	
6.2	盘柜	套	包括安装、调试	按工程量清单数量	
6.3	照明灯具	套	包括安装、调试	按户外的照明灯具、插座等的工程量清单数量	
6.4	电缆	m	包括电缆敷设、中间接头/终端头及保护管安装	综合动力电缆、控制电缆、接地电缆等电缆长度	
6.5	桥架	m	包括桥架及其支架的安装	按工程量清单数量	
7	电信				
7.1	电信设备	套	包括程控交换机、扩音对讲、工业电视系统、视频/电话会议系统等设备的安装、调试	按工程量清单数量	
7.2	电缆	m	包括电缆敷设、中间接头/终端头及保护管安装	综合电信电缆、光缆等电缆长度	
8	自控仪表				
8.1	盘柜	套	包括安装、调试	按工程量清单数量	
8.2	现场仪表	套	包括安装、调试	按工程量清单数量	
8.3	控制阀	个	包括安装、调试	按工程量清单数量	包括开关阀等
8.4	电缆	m	电缆敷设及保护管安装	综合控制电缆、屏蔽电缆、电源线等的电缆长度	
8.5	桥架	m	包括桥架及其支架的安装	按工程量清单数量	
8.6	仪表管路	m	管道与小阀门安装、试压	按工程量清单数量	

续表

序号	分级指标名称	计量单位	工作内容	计量规则	备注
9	防腐				
9.1	设备防腐	m^2	面漆，以及必要的表面除锈和底漆/中间漆	按清单数量，包括储罐内外表面防腐面积，只统计一遍防腐面积	
9.2	管道防腐	m^2	金属管道表面的除锈、底漆、中间漆和面漆(根据标准规范要求)	按工程量清单数量，只计算底漆、中间漆或面漆的一遍防腐面积	
9.3	钢结构防腐	m^2	除锈、底漆、中间漆和面漆(根据标准规范要求)	按工程量清单数量，否则按不同的型钢/钢板重量折算面积，只统计一遍防腐面积	
10	绝热				
10.1	设备保温	m^2	包括保温体、保护层安装	根据工程量清单，统计计算绝热体的外保护层面积	
10.2	设备保冷	m^2	包括防潮层、保冷体、保护层安装		
10.3	管道保温	m^2	包括保温体、保护层安装		
10.4	管道保冷	m^2	包括防潮层、保冷体、保护层安装		
11	防火				
11.1	防火涂料	m^2	防火涂料的喷涂或手工涂刷	按清单数量(其中钢结构防火重量可按经验值折算为面积)	
11.2	防火混凝土	m^3	包括底漆、挂网、涂抹，以及必要的钩钉安装	按工程量清单数量	

2. 直接劳动力工时指标的使用

无论采用1级综合工时指标，还是2级分解工时指标估算直接劳动力工时数，都需要根据项目提供的清单工程量统计情况，对经验统计测算值予以适当调整，以提高直接劳动力工时的估算精度。

下面分别就上述11个专业的直接劳动力工时的1级综合工时指标与2级分解工时指标的使用方法进行简单说明。

(1) 土建

土建工程一般包括桩基、土方开挖与回填、基础与结构混凝土的浇筑、各类井/池/沟砌筑、道路与铺砌、污水管安装、围墙与大门等。虽然土建工程涵盖的内容繁杂，但对于现场条件相对较好的项目，只需按计量规则计算混凝土体积(m^3)，就可快速估算整个土建工程的直接劳动力投入量。对于现场场地高低不平需重新平整，或需大规模开挖、回填土方，或桩基工程量很大的项目，可能采用单一的混凝土方量(1级综合工时指标)计算直接劳动力投入量不尽合理，这时可以分别按土方量、桩基、混凝土浇筑量等2级分解工时指标来估算。

(2) 建筑物

建筑物工程包括土方开挖与回填、基础(不包括应计入土建混凝土的设备基础)、地上结构(柱、梁、楼板、顶、墙体)、装修装饰(门窗、涂料、吊顶、木作等，控制室还包括高架地板)、室内给水排水、照明配电、保温隔热、暖通(HVAC)等，但桩基部分应包括在土建工程中。建筑物通常按建筑面积(m^2)计算，但有时考虑到建筑物的层高因素，按其内部空间体积以立方米计算。对于全钢结构或半钢结构形式(下部为混凝土结构、上部为钢结构)的建筑物，也可拆分成混凝土和钢结构两部分，分别在土建工程和钢结构工程中计算。由于建筑物的结构形式、层高、装修装饰和 HVAC 等要求有所不同，因此，建议按建筑物的用途来区分，如划分为：变电站、控制室(含机柜间)、仓库(包括成品仓库、压缩机房、泵房、维修车间)、办公楼(包括警卫室、小卖部)、其他建筑等 5 种类型，按 2 级分解工时指标估算。但有时将 HVAC 从建筑物中单列出来，因为并不是每一个建筑物都需要 HVAC，这可根据项目具体情况灵活处理。

(3) 钢结构

钢结构通常包括设备框架结构、管架/塔架、设备操作平台以及扶手栏杆等，通常按预制件(镀锌或涂漆完)供货考虑。因此，在施工费用快速估算中，不区分钢结构的结构形式和安装高度，统一以重量(t)按 1 级综合工时指标进行计算。2 级分解工时指标采用的是平台铺板和彩钢板以平方米为单位，其余(包括型钢和管材等)分别按重型、中型、轻型钢结构以重量(t)为单位核算直接安装劳动力工时数。如果某一工程项目中的重型结构(指每米重量在 75kg 以上)或轻型结构(指每米重量在 25kg 以下)比单位综合工时消耗量测算时的含量明显偏高或偏低，则应执行 2 级分解工时指标；或当全钢结构或半钢结构形式建筑物拆分出钢结构后，由于彩钢夹芯板用量较大但相应的重量又很轻，完全按重量计算劳动力工时就显得极不合理，故也应执行 2 级分解工时指标。按 2 级分解工时指标估算较 1 级综合工时指标估算的直接劳动力工时数更为精确。

(4) 设备

设备通常分为静设备、动设备、撬装设备、包设备、工业炉、储罐等几大类。典型的设备安装主要包括设备本体的安装就位、内件/附件安装、制作组焊与试压(如需要)、调试等工作内容，以及使用大型机械吊装时的安装配合工作，但不包括大型机械组装、拆除、移位和使用，设备安装工时可以统一以重量(t)按 1 级综合工时指标进行计算。但是，由于不同种类的设备所需的安装工时差异很大，如工业炉和储罐并非简单的现场整体安装或拼装，而是需要在现场制作、组对、焊接，以及热处理、无损检测、试压等，按重量(t)测算的单位消耗工时相对较高，且有的工艺装置/公用工程中没有工业炉/储罐等设备，这就影响到设备安装直接劳动力综合吨工时的消耗量；同时，各类设备在设备总重量中的比例差异很大，也会影响到设备安装直接劳动力综合吨工时水平。因此，设备安装直接劳动力工时的估算根据设备类别按 2 级分解工时指标估算较为精确。使用指标时需注意的是：1)静设备根据是否采用大型机械吊装划分为中小型和大型，对于非大型机械吊装的静设备归为中小型设备，反之归为大型静设备；比较简单的处理方法也可按单台设备重量区分，将 80t(不包括可拆内件、填料、附属梯子平台及绝热)及其以上的静设备归入大型静设备；2)静设备按现场整体吊装考虑，若需分段组对安装的，应另外考虑组焊工时；3)独立的火炬/烟囱归入静设备；4)储罐制作安装的直接劳动力单位工时应按单台罐的容积大小分成几档测算，应用时需综合考虑罐容确定相应的工时指标值；5)工业炉包括衬里砌筑工作，非金属重量需一并计入工业炉总重量中。

（5）管道

工艺装置及其配套公用工程的工艺管道、公用工程管道、消防给水排水管道等，设计专业往往采用管道长度（m）、管配件和阀门个数来计提材料清单（MTO），采购部门在采购钢管时则按管道重量（t）进行计价，而费用估算人员在估算施工费时，通常以更能反映管道焊接安装工作量的焊缝寸径（ID：Inch Diameter）来估算直接劳动力投入工时数。因此，需将清单的管道长度（m）或重量（t），以及弯头、三通、异径管、法兰等管配件数量，换算成焊缝寸径数。对于常规且完整的装置与配套公用工程，其碳钢管焊接寸径含量通常占85%、甚至90%以上，因此，管道专业可以采用1级综合工时指标按焊接寸径工作量估算直接劳动力工时投入数；1级综合工时指标对应的工作内容包括地上与地下管道的预制、管道与管配件安装（焊接、丝接或螺栓连接）、阀门安装、支吊架安装、无损检测、焊接热处理、压力与严密性试验、吹扫与清洗等管道专业安装所需的全部工作，但不包括管道的基础、管廊架、管沟及土方开挖与回填工作。对于某些化工装置，其不锈钢或合金钢材质的管道焊接寸径量占比若在15%以上时，需对1级综合工时指标值进行调整，但建议按2级分解工时指标，即区分材质（碳钢、不锈钢、合金钢、非金属管等）后的寸径工作量估算管道安装直接劳动力工时数显得更为合理且精确。

（6）电气

流程工业中的电气专业安装直接劳动力工时综合以动力电缆、控制电缆、接地电缆等电缆总长度（m）的1级综合工时指标值进行估算。但是，一方面由于有的装置/公用工程包括了变配电站，虽然电力电缆数量会相应增加，但变压器及配电柜的安装调试工作量远大于电缆增加数量；另一方面，由于清单中因电缆工作量的高估而推高了整个电气专业安装工时数的可能性很大，因此，按2级分解工时指标估算电气专业安装工时数会相对精确，但如果电气专业内各比例比较协调的情况下，采用1级综合工时指标值估算直接劳动力工时数更为快捷。

（7）电信

电信专业有时与电气或自控仪表专业合并估算。若分设时，其安装直接劳动力工时综合以通信电缆、光缆等电缆总长度（m）的1级综合工时指标值进行估算。但是，由于各项目的电信工作范围差异可能会较大，故按2级分解工时指标估算电信专业安装工时数会相对精确。如果电信专业内各比例相对比较协调的情况下，采用1级综合工时指标值估算直接劳动力工时数则更为快捷。

（8）自控仪表

自控仪表专业与电气专业相似，其安装直接劳动力工时综合以控制电缆、屏蔽电缆、电源线等电缆总长度（m）的1级综合工时指标值进行估算。但是，有些项目的仪表控制室未包括在独立的工艺装置内，或仪表系统调试不属于施工分包商的工作范围，或清单提供的仪表电缆数量与盘柜、现场仪表的工作量之间存在明显的不合理性等，故按2级分解工时指标估算自控仪表专业安装工时数会相对精确。如果仪表专业内各比例相对比较协调的情况下，采用1级综合工时指标值估算直接劳动力工时数则更为快捷。

（9）防腐

工程项目中，钢结构通常采用预制件，故钢结构预制件防腐完后运输到现场进行安装；设备出厂时通常防腐完毕，但有的需在现场涂刷面漆，有的只是补漆；所有这些都与采购合同的交货要求有关。而管道防腐，则由施工分(承)包商根据设计规定的除锈等级、涂料种类、涂层厚度等要求完成，如有的管道表面需要喷砂除锈，有的只需机械除锈；有的管道表面需要涂刷底漆、中间漆、面漆，但绝热管道不需要涂刷面漆，有的在绝热外保护层外还要求涂刷防腐涂料等。因此采用1级综合工时指标值估算直接劳动力工时数可能会存在较大的误差，但若区分设备、管道及钢结构，即采用2级分解工时指标，则估算的防腐专业直接劳动力工时数较为精确。使用指标时需注意的是：1)防腐工时测算时应综合考虑因运输、安装时对防腐产生损伤而进行现场漆膜修补所需的劳动力工时；2)防腐面积按所需涂刷的金属表面积之和计算，无论是否需要喷砂除锈，也不管是否同时需要涂刷底漆/中间漆/面漆，还是仅需要涂刷底漆和中间漆，或仅需要涂刷面漆，也不管涂刷多少道油漆，都只能按所涂刷的最底层第一道防腐材料的金属表面积计算；3）钢结构防腐面积计算时，可按金属表面的展开面积计算，但更多的是按经验值估算，如果区分重型、中型和轻型钢结构分别计算效果更佳，例如重型钢结构按金属表面的展开面积估算，中型、轻型钢结构按经验值估算。

(10) 绝热

由于设备或管道的保温/保冷的平均厚度对于流程工业中工艺装置或公用工程项目来说差异不是很大，故选择最能代表绝热工程量大小的绝热体外保护层的面积作为测量指标。除绝热工作量外，影响绝热安装直接劳动力工时的主要因素是绝热体使用的材料种类，因此，1级综合工时指标综合了设备和管道的绝热体、外保护层和保冷防潮层等所有安装工作内容，并以外保护层的面积(m^2)来估算绝热安装的直接劳动力工时数；同时，由于不同的流程工业装置的设计温度不同，其设备、管道的保温与保冷的工作量差异较大，故在此基础上，2级分解工时指标分别按设备和管道，并进一步区分保温和保冷这两种绝热体材料进行测算。

(11) 防火

防火按使用的材料分为防火涂料和防火混凝土。其中，防火涂料采用喷涂和涂刷方式，根据耐火时间的长短其涂层的厚度、涂刷遍数也有差异；但防火混凝土的厚度通常为50mm，结构层中往往采用金属丝网进行加固，并包括挂网用钩钉安装。按1级综合工时指标估算时，统一按防火结构的表面积计量，但对于2级分解工时指标，则区分防火涂料和防火混凝土，分别按防火涂料的涂刷面积(m^2)和防火混凝土的防火体积(m^3)进行计量。由于有防火要求的钢结构往往偏向于重型和中型，因此，在估算每吨钢结构的防火面积时，其经验值比钢结构防腐面积要小，通常设备框架在18～25m^2，管廊架在30～35m^2，装置综合在25～32m^2之间。

(三) 间接工时率指标

施工费用快速估算时，可根据项目规模大小并结合组织机构设置，确定施工管理的间接劳动力工时与直接劳动力工时的比例，即间接工时率。严格地说，间接劳动力投入工时数应根据项目资源投入计划进行统计，但任何工程按其项目规模的大小，项目施工管理的间接劳动力工时与直接劳动力工时的比例，即间接工时率始终在某一合理的范围内。正常情况下，施工项目的管理与服务的劳动力总工时数占直接劳动力工时数的比例为13%～

19%，但应纳入估算规则计算范围的间接劳动力(不包括厨师、清洁工、司机、保安、医生/护士、仓储管理等间接服务人员，该些人员的费用在综合工时单价中考虑)占直接劳动力的比例为10%～15%。通常，当项目规模较大时，间接劳动力的比例取值相对小一些，如12%；当项目规模较小时，间接劳动力的比例往往要取大一些的值，如15%。

(四) 综合工时单价指标

施工费综合工时单价应考虑的施工费用范围，如图11-1所示，包括但不限于：直接与间接劳动力的基本工资、奖金、各类津贴、福利、劳动保护费和社会保险等，施工消耗与辅助周转材料费用，一般工器具与施工机械设备费，人员与机具设备的动员与撤离，生产与办公临时设施、生活临设的建造/租赁与运营，员工上下班的通勤，工程保险，保函与财务费用，各项税费，总部管理费与利润等。该综合工时单价在一段时期内保持在一定水平。如2010年前后，各国际工程公司在沙特炼化工程承包项目投标或工程分包招标时，施工费的综合工时单价水平大都控制在13美元左右。通常，该综合工时单价，需要通过对以往项目的历史工程费用分析、当时市场竞争激烈程度、项目的组织方式和企业的决策等进行确定。

(五) 大型机械费用指标

对于80t以上的设备，或单位重量虽不足80t，但由于受吊装高度或场地限制必须使用大型机械吊装的设备、大型构件，需单独计算大型机械费。大型机械费包括大型机械的动员与撤离、现场的组装与拆卸、吊装试验、吊装场地处理、大型机械使用费，以及燃油动力费与吊装机具推销费等，但不包括大型吊装机械站位的桩基费用，该桩基费用可在土建工程费中计算。大型机械费用的快速估算，可根据需要大型机械吊装的设备材料总重量(t)按大型机械吊装综合吨单价进行估算。

大型机械吊装吨单价基于工程项目所在地周边有可供使用的大型机械资源考虑，通常不需关注大型机械吊装方案以及项目所需使用的大型机械规格与来源地。若项目所在地周边的机械租赁市场确实没有可供租赁的大型机械，或该所在地区不能形成一定建设规模的项目群，则需充分考虑大型机械的动遣费，适当调整增加大型机械综合吨单价。一般情况下，根据需采用大型机械吊装的设备/构件重量(t)，大型机械吊装吨单价水平在800～900美元/t之间，最高通常不超过1500美元/t。

(六) 大宗材料费综合单价指标

通常，施工分(承)包商负责提供施工分包范围内的土木建筑材料、管支架、绝热防腐、防火、电气仪表支架及其保护管等大宗材料，因此，有必要在施工费中介绍一下这些大宗材料费的快速估算方法。

施工分(承)包商供应的大宗材料费计算，通常按第六章第三节介绍的有关大宗材料费用估算方法估算，根据工程量清单按市场信息价或参考历史项目价格数据进行分项估算，但同时也可按经验数据采用材料费的单位综合价格指标(结合市场信息价调整确定)进行快速估算。如砖、混凝土、钢筋等建筑材料，可以综合按混凝土体积估算，防腐材料费综合按防腐面积估算，绝热材料费根据不同的材料综合按绝热体积、保护层面积估算，等等。施工分(承)包商供应的大宗材料费快速估算的综合单价中需综合考虑市场价格波动因素、风险费，以及相应的企业管理费、利润、税收等费用。

二、估算规则的应用条件

应用快速估算法估算施工费用，至少要满足以下要求或应注意以下事项。

(1) 设计提供的工程量清单应基本准确。设计工程量是各项费用估算的基础，设计工程量的多估或少估，将直接影响到工程施工费用估算的正确性。

(2) 工作量统计口径与直接劳动力工时指标测算时的口径应一致。如管道绝热，通常在指标测算或费用估算时使用外保护层的面积，但有的工程公司按金属管道的裸表面积来计提绝热工作量，故在测算直接劳动力安装工时数时，就需对绝热保护的工程量进行折算调整；又如土建工程，若在综合测算1级或2级工时指标的单位混凝土直接劳动力工时消耗时，仅计算结构部分的混凝土工作量，则在统计时就不应计算混凝土道路、地平面层、素混凝土垫层、混凝土基础、混凝土沟、混凝土井等部位(构件)的混凝土量。

(3) 单位直接劳动力工时消耗指标值应根据国别(地区)进行合理调整。单位直接劳动力工时消耗指标是根据所在国家或地区的大多数石油化工装置与公用工程项目的总结，地理气候条件、劳动力来源地、执行的设计标准规范及项目管理要求等不同，其单位直接劳动力工时消耗也不相同。如在中国国内工程项目上测算的1级或2级单位劳动力工时消耗指标，就不能用于中东地区的项目。同时，对于每一级核算指标，其含量或组成发生变化时，应适当予以调整。如管道专业，若碳钢管的焊接寸径工作量占比低于85%，表明不锈钢或合金钢管道的焊接量占整个管道安装焊接工作量的比例将超过常规工程项目的测算比例，这时就应调整管道安装的1级综合工时指标值，即适当增加单位综合工时消耗量；或采用2级分解工时指标计算管道专业的直接劳动力工时数，但2级分解工时指标有时也需因地制宜，根据项目的实际情况作相应的调整或修改。

(4) 单位直接劳动力工时消耗指标基本上按新建工程项目综合测算，若对原有工程项目进行(扩能)改造，应根据实际情况考虑降效系数，一般降效系数取定为15%～30%。

(5) 综合工时单价的测算不但要体现施工费的全口径性(除大宗材料及大型机械费外的所有施工直接与间接费用)，而且要根据所在国家或地区的市场价格水平、工程项目的组织形式以及各种劳动力资源的来源地等有关因素进行调整。

基于上述条件，经过近3年来60多个境外炼化工程项目投标报价中的测试、分析与比较，若采用1级综合工时指标，尤其是2级分解工时指标估算的施工费用，与详细工程量清单估算费用相比，其精确度可达95%以上。

三、快速估算原则程序

施工费用快速估算的原则程序如下所述：

(1) 选择确定应用的直接劳动力工时指标级别。根据项目实际情况和项目工作内容组成，合理选择确定直接劳动力工时指标的应用级别，如采用1级综合工时指标(表11-1)或2级分解工时指标(表11-2)，不同专业也可分别选择1级综合工时指标或2级分解工时指标，如设备安装选1级综合工时指标，管道选2级分解工时指标。

(2) 统计计算主要工程量 Q。根据提供的材料清单(MTO)或招标工程量清单(BOQ: Bill of Quantities)，按相应级别的直接劳动力工时指标统计口径计算汇总主要工程量。

(3) 确定单位直接劳动力工时消耗指标值 hr。根据劳动力资源组织、当地市场调研和以往项目经验确定，或参考相关资料(如美国理查森国际施工指数)调整确定单位直接劳动力工时消耗指标值。

(4) 估算直接劳动力工时 H_d，计算公式如下：

$$H_d=\sum Q\cdot hr \tag{11-1}$$

(5) 估算间接劳动力工时 H_i。根据项目规模大小并结合组织机构设置，确定间接工时率，将间接工时率乘以直接劳动力工时数即可得到间接劳动力工时数 H_i。

(6) 估算大型机械费 J。根据需大型机械吊装的总重量和吊装计划，结合项目周边的大型机械资源市场情况、项目地质条件和经验数据确定大型机械吊装综合吨单价，大型机械吊装重量与吊装吨单价的乘积即为大型机械费。

(7) 决策确定施工费综合工时单价指标值 r_1。根据对以往项目的历史费用分析、当时市场竞争激烈程度、项目的组织方式和企业的决策进行确定，并在综合工时单价 r_1 中综合考虑施工分包商的管理费与期望的利润。

(8) 汇总计算施工费用 C，计算公式如下：

$$C=(H_d+H_i)\cdot r_1+J \tag{11-2}$$

(9) 估算分包商供应的大宗材料费 M。按经验数据结合市场信息价或材料询价情况，并考虑市场价格波动因素和风险费，按直接劳动力 2 级分解工时指标的计算口径综合确定大宗材料费的综合单价，分别将这些综合单价与相应的主要工程量相乘后求和即可得到大宗材料费 M。

(10) 汇总分包商的施工工程费用 C'，计算公式如下：

$$C'=C+M \tag{11-3}$$

第二节　施工费用快速估算实例

现以中东地区某化工项目机械安装包费用估算为例，具体介绍工程施工费用快速估算方法的应用。

【例 11-1】 某国际工程公司在中东地区某国家以 EPC 总承包方式中标某化工装置，现拟将机械安装包(包括设备、管道、钢结构、防腐、绝热专业)通过招标方式寻找合适的施工分包商，其中管道支架、防腐、绝热材料由施工分包商负责提供。该项目的工程量清单按快速估算指标口径整理汇总后的主要工程量数据如表 11-3 所示，试分别用综合指标和分解指标的快速估算法估算该施工分包项目的工程费用。

机械安装包主要工作量表　　　　**表 11-3**

序号	项目名称	单位	数量	质量(t)	备注
1	设备				
1.1	静设备	台	370	2350.0	重量占 36.34%
	反应器	台	5	350.0	
	容器	台	87	525.3	
	换热器	台	86	793.6	

续表

序号	项目名称	单位	数量	质量(t)	备注
	过滤器	台	97	243.5	
	其他	台	95	437.6	
1.2	动设备	台	322	1324.8	重量占20.49%
	泵	台	127	79.0	
	压缩机	台	5	615.8	
	风机	台	28	245.3	
	其他	台	162	384.7	
1.3	包设备	台	38	2691.2	重量占41.62%
1.4	污油罐	台	1	100.0	重量占1.55%
	小计	台	731	6466.0	
2	管道				
2.1	碳钢管	ID	185907		寸径数占70.8%
2.2	不锈钢管	ID	73525		寸径数占28.0%
2.3	合金钢管	ID	3100		寸径数占1.2%
2.4	不锈钢伴热管	m	8118		
2.5	管支架安装	t	408		
	小计	ID	262532		
3	钢结构安装				
3.1	轻型	t	1496	1496.0	重量占21.2%
3.2	中型	t	1876	1876.0	重量占26.6%
3.3	重型	t	3126	3126.0	重量占44.4%
3.4	钢格板	m^2	14368	546.0	重量占7.8%
	小计	t		7044.0	
4	绝热				
4.1	管道				
	管道保温	m^2	13752		
	管道保冷	m^2	1898		
4.2	设备				保温材料为矿棉，保冷材料为泡沫玻璃，保护层为不锈钢薄板
	设备保温	m^2	3461		
	设备保冷	m^2	484		
	小计	m^2	19595		
5	防腐				
5.1	管道防腐	m^2	36232		综合
5.2	设备防腐	m^2	500		除锈、底/中/面漆
	小计	m^2	36732		

【分析】 根据快速估算法思路，企业在中东地区项目执行过程中积累起的主要指标如下：

根据以往经验和调查，该地区各主要工作项的单位直接劳动力工时消耗(即2级分解工时指标)如表11-4所示，该项目的施工间接管理劳动力工时按直接劳动力工时的14%考虑，安装综合工时单价(含安装劳动力费、消耗材料、一般施工机械费及施工间接费)确定为13.50美元/工时，管道支架采购(按镀锌预制成品件)单价为3050美元/t，防腐综合材料费为11美元/m^2，泡沫玻璃170美元/m^2、矿棉65美元/m^2(含不锈钢保护层价格)。

机械安装包直接劳动力工时　　　　**表11-4**

序号	项目名称	单位	数量	单位工时	工时合计	备注
1	设备					
1.1	静设备	t	2350.0	25.00	58750	重量占36.34%
1.2	动设备	t	1324.8	105.00	139104	重量占20.49%
1.3	包设备	t	2691.2	100.00	269120	重量占41.62%
1.4	污油罐	t	100.0	195.00	19500	重量占1.55%
	小计	t	6466.0	*折合75.24*	486474	
2	管道					
2.1	碳钢管	ID	185907.0	4.20	780809	寸径数占70.8%
2.2	不锈钢管	ID	73525.0	6.50	477913	寸径数占28.0%
2.3	合金钢管	ID	3100.0	7.50	23250	寸径数占1.2%
2.4	不锈钢伴热管	m	8118.0	1.00	8118	
2.5	管支架安装	t	408.0	180.00	73440	
	小计	ID	262532.0	*折合5.19*	1363530	
3	钢结构					
3.1	轻型	t	1496.0	75.00	112200	重量占21.2%
3.2	中型	t	1876.0	58.00	108808	重量占26.6%
3.3	重型	t	3126.0	35.00	109410	重量占44.4%
3.4	钢格板	m^2	14368.0	3.50	50288	重量占7.8%
	小计	t	7044.0	*折合54.05*	380706	
4	绝热					
4.1	管道					保温材料为矿棉，保冷材料为泡沫玻璃，保护层为不锈钢薄板
	管道保温	m^2	13752.0	6.30	86638	
	管道保冷	m^2	1898.0	10.00	18980	
4.2	设备					
	设备保温	m^2	3461.0	6.50	22497	
	设备保冷	m^2	484.0	11.00	5324	
	小计	m^2	19595.0	*折合6.81*	133438	
5	防腐					
5.1	管道防腐	m^2	36232.0	2.60	94203	综合
5.2	设备防腐	m^2	500.0	3.30	1650	除锈、底/中/面漆
	小计	m^2	36732.0	*折合2.61*	95853	
	合计				2460001	

解：

1. 估算劳动力工时数

直接劳动力工时数，按 2 级分解工时指标估算为 246.00 万人工时，见表 11-4；按 1 级综合工时指标估算为 240.16 万人工时，详见表 11-5，两者相差 5.84 万工时，差异率为 2.4%。造成该差异的主要原因在于设备安装专业，因该化工装置的动设备、包设备的重量所占比例较高(达 62.11%)。虽然按 2 级分解工时指标测算的直接劳动力工时数相对于按经验值的 1 级综合工时指标测算值稍高，但相对该设备工作量的构成是合理的。因此，在应用 1 级综合工时指标时必须清楚该指标测算时的分项工程量统计基础数据的大致构成，需考虑含量的变化因素对按以往经验测算的单位直接劳动力工时消耗量进行合理的调整。同样对于该项目的碳钢管道寸径量占比虽只为 70.8%(低于 85%的经验测算值)，但由于在确定 1 级综合工时指标的单位直接劳动力工时消耗量时已考虑到了该因素并及时予以调整，故 1 级综合工时指标(5.20MH/ID)与 2 级分解工时指标的估算结果(1363530MH÷262532ID=5.19MH/ID，见表 11-4 中的斜体数字)基本相近，相似的还有钢结构安装和绝热工程等，这也印证了只要在估算经验足够丰富的情况下，通过调整 1 级综合工时指标，据此估算的直接劳动力工时数也能达到相对较高的精度要求；同时，直接劳动力工时数也可混合采用 1 级综合或 2 级分解工时指标进行估算。

直接劳动力工时估算值(按 1 级综合工时指标)　　**表 11-5**

序号	项目名称	单位	数量	单位工时	直接劳动力工时合计
1	设备	t	6466	65.00	420290
2	管道	ID	262532	5.20	1365166
3	钢结构安装	t	7044	55.00	387420
4	绝热	m^2	19595	6.80	133246
5	防腐	m^2	36732	2.60	95503
	合计				**2401625**

显然，按 2 级分解工时指标估算的直接劳动力工时数较 1 级综合工时指标的精度要高，故该机械安装包的直接劳动力总工时数应取定为：$H_d=2460001$。

从而施工间接管理劳动力工时数为：$H_i=2460001\times14\%=344400$。

2. 计算施工费用

根据式(11-2)计算：

$$C=(H_d+H_i)\cdot r_1+J=(2460001+344400)\times13.50+0=37859414(\text{美元})$$

3. 估算分包商供应的大宗材料费

该机械包安装工程分包的大宗材料费为：

(1) 管支架采购费：

$$408\text{t}\times3050\text{ 美元/t}=1244400\text{ 美元}$$

(2) 防腐材料费：

$$36732\text{m}^2\times11\text{ 美元/m}^2=404052\text{ 美元}$$

(3) 绝热材料费：

矿棉保温：

$$(13752\text{m}^2+3461\text{m}^2)\times 65\text{美元/m}^2=1118845\text{美元}$$

泡沫玻璃保冷：

$$(1898\text{m}^2+484\text{m}^2)\times 170\text{美元/m}^2=404940\text{美元}$$

大宗材料费合计为：

$$M=1244400+404052+1118845+404940=3172237(\text{美元})$$

4. 估算施工分包工程费用

根据式(11-3)计算：

$$C'=C+M=37859414+3172237=41031651(\text{美元})$$

即该化工装置机械包安装工程采用快速估算，施工费用约为 3785.94 万美元，全部施工分包工程总费用约为 4103.17 万美元。

【结果比较】 该项目按工程量清单详细估算结果如表 11-6 所示。其中，分包工程总费用 4046.2543 万美元，直接劳动力工时为 2441063 工时，施工间接管理劳动力工时为 346631 工时，大宗材料费为 309.8967 万美元。

快速估算与详细清单估算值相比，施工费仅高出 1.33%，分包工程总费用高 1.41%，施工劳动力总工时数多 0.60%。虽然各分项指标值有高有低，但各主要项的指标差异率均控制在 3%以内，详见表 11-6。因此，从总体上说，其精度完全能满足估算要求，验证了提出方法的有效性。

快速估算与详细清单估算结果对比 **表 11-6**

项目名称	分包工程费用/万美元	其中		劳动力工时/万工时			综合工时单价/(美元/工时)
		大宗材料费	施工费	直接劳动力	间接工时	小计	
清单估算	4046.25	309.90	3736.36	244.11	34.66	278.77	13.40
快速估算	4103.17	317.22	3785.94	246.00	34.44	280.44	13.50
差异	1.41%	2.36%	1.33%	0.77%	−0.63%	0.60%	0.75%

第十二章　费用估算应用实例

通常可行性研究阶段的费用估算宜采用量级估算方法，该费用估算为项目决策提供依据；但在EPC项目投标报价阶段，其估算精度要求相对较高，应达到AACE 2级、甚至1级，任何估算环节的疏忽或差错，轻则造成投标项目的失败，重则会给中标项目的费用控制带来困难，甚至造成项目的严重亏损。下面以可行性研究阶段和EPC投标报价阶段的两个不同项目为例，分别说明费用估算及其分析方法的应用。

第一节　可研项目的工程费用估算

一、项目背景

南美某国家拟新建750万t/年炼油厂。该项目主要由750万t/年常压、500万t/年减压、150万t/年石脑油加氢、100万t/年催化汽油加氢、300万t/年蜡油加氢、400万t/年柴油加氢、100万t/年催化重整、250万t/年催化裂化、350万t/年延迟焦化、36万t/年硫黄回收处理等共18套工艺装置，以及配套的水处理系统、火炬系统、罐区、配送设施和码头设施等公用工程组成，详见表12-1；产品除部分LPG供该国国内使用外，汽柴油等计划出口欧洲，故对产品质量的要求非常高，其中汽柴油执行欧V、航煤执行JET A1标准。

750万t/年炼油厂装置组成　　**表12-1**

序号	单元号	项目名称	规模	备注
一		**工艺装置**		
1	100	常压蒸馏	750×10^4 t/a	
2	110	减压蒸馏	500×10^4 t/a	
3	120	饱和液化气脱硫及气分	25×10^4 t/a	
4	150	不饱和液化气脱硫	50×10^4 t/a	
5	200	石脑油加氢精制	150×10^4 t/a	
6	210	催化重整	100×10^4 t/a	
7	220	异构化	50×10^4 t/a	
8	230	叠合装置	50×10^4 t/a	
9	240	催化汽油加氢	100×10^4 t/a	
10	300	航煤加氢	40×10^4 t/a	
11	310	柴油加氢	400×10^4 t/a	
12	320	蜡油加氢	300×10^4 t/a	

续表

序号	单元号	项目名称	规模	备注
		工艺装置		
13	400	催化裂化	250×10^4t/a	
14	500	延迟焦化	350×10^4t/a①	
15	600	胺法脱硫装置	500t/h	
16	610	酸性水汽提	270t/h	
17	620	硫黄回收及尾气处理	36×10^4t/a	
18	700	变压吸附	50000Nm³/h	
19	850	气化发电	220MW	
二		**公用工程、水处理及火炬系统**		
20	815	蒸汽发电	475t/h	
		饮用水系统	240t/d	
		脱盐水	350t/h	
21	817	锅炉给水	525t/h	
		凝结水系统	11760t/d	
22	820	冷却塔	45000m³/h	
23	824	工厂仪表风系统	7400Nm³/h	
24	843	消防水系统	2300m³/h	
25	816	海水	2300m³/h	
	816	海水淡化	2300t/h	
		服务用水	2000m³/h	
26	825	燃气系统	3t/h	
27	827	排水系统		
		氮气系统		
		烟气系统		
28	822	废水处理		
29	826	火炬系统		
三		**厂外设施**		
30	840	硫黄成型		
31	901	装车设施		
32	1000	储罐和调合设施		
33		海上设施		
34		系统管架		
35		电气系统		
36		公共设施(含建筑物、消防管道及雨水系统)		

注：① 延迟焦化装置的实际能力为 346 万 t/年。

业主通过招标方式将该项目的前端工程设计(FEED)及后续 EPC 工程总承包合同授予某国际工程公司，并要求该公司在 FEED 阶段前按概念设计提供该项目的封顶价(Ceiling Price)估算，估算精度要求为美国 AACE 4 级。

二、工程费用估算

现以焦化装置为例说明基于初步工程量估算装置工程费用的估算过程。

（一）设计工程量统计

首先根据工艺流程和平面布置图估算初步的工程量，编制设备一览表以及其他专业的工程量。汇总统计各专业的主要工程量如表 12-2 所示。

焦化装置主要工作量　　表 12-2

序号	项目名称	单位	数量	备注
1	**设备**	**台/t**	**352/9863.3**	其中大型机械吊装重约 3950t
1.1	反应器	台/t	4/903.2	含内件
1.2	塔	台/t	8/981.4	含内件
1.3	容器	台/t	48/439.2	含内件
1.4	换热器	台/t	43/889	
1.5	空冷器	台/t	62/994.7	含构架
1.6	压缩机	台/t	2/197.9	
1.7	泵	台/t	82/162	
1.8	系统包	台/t	10/748.2	
1.9	起重设备	台/t	6/636.8	
1.10	加热炉	台/t	2/3705	
1.11	储罐	台/t	6/163.8	
1.12	其他	台/t	79/42.1	
2	**管道**	**km/t**	**121.033/3671.823**	约 32 万寸径
2.1	管道	km/t	121.033/3233.430	含管配件、支吊架等
	碳钢	km/t	115.940/2674.338	
	合金钢	km/t	5.062/558.842	
	不锈钢	km/t	0.031/0.250	
2.2	阀门	个/t	14702/438.393	
3	**电气**			变配电间全厂统一设置
3.1	电气电缆	km	424.321	
3.2	电缆桥架	km	40.125	
3.3	电气保护管	km	9.531	
3.4	照明灯具	套	2600	
4	**仪表**			
4.1	仪表盘柜	台	858	
4.2	现场仪表	台	1725	
4.3	控制阀	台	329	
4.4	仪表管路	km	72.292	
4.5	仪表电缆	km	362.143	
4.6	仪表桥架	km	26.977	

续表

序号	项目名称	单位	数量	备注
5	**绝热防腐**			
5.1	防腐	m^2	54173.9	
5.2	绝热	m^2	38230.5	矿棉保温、不锈钢薄板保护
5.3	防火	m^2	35240	
6	**钢结构**	**t**	**4295**	镀锌，高强螺栓连接
7	**土建**			
	混凝土	m^3	34128.2	含道路、地坪、桩基

（二）估算设备费

根据第五章关于设备费估算的内容介绍，在该阶段估算设备费，主要根据设计提供的初步条件(如材质、重量、功率、流量、容量等)，或向供货商进行初步询价，或参考以往项目经验/历史价格数据库，以及有关协会、组织公开发表的价格信息进行分析比较后确定。该项目的各分类设备费估算如表 12-3 所示。

焦化装置分类设备费用汇总 **表 12-3**

序号	设备类别	单位	数量	重量(t)	费用(万美元)	备注
1	反应器	台	4	903.2	825.60	
2	塔	台	8	981.4	865.98	
3	容器	台	48	439.2	276.97	
4	换热器	台	43	889.0	430.61	
5	空冷器	台	62	994.7	315.45	
6	压缩机	台	2	197.9	748.39	
7	泵	台	82	162.0	1736.55	
8	系统包	台	10	748.2	1493.33	
9	起重设备	台	6	636.8	828.50	
10	加热炉	台	2	3705.0	1852.46	
11	储罐	台	6	163.8	65.45	
12	其他	台	79	42.1	22.90	
	合计	**台**	**352**	**9863.3**	**9462.19**	

（三）工程费用的估算

1. 安装工程大宗材料费

西方国家往往在估算项目工程费用时，设备、管道、电气和仪表等机电仪安装包的设备材料费通常由 EPC 总承包商自行组织采购，而土木建筑、钢结构、防腐、绝热和防火等专业的大宗材料采购责任划归施工分包商，因此，这些专业的大宗材料费也就在分包工程费中一并计算。

管道专业的管配件和支吊架等按工程量模型、阀门按工艺流程图统计，然后分别根据估算工程量按不同管径、不同材质的材料市场价格汇总计算管道专业大宗材料费。电气、仪表专业的大宗材料费也按此方法估算，估算的管道、电气、仪表专业的大宗材料费分别为1777.9412万美元、811.3365万美元和1688.7621万美元。

2. 计算分包工程费

该分包工程费，包括焦化装置全部工程施工费和EPC总承包商委托施工分包商采购的土建、钢结构、防腐、绝热等专业的大宗材料费。

结合中东地区工程项目的费用估算经验，并调研当地的资源情况和市场信息后，测算确定该地区的平均劳动工效如下：设备安装综合65工时/t、管道5.3工时/ID、电气0.85工时/m(不含变配电)、仪表0.8工时/m、防腐3.2工时/m^2、绝热6.0工时/m^2、防火3.5工时/m^2、钢结构47.5工时/t、土建42工时/m^3；施工劳动力综合工时单价为17.50美元(含直接劳动力费、消耗材料费、一般施工机械费)，项目施工间接管理劳动力工时按直接劳动力工时的15%计算；全厂大型机械吊装拟统一考虑，以提高大型机械利用率，降低大型机械费，大型机械吊装综合吨单价约需820美元；大宗材料单价取定如下：防腐材料综合为12美元/m^2，绝热115美元/m^2(采用矿棉保温材料、不锈钢薄板保护层)，防火涂料58美元/m^2，镀锌钢结构(高强螺栓连接)按预制成品件采购询价为2750美元/t，土建材料综合需375美元/m^3。根据第十一章介绍的施工费用快速估算方法，按上述数据估算的分包工程费为13860.2280万美元，详见表12-4。

分包工程费用计算 **表12-4**

序号	费用名称	单位	数量	费率(单价)	合计	备注
1	**直接劳动力工时**					
1.1	设备	t	9863.30	65	641115	
1.2	管道	ID	320000.00	5.3	1696000	
1.3	电气	m	424321.00	0.85	360673	
1.4	仪表	m	362143.00	0.8	289714	
1.5	防腐	m^2	54173.90	3.2	173356	
1.6	绝热	m^2	38230.50	6.0	229383	
1.7	防火	m^2	35240.00	3.5	123340	
1.8	钢结构安装	t	4295.00	47.5	204013	
1.9	土建	m^3	34128.20	42	1433384	
	小计	**工时**			**5150978**	
2	**施工间接管理人工时**	工时	5150978	15%	**772647**	
3	**施工费用**	工时	5923625	17.50	**103663440**	
4	**大宗材料费**					
4.1	防腐	m^2	54173.90	12	650087	
4.2	绝热	m^2	38230.50	115	4396508	
4.3	防火	m^2	35240.00	58	2043920	
4.4	钢结构	t	4295.00	2750	11811250	
4.5	土建	m^3	34128.20	375	12798075	
	小计	**美元**			**31699840**	
5	**大型机械费**	t	3950	820	**3239000**	
6	**分包工程费合计**	**美元**	(3)+(4)+(5)		**138602280**	

3. 装置工程费用

将上述数据汇总后，计算得到该焦化装置至机械完工止的采购、施工工程费用(不包括项目管理服务与设计费、税和风险费等)约为 2.76 亿美元，详见表 12-5。表 12-5 已将土建、钢结构安装、绝热防腐、防火的大宗材料费与劳动力综合工时费用合并计算，大型机械费并入设备安装费用。

焦化装置工程费用汇总　　　　**表 12-5**

序号	工程项目名称	价格(万美元)	费用比例	备注
1	**设备费**	**9462.1900**	**34.3%**	
1.1	设备费	9462.1900		
2	**安装工程大宗材料费**	**4278.0398**	**15.5%**	
2.1	管道材料费	1777.9412	6.4%	
2.2	电气材料费	811.3365	2.9%	
2.3	仪表材料费	1688.7621	6.1%	
3	**分包工程费**	**13860.2280**	**50.2%**	
3.1	土建	4164.4937	15.1%	含大宗材料费
3.2	钢结构	1591.7002	5.8%	含大宗材料费
3.3	设备	1614.1430	5.8%	含大型机械费
3.4	管道	3413.2000	12.4%	
3.5	电气	725.8542	2.6%	
3.6	仪表	583.0503	2.1%	
3.7	防腐	413.8887	1.5%	含大宗材料费
3.8	绝热	901.2841	3.3%	含大宗材料费
3.9	防火	452.6138	1.6%	含大宗材料费
4	**合计**	**27600.4578**	**100.0%**	

三、工程费用估算的初步分析

在分析上述基于初步工程量清单进行估算的工程费用结果之前，先利用前面介绍的有关工程费用量级估算方法对该装置的工程费用作一简单估算。

(一) 基于设备费快速估算工程费

1. 美国 AACE 的设备系数估算法

利用美国 AACE 设备系数法估算工程费用，前提条件是先要估算出各种类别的设备费。本案例中，该焦化装置各类别的设备费可按上述基于初步工程量清单估算结果计算。

(1) 估算设备安装劳动力费用

根据表 3-41 并结合相关文字说明选择相应的设备安装劳动力费用因子，如焦炭塔的安装劳动力费用因子为 15%，压缩机、泵的劳动力费用因子为 25%等，详见表 12-6。根据各类别的设备费(按上述基于初步工程量清单计算)和劳动力费用因子估算得到设备安装劳动力费为 1970.52 万美元。

设备安装劳动力费用估算　　表 12-6

序号	设备类型	设备费(万美元)	劳动力费用因子	劳动力费(万美元)	备注
1	反应器	825.60	15.0%	123.84	
2	塔	865.98	15.0%	129.90	
3	容器	276.97	15.0%	41.55	
4	换热器	430.61	20.0%	86.12	
5	空冷器	315.45	15.0%	47.32	
6	压缩机	748.39	25.0%	187.10	
7	泵	1736.55	25.0%	434.14	
8	系统包	1493.33	15.0%	224.00	
9	起重设备	828.50	15.0%	124.28	
10	加热炉	1852.46	30.0%	555.74	
11	储罐	65.45	20.0%	13.09	
12	其他	22.90	15.0%	3.44	
	小计	**9462.19**		**1970.52**	

(2) 估算设备关联的大宗材料及安装劳动力费

该焦化装置的设计压力约 355.5psig，根据表 3-44 选择设备相关联的大宗材料费与劳动力费用因子，以设备费(E＝9462.19 万美元)为计算基数，分别得到各专业的大宗材料费和相应的安装劳动力费，如表 12-7 所示。

设备关联的大宗材料与劳动力费用计算　　表 12-7

序号	专业类别	大宗材料费(万美元)		劳动力费(万美元)	
		费用因子	费用	费用因子	费用
①	②	③	④＝E×③	⑤	⑥＝④×⑤
1	基础	6%	567.73	133%	755.08
2	结构	5%	473.11	50%	236.56
3	建筑物	3%	283.87	100%	283.87
4	绝热	3%	283.87	150%	425.81
5	仪表	7%	662.35	40%	264.94
6	电气	9%	851.60	75%	638.70
7	管道	35%	3311.77	50%	1655.89
8	防腐	0.50%	47.31	300%	141.93
9	其他	5%	473.11	80%	378.49
	合计	**73.50%**	**6954.72**	**978.00%**	**4781.27**

(3) 估算现场间接费

根据第三章第六节中介绍的利用现场间接费曲线图(图 3-11)计算现场间接费。根据该方法应用说明，查阅相关费率因子时必须将直接劳动力工资费率调整到 20 美元/工时，但由于目前的直接劳动力费用高达6751.79万美元(即1970.52+4781.27)，即使进行工资费率的换算仍然大大超过图3-11的直接劳动力费1000万美元的上限，故不作换算也不会影响到费用比例因子。假设直接劳动力费超过上限时其他相关的费率保持平稳的水平线延伸，则现场间接劳动力费用比例因子为10%，现场间接费的费用比例因子为38%；劳动力津贴由于缺乏相关数据，暂按该图示的相关说明，按建议的直接与间接劳动力费之和的35%计算；因直接劳动力费已超过300万美元，故小型工具费按2%计算。现场间接费的计算结果见表12-8。

现场间接费估算汇总　　　　**表12-8**

序号	费用名称	计算基础	费率	金额(万美元)	备注
1	现场直接劳动力费			6751.79	
2	现场间接劳动力费	(1)	10.0%	675.18	查图3-11
3	小计	(1)+(2)		**7426.97**	
4	现场间接费(不含津贴与小型工具)	(1)	38.0%	2565.68	查图3-11
5	劳动力津贴	(3)	35.0%	2599.44	
6	小型工具费	(1)	2.0%	135.04	
	现场间接费合计	(4)+(5)+(6)		**5300.16**	

(4) 汇总计算装置工程费用

根据上述计算结果，按美国AACE的设备系数估算法得到该焦化装置的工程费用为28325.26万美元，各项费用情况如表12-9所示。

按美国AACE设备系数法的费用估算汇总　　　　**表12-9**

序号	费用名称	金额(万美元)	备注
1	设备费	9462.19	
2	设备安装劳动力费	1970.52	
3	大宗材料费	6954.72	
4	大宗材料安装劳动力费	4781.27	
5	现场间接费	5300.16	
	工程费用合计	**28468.86**	

2. 基于Gulf(海湾)的比率因子费用估算

根据美国海湾(Gulf)基于比率因子的费用估算方法(具体参见顾祥柏等编著的《建设项目招投标理论与实践》第十章相关内容)，该焦化装置设备中，加热炉和储罐需现场制作安装，故应作为设备的分包合同计价，即需在全部设备费9462.19万美元中扣除加热炉和储罐的采购费用1917.91万美元(可查表12-3)，作为计算材料和劳动力费用的设备费基数只有7544.28万美元。对应炼油工艺装置类型的Gulf比率因子范围按表3-52的平均比率取值如表12-10，经计算，其他专业的直接劳动力费为5909.06万美元；同样，施工机械设备百分比、管理费与间接费百分比均按表3-58、表3-59给定的平均值取定，其百分比及计算结果分别见表12-11和表12-12。

炼油工艺系统直接费用百分比　　表 12-10

序号	专业	其他专业的材料费占设备费的百分数	其他专业的分包合同费占设备费的百分数	其他专业的直接劳动力费占设备费的百分数	备注
1	设备	100.000%	44.450%	7.750%	设备费 7544.28 万美元
2	场地准备	0.035%	0.275%	2.800%	
3	现场设施	1.025%		1.110%	
4	混凝土	4.500%	0.110%	12.800%	
5	钢结构	8.150%		3.725%	
6	建筑物	1.175%	2.300%	1.725%	
7	地下管线	1.150%		1.440%	
8	地上管线	33.500%	0.775%	21.850%	
9	地下电气	0.400%		0.675%	
10	地上电气	11.750%		6.175%	
11	仪表	10.500%		3.350%	
12	绝热	4.750%		7.450%	
13	防腐	1.600%		3.950%	
14	铺设	0.500%		0.650%	
15	可摊销费用	1.050%		2.875%	
	总直接费用	**180.085%**	**47.910%**	**78.325%**	
	现场直接劳动力费用			**5909.06 万美元**	

施工机械设备百分比　　表 12-11

序号	费用名称	现场直接劳动力费用的百分数	金额(万美元)	备注
1	租赁或购买	15.0%	886.36	
2	施工设备维护劳动力	4.0%	236.36	
3	燃料、机油、油脂及耗用品	12.0%	709.09	
	合计	**31.0%**	**1831.81**	

管理费与间接费百分比　　表 12-12

序号	费用名称	现场直接劳动力费的百分数	金额(万美元)	备注
1	间接工资	10.0%	590.91	
2	总部间接工时费			本案例只计现场间接工时
3	现场间接工时费	5.0%	295.45	
4	临时施工设施	15.0%	886.36	
5	法定劳动力附加费与津贴	27.0%	1595.45	
6	小型工具和消耗材料费	7.0%	413.63	
7	其他间接费	15.0%	886.36	
	合计	**79.0%**	**4668.16**	

为便于工程费用估算与对比分析，特将表 12-10 中的百分比数据作一定的归并处理，得到表 12-13。其中，“其他专业的材料费占设备费的百分数”“其他专业的分包合同费用

占设备费的百分数”两项合并作为大宗材料及分包合同费用，分别将地上与地下的管道、电气合并成管道和电气专业项，场地准备、现场设施、混凝土、铺设等项合并为土建专业项；同时，将大宗材料费与直接劳动力费用项下的“可摊销费用”分别按比例分摊至各专业中，由此得到的各专业的大宗材料和直接劳动力费基于设备费的百分数费用比例如表12-13所示。表12-13中还分别列示计算了各专业的大宗材料费和施工费，其中的施工费由直接劳动力费、施工机械设备费和管理费与间接费组成。如管道专业的施工费为：

按美国Gulf比率因子估算的工程费用　　**表12-13**

序号	专业	基于设备费的百分数		估算费用（万美元）	其中		备注
		大宗材料及分包费	直接劳动力费		大宗材料费	施工费	
1	**设备费**			**7544.28**			不含分包合同
2	**材料与施工费**	**127.995%**	**78.325%**	**22065.32**	**9656.30**	**12409.02**	
2.1	设备	44.450%	8.045%	4628.00	3353.43	1274.57	
2.2	管道	35.885%	24.177%	6537.62	2707.26	3830.36	
2.3	电气	12.311%	7.111%	2055.37	928.78	1126.59	
2.4	仪表	10.640%	3.478%	1353.73	802.71	551.02	
2.5	防腐	1.621%	4.101%	772.01	122.29	649.72	
2.6	绝热	4.813%	7.734%	1588.41	363.11	1225.30	
2.7	钢结构	8.258%	3.867%	1235.66	623.01	612.65	
2.8	土建	6.526%	18.021%	3347.40	492.34	2855.06	
2.9	建筑物	3.491%	1.791%	547.12	263.37	283.75	
3	**合计**			**29609.60**			

（1）直接劳动力费：按设备费7544.28万美元的24.177%计算，为1823.98万美元；

（2）施工机械设备费：按管道专业直接劳动力费1823.98万美元的31%计算，为565.44万美元；

（3）管理费与间接费：按管道专业直接劳动力费1823.98万美元的79%计算，为1440.94万美元；

上述三项费用合计，即为管道专业的施工费，共计3830.36万美元。

按美国海湾(Gulf)的比率因子估算该装置的工程费用为29609.60万美元。

（二）基于国内参考装置的地域因子估算法

在中国国内建设与该焦化装置工艺技术相同，但规模只有230万吨/年的同类参考装置，经整理后的各专业费用详见表12-14。

国内230万t/年参考装置工程费用汇总（单位：万元人民币）　　**表12-14**

序号	费用名称	设备费	安装大宗材料费	安装施工费	土建费	小计	备注
1	设备	30950.87	6401.16	2937.61		40289.64	含绝热防腐、防火
2	管道		8159.74	1868.74		10028.48	
3	电气仪表		8885.95	951.52		9837.47	
4	钢结构		2521.40	2341.30		4862.70	

续表

序号	费用名称	设备费	安装大宗材料费	安装施工费	土建费	小计	备注
5	土建				6465.44	6465.44	含大宗材料费
6	**小计**	**30950.87**	**25968.25**	**8099.17**	**6465.44**	**71483.73**	

注：表中数据已调整到当前水平。

假如焦化装置的规模指数确定为 $x=0.7$，美元兑人民币的汇率按 6.30 考虑，且经调研测算后的地域因子分别为：$f_{设备}=1.45$，$f_{材料}=1.75$，$f_{施工}=2.50$，$f_{土建}=3.00$，则按地域因子估算法并经规模指数调整后的 346 万吨/年焦化装置在该地建设的工程费用约为 27456 万美元，详见表 12-15。应用该方法进行工程费用估算时，通常应先采用地域因子计算在拟建项目地点的各类费用值，然后再按规模指数法按项目规模对总的工程费用进行放大或缩小。表 12-15 计算时先采用规模指数法对各种费用进行调整然后再用地域因子，目的是为后面的数据分析作准备，但费用的计算顺序并不会对计算结果造成影响。

焦化装置地域因子法费用估算　　**表 12-15**

序号	费用名称	设备费	安装大宗材料	安装施工	土建费	小计	备注
1	230 万 t/年						
	工程费用/万元人民币	30950.87	25968.25	8099.17	6465.44	71483.73	
	工程费用/万美元	4912.84	4121.94	1285.58	1026.26	11346.62	汇率按 6.30
2	346 万 t/年						
	规模换算/万美元	6538.47	5485.87	1710.97	1365.84	**15101.15**	指数 $x=0.70$
3	地域因子	1.45	1.75	2.50	3.00		
4	调整值/万美元	9480.78	9600.27	4277.43	4097.52	**27456.00**	

（三）费用估算分析

1. 费用估算精度分析

根据上述四种不同估算方法所得到的工程费用[1]及其差异情况见表 12-16。

费用估算结果差异情况　　**表 12-16**

序号	项目名称	估算值（万美元）	相对差异率	
			相对于最高估价	相对于最低估价
1	工程费用估算			
1.1	基于初步工程量估算	**27600.46**	−6.8%	0.5%
1.2	设备系数法(美国 AACE)	28468.86	−3.9%	3.7%
1.3	基于比率因子估算(美国 Gulf)	29609.60	0.0%	**7.8%**
1.4	地域因子法(基于中国参考装置)	27456.00	**−7.3%**	0.0%
	估算平均值	**28283.73**	−4.5%	3.0%
2	最高与最低估算值差额	**2153.60**		
3	初步工程量估算对比估算平均值	**−2.4%**		

按初步工程量估算的工程费用与根据其他三种不同量级估算方法得到的工程费用结果

[1] 本案例主要是为了说明量级估算方法的实际应用。若按流程工业 EPC 项目工程费用组成来看，则目前估算得出的工程费用并不完整，至少还需补充项目管理服务与设计费、风险费以及税费等有关费用。

差异不大，说明按该工程量估算的工程费用相对精确。根据流程工业费用估算分级矩阵(表 1-6)可知，美国 AACE 4 级估算精度要求的费用最大误差允许范围为−30%～+50%，最小误差范围为−15%～+20%。从表 12-16 可以得出，上述四种不同的费用估算方法得到的工程费用，最低估价较最高估价低 7.3%，最高估价较最低估价高 7.8%；同样，基于初步工程量的费用估算值，较最高估价低 6.8%，较最低估价高 0.5%，较估算平均值低 2.4%，详见表 12-16。虽然上述工程费用估算口径稍有些差异，且均未包括设计费、风险费(包括涨价费、不可预见费)等费用，但通过不同的量级估算方法验证，基于初步工程量估算的工程费用能满足 AACE 4 级估算精度要求。

2. 费用估算方法应用分析

在可行性研究阶段，对工艺装置的工程费用估算精度要求，指的是工程总费用估算的误差，这一点已从上述分析得到结论。但是，若将上述各种费用估算方法得到的工程费用按专业及费用分类进行拆分，即按表 12-17 中的费用项目进行分解，则根据上述各种方法的费用估算过程，对相关费用进行拆分或合并后的费用如表 12-17 所示。

焦化装置专业费用估算对比(单位：万美元) **表 12-17**

序号	费用名称	基于初步工程量	AACE 系数法	Gulf 比率因子	地域因子法	备注
1	设备费	9462.19	9462.19	10897.71	11847.24	
1.1	设备费计算基数	9462.19	9462.19	7544.28	9480.78	
1.2	设备分包			3353.43		含加热炉、储罐材料采购及施工费
1.3	大宗材料费				2366.46	含加热炉、储罐的材料采购费，以及设备的绝热防腐材料费
2	机电仪材料费	4278.04	4825.72	4437.11	6301.67	
2.1	管道	1777.94	3311.77	2706.58	3016.60	
2.2	电气	811.34	851.60	928.30	1632.22	
2.3	仪表	1688.76	662.35	802.23	1652.85	
3	机电仪安装	6336.25	8086.14	**6782.61**	3040.90	
3.1	设备	1614.14	3517.38	1274.62	1551.44	
3.2	管道	3413.20	2955.76	3830.43	986.94	
3.3	电气	725.86	1140.08	1126.60	249.30	
3.4	仪表	583.05	472.92	550.96	253.22	
4	分包工程	7523.98	6094.81	**7492.17**	6266.19	
4.1	绝热	1353.90	1043.94	1588.19	已分别包括在设备、管道专业中	含防火
4.2	防腐	413.89	300.66	771.89		
4.3	钢结构	1591.70	895.37	1235.32	2168.66	
4.4	土建	4164.49	3064.26	3347.56	4097.53	
4.5	建筑物		790.58	549.21		
5	**合计**	**27600.46**	**28468.86**	**29609.60**	**27456.00**	
	其中：扣除建筑物后的工程费用	27600.46	27678.28	29060.39	27456.00	

从表 12-17 中有关数据来看，个别专业的大宗材料费、安装费或分包工程费还是存在较大的差异，以下就这些差异进行简要的分析说明。

(1) 量级估算方法可作为查找工程量估算问题的辅助手段。理论上说，按初步工程量估算的工程费用会相对合理些，由于工程费用组成中各专业费用或各类别费用之间有一定的比例关系，因此通过其他几种量级估算方法可直观地分析初步工程量估算中可能存在的问题。如初步工程量估算中，虽然设备费与地域因子估算法相差不大，但管道专业的材料费明显偏低，只有其他几种估算方法的60%左右；仪表专业材料费虽与地域因子估算法相近，但却比 AACE 系数法、Gulf 比率因子法估算值高出一倍多，所有这些高或低很多的费用都是该工程费用估算下一步需重点核查的地方，看是否在设计工程量、材料价格取定、安装费用估算或计算汇总时存在问题。

(2) 设备费作为费用估算的基础，其费用不一定相近。AACE 设备系数估算法和 Gulf 比率因子估算法，虽然都是基于初步工程量估算中的设备费作为主要的估算基础(其中 Gulf 比率因子估算中需将现场制作安装的设备从设备计费基数中剔除，作为分包合同处理)，且这两种估算方法与工程量估算法在总的工程费用估算上不存在过大的差异，但实际上若将设备的相关费用范围进行统一，则能看到它们三者之间还是存在较大差异的。如将表 12-17 中的设备费(序号 1.1、1.2 项)与设备安装费(序号 3.1 项)合计，则分别得到工程量估算法的设备及其安装费为 11076.33 万美元，AACE 系数估算法和 Gulf 比率因子法分别为 12979.57 万美元、12172.33 万美元，工程量估算法分别比 AACE 系数估算法和 Gulf 比率因子法低 14.7%和 9.0%。当然，若通过对加热炉、储罐的采购与施工费进行单项比较，可能更能说明问题。

(3) 不同估算方法的工程范围及专业费用可能会存在差异。AACE 设备系数法、Gulf 比率因子法等量级估算方法，都是基于以往许多工艺装置的工程费用经综合测算的平均水平，应用到具体的工艺装置，其工程范围和专业费用往往会有较大的差异，有些可以通过调整，但多数是不易调整的。

首先，如该炼油厂的建筑物和变配电分别作为单独的工作主项，故焦化装置的工程量中不包括建筑物和变配电部分，虽然建筑物部分的费用可按专业予以扣除，但变配电部分费用就无法进行扣减了。

其次，应用 Gulf 比率因子估算时，对于设备费中哪些应作为分包合同，在具体的操作过程中也会存在理解上的偏差。如本案例中，除了加热炉、储罐需现场制作安装作为分包合同计价外，应纳入分包合同范围的有可能还有电梯等专业安装设备。因此，作为估算的基础——设备费的差异会放大或缩小工程费用的估算结果，影响估算精度。

最后，从表 12-17 显见个别相同专业之间的费用存在较大差异，但总的工程费用差异并不大，这也说明了不同的量级估算方法，关注的是工程总费用估算结果要趋于基本一致。

(4) 应根据实际情况对因子估算法中的比例系数进行调整。

首先，劳动力费与设备材料采购费有一定的比例关系，但需根据实际情况进行调整。AACE 系数法和 Gulf 比率因子法中，设备采购费作为大宗材料费、劳动力费用的计算基础，大宗材料费则是作为其安装直接劳动力费的计算基础。因此，设备采购费是劳动力费用的计算基础，设备价格高直接导致劳动力费用也相应增高。如压缩机安装费按工程量(197.9t)估算，根据历史项目安装劳动力工时数据并结合当地情况，其安装费大约为41.82万美元；但若按AACE系数估算，仅直接劳动力费用按压缩机设备费748.39万美元的25%计算就高达187.10万美元，但实际上压缩机安装劳动力并不需要这么多。因此，在大多数情况下，采用设备系数法估算设备安装劳动力费用时需根据实际情况进行调整，尤其是按历史工时估算要比利用这些系数估算安装劳动力费用显得更准确。

其次，Gulf比率因子法估算中，施工设备费、管理与间接费均取经验数据的平均值，但对于整个炼油厂项目，考虑到规模效应，施工机械设备的摊销、管理与间接费用的分摊相对来说会较低些，故取各费用比例范围的低限值可能较为合理。如选用美国Gulf比率因子中相关因子的低限值，经计算得到的工程费用为27510.99万美元，比前面估算的29609.60万美元低了2098.61万美元，即低了7.09%。AACE系数法估算中，由于直接劳动力费用总额已大大超过图3-11的费用上限，现场间接费按水平趋势延伸计取，以及劳动力津贴缺少数据也按经验值35%考虑，这些也间接导致工程费用估算可能要比正常的估算值高。

美国的Gulf比率因子法和AACE系数估算法，间接费包含了一部分的现场项目管理与设计支持人工时费用，在实际应用中一般难以做出清晰的界定，可以不考虑从给定的比率中扣除，因此在费用估算口径上与基于初步工程量估算和地域因子估算法会稍有差异。

(5) 参考国内同类项目工程费用按地域因子估算法时，个别专业的施工费往往会严重不足。地域因子只是对两个不同国家或地区的建设地点按事先确定的“篮子”内的费用要素含量及相应的市场价格水平进行加权平均后得到的综合性的费用调整系数，由于国内石化工程项目的工程费用的计算依据是中国的预算定额或概算指标，而指标或定额的含量是基于中国的标准规范按传统的基础定额测定的，从而基于预算定额或概算指标测算取定的“篮子”含量可能会与工程实际存在较大的差异，由此导致费用的差异。例如，国内工程项目的施工费(包括土木建筑材料费)通常占工程费用的18%～22%，但在中国境外的正常水平为25%～30%，而有的可高达35%～40%；同时，境外安装工程的劳动力费用占纯施工费(即不含任何安装大宗材料和大型机械费)的50%左右，但国内的人工费却只占25%左右。由于地域因子计算时只是按既定的“篮子”对两个不同建设地点的价格差异进行调整，并未对“篮子”内的费用要素含量考虑调整，按上述的国内费用比例关系测算的地域因子，可能会致使施工费存在很大的缺口，分析管道安装费就可佐证这一点。众所周知，国内的管道安装按预算定额计算的施工费比较低，故施工企业单独专业分包管道安装工程时亏损非常严重。如根据表12-17中的有关数据看，按地域因子法估算的管道施工费只有约987万美元，不但与AACE系数估算法和Gulf比率因子估算法得出的2956万美元和3830万美元差距很大，而且与根据初步工程量按预测计算的费用3413万美元也存在很大的差距。因此，建议各相关企业建立自己的企业定额，以解决“篮子”的含量问题，使其更接近实际情况。

第二节　EPC项目投标报价费用估算

一、项目简介

项目业主计划在沙特阿拉伯投资建设一个化工项目，项目工期为27个月。该项目范围包括界区内(ISBL)的主装置、公用工程、中间罐区、污水处理，以及界区外(OSBL)的原料及成品罐区、包装、灌装/装车、变电所(配电间)及其他建筑设施，扩展基础设计(EPDP)业已委托某工程公司完成，现业主以EPC总承包方式(包括设计、采购和施工，直至机械完工、预试车结束)进行国际公开招标。某中国工程公司参与了该项目的竞标，设计专业提供的主要工程量如表12-18所示。

装置主要工程量　　表12-18

序号	项目名称	数量	备注
1	土建		
	场地平整	90000m^2	
	土方开挖	33806m^3	
	购土回填	18044m^3	
	钻孔灌注桩	6029m^3	
	钢筋混凝土	13267m^3	
	非收缩水泥灌浆料	80m^3	
	沥青路	16320m^2	
	混凝土路	4700m^2	150cm厚
	碎石路	27100m^2	
	围墙	640m	
2	建筑物	4214m^2	含HVAC
	成品仓库	3720m^2	轻钢结构、彩钢围护
	变配电室	426m^2	钢筋混凝土框架结构
	其他建筑	68m^2	钢筋混凝土框架结构
3	钢结构	3568t	
	镀锌钢结构	3120t	高强螺栓连接
	镀锌钢格板	11790m^2/448t	
	彩钢夹芯保温板	8647m^2	
4	设备	463台/约2565t	
4.1	静设备	218台/约1348t	
	长周期设备	28台	
	其他静设备	190台	
4.2	动设备	186台/约134t	

续表

序号	项目名称	数量	备注
	压缩机	1台	
	泵	179台	
	其他动设备	6台	
4.3	包设备	10套/约145t	
4.4	储罐	49台/938t	现场制作安装
5	管道	66118m/198595ID	
	碳钢管	43357m/129875ID	
	不锈钢管	18154m/60120ID	
	玻璃钢管	4607m/8600ID	
	阀门	5378个	
	管支架	179t	镀锌碳钢
6	电气		
	电力变压器	7台	
	盘柜	71台	
	桥架	9340m	
	电缆	133533m	
	钢管	30360m	
	灯具&插座	1406套	
	阴极保护系统	1套	
7	电信		
	电信设备	171台(套)	
	电缆	10700m	
8	仪表		
	控制系统	17套	
	现场仪表	1505台	
	调节阀	368台	含开关阀
	仪表电缆	123500m	
	电缆桥架	12750m	
	仪表小阀门	4040个	
9	防腐		
	设备防腐	17400m^2	
	管道防腐	22354m^2	
10	保温		
	设备保温	21567m^2/1122m^3	矿棉、铝合金保护层
	管道保温	19327m^2/869m^3	矿棉、铝合金保护层
11	钢结构防火	1233m^3	防火混凝土

二、工程总承包费用估算

EPC总承包项目按以下程序进行费用估算。

1. 计算设备材料采购费用

根据设计提供的设备材料清单(MTO)，设备、钢结构、管道、电气、仪表等专业的主要设备、材料均根据供应商的报价计算；土木建筑材料、防腐、绝热及防火等专业的大宗材料费按项目所在地正在执行项目的同类材料的采购价计算，建筑物内消防按采购施工分包、HVAC按EPC专业分包考虑询价。

2. 计算直接施工费

由于该项目所在地为沙特阿拉伯，企业有丰富的施工项目报价经验，因此施工费根据设计工程量清单按历史经验数据进行填报；该项目也可根据施工费用快速估算法进行估算。

大型机械费结合吊装技术方案，利用当地吊车资源进行估算。

3. 计算施工间接费

根据以往经验，施工间接人工时分别按土建和安装劳动力工时的8%和15%计取；考虑到总承包项目中的施工，部分施工间接费在总承包间接费中考虑，故施工间接费则按经验分别按土木建筑施工直接费(含大宗材料费、直接施工费)、安装直接施工费(不含大宗材料费和大型机械费)的23%和45%计算，但该施工间接费也可根据施工间接管理人工时单价29美元/工时左右的综合价格计算。

4. 估算项目管理服务与设计人工时费

根据技术方案中有关资源动遣计划，总部设计工时、现场设计支持、总部项目管理服务和现场项目管理服务(含项目管理与控制、采购、施工管理等)的综合人工时单价分别按45美元/工时、60美元/工时、45美元/工时、50美元/工时计算。

5. 计算项目通用费用

根据项目执行计划，总承包项目管理需动遣103个人去项目现场，累计达1621人月；项目总工期27个月，从第3个月起进行现场准备，并陆续有管理人员去现场办公；EPC项目规划7万m^2的生产与办公临设场地(其中EPC办公室1040m^2、仓库650m^2)，生产临设在施工间接费中综合考虑；EPC临时设施的建设及运行费用计算详见表12-19。

该项目需要投保的工程保险主要有：工程一切险(按合同总价的0.175%)、雇主责任险、公众责任险(按合同总价的0.5%)、机动车辆第三方责任险、职工意外伤害险等，累计折算相当于按合同额的1.2%左右，但社会保险(如GOSI及医疗保险等)已在劳动力工资费率中考虑。

财务费用主要计算了银行保函手续费。招标文件规定承包商需提供合同额10%的履约保函、预付款(合同额的10%)保函，保证期为合同工期27个月(按2.5年计算)；质保金为合同额的10%，质保期1年，银行保函手续费率均为年0.6%，各项通用费用计算如表12-19所示。

EPC 项目通用费用估算　　　　**表 12-19**

序号	项目名称	单位	数量	单价	合价(美元)	备注
1	EPC 临时设施				5180380	施工生产临设已在施工间接费中计算
1.1	办公临设建设				1849500	
	办公室	m^2	1040	550	572000	
	仓库	m^2	650	350	227500	
	临设场地平整	m^2	70000	15	1050000	包括围墙及场内道路
1.2	临设运行费				2682480	
	办公运营	人月	1621	450	729450	含办公设备摊销、耗材、固定电话、清洁等
	IT 专线租赁	月	25	40000	1000000	
	临设垃圾处理	月	23	4000	92000	外包
	仓库运行管理	月	23	12000	276000	
	通勤	人月	1621	100	162100	
	发电机	月	25	11730	293250	发电机租赁及燃油动力费等
	通讯费	人月	1621	80	129680	
1.3	EPC 营地	人月	1621	400	648400	包括营地租赁与餐饮
2	EPC 人员动遣	人次	103	3348	344844	
3	HSE 费用	项	1	1.00%	1232730	除设备费外的费用
4	工程保险	项	1	1.20%	2222931	按 EPC 合同价的 1.2%
5	财务费用	项	1	0.60%	674882	

6. 总部管理费

根据企业的成本分摊要求，总部管理费按合同额的 3%计算。

7. 税

由于沙特阿拉伯从事工程项目承包，没有营业税和增值税，故该项目不计算税。

该项目的初步费用估算如表 12-20 所示，风险费待费用估算调整后再行决策。

EPC 项目初步费用估算(单位：万美元)　　　　**表 12-20**

序号	项目名称	单位	数量	工时	设备费	大宗材料费	劳动力费	其他	合价	备注
一	直接费									
1	土建	m^3	20081	729543		823.56	566.13		1389.69	
	场地平整	m^2	90000			5.28				
	土方开挖	m^3	33806							
	购土回填	m^3	18044			9.02				
	钻孔灌注桩	m^3	6029			247.18				
	钢筋混凝土	m^3	13267			363.43				
	非收缩水泥灌浆	m^3	80			8.86				

续表

序号	项目名称	单位	数量	工时	设备费	大宗材料费	劳动力费	其他	合价	备注
	沥青混凝土路	m^2	16320			97.79				
	混凝土路	m^2	4700			26.12				
	碎石路	m^2	27100			2.71				
	围墙	m	640			23.23				
	大门	个	3			0.75				
	土建杂项	项	1			39.19				
2	建筑物	m^2	4214	176172		290.79	121.91		412.70	
	仓库	m^2	3720	137640		225.62	95.25		320.87	轻钢结构、彩钢围护
	变配电室	m^2	426	33228		56.20	22.99		79.19	钢筋混凝土框架结构
	其他建筑	m^2	68	5304		8.97	3.67		12.64	钢筋混凝土框架结构
3	钢结构安装	t		208153		914.57	161.99		1076.56	
	镀锌钢结构	t	3120	140400		748.80	110.35			
	镀锌钢格板	m^2	11789	53053		116.48	41.70			
	彩钢板	m^2	8647	14700		49.29	9.94			
4	设备	台	463	340755	6073.86		278.34		6352.20	
4.1	静设备	台	218	66836	1691.85		53.13		1744.98	
	长周期静设备	台	28		1233.74					
	其他静设备	台	190		458.11					
4.2	动设备	台	186	14784	3425.86		11.92		3437.78	
	压缩机	台	1		417.93					
	泵	台	179		3004.65					
	其他动设备	台	6		3.28					
4.3	包设备	套	10	16500	638.64		13.12		651.76	
4.4	储罐制作安装	台	49	242635	317.51		200.17		517.68	
5	管道	m	66118	1015781		1059.47	891.24		1950.71	
	碳钢管	m	43357	578981		243.85	493.87			
	不锈钢管	m	18154	375000		379.44	348.00			
	玻璃钢管	m	4607	33000		50.33	26.93			
	阀门	个	5378			358.85				
	支吊架	t	179	28800		27.00	22.44		49.44	
6	电气	m	133533	166893		777.67	145.36		923.03	
	电力变压器	台	7			68.97				
	盘柜	台	71			305.39				
	桥架	m	9340			9.81				
	电缆	m	133533			144.45				
	接地	项	1			10.04				
	钢管	m	30360			6.16				

续表

序号	项目名称	单位	数量	工时	设备费	大宗材料费	劳动力费	其他	合价	备注
	灯具&插座	套	1406			27.71				
	阴极保护系统	套	1			120.00				
	其他	项	1			85.14				
7	电信	m	10700	5077		40.68	4.16		44.84	
8	仪表	m	123500	145377		820.54	126.62		947.16	
	控制系统	套	17			114.99				
	现场仪表	台	1505			209.03				
	调节阀	台	368			359.39				
	仪表电缆	m	123500			81.76				
	电缆桥架	m	12750			4.04				
	仪表阀	个	4040			29.76				
	其他	项	1			21.57				
9	防腐	m^2	39754	97655		54.79	71.97		126.76	
10	保温	m^2	40894	221620		164.87	112.66		277.53	铝皮/矿棉
11	钢结构防火	m^3	1233	77400		49.60	49.80		99.40	
12	施工间接费			414264				1243.52	1243.52	
13	大型机械费							143.00	143.00	
14	工程分包					246.17			246.17	
	建筑物内消防	项	1			29.94			29.94	PC分包
	HVAC	m^2	4146			216.23			216.23	EPC分包
	直接费小计			3598690	6073.86	5242.71	2530.18	1386.52	15233.27	
二	间接费									
1	设计费	工时	145100	145100				680.85	680.85	
	总部设计费	工时	126500	126500				569.25	569.25	
	现场设计支持	工时	18600	18600				111.60	111.60	
2	项目管理服务费	工时	393867	393867				1934.50	1934.50	
	总部管理服务费	工时	69667	69667				313.50	313.50	
	现场管理服务费	工时	324200	324200				1621.00	1621.00	
3	项目通用费用							965.57	965.57	
3.1	EPC临时设施							518.04	518.04	
3.2	EPC人员动遣	人次	103					34.48	34.48	
3.3	HSE费用	项	1					123.27	123.27	
3.4	工程保险	项	1					222.29	222.29	
3.5	财务费用	项	1					67.49	67.49	
4	总部管理费	项	1					564.43	564.43	
	间接费小计								4145.35	
三	合计								19378.62	

三、初步费用估算分析

(一) 敏感性分析

采用蒙特卡罗模拟得到费用项与总费用之间的相关关系(或影响程度)，如图 12-1 所示。可以看出动设备的设备费与总费用相关系数最大，为 0.84，表明动设备的设备费与总费用之间关系最为紧密，对总费用的估算影响最大，需重点关注并核实这部分费用的估算。静设备的设备费次之，相关系数为 0.78；之后为管道的大宗材料费，相关系数为 0.76，这两项费用项也需要重点关注与核实。值得一提的是，相关系数大于 0.6 表明相关性较强，因此这三项费用与总费用之间的相关性较强，影响程度较高。

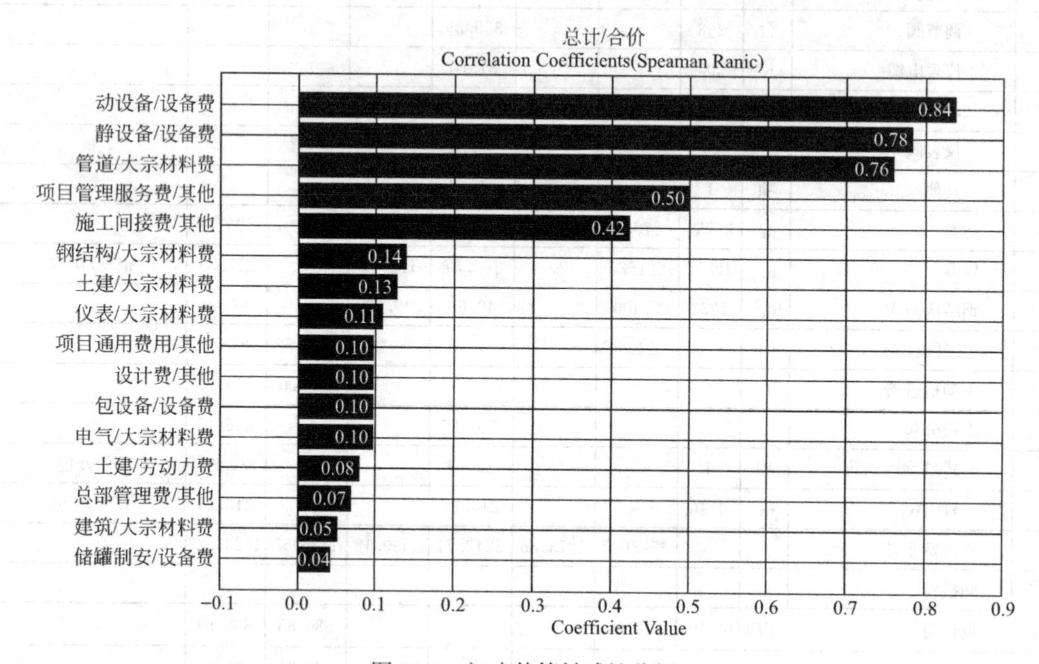

图 12-1 初步估算敏感性分析

项目管理服务费和施工间接费与总费用之间的相关性不强，影响程度不高，估算人员只需稍微关注一下这些费用项的估算。其他费用对总费用的影响较低，不需重点关注。

(二) 费用估算的综合分析

根据综合分析费用估算的各项指标，并充分结合敏感性分析结果，寻找估算中可能存在的问题。

1. 各费用项的比例

从初步费用估算的构成看，直接费占 78.6%、间接费占 21.4%，在未计算风险费的情况下，间接费的占比稍微有些偏高；从另一角度看，设备费、大宗材料费(含工程分包)、施工费(含大型机械费)、设计费、项目管理服务费、项目通用费用在总费用估算中的比例分别为 31.3%、27.1%、20.2%、3.5%、10.0%、5.0%，项目管理服务费占比略显偏高，主要是项目管理服务与设计的综合人工时单价有些偏高，尤其是现场管理服务人工时单价有更多的降价空间；施工费及土木建筑材料费之和为 4888.05 万美元，占总价的

25.2%，比例相对合理。

2. 采购费用

蒙特卡罗模拟显示，尤其是动设备和静设备的采购价格对费用估算最为敏感，而在对设备费估算时采用的价格情况分析发现，估算人员不但比较保守地采用了供应商报价的中间价位，而且按供应商填报的CIF价进行组价。结合以往项目上同类设备的采购经验，可采用供应商相对较低的FOB报价，同时，国际运输统一委托一家物流公司以降低运输成本，则设备采购费用有一定的下降空间。

管道材料费虽然也是费用估算中敏感的费用项，但由于该项目中不锈钢管的含量相对较高，故其采购费用也会相对较高些，经分析后认为管道专业的采购费相对合理，不作调整。

3. 分析综合费用指标及单位劳动生产效率

根据第九章费用分析综合指标有关内容，并结合快速估算法中各项劳动力指标及其价格水平，综合分析如表12-21所示。

费用估算综合指标 表12-21

序号	项目名称	单位	数量	重量/t	单位工时（工时）	工时单价（美元/工时）	单位费用（美元）	备注
一	直接费							
1	土建	m^3	20081		36.33	7.76		19.05美元/工时
2	建筑	m^2	4214		41.81	6.92	979.36	23.43美元/工时
	仓库	m^2	3720		37.00	23.31	862.54	
	变配电室	m^2	426		78.00	23.83	1859.01	
	其他建筑	m^2	68		78.00	23.83	1859.01	
3	钢结构安装	t		3568	58.34	7.86	3017.26	
	镀锌钢结构	t	3120	3120	45.00	7.86		
	镀锌钢格板	m^2	11789	448	4.50	7.86		
	彩钢板	m^2	8647		1.70	6.76		
4	设备	台	463	2420		8.17		
4.1	静设备	台	218	1348	49.58	7.95		
4.2	动设备	台	186	134	110.33	8.06		
4.3	包设备	套	10			7.95		
4.4	储罐制作安装	台	49	938	258.67	8.25		
5	管道	m	66117		5.11	8.77		198595ID
	碳钢管	m	43357		4.46	8.53		129875ID
	不锈钢管	m	18154		6.24	9.28		60120ID
	玻璃钢管	m	4607		3.84	8.16		8600ID
	支吊架安装	t	179		160.89	7.79	2761.74	
6	电气	m	133533		1.25	8.71		
7	电信	m	10700		0.47	8.20		
8	仪表	m	123500		1.18	8.71		

续表

序号	项目名称	单位	数量	质量/t	单位工时（工时）	工时单价（美元/工时）	单位费用（美元）	备注
9	防腐	m²	39754		2.46	7.37	31.89	
10	保温	m²	40894		5.42	6.76	67.87	铝皮/矿棉
11	钢结构防火	m³	1233		62.77	6.43	806.16	
	小计	美元/工时				7.95		
	土建	美元/工时				7.60		
	安装	美元/工时				8.08		
12	施工间接费		13.01%			30.02		
13	大型机械费	t		810			1765.43	
14	工程分包							
	HVAC	m²	4146				521.55	EPC分包
	合计					10.49		不含大型机械
二	间接费							
1	设计费	工时	145100					
	总部设计费	工时	126500			45.00		
	现场设计支持	工时	18600			60.00		
2	项目管理服务费	工时	393867					
	总部管理服务费	工时	69667			45.00		
	现场管理服务费	工时	324200			50.00		

从表12-21可见，结合以往项目报价经验数据，大多数综合指标基本属于正常水平，但个别指标有一定的偏离，还需进一步核查。主要评审意见如下：

（1）单位工时分析

各专业施工综合工效水平相对合理，但仪表专业按仪表电缆折算的综合工效1.18工时/米比以往工程项目的工效要低，需进一步核查。

（2）单价水平

安装主专业的技术含量高，相比土建、防腐绝热专业的直接劳动力工时单价要高，故这些劳动力工时单价均属于正常；土建专业由于机械土方工作，故分摊到劳动力工时单价(包括劳动力费、辅助消耗材料、一般施工机械费)会略高些；防腐专业的喷砂除锈消耗材料已摊入劳动力工时单价中，同比绝热、防火专业也要高些；直接劳动力费用与施工间接费之和为37736983美元，折合直接与间接劳动力工时3598690工时的综合工时单价为10.49美元/工时，这相比近期项目的价格11美元/工时要低，主要是由于该企业自身拥有施工力量，为提高报价价格的竞争力而采取的低价策略。

土建与建筑物的综合工时单价(包括大宗材料费)19.05美元/工时和23.43美元/工时，与以往历史项目的经验相比，土建专业低于正常的23美元/工时水平，需进一步核查。

（3）施工间接费

施工间接费虽然没有按施工执行方案进行详细计算，但从其估算结果来看，施工间接管理人工时为414264工时，相当于直接劳动力工时3184426工时的13.01%；施工间接费

12435159美元相对于直接劳动力费25301824美元的比率为49.15%；施工间接费折合施工间接劳动力工时单价为30.02美元/工时，所有这些数据与以往沙特项目费用估算经验相比是合理的。

（4）其他

经核实，设计专业已将轻钢结构的仓库工作量拆分，其中的混凝土基础工程量在土建专业中计列，轻钢结构及彩钢围护的数量也已在钢结构专业中统计，故应取消建筑物中重复计算的仓库费用。

该项目需大型机械吊装的设备、构件重量约810t左右，按以往项目经验大型机械费有下调空间。

四、投标价格的调整

根据上述综合分析，需重点对设备采购、土建与仪表劳动力工时、项目管理服务与设计人工时单价进行调整，主要费用项的分析调整如下：

（1）设备费采用供应商相对较低的FOB报价，且统一由一家物流公司负责国际运输，这样，长周期的塔、反应器等静设备尚可下调5%左右，压缩机还有8%的下浮空间，机泵和包设备价格的下调率将达15%和10%左右；设备采购项共计可下调费用约610万美元；

（2）为提高竞争力，设计和总部项目管理服务的人工时单价统一按40美元计算；考虑到现场管理服务人员的构成情况，将其人工时单价下调为45美元；共计核减费用约297万美元；

（3）核减直接劳动力工时，相应核减直接劳动力费；仪表专业可核减29075工时；土建专业的混凝土工时为36.33工时/m^3看似在合理范围，但由于该专业的综合工时单价（含大宗材料）只有19.05美元/工时，要低于正常的23美元/工时水平，通过进一步分析土建专业的大宗材料价格后认为是合理的，而工效水平确实有些偏低，尚可核减8.7万工时左右，核减后的土建综合工时单价折算达20.58美元/工时；

（4）考虑到项目所在地能租赁到大型机械，故核减大型机械的进出场费用，并核减辅助的小型吊装机械，大型机械费共核减57万美元；

（5）取消重复计算的仓库建筑费用，核减直接费约321万美元。施工间接费及项目间接费按原计费方法相应地作同口径调整计算。

经调整后的估算费用约为1.7823亿美元，估算汇总表详见表12-22。

EPC项目费用估算调整（单位：万美元）　　表12-22

序号	项目名称	单位	数量	工时	设备费	大宗材料费	劳动力费	其他费用	合价	备注
一	直接费									
1	土建	m^3	*20081*	*642592*		823.56	498.65		*1322.21*	
2	建筑	m^2	494	38532		65.17	26.66		91.83	钢筋混凝土框架结构
3	钢结构安装	t		208153		914.57	161.99		1076.56	
4	设备	台	463	340755	5464.16		278.34		5742.50	
4.1	静设备	台	218	66836	1630.16		53.13		1683.29	

续表

序号	项目名称	单位	数量	工时	设备费	大宗材料费	劳动力费	其他费用	合价	备注
	长周期静设备	台	28	32884	1172.05					
	其他静设备	台	190	33952	458.11					
4.2	动设备	台	186	14784	2941.72		11.92		2953.64	
	压缩机	台	1	1100	384.49					
	泵	台	179	12606	2553.95					
	其他动设备	台	6	1078	3.28					
4.3	包设备	套	10	16500	574.77		13.12		587.89	
4.4	储罐制作安装	台	49	242635	317.51		200.17		517.68	
5	管道	m	66118	1015781		1059.47	891.24		1950.71	
6	电气	m	133533	166893		777.67	145.36		923.03	
7	电信	m	10700	5077		40.68	4.16		44.84	
8	仪表	m	123500	116302		820.54	101.30		921.84	
9	防腐	m^2	39754	97655		54.79	71.97		126.76	
10	保温	m^2	40894	221620		164.87	112.66		277.53	
11	钢结构防火	m^3	1233	77400		49.60	49.80		99.40	
12	施工间接费		13.37%	391935				1142.80	1142.80	
13	大型机械费							86.00	86.00	
14	工程分包	项				246.17			246.17	
	直接费小计			3322695	5464.16	5017.09	2342.13	1228.80	14052.18	
二	间接费									
1	设计费	工时	145100	145100			580.40		580.40	
2	项目管理服务费	工时	393867	393867			1737.57		1737.57	
3	项目通用费用						933.63		933.63	
3.1	EPC临时设施						518.04		518.04	
3.2	EPC人员动遣	人次	103				34.48		34.48	
3.3	HSE费用	项	1				114.59		114.59	
3.4	工程保险	项	1				204.45		204.45	
3.5	财务费用	项	1				62.07		62.07	
4	总部管理费	项	1				519.11		519.11	
	间接费小计								3770.71	
三	合计								17822.89	

五、基于蒙特卡罗模拟的费用风险分析

(一) 输入变量的概率分布确定

在工程承包费用估算中，经过对策实践，将费用项定义为 BetaPERT 概率分布为最佳的选择，以此来体现费用项的不确定性水平，依据 AACE 1 级估算精度要求，将最小值与最大值分别确定为最可能值的 95%与 110%，测算出两个参数值分别为 1.3 与 2.7，如图 12-2 所示。

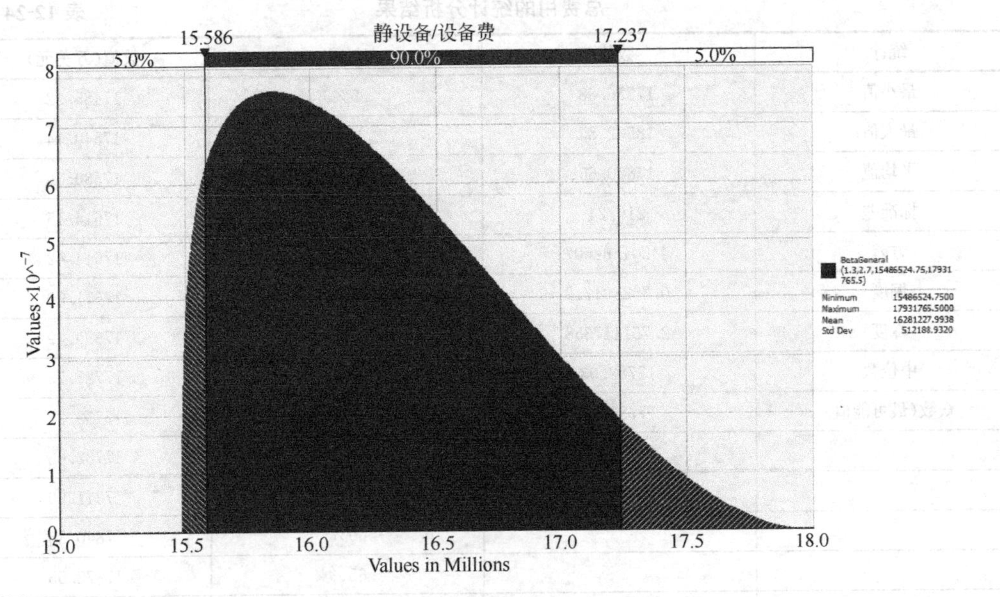

图 12-2 费用项的概率分布确定

（二）相关系数的确定

通过单因素分析方法得出相对于总费用的影响值排序，排在前面的几个费用分别为静设备的设备费、动设备的设备费、项目管理服务费、管道的大宗材料费与施工间接费等。依据主成分分析与 20∶80 法则等基本原理，选择几个费用项建立相关系数矩阵，如表 12-23 所示，相关系数一方面可以通过专家经验主观确定，也可以采用历史数据进行测算。由于该项目没有类似的项目经验，历史数据缺乏，因此，采用专家经验方法来确定，其中专业内的费用项相关性较强，设定为 0.75；专业间的费用项相关性较弱，设定为 0.25，并对这些相关系数进行一致性检验。

费用项的相关系数矩阵 **表 12-23**

费用项	静设备/设备费	动设备/设备费	管道/大宗材料费	施工间接费/其他费用	项目管理服务费/其他费用
静设备/设备费	1				
动设备/设备费	0.75	1			
管道/大宗材料费	0.75	0.75	1		
施工间接费/其他费用	0.25	0.25	0.25	1	
项目管理服务费/其他费用	0.25	0.25	0.25	0.25	1

（三）风险费的蒙特卡罗模拟分析

采用@Risk 软件对费用估算进行 5000 次模拟分析，得出最可能值约为 1.774 亿美元，50%对应的无风险费的总费用为 1.778 亿美元，基准估算费用 1.782 亿美元稍微有些偏高，90%的概率落在 1.749 亿美元至 1.817 亿美元。总费用的统计分析结果如表 12-24，总费用累计概率分布及其偏差曲线分析如图 12-3 所示。

总费用的统计分析结果　　　　**表 12-24**

统计	数值	百分比	数值(万美元)
最小值	17256.88	5%	17485.52
最大值	18502.85	10%	17540.14
平均值	17800.65	15%	17580.36
标准差	210.24	20%	17614.15
方差	44201.62507	25%	17644.42
偏度	0.382801719	30%	17671.69
峰度	2.761117358	35%	17699.49
中位数	17782.03	40%	17727.73
众数(最可能值)	17739.17	45%	17752.22
		50%	17782.03
		55%	17811.99
		60%	17840.36
		65%	17872.55
		70%	17906.43
		75%	17943.34
		80%	17978.14
		85%	18027.03
		90%	18089.58
		95%	18173.23

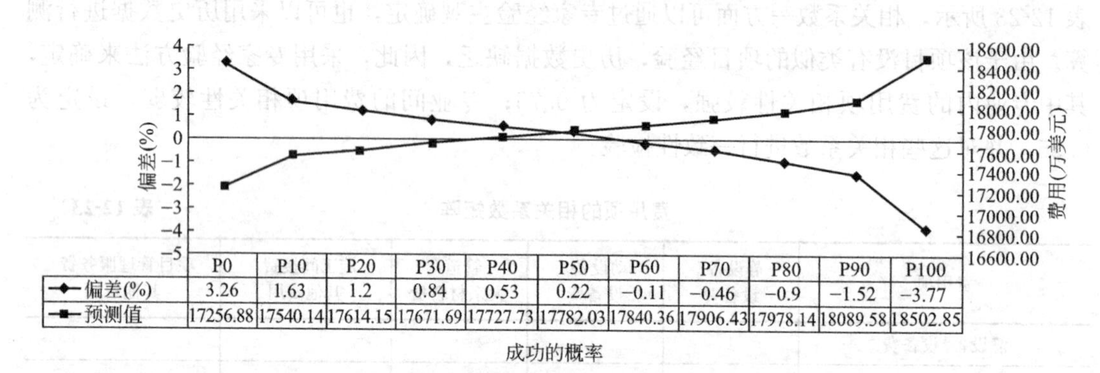

图 12-3　总费用累计概率分布及其偏差曲线分析

若以 P_{10} 对应的 1.754 亿美元进行定价，预期中标率为 90%，在项目执行过程中有 90% 的可能性亏损 1.59%，即 283 万美元(基准报价：1.782 亿美元)，相应的 80%置信区间为 0%/+3.13%，表示在该报价水平下，若项目管理得好，有 80%的可能性最少盈亏平衡、最多盈利 3.13%。

若以 P_{50} 对应的 1.778 亿美元进行定价，则预期中标率为 50%，项目执行过程中有 50%的可能性亏损 0.23%左右，即 41 万美元(基准报价：1.782 亿美元)，相应的 80%的置信区间为−1.36%/+1.73%，表示在该报价水平下，有 80%的可能性亏损最多为 1.36%、最多盈利 1.73%。

若以 P_{90} 对应的 1.809 亿美元进行定价，则预期中标率为 10％，项目执行过程中有 90％的可能性盈利 1.50％，即 267 万美元(基准报价：1.782 亿美元)，相应的 80％的置信区间为－3.04％/0％，表示在这种报价水平下，若项目管理不善，仍有 80％的可能性最少盈亏平衡、最多亏损 3.04％。

选择在 95％的概率水平下确定风险费，如图 12-4 所示，对应的风险费为 350 万美元，即 1.97％。90％的置信区间为 0％/＋3.78％，表明在该报价水平下，若项目管理不善，有 90％的可能性最少盈亏平衡、最多亏损 3.78％。

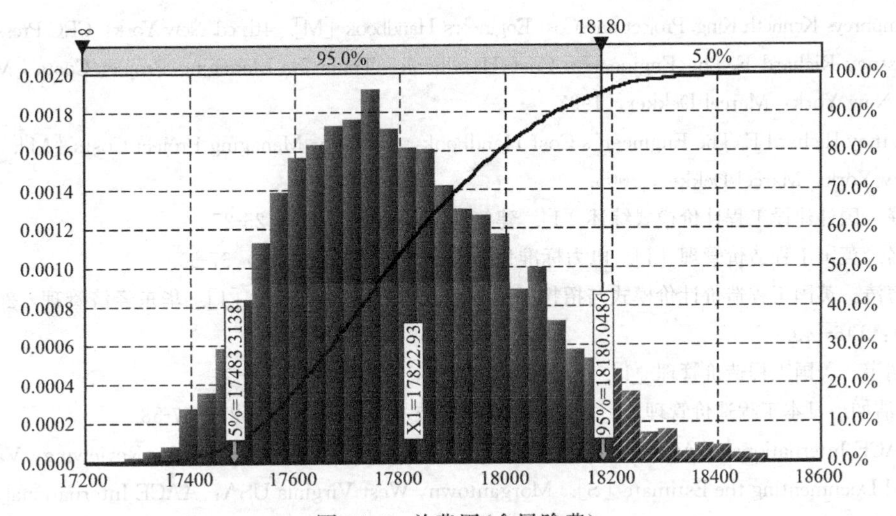

图 12-4　总费用(含风险费)

从上述分析可见，基于费用估算可选择的决策价格范围较宽。决策的投标报价价格可以选用保守的价格，即按照 P_{90} 定价；也可以选用更具激进性的价格，即按照 P_{10} 定价；但是通常选用折中的价格，即按照 P_{50} 定价。项目的最终利润一方面与费用估算的质量有关，另一方面项目最终的利润空间与项目管理的好坏有密切关系。一个以费用估算的相对较低价去竞标获得的项目，如果项目管理得好，那么仍有可能赢利；反之，即使按费用估算的相对较高价决策投标所赢得的项目，如果项目管理不善，那么仍然会面临亏损的可能。

六、投标价格的决策

该项目的主要竞争对手为三家韩国工程公司，从前几轮的 EPC 投标报价来看，韩国公司的报价普遍偏低，中国工程公司虽然非常想赢得该项目，但由于对该化工项目的工艺不是太熟悉，技术上可能存在一定的风险，故定价的前提是要保本。

考虑到初步报价进行调整时已采取了一定的低报价策略，如设备采购费按供应商的低报价取定，施工费计算时虽按正常的劳动生产效率，但劳动力综合工时单价低于正常的报价水平，项目服务人工时单价也取相对较低的费率，等等。因此，公司决策层根据蒙特卡罗模拟分析结果，决定选择按 95％的概率水平下确定风险费，为 350 万美元，最终的投标报价确定为 18173.23 万美元。

参 考 文 献

[1] AACE International, Amos Scott J. Skills & Knowledge of Cost Engineering [M]. 5th ed. Scotts Valley, California: Create Space 2004.

[2] Hendrickson Chris, Tung Au. Project Management for Construction [M]. Englewood cliffs, New jersey Prentice Hall, 1998.

[3] Humphreys Kenneth King. Project and Cost Engineers' Handbook [M]. 4th ed. New York: CRC Press, 2004.

[4] Westney Richard E. The Engineer's Cost Handbook: Tools for Managing Project Costs [M]. 3rd ed. New York: Marcel Dekker, 1997.

[5] Westney Richard E. The Engineer's Cost Handbook: Tools for Managing Project Costs [M]. 4th ed. New York: Marcel Dekker, 2005.

[6] 周锋. 国外建设工程计价模式综述 [J]. 建筑经济, 2009, (S1): 25-27.

[7] 佚名. 英国工程造价管理 [J]. 电力标准化与技术经济, 2007, (3): 57-60.

[8] 杨海涛. 英国工程造价计价模式与招投标活动整合的经验及其启示 [J]. 华东经济管理, 2004, 18 (4): 146-149.

[9] 张瑞宇. 美国工程造价管理 [J]. 中国投资与建设, 1995, (10): 56-57.

[10] 白洁如. 日本工程造价管理 [J]. 电力标准化与技术经济, 2008, (2): 57-58.

[11] AACE International. AACE International Recommended Practice No. 31R-03: Reviewing, Validating and Documenting the Estimate [S]. Morgantown, West Virginia USA: AACE International, 2009.

[12] AACE International. AACE International Recommended Practice No. 36R-08: Development of Cost Estimate Plans—as Applied in Engineering, Procurement, and Construction for the Process Industries [S]. Morgantown, West Virginia USA: AACE International, 2009.

[13] 顾祥柏. 建设项目招投标理论与实践 [M]. 北京: 中国石化出版社, 2007.

[14] Page John S. Conceptual Cost Estimating Manual [M]. 2nd ed. Houston, USA: Gulf Publishing Company, 1996.

[15] AACE International. AACE International Recommended Practice No. 16R-90: Conducting Technical and Economic Evaluations—as Applied for the Process and Utility Industries [S]. Morgantown, West Virginia USA: AACE International, 1991.

[16] AACE International. AACE International Recommended Practice No. 21R-98: Project Code of Accounts—as Applied in Engineering, Procurement, and Construction for the Process Industries [S]. Morgantown, West Virginia USA: AACE International, 2003.

[17] AACE International. AACE International Recommended Practice No. 18R-97: Cost Estimate Classification System—as Applied in Engineering, Procurement, and Construction for the Process Industries [S]. Morgantown, West Virginia USA: AACE International, 2011.

[18] AACE International. AACE International Recommended Practice No. 19R-97: Estimate Preparation Costs—as Applied for the Process Industries [S]. Morgantown, West Virginia USA: AACE International, 1998.

[19] AACE International. AACE International Recommended Practice No. 34R-05: Basis of Estimate [S]. Morgantown, West Virginia USA: AACE International, 2010.

[20] 陈六方. 石化工程量级估算方法分析与应用 [J]. 石油化工建设, 2012, (1): 55-58.

[21] 全国造价工程师执业资格考试培训教材编审组. 工程造价计价与控制 [M]. 北京: 中国计划出版

社，2009.
［22］ 中国石油化工集团公司经济技术研究院《参数与数据》编辑组．中国石油化工集团公司项目可行性研究技术经济参数与数据 2011［M］．北京：中国石油化工集团公司经济技术研究院，2011.
［23］ 田名誉，曹进．投资估算方法［J］．基建管理优化，1997，（3）：31-36.
［24］ Dysert Larry R. Sharpen Your Cost Estimating Skills［J］．Cost Engineering，2003，45(6)：22-30.
［25］ 陈六方．国际工程量清单最佳实践剖析［J］．石油化工建设，2011，（4）：41-43.
［26］ AACE International. AACE International Recommended Practice No. 28R-03：Developing Location Factors by Factoring—as Applied in Architecture&Engineering，and Engineering，Procurement&Construction［S］. Morgantown，West Virginia USA：AACE International，2006.
［27］ 美国 Aspen Richardson 费用数据在线(CDOL)：http：//www. costdataonline. com.
［28］ 工程新闻记录(ENR：Engineering New Record)指数：http：//enr. construction. com.
［29］ 油气杂志(oil&Gas Journal)尼尔森(Nelson Farrar)炼油厂施工成本指数：http：//www. ogj. com/index. html.
［30］ 化学工程(Chemical Engineering)化工厂成本指数：http：//www. che. com/pci/.
［31］ 麦普斯(MEPS)世界钢铁价格指数：http：//www. meps. co. uk.
［32］ 伦敦金属交易所(LME：London Metal Exchange)有色金属指数：http：//www. lme. com.
［33］ Loh H P，Lyons Jennifer，White Charles W III. Process Equipment Cost Estimation Final Report［R］．［S. l.］：NETL，2002.
［34］ 国际商会(ICC)编写，中国国际商会/国际商会中国国家委员会组织翻译．国际贸易术语解释通则 2010［M］．北京：中国民主法制出版社，2011.
［35］ AACE International. AACE International Recommended Practice No. 25R-03：Estimating Lost Labor Productivity in Construction Claims［S］．Morgantown，West Virginia USA：AACE International，2004.
［36］ Brook Martin. Estimating and Tendering for Construction Work［M］．3rd ed．Oxford，UK：Butterworth-Heinemann，2004.
［37］ 雷胜强．国际工程风险管理与保险［M］．北京：中国建筑工业出版社，1996.
［38］ 中国注册会计师协会．税法［M］．北京：经济科学出版社，2010.
［39］ 陈敏．保函的“直开”、“转开”与“转递”［J］．对外经贸实务，1998，（7）：20-22.
［40］ 李侠．会计评估与税务策划在境外 EPC 项目中的应用［J］．国际石油经济，2011，（5）：79-86.
［41］ AACE International. AACE International Recommended Practice No. 58R-10：Escalation Estimating Principles and Methods Using Indices［S］．Morgantown，West Virginia USA：AACE International，2011.
［42］ AACE International. AACE International Recommended Practice No. 68R-11：Escalation Estimating Using Indices and Monte Carlo Simulation［S］．Morgantown，West Virginia USA：AACE International，2012.
［43］ AACE International. AACE International Recommended Practice No. 40R-08：Contingency Estimating—General Principles［S］．Morgantown，West Virginia USA：AACE International，2008.
［44］ 金峰．基于风险驱动理论的费用风险分析方法［J］．工程管理学报，2012，26(1)：75-78.
［45］ AACE International. AACE International Recommended Practice No. 44R-08：Risk Analysis and Contingency Determination Using Expected Value［S］．Morgantown，West Virginia USA：AACE International，2012.
［46］ AACE International. AACE International Recommended Practice No. 41R-08：Risk Analysis and Contingency Determination Using Range Estimating［S］．Morgantown，West Virginia USA：AACE International，2008.
［47］ AACE International. AACE International Recommended Practice No. 43R-08：Risk Analysis and Contingency Determination Using Parametric Estimating-Example Models as Applied for the Process Industries［S］．Morgantown，West Virginia USA：AACE International，2011.
［48］ 陈六方．基于规则的国际炼化工程施工费用快速估算［J］．当代石油石化，2012，（12）：40-46.

社, 2009.
[22] 中国石油化工集团公司经济技术研究院《参数与数据》编委会. 中国石油化工集团公司项目可行性研究技术经济参数与数据2011 [S]. 北京: 中国石油化工集团公司经济技术研究院, 2011.
[23] 田亚兵, 等. 投资估算方法 [J]. 基建管理优化. 1997, (3): 31-35.
[24] Dysert Larry R. Sharpen Your Cost Estimating Skills [J]. Cost Engineering. 2003, 45(6): 22-30.
[25] 陈祥九. 国际工程估价单项目实践探讨 [J]. 石油化工建设, 2011, (4): 41-43.
[26] AACE International. AACE International Recommended Practice No. 28R-03: Developing Location Factors by Factoring — as Applied in Architecture, Engineering, and Engineering, Procurement, Construction [S]. Morgantown, West Virginia USA: AACE International, 2006.
[27] 美国Aspen Richardson费用数据库(CDOL): http://www.costdataonline.com.
[28] 工程新闻记录(ENR: Engineering News Record)指数: http://enr.construction.com.
[29] 油气杂志(Oil & Gas Journal)纳尔逊法拉(Nelson Farrar)炼油厂施工成本指数: http://www.ogj.com/index.html.
[30] 化学工程(Chemical Engineering)化工厂成本指数: http://www.che.com/pci/.
[31] 迈普斯(MEPS)世界钢铁价格指数: https://www.meps.co.uk.
[32] 伦敦金属交易所(LME: London Metal Exchange)有色金属指数: http://www.lme.com.
[33] Loh H P, Lyons Jennifer, White Charles W. III. Process Equipment Cost Estimation Final Report [R]. US: NETL, 2002.
[34] 国际商会(ICC)编著, 中国国际商会/国际商会中国国家委员会组织翻译. 国际贸易术语解释通则2010 [M]. 北京: 中国民主法制出版社, 2011.
[35] AACE International. AACE International Recommended Practice No. 25R-03: Estimating Lost Labor Productivity in Construction Claims [S]. Morgantown, West Virginia USA: AACE International, [illegible].
[36] Brook Martin. Estimating and Tendering for Construction Work [M]. 3rd ed. Oxford, UK: Butterworth-Heinemann, 2004.
[37] 郑立群. 国际工程风险管理与保险 [M]. 北京: 中国建筑工业出版社, 1996.
[38] 中国注册会计师协会. 税法 [M]. 北京: 经济科学出版社, 2010.
[39] 陈葵. 谈谈"佣金"、"回扣"与"折扣" [J]. 对外经济贸易, 1998, (7): 20-22.
[40] 李伟. 会计估算与财务策划在EPC项目中的应用 [J]. 国际石油经济, 2011, (5): 79-80.
[41] AACE International. AACE International Recommended Practice No. 58R-10: Escalation Estimating Principles and Methods Using Indices [S]. Morgantown, West Virginia USA: AACE International, 2011.
[42] AACE International. AACE International Recommended Practice No. 68R-11: Escalation Estimating Using Indices and Monte Carlo Simulation [S]. Morgantown, West Virginia USA: AACE International, 2012.
[43] AACE International. AACE International Recommended Practice No. 40R-08: Contingency Estimating — General Principles [S]. Morgantown, West Virginia USA: AACE International, 2008.
[44] 金峰. 基于风险驱动理论的费用风险分析方法 [J]. 石油化工设计, 2012, 29(1): 75-76.
[45] AACE International. AACE International Recommended Practice No. 44R-08: Risk Analysis and Contingency Determination Using Expected Value [S]. Morgantown, West Virginia USA: AACE International, 2012.
[46] AACE International. AACE International Recommended Practice No. 41R-08: Risk Analysis and Contingency Determination Using Range Estimating [S]. Morgantown, West Virginia USA: AACE International, 2008.
[47] AACE International. AACE International Recommended Practice No. 42R-08: Risk Analysis and Contingency Determination Using Parametric Estimating — Example Models as Applied for the Process Industries [S]. Morgantown, West Virginia USA: AACE International, 2011.
[48] 陈文力. 基于规则的精细化工程施工费用快速估算 [J]. 炼油与石化, 2012, (12): 10-15.